U0392345

中华传世藏书

【图文珍藏版】

饮食文化典故

王书利 ⊙ 主编

第六册

线装书局

（二四三）服用哪些药不宜饮酒

酒为药之敌，服以下药类，在 12 小时之内不可饮酒，凡此种种，列举如下：

（1）酒与巴比妥类、安定类镇静催眠药或抗组胺类药同用，则可加重或协同中枢抑制作用。与氯丙嗪类药同用，会抑制乙醇脱氢酶，使酒精抑制中枢作用延长。癫痫病人服苯妥英钠时饮酒，可致发作，并难以控制。

（2）服解热镇痛药饮酒，可致消化道出血。如口服复方阿司匹林（APC）前后饮酒，可致胃黏膜出血。服含醋氨酚的止痛药时饮酒，则加重肝损害。

（3）酒与单胺氧化酶抑制剂同用，则可致酪胺反应。轻者恶心、呕吐、心悸、血压升高，甚至高血压危象、危及生命。单胺氧化酶抑制剂还可使乙醛降解受阻，造成乙醛积聚中毒。

（4）酒与降压药胍乙啶、利血平、复方降压片等同用，会引起严重高血压、心肌梗死，甚至休克、死亡。酒与亚硝酸类降压药同用，可协同血管扩张、引起体位性低血压及晕厥。

（5）服用降血糖类药不可饮酒。酒精阻碍肝内糖元异生作用，进而引起血糖过低。尤其使用胰岛素者更易引起严重低血糖反应，甚至休克死亡。

（6）酒不可与抗生素类药同用。如酒和利福平都损害肝。酒加剧环丝氨酸或呋喃啶类抗生素对中枢神经毒性，易致癫痫发作。酒与羟羧酰胺菌素和头孢菌素类同用，常发生戒酒样反应。使用先锋霉素等，头孢类抗生素时饮酒，酒后 5~10 分钟患者可因全身血管紧张而脸部潮热，头部血管搏动性头痛、冷汗、虚脱，甚至呼吸困难及休克。

（7）酒可使华法令、双香豆素及茚二酮类抗凝血药半衰期缩短，减弱其抗凝血作用。

（二四四）烟酒同用，危害协同

研究证明，烟酒同用，危害协同。吸烟时，烟雾中氢—氰化物，一氧化碳、一氧化氮和苯并芘、放射性钋 210 等致癌物带入口腔、鼻、咽喉和肺，并以烟焦油形式积沉。而酒精作为有机溶剂可溶解烟草中毒物，并使其透过黏膜进行扩散。吸烟又饮酒，会延长烟毒在体内停留时间，增大患癌机会。另外，酒精影响肝对脂肪的代谢，使血脂增高。烟毒增加血液的凝固性，使红细胞携氧能力下降，两者狼狈为奸。

（二四五）饮酒不可同用的食品

酒不可与咖啡同饮。喝酒后，酒精很快被肠胃吸收入血，它在代谢中可影响胃、肠、心、肝、肾、脑和内分泌器官等功能，尤其对大脑影响较大。而咖啡主要成分是咖啡因。适当饮用具有健胃、提神作用，过量则可致中毒。两者同饮，则如同火上浇油，很可能使大脑由极度兴奋转成极度抑制。另外，可刺激血管扩张，加快血液循环，心血管负担加重。

白酒不可与汽水等含 CO_2 的饮料同饮。同饮后，酒精加快被吸收，分布在全身，并在代谢中共同产生大量二氧化碳，这对胃、肠、肝、肾有害，同时对心脑血管也有害。同饮后，酒精还可加快渗透到中枢神经，使机体处于高度兴奋或抑制状态，有时血压会升高，甚至有报道，导致死亡的。

食品专家告诫："胡萝卜下酒不利健康。"这是因为胡萝卜中胡萝卜素和酒精一起进入人体，就会在肝中产生毒素，引起肝病，当然胡萝卜汁、胡萝卜素营养剂都属此列。

食野生蘑菇不宜饮酒。这是因为某些品种野生蘑菇与酒精结合会产生毒素，有害人体。其中最常见品种是鬼伞属，它还可阻碍酒精的代谢，从而加大酒精的毒性。

（二四六）饮用温热啤酒好

喝冰镇啤酒有以下弊端。

（1）酒温低于体温 $20 \sim 30℃$，饮用后人体肠胃温度骤降，血管收缩，血流减少，妨碍食物营养吸收。

（2）胃酸、胃蛋白酶、淀粉酶、脂肪酶分泌减少，故消化功能紊乱。

（3）胃肠受冷刺激，蠕动加快，运动失调，时间长了，促发腹痛、腹泻。

（4）过分冰冻啤酒有苦涩味，其泡沫无法释出，二氧化碳停留在啤酒内，饮用后，易致呃逆发生。

（5）强冷刺激可抑制体内汗腺分泌功能，暂停出汗，体温散热受阻，诱发感冒等。

（6）冰镇啤酒起泡少，出现冷混浊，大损啤酒原先风味。

饮用温热啤酒（冬春 $9 \sim 10℃$，夏秋 $5 \sim 10℃$），不仅可避免上述情况发生，而且温热啤酒味道纯正，爽心宜人。故饮啤酒以温热为好。若冬天饮啤酒，不妨将瓶放在30℃热水中温热，然后取出摇动后再喝。

（二四七）夏季饮啤酒要注意防"瓶爆"伤人

（1）选购啤酒勿剧烈晃动，以免瓶内二氧化碳撞击，而致瓶内压力陡增。

（2）储存啤酒温度在5～30℃要避光。如环境温度高，瓶内压力也可猛增。

（3）开瓶勿用牙咬、筷子撬或用手掌拍击瓶底。正确的方法是用扳子，一手扶瓶一手开启，徐徐打开盖即可。为保险起见，可用废弃饮料塑料大瓶自制防爆套，套在瓶外再开启。

（4）勿将瓶放置在脚旁或容易被碰倒之处，以防不测。

（二四八）长期过度饮酒的弊端

（1）伤脑：醉酒者的随意运动失控，身体失衡是由于酒精对小脑损害，干扰其功能所致；长期过量饮酒者大脑都出现局部或弥漫性损害；经常大量饮酒者，有95％人大脑体积变小，85％人记忆力、逻辑思维能力明显下降；酗酒者甚至可影响到后代大脑；长期酗酒者可发展为酒精中毒性精神病；每月多次喝啤酒者患老年痴呆症的比率为完全不喝啤酒者的2倍。

（2）癌症发病率增加：大量饮酒可引起直肠癌，其原因与酒精促使某些物质在酶作用下转为致癌物质有关；嗜酒者患口腔癌、咽喉癌、肝癌、乳癌比不饮酒人高5倍。另外，对长期过度饮啤酒增加癌症发病率的报道甚多，并都认为其原因主要与啤酒中亚硝胺有关。

（3）导致骨质疏松：长期酗酒者易患骨质疏松症。

（4）可致酒精性肝病：长期过量饮酒可直接损伤肝细胞，从而影响蛋白质合成，加上酒精致吸收障碍，故B族维生素缺乏，这些都可造成酒精性肝病。如酒精性脂肪肝、酒精性肝炎、酒精性肝硬化可独立存在，也可混合存在。甚至还可导致肝癌。一般慢性酒精中毒达10年以上者都有肝硬化存在。

（5）使男子性功能早衰：长期酗酒（尤其高度酒），其酒精致性腺中毒，睾丸间隙细胞损害大，使睾丸不产生雄性激素及精子，故致性欲减退、阳痿、早泄、死精等。

（6）降低机体免疫力：酗酒可干扰吞噬细胞的动员、激活和吞噬能力，从而减弱网状内皮系统的功能；酒精可直接抑制自然杀伤细胞的活力；嗜酒者淋巴细胞明显减少。为此，长期大量饮酒者免疫功能明显下降。

（7）造成营养不良：长期饮酒者约有一半以上都进食不足，另外还可因造成萎缩性胃炎等，致使蛋白质消化率下降。酒精还妨碍人体对多种维生素（维生素C、维生素K、维生素B、维生素D等）和矿物质（铜、钙、铁、锌、镁等）的吸收利用。

（8）残害胎婴儿的"凶手"：据美国报道，孕妇每天或每周饮酒多于2次者，其妊娠中期流产比不饮酒者多2倍。前苏联报道，长期饮酒孕妇的早产34.5%，死产25.5%，死胎17%，妊娠中毒26%，新生儿窒息12.5%，难产10.5%，均高于不饮酒者。父亲饮酒同样会对胎儿产生不良影响。故受孕前2个月内丈夫应禁酒，孕妇受孕前2个月禁酒，直到婴儿断奶为止。

（9）增加患高血压及卒中的危险：酒精影响脂肪代谢，使血脂升高，血中脂质沉积在血管壁，导致动脉硬化。此外长期过量饮酒可使心肌发生脂肪变性。

（10）造成贫血：酒精等毒物吸收入血后，可刺激侵蚀红细胞及其他血细胞的细胞膜使之破坏；酒精干扰骨髓和脾等造血功能；酒精使机体免疫力下降，易发生感染而引起溶血。这些因素都可造成贫血。

（11）导致胃病等消化系统疾病：首先，长期酗酒可使胃黏膜充血、水肿、糜烂，甚至出血。酒精促使胃酸分泌，同时又可溶解保护胃黏膜的脂蛋白层，直接损伤胃黏膜屏障。最易诱发的胃病是消化性溃疡，其次，可诱发胃窦炎，再次，可引起胆汁反流性胃炎。严重者可有胃黏膜细胞萎缩、变性，成为胃癌前期状态。狂饮暴饮者还可诱发急性坏死型胰腺炎而危及生命。

（12）易罹患呼吸系统疾病，尤其是肺结核病：正常人的呼吸道有完善的生理屏障，维护着肺部的健康。经常酗酒可损伤呼吸道黏膜，使纤毛运动减弱，气道的自洁作用下降，肺泡的通气不良等，故常酗酒者易罹患呼吸系统疾病。

（二四九）白糖不宜生吃

白糖在制作、储存、运输中易被螨虫污染，尤其是久存的白糖更易生螨虫。它在70℃左右加热3分钟即可被杀死。

螨虫进入人体消化道，可致不同程度腹痛、腹泻。若在婴幼儿食品中加入未加热处理白糖，则可因小儿呛咳而使螨虫进入肺内，进而引起哮喘，并发肺炎、支气管炎等。若螨虫侵入泌尿系统，则可致尿频、尿急、尿痛等症。

因此，白糖不宜生吃，尤其存放过久的白糖更不可生吃。一般白糖最好存放在

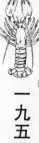

干燥、密封容器内，用后盖要拧紧。

（二五〇）不可偏食植物油

食用油分植物油和动物油。前者来自豆类、植物种子及果实，如豆油、花生油、玉米油、菜子油等；后者主要来自肉类、乳类，如猪油、牛油、鸡油、鱼油、奶油等。食用油在烹调中增加菜肴色、香、味，更重要的是供给脂肪，它可供给热量，并有许多生理功效。植物油含较丰富不饱和脂肪酸，可防止血脂升高，对防治动脉硬化等有益，但决不意味着可偏食植物油。

原因：①市场出售植物油，有的混有氢化植物油，如棕榈油、棕榈红油、椰子油等。殊不知，棕榈油的饱和脂肪酸含量比猪油高25%，而后两种比棕榈油的饱和脂肪酸含量还高1倍。故此种植物油已不是素食者认为的植物油了。②人体所需脂肪酸中亚油酸与丙种亚麻酸是必须从食物中补充的。而前者存在于植物油，后者主要存在于动物油中。故长期单食植物或动物油，从理论上说，都可致某一必需脂肪酸的缺少。③植物油中不饱和脂肪酸容易被氧化，产生有毒的过氧化物。它可使维生素，尤其维生素C的氧化分解；还可使人体细胞膜、线粒体膜遭破坏；它与蛋白质结合成老化色素，产生老年斑；它留在血管壁、肝、脑细胞上，可致动脉硬化、肝硬化、脑血栓等。④动物油中许多成分，人体也需要。如奶油、蛋黄油含维生素A较多，鸡油、鸭油含不饱和脂肪酸较多；鱼油中所含DHA、EPA是两种多不饱和脂肪酸，对人体极有利。

为此，营养学家建议，不要偏食植物油，要食用配合油、调和油，即动物油与植物油比例为（0.5～0.7）∶1.0。另外，烹调用油应该克克计较，成人每日不超过2汤匙（30克）。

（二五一）植物油的食用禁忌

食用植物油有几点注意事项：①不要一次购买过多。植物油的精制油因工序增加，使抗氧化剂破坏多，更易氧化，故保存期短，至多不超过12个月。若发现久存油混浊、有哈喇味，则已酸败；若散发刺鼻的辛辣味，这是油中过氧化物增高的缘故。有的久存油还可发生霉变。上述变质的油均不可食用。②切不可高温煎炸反复使用。因高温（150℃以上）不仅营养成分遭破坏，而且可使不饱和脂肪酸聚合成毒性较大的大分子化合物。③炒菜勿放油过多。菜外包一层厚脂肪，进食后不易消化吸收，甚至可致腹泻等病症，另外菜肴用油过多，其他调味品不易渗入，影响味道。④豆油不宜生吃。豆油一般仍用轻气油提取。若热锅烧开，则轻气油（有毒物）挥发掉；若生吃，则其中苯、多环芳烃等有毒物对人体有害。⑤忌食生棉子油。因生棉子油含棉酚，食用过多可使人中毒。⑥沸油炒菜不好。油烧到冒烟，温度一般超过200℃，这可使脂溶性维生素破坏殆尽，脂肪酸大量氧化，故油的营养价值降低，另外烫油还可使菜中维生素破坏。产生的过氧化脂质对人体有害。⑦老年者不宜长期食用菜子油。因菜子油含40%芥酸。心脏病患者血液中每日接受少量被酶消化后的芥酸，可诱发血管壁增厚及心肌脂肪沉积，故心脏病患者忌食之。老年者心血管功能减退，故也不宜长期食用菜子油。⑧不要偏食一种植物油，常更换可营养均衡。⑨宜选精制植物油，因粗制油含有害物多，沸点低，烹调中油烟多，故对人体有害。

（二五二）食盐的合理食用

（1）摄入食盐不宜过少。食盐除调味外，还参与人体渗透压和酸碱平衡，使神经肌肉工作正常。摄入过少，可致低血压、疲乏、胃纳差等症。正常健康成人日摄量为5～10克。

（2）摄入食盐不宜过多。长期过量摄盐（日摄量超10克），对人体健康十分有害。摄盐多，体内水潴留就多。故过多摄盐可加重心衰、肝硬化、肾病综合征、水肿病人的病情；高盐摄入可使支气管平滑肌收缩，加重哮喘；摄盐过多可影响甲状旁腺功能，破坏骨代谢，造成骨质疏松；长期过量食盐可使高血压、冠心病、脑卒中、胃癌发病率明显增加。日本北部居民日摄量超过16克。故成为世界上高血压发病率最高地区。我国广东地区居民嗜咸口重，高血压发病率高。高浓度食盐溶液可破坏胃黏膜的粘多糖保护屏障，使胃黏膜受损，发生糜烂、溃疡，致癌物乘虚而入，进而增加胃癌发生率。

（3）婴幼儿不宜多食盐。周岁以内小儿，奶中钠量足够。婴幼儿肾未发育好，排钠能力差，故宜淡食。

（4）妇女月经前尽量少吃盐，妇女月经来潮前10天淡食，可使月经期出现的易激动、水肿、不安等症状消失或减轻。

（5）某些病人必须按医嘱少食用盐。

（二五三）食用碘盐有讲究

食用碘盐有讲究，否则碘元素浪费，失去加碘意义。

（1）忌高温。碘盐遇热易挥发。据测试，爆油锅时放盐，碘食用率仅 10%；中间放盐，碘食用率为 60%；出锅时放，则碘食用率为 100%。

（2）忌加醋和酸性物质。碘遇酸可结合后破坏。据测试，炒菜时加盐同时加醋，碘食用率为 40%～60%，当然遇酸性菜，如西红柿、酸菜等也是如此。

（3）忌用动物油。碘性质不稳定，极易溶解在动物油中挥发掉。

（4）忌敞开长期存放。碘盐长时接触阳光、空气，易挥发掉，故易放有色瓶，并盖紧盖。

（二五四）低盐饮食者限盐的注意事项

低盐饮食者除需控制食盐、酱油用量外，还需注意许多问题。

（1）规定好每天的用盐量，将用的盐、酱及酱油等佐料按规定量准备好待用。

（2）少食或不食盐分多的食品。如加工食品、腌制食品、蘸料（酱、醋、腐乳等）食品等。

（3）限盐同时要限钠，限盐主要为了限钠，而钠还含于不咸的食品及调味品中，如动物内脏、海鲜、味精、小苏打（面包、挂面加工中就加味精与小苏打）等。

（4）低盐饮食者要限食的食品：加盐或熏制食品，如火腿、香肠、牛肉干、肉松、鱼松、咸鱼、咸肉、咸蛋、皮蛋、鱼干、腊肉等；罐制食品，如肉、鱼罐头等；速食及其他食品，如炸鸡、汉堡、馅饼、各式肉丸、鱼丸等；某些豆制品，如加味豆干、腐乳、豆豉、花生酱、豆瓣酱等；咸面食、面酱等，如咸面包、苏打饼干、蛋糕、蛋卷、速食面、米粉、脆饼、奶油、沙拉酱、蒜酱、花椒酱等。

（二五五）高糖饮食对人体健康有害

有人认为，食糖过多对人体的危害是一种比环境污染更隐蔽的新的生活公害。

（1）长期过度食糖，可影响体内脂肪的消耗，造成脂肪堆积，导致肥胖及其相关病。

（2）食糖过多可使尿中钙、镁排泄增加，草酸浓度升高。故易致尿路结石形成，缺钙易致儿童佝偻病，老者骨质疏松，还可使眼球壁弹性差，使眼轴伸长，致轴性近视，并易造成龋齿。

（3）造成维生素 B_1 缺乏，因白糖（蔗糖）须经体内转化成葡萄糖才可产生能量，但此过程需含维生素 B_1 的酶催化，加之嗜甜者胃纳差，造成全靠食物来源的

维生素 B_1 摄入不足，故最终可致维生素 B_1 缺乏。维生素 B_1 缺乏可引起视神经炎、脚气病等。另外，维生素 B_1 缺乏、葡萄糖氧化不全、体内酸性产物增多可使风湿病加重，还可影响中枢，致使精神紧张。在儿童可表现为注意力不集中，情绪不稳定等，被称为"甜食综合征"。

（4）食糖过多可使白细胞吞噬功能抑制，加上体内酸性产物积蓄，故人体免疫力下降。这样便可使肺结核易扩散，并容易患急性感染性疾病，如感冒、扁桃体炎、肺炎、疖疮等。另外，因机体呈酸血症状态，碱性的钙、镁、钠等都参与中和，便可使这些元素含量下降，尤其钙缺乏带来的后患前已述及。

世界卫生组织在调查了23个国家的各种死因结果之后曾提出过"戒糖"口号，明确提倡"低糖饮食"。目前对糖的日摄量规定为0.5克/公斤体重（包括食糖、糖果及一切含糖的甜品都在内）。

（二五六）婴儿食糖的误区

首先，忌用浓糖水喂新生儿。含高浓度糖的牛乳与水易导致腹泻、消化不良、食欲不振，以致发生营养不良。另外可使坏死性小肠炎发病率增加。因高浓度糖可损害新生儿的肠黏膜，糖发酵产气可造成肠腔充气，肠壁充气，使肠黏膜和肌肉层出血坏死，甚至可肠穿孔。临床上可见腹胀、呕吐、腹泻，先为水样便，后可血便。

其次，周岁内婴儿忌食蜂蜜（蜜糖）。因蜜蜂在采花粉酿蜜中有可能将受肉毒杆菌污染的花粉和蜜带回蜂箱，肉毒杆菌在繁殖中可产生极毒的肉毒素，使婴儿中毒，出现持续便秘1~3周，哭声微弱，吮乳无力，呼吸困难等症。而成人抵抗力强，可抑制肉毒杆菌繁殖。

（二五七）食用生大蒜的注意事项

（1）蒜头捣碎食用为好，切成细丝薄片或捣成蒜泥都可。蒜瓣中含蒜酶和蒜氨酸，只有在压碎时，蒜酶方可作用于蒜氨酸，产生蒜素和新大蒜素。它们又自然分解为二烯丙基二硫、次磺酸和各种硫化合物。蒜素、新大蒜素和一切有蒜臭的大蒜提取物是有特殊药用的有效成分。

（2）忌空腹食用和食后即刻喝过热的汤和茶水。因蒜可强烈刺激胃黏膜而致炎症发生。过热的汤和茶水可加重蒜对胃的刺激，于胃不利。

（3）忌大量食用生蒜。生食大蒜最好隔日少食，成年人以每天吃3~4瓣为宜。

否则，可使肠道变硬致便秘。此外，长期大量食用，可杀死肠道内大量保护菌，易致肠道传染病，并可造成维生素 B_2 缺乏症，易患口角炎、舌炎、唇炎等。

（4）外用时，不可将生大蒜直接外敷在皮肤上，这样有可能使皮肤破裂，易被细菌侵入，反可招致感染。

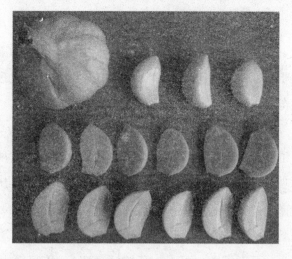

大蒜

（5）尽量避免同时吃碱性食品，以免影响大蒜的杀菌效果。因蒜素在酸环境下具有较强杀菌力，它可与细菌体内半胱氨酸生成结晶沉淀，破坏了细菌生长所必需的硫基衍生物中的 SH 基，从而抑制细菌的代谢。

（6）有些患者尽量少食或不食之。大蒜久食伤肝损目，湿热性肝病患者少食或不食为好。眼病患者，尤其阴虚火旺、气血虚弱者切不可久食大蒜，否则加重病情。胃病、膀胱疾病患者，发热病人治疗时不食大蒜。皮肤病和习惯性便秘患者等，都应尽量少食大蒜。

（二五八）常用调味品可影响药效

（1）食油：植物油，如豆油、花生油、麻油，可使降脂药增效。反之，动物油，如猪油、牛油、羊油、鸡油可使降脂药减效。

（2）食盐：盐摄入过多可抑制降压药、利尿药、肾上腺皮质激素等药的疗效。

（3）酱油：服用优降宁、闷可乐等治疗心血管及胃肠疾病时，忌酱油，因它可致恶心、呕吐等，不仅降药效，而且增痛苦。

（4）食醋：服用碳酸氢钠、碳酸钙、氢氧化铝、乳酶生、胰酶素、红霉素、磺胺等碱性类药时，勿食醋，否则，与醋中和而失效。

（5）食糖：糖可抑制某些退烧药的药效。吃糖还干扰矿物质（如钙等）和维生素在人体的吸收。另外，糖还可分解某些药，或引起化学反应，而使其失效。因此，服药时，不要用糖开水送服。

（二五九）食物相克有说法

食物相克一说在民间流传广泛，这都是实践出真知的缘故。据我国药典记载，相克食物多达180多组，尽管有人做实验，发现有的记载有误，但相克现象还是存在的。因此，安排膳食中还是要考虑的。

（1）造成营养价值降低：①影响钙质吸收：如牛奶、酸奶富含钙，但与富含纤维素食物，如花椰菜、苋菜、蕹菜等同食，其所含化学物质可影响奶中钙质的消化吸收；海产品（鱼、虾、海藻类）富含钙，与鞣酸含量高的水果，如柿子、葡萄、橄榄、石榴、山楂等同食，可产生不易消化的鞣酸钙。不仅阻碍钙吸收，而且可刺激胃肠道，引起不适；水豆腐、干豆腐等富含钙，而菠菜、小葱、老苋菜富含草酸，两者同食，可产生草酸钙沉淀，故使人难以吸收。②降低铜的吸收：铜通常可从鱼、坚果类、动物肝及鸡蛋等中获得。但如与含锌较高食物，如瘦肉之类混食，则可使含铜食物析出铜大为减少；此外，来自橙、柑、西红柿、土豆等食物中的维生素 C，亦可对其铜的析出产生抑制作用。③阻碍锌吸收：锌主要来自动物肝、胰、肉类、牛奶、谷类、豆类等，但如进食中杂以高纤维食物，则可妨碍人体对锌的吸收。④减少维生素 C 的吸收：如红萝卜中抗坏血酸酵酶可破坏白萝卜中的维生素 C；黄瓜、南瓜、胡萝卜、笋瓜中有分解维生素 C 的酶，故不可与富含维生素 C 的菜，如西红柿、辣椒、油菜等同煮；牛奶中蛋白质与橘子等酸性水果中维生素 C 反应可凝固成块。⑤减少维生素 A 的吸收：米汤中含脂肪氧化酶可破坏牛奶中维生素 A。⑥阻碍了其他维生素的吸收：酒精可干扰机体对维生素 B_1、维生素 B_{12}、维生素 D 等的吸收。⑦其他：鸡蛋中黏液蛋白与豆浆中胰蛋白酶结合，可降低营养价值；牛奶中蛋白质遇到橘子中果酸会凝固；豆类纤维素中醛糖酸残基可与鱼、肉类等中钙、铁、锌等结合成螯合物，另外，豆中植酸与蛋白质、矿物质形成复合物，故猪肉、猪爪不宜炖黄豆；茶中鞣酸与狗肉中蛋白质结合成鞣酸蛋白，故吃狗肉后忌喝茶。

（2）可生成有害人体健康的物质：如牛奶中赖氨酸与果糖在高温下产生有毒的果糖基赖氨酸；柿子中单宁酸与蟹肉中蛋白质生成化合物，难于消化，滞留胃肠里腐败产生毒素；萝卜摄入体内，产生硫氰酸盐，很快代谢成硫氰酸，而含黄酮类物质的橘子、苹果、葡萄、梨、其类黄酮在肠道内分解转化为羟苯甲酸和阿魏酸，两者都可协同加剧硫氰酸对甲状腺抑制，日久可致甲状腺肿；咸菜中含亚硝酸盐，乌贼鱼、黄鱼，尤其干鱿鱼含仲胺多，两者共煮很易产生致癌物亚硝胺。

（3）食物混放一起可造成其中一种食物容易变质：如香蕉与梨混放，因梨释放无色无味的乙烯，使香蕉易烂；西红柿与黄瓜混放，黄瓜易坏；香蕉与苹果混放，苹果易烂；苹果可促使土豆发芽；饼干干燥，面包水分较多，两者混放，饼干失去香脆，面包变硬难吃；鲜蛋不宜与生姜、洋葱等有强烈气味食物混放，否则气味钻入蛋的气孔，鲜蛋变质；米易发热，水果受热易蒸发水分而干枯，而米亦可因吸水而霉变或生虫。

因此，对不合理的食物组合，要分开进食（一般最好隔3~4小时）以防相克。另外，有些食物不宜混放保存，否则易变质。

（二六○）猪肉的质量鉴别方法

（1）新鲜的与质量差、已变质猪肉的鉴别：新鲜猪肉皮嫩而薄，皮呈白色、淡黄色，表面有光泽，肉富有弹性，精肉红色或粉红色，肥肉洁白、颜色均匀，外表微干或微湿润，不粘手，无异味。质量差的猪肉皮粗而厚，肉无弹性，白中带黄。变质猪肉：颜色暗淡，指压过凹陷不能迅速恢复，切面有黏液，可以闻到腐败或异常气味。

（2）冻猪肉中的分级鉴别：冻猪肉分一级鲜度、二级鲜度和冷冻异常肉三种。一级鲜度：精肉光泽、红色均匀、脂肪洁白、无霉点，肉质紧实，肉表及切面微湿润，不粘手，无异常味。二级鲜度：色泽稍暗、缺光泽、脂肪微黄或有微量霉点，质地软化或松弛，肉表湿润，稍粘手，但切面不粘手，有氨味或酸味。冷冻异常的：有异味如氨味、鱼脂味、汽油味等，切开可见肉层腐败，色泽异常，带有酸味，肉表及切面发黏，深表有黑或白色霉点，或因细菌寄生出现磷光及红、蓝、紫、绿、黑等不同颜色，反复融冻或冷冻过久的猪肉，表现为干枯。

（3）病死猪肉的特征：放血刀口平整，无血液浸润区。因放血不全，故血管断面有较多血液，呈紫红色，血液中可见气泡。皮肤有出血点、淤血、黄染等。猪肉无弹性、暗紫色，甚至黏软。平切面肌肉有淡黄色、粉红色或紫黑色液体流出，脂肪呈粉色、黄色或绿色。

（4）米猪肉特征：肌肉较厚处，如肩胛、臀、股内侧、腰部等处切开，可有米粒至豌豆大的白色半透明的囊泡。若猪肉无合格检疫章，但已切成长块，多半不是米猪肉就是注水猪肉，要警惕。

（5）中毒猪肉的特征：氰化物中毒的，呈鲜红色；亚硝酸盐中毒的，呈褐色，并且血液凝固不良；砷剂中毒的，表面有蚀斑，可嗅及蒜味；强酸和重金属盐中毒的，表面有坏死灶，甚至发生炭化；苦味酸、硝酸、铝中毒的，呈黄色；饲不合格添加剂的，其猪肉有的亦呈黄色。

（6）注水猪肉特征：色泽淡白，组织松弛，有光泽、肉质细嫩。用刀切时有大量水渗出，切面外翻，边缘圆钝。用白纸贴在肉表面，湿润明显。肉被指压后不能很快复原，留有压痕。

（7）老公、母猪肉特征：这种肉有臊味。老公猪肉皮厚、硬、粗糙。脂肪很少，精肉是暗红或紫红。晚阉的公猪肉较前者软，肌间有脂肪。母猪肉皮厚，腋底部皮肤皱褶明显，经产猪乳头大而松软，若去皮，乳头根盘明显，颜色较淡，肌肉纤维较粗。

（8）猪内脏新鲜度的鉴别：颜色鲜亮、质地坚实、富有弹性则为新鲜；如色泽暗红、无弹性，质地松软或有黏液，甚至腐败味，则为不新鲜的。

（二六一）生、熟鸡的质量鉴别

鸡是常见的动物性食品。不法商贩为了挣钱，竟不顾居民的身体健康，炮制许多种不合格的鸡食品在市场出售。因此，我们在购买时，还得小心为妙！下面介绍一些鉴别的办法。

（1）病鸡：鸡冠和肉髯苍白，眼鼻沾有不洁分泌物，口腔有多量分泌物和假膜，咳嗽、气喘、嗉囊空虚，体表有痂皮、溃疡、寄生虫或局部脱毛，腹部胀满，关节肿大，肛门周围有粪便污染；被人捉时反应迟钝、挣扎无力；手摸翅下温度较高。

（2）注水活鸡：识别办法中最重要一点就是鸡腹围特别大，触摸柔软并有波动感；此种鸡活动呆板，与正常鸡行走姿势不一样。

（3）注水冻白条鸡：注水部位常在胸肌和大腿局部肿胀，冻得较实，触摸感到板硬，切开肌肉有冰渣。

（4）漂白处理的病死白条鸡：这是商贩把病死鸡急宰或冷宰后用增白洗衣粉或漂白粉浸泡漂白，消除鸡体表呈现的铁青色，然后上市出售。眼观鸡的放血切口整齐，血污染不明显；鸡冠和肉髯较正常鸡发紫，眼球下陷，眼全闭；体表无光、毛孔突出、拔毛不净，可有痂皮和溃疡；肌肉欠丰满、干瘪，肛门松弛。切开肌肉色

泽发红，并可闻到漂白粉味。

（5）注水冻烧鸡：装在包装袋，不易识别。故最佳办法是不买流动摊贩的。一旦买回，则必须高温处理。

（6）体表涂色素烧鸡：白色卫生纸擦拭其体表可沾上红色，按照要求烧鸡加工中，只允许用白糖和少量硝石作发色剂。

（7）戴假检疫环烧鸡：烧鸡加工前必须检疫，合格者鸡脖上戴一个用铆钉铆住的铝环。若铝环未铆住，则该鸡是冒充检疫过的烧鸡。

（二六二）识别鸡蛋好坏的办法

识别鸡蛋好坏有四法：①眼看。蛋壳上有霜似的粉末，色泽鲜艳的为鲜蛋；若呈灰白色，为变质蛋颜色。②手摸。在手中摇动时感到过轻，说明水分蒸发，为陈蛋；过重，则是熟蛋或水灌蛋；将蛋放在手心翻转几次，若老是一面向下，为贴壳蛋，说明蛋质已变坏。③耳听。蛋置手中，轻轻抖动使蛋相互碰击，若发现清脆声为鲜蛋，哑声为裂纹蛋，嘎嘎声为孵化蛋，空空声为水花蛋。④鼻嗅。向蛋壳上轻哈一口气，用鼻嗅，如有霉味的，则为霉蛋，有臭味的为黑腐蛋，有酸味为泄黄蛋，

（二六三）香肠质量鉴别法

鉴别香肠质量有三法：①看颜色。优质香肠瘦肉鲜红、肥肉较白，呈透明状；劣质香肠瘦肉呈灰黑色，肥肉则呈淡黄色或污绿色，有的肠身的外形模糊，并有霉层。②闻气味，优质香肠味香浓郁；劣质香肠则带有明显霉败味或酸臭味。③辨干湿度，优质香肠外表干爽，有干缩后形成的皱纹，肉质紧固有弹性，无泄油现象；劣质香肠肠身湿软或肿胀状态，有的肠衣上有黏液。此外，香肠不同于红肠，制作时不应加淀粉。检验时可去肠衣，滴几滴醋，若呈蓝紫色，则说明了内掺入淀粉。

（二六四）鉴别鱼、虾类好坏的办法

为了预防食物中毒，都需正确鉴别鱼类新鲜与否，现介绍如下：

（1）眼看鱼的眼珠稍突出，鱼鳞不易脱落，鱼鳃呈红色，则鱼新鲜。若鱼眼珠下榻、混浊，鱼鳞暗淡无光，易脱落，鱼鳃呈暗色，则已变质。

（2）鼻闻没有一种腐败样腥味，则为新鲜，反之则变质。

（3）手摸鱼的肉质紧密有弹性，腹部坚实有弹性，指压不留指印，则新鲜，否则已变质。

新鲜虾的壳和须发硬，眼球突出，体呈青灰色并发亮，有腥味。不新鲜是的壳发软，须下垂，体呈黄色发暗，有臭味。

（二六五）螃蟹选择法

一算。"九雌十雄"指农历九月食雌蟹，蟹黄多；农历十月食雄蟹，膏满肉肥。

二掂。用于掂蟹重量，重的肥壮，轻的肉少。

三看。看就是要辨清老蟹、嫩蟹，要选老弃嫩。老蟹黑里透青，外表没有杂泥，脚毛又长又挺，肚皮铁斑色，长得丰满；如脚上发光，肚皮发亮，就嫩了。

四触。好的蟹只要触一下眼睛，大蟹钳反应迅速；拉一下脚，立即缩回；捏一下脚，掐不进去。

五翻。把蟹身侧翻，肚皮朝天，能敏捷地翻转是好蟹。

六放。把蟹放在地上，可立即迅速爬行的是健壮的蟹。

（二六六）挑选春笋的方法

（1）看笋体。应选笋体粗壮，节与节之间距离短的春笋。节距大的则空心大，肉质差。

（2）看笋壳。以笋壳淡黄、光洁、完整、紧裹笋肉为佳。若笋壳呈深褐色或发黑，则表明时间较长或浸水所致；若有虫蛀、刀伤等，其肉质可受影响。

（3）看笋肉。以肉质洁白、鲜嫩者为上品。若有发潮、发软、湿度过大或有异色，则可能是水浸泡过的。

（4）看笋根，根部圈上的红紫色痣点与笋肉呈红白鲜明状为优，还可用指甲掐一下，即可知其嫩度。

（二六七）夏天大米的选购与保存

随着温度和湿度的上升，食物容易生虫和霉变，特别是用量较大的主粮大米的选购和保存应特别小心。

首先要选购质量好的大米。优质大米，颗粒均匀，具有一定的表面光泽，硬度较大；米粒腹部有一不透明的白斑，俗称"腹白"，"腹白"太多，说明大米成熟度差，含水量大，因此，选购时要选择"腹白"较少者。买大米还要注意观察颜色，新鲜大米呈青绿色；陈米表面往往多粉，而且颜色变黄；表面有裂纹的米叫"腰爆米"，其质量差，皆不宜采购。

其次要注意大米的保存。大米要存放在卫生、干燥和温度较低的地方。大米缸

中可放入干海带吸湿。有资料介绍，每100公斤大米中放入1公斤干海带，一周后便吸收粮食中3%~4%的水分。海带每隔10天左右要取出10分钟再放入米中。一份海带可反复使用20余次。这样可杀死害虫，抑制真菌，使大米不发生霉变。中药山苍子是大米有效的防虫剂。取山苍子10余颗研碎，用碟子盛着放在米缸内，注意密封，可有效地防虫和防霉。

（二六八）鉴别植物油和酱油质量的办法

买酱油时可从三个方面加以鉴别。一是看：正常酱油呈棕褐色，色泽鲜艳有光泽、不发乌、不混浊，稠度适当，无沉淀物，无霉花浮膜。二是品：正常酱油味道鲜美，咸甜适口，味醇厚、柔和味长。如有苦、酸、涩等异味和霉味，则为劣质酱油。三是闻：正常酱油有酱香气和脂香气，如有酸气、霉气、刺鼻气味，说明已变质。

鉴别植物油质量有三法。一是看色：好的植物油呈淡黄色、黄或棕色，完全透明。如掺了米汤、红薯汤、萝卜汤等，则油色发蓝。二是闻味：花生油有清淡的花生香气；豆油有较浓的豆腥味。若加热到45~50℃，有哈喇味或臭味，说明已经酸败变质。油虽透明，但散出刺人眼鼻的辛辣气味，这是油脂中过氧化物增高的缘故，此种油不可食用。三是加温：植物油的含水量，按规定不准超过0.2%。若超过，则为水重油（测定油的水重，可将油少量倒入热锅中，油面浮起的泡沫即为水）。油加温如油烟中有钻嗓子的苦辣味，说明油中蛋白质已酸败，不能食用。

（二六九）啤酒的品评

首先看啤酒的透明度有无混浊，色泽是否纯正。然后观察泡沫的状况。优质啤酒之泡沫高度不低于3厘米，洁白、细腻、持久，可保持3~5分钟。质量较次啤酒的泡沫微量、较粗、不持久或无泡沫、喷泡。

其次闻啤酒的香味。其香味是酒花溶解在啤酒中的挥发性物质产生的。香味显著为优质；香味不明显或有异味则为质差的。

再则品尝啤酒的味道。啤酒中饱含CO_2气体和来自酒花的爽口的苦味物质，吃到嘴里的煞口和爽口感觉，没有后苦味、异味、涩味。酿造不佳的啤酒其口味淡，并带有后苦味和涩味，甚至异味。

国内评啤酒的记分办法采用百分制。分别为：透明度10分，色泽10分，泡沫及泡沫持久性20分，香味30分，口味30分。满100分的啤酒为优质啤酒。上述品评方法可供我们选饮啤酒时参考。

（二七〇）选购罐头食品的方法

罐头食品食用方便，易保存，又不受季节影响，现已成为许多家庭的常备食品。选购罐头食品要掌握以下几个环节。

一看：看罐头食品的封口是否严密，外表有无磨损、锈蚀。如外表变暗、起斑，边缘生锈，说明罐头出厂时间很长，要注意全面观察。对玻璃瓶罐头，可以把它放在阴凉处，直观其内部状况，以块整、汁清为好。

二手捏：用手指按压，马口铁罐头的盖和底部（玻璃瓶罐头按盖），然后仔细观察有无初胀、软胀、硬胀等现象。

三敲听：可用竹制小棍或橡皮球的小木棍敲罐头的底、盖，或用手指弹击。根据声响鉴别其质量。质量好的，声音清脆，声实。质量较次的，容量不足、空隙大，声音混浊、发空音。变质罐头，声音"扑、扑"发沙哑音。

四查漏气：检验罐头是否漏气有两种方法，一种是把罐头放入水中，用手挤压罐头的底、盖，如发现有小气泡则说明罐头漏气。另一种是将罐头放在煮沸的水中，细心观察罐头表面有无小气泡。

（二七一）慎选果汁饮料

果汁饮料即含水果汁饮料。由水果压榨后取汁制成，含较多维生素 C、有机酸、营养价值较高；冷藏饮料还给人清凉，故受人们欢迎。但市场上鱼目混珠有之，故应慎选。

一是要检查标签。从标签说明了解其主要成分。橘、柑、橙、山楂、酸枣、苹果、猕猴桃等都是果汁饮料常用原料，其中山楂、猕猴桃等含维生素 C 较多。制作时间与存放时间要看，存放时间越长，维生素 C 损失越多，存放 3 个月以上，损失达 50% ~ 80%。二是要看颜色。一般应符合水果自然色调。人工色素加多了，对人健康不利，最好选不含人工色素的。三是看香精及糖精含量，含量高就不是上乘饮料。

（二七二）饮料变质的判别

饮料变质均有色、香、味改变，我们可据此判别，一旦发现，只能弃之不饮。

（1）饮料由澄清变成混浊或沉淀。大多饮料是澄清的。但若有微生物大量繁殖，则可变成混浊，甚至产生沉淀。

（2）饮料产生异味。饮用饮料感到味道不正，如醋味、苦味、铁锈味及其他腐败的味道。

（3）饮料变色。通常饮料各具有与该饮料名称相符的色泽。若饮料色泽改变，则有可能变质。

（4）饮料变黏稠。饮料存放一段时间后，如被黏稠芽胞杆菌污染，并大量繁殖，则饮料可变得黏稠。

（二七三）中国十大名茶及其选茶诀窍

中国十大名茶：①杭州龙井茶；②闽北武夷岩茶；③闽南铁观音；④安徽祁门红；⑤黄山毛峰；⑥江苏碧螺春；⑦群山银针（洞庭湖中青螺岛）；⑧河南信阳毛尖；⑨贵州都匀毛尖；⑩安徽六安瓜片。

选茶诀窍：一是看外形。无论何种茶都应以条索紧结，如峰苗重实圆浑，茶梗短嫩，叶略扁卷曲、粗细均匀为好。二是观色泽。绿茶颜色翠碧、鲜润活气为好。红茶以红褐油润或乌黑油润，芽毫金黄的为上。各种花茶则以淳绿色无光者为佳。三是闻香味。香味浓郁扑鼻，以嚼或冲泡。绿茶以清香为主，花茶既具茶香又有花香才佳。

（二七四）真假矿泉水的甄别

（1）透明度：矿泉水在日光下无色透明，不含杂质、无混浊现象。

（2）射光度：矿泉水注清洁玻璃杯，再放进竹筷，观察其光的折射度。矿泉水富含矿物质，其折光率较自来水大。

（3）比重：矿泉水矿化度较自来水大，其表面张力相应增大，可将矿泉水注满玻璃杯，观察其水外溢状况或用硬币试其浮力来定论。

（4）热容量：同一温度下矿泉水吸、放热速度慢于自来水，故真矿泉水在高温季节，其表面有冷凝小水珠。

（5）口感：真矿泉水口感甘甜，无异味（碳酸型矿泉水略有苦涩感），自来水有漂白粉味。

（6）其他：矿泉水加入白酒无异味，喝起来顺喉，而自来水或白开水加入白酒则变味。

第六节　走出饮食误区

（一）你有没有下面的错误的饮食习惯

（1）大量储藏食物：或者因为忙碌，或者因为懒惰，很多人一次买很多食物塞进冰箱。其实，食物储藏的时间越长，接触空气和光照的面积就越大，营养素也就损失的更多。绿叶蔬菜每多放一天，维生素就会减少10%；菠菜在室温下放4天，叶酸会损失50%；而鱼在冷冻室放上3个月，维生素A、维生素E的损失也在30%左右。

（2）精米白面好吃：在加工过程中，加工越精细，维生素、矿物质的损失就越多，因为B族维生素、膳食纤维、无机盐等都在种子的外壳和胚芽里。其实，粗杂粮不只是种类，而且与加工方式有关。

（3）喜欢吃各种肉：肉类都是酸性食物，吃很多酸性食物时人体血液也会偏酸。其实，身体会用体内的碱性成分钠和钙来中和体内过量的酸，造成这两种营养素的损失。所以最好在吃肉的同时吃点新鲜蔬菜和水果。

（4）食品反复冰冻：大块的肉解冻后切下要用的部分，把剩下的再冻起来，这样的事你做过吗？其实，反复冷冻鱼和肉会导致蛋白质、维生素等各种营养素的流失，还可能增加细菌污染的危险。最好在肉新鲜的时候切成小块，分别包装，吃多少取多少。

（5）煮饭时间长了好吃：煮饭炒菜时间越长、温度越高，各种营养素的损失就越多。其实，蒸煮时间最好控制在20分钟左右，避免煎炸，煮肉不要超过2小时。

（6）铜锅和铝锅也很好用：不锈钢、铁、玻璃都是不错的餐具选择。其实，铝锅加热时会增加维生素C的流失，铜则被叫做"维生素的敌人"。铁锅烹饪西红柿、柠檬等酸性食物，会使活性铁的吸收量增加10倍。

（7）菜叶子不好吃：我们经常把芹菜叶、莴笋叶扔掉。其实，蔬菜的外皮和叶子有丰富的营养素，比如莴笋叶的胡萝卜素和钙的含量比茎部高5.4倍。

（二）现代都市人的9种常见饮食误区

（1）饭后马上吃水果。科学研究指出，水果中含有大量单糖物质，很容易被小肠吸收，但若被饭菜堵塞在胃中，就会因腐败而形成胀气、胃部不适。所以吃水果应在饭前1小时或饭后2小时为妥。

（2）喜用热油炒菜。这是一种不科学的烹饪方法。当油温高达200℃时，会产生一种叫"丙烯醛"的气体。它是油烟的主要成分，对人体呼吸道有害。另外"丙烯醛"还会使油产生大量极易致癌的过氧化物。因此，炒菜还是以八成热的油为好。

（3）新鲜蔬菜比冷冻蔬菜更营养。其实新鲜蔬菜与冷冻蔬菜营养价值是相等的。其营养差异主要取决于烹调方面。

（4）吃豆制品越多越好。黄豆中的蛋白质能阻碍人体对铁元素的吸收。过量摄入黄豆蛋白质可抑制正常铁吸收量的90%，从而出现缺铁性贫血，表现出不同程度的疲倦、嗜睡等贫血病状。所以吃豆制品不要过量，还是适量为好。

（5）多用佐料调味。研究表明，胡椒、桂皮、丁香、小茴香、生姜等天然调味品中有一定的诱变性和毒性，如多用调味品，可导致人体细胞畸变，形成癌症，同时会给人带来口干、咽喉痛、精神不振、失眠等不良反应，还会诱发高血压、胃肠炎等多种病变。因此，日常饮食中应尽量少用或不用佐料为好。

（6）喜爆炒食物。这是一种不卫生的烹制方法。禽畜肉尤其是动物内脏携带大量禽畜病毒、病菌，爆炒时间短，病毒、病菌不易被杀死，有的病毒要烧煮10分钟以后才能杀死。吃了不熟的食物，极易发生"人畜共患"疾病。因此，畜禽肉还是烧熟、烧透吃才安全。

（7）喜精厌粗。有些都市人吃什么都讲求精细，如吃米喜吃精米，且淘米时反复搓擦，致使米的谷胚层被搓掉了，这就使维生素 B_1 以及铁、锰、锌等元素大量丢失。五谷杂粮以及粗纤维含量较多的食物，含有人体所必需的营养成分和纤维素。如红薯、南瓜等在国外已成为美容食品，且红薯中含有抗癌物质。纤维素是人体肠道内最好的"清洁工"，它可以清除肠内垃圾。缺少了它，人就容易出现便秘、结肠炎、结肠癌等疾病。

（8）饿了才吃饭。有些人不是按时就餐，而是不饿不吃饭；也有些人不吃早餐就去上班，其理由之一就是"不饿"；还有些人工作忙时，常常是干完活再吃饭。这些做法容易损害胃，也会削弱人体的抗病力。因为食物在胃内仅停留4~6小时左右，感到饥饿时，胃早已排空，胃黏膜这时会被胃液进行"自我消化"，容易引起胃炎和消化道溃疡。

（9）米面食品放凉吃。米面食品放凉后，淀粉分子就会自动有规律地定向排列，组合成一种质地坚硬的结晶，很难与消化液充分混合，不易被机体吸收。这种放冷变硬的淀粉食品，一定要经过加温重新蒸煮，让淀粉再次吸水、膨胀，才可以保持食品应有的营养价值。因此，米面食品放凉后应加热后再食。

（三）9种错误的饮食搭配

有的菜肴美味可口、鲜艳诱人、令人垂涎，但是有的看似色香味俱全，或者我们已经习惯的饮食搭配却是可以引起中毒或不良反应的，严重的还可能致命。

（1）鸡肉和芝麻：芝麻能滋补肝肾、养血生津、润肠通便、乌发，但与鸡肉同食会中毒，严重的可导致死亡。常见菜肴如"葱菇鸡块"。

（2）大蒜和大葱：大蒜、大葱都是强烈刺激肠道的食物，胃肠道有疾患的人食用后易出现腹痛、腹泻等症状。常见菜肴：麻辣四季豆（葱烧四季豆）。

（3）五香茶叶蛋（茶叶＋鸡蛋）：浓茶中含有较多的单宁酸，单宁酸能使蛋白质变成不易消化的凝固物质，影响吸收利用。

（4）白萝卜和木耳：萝卜性平微寒，具有清热解毒、健胃消食、化痰止咳、顺气利便、生津止渴、补中安脏等功效。但需注意萝卜与木耳同食可能会得皮炎。如红白萝卜木耳汤。

（5）西红柿和鱼肉：西红柿中的维生素 C 会对鱼肉中的铜元素释放产生抑制作用。如西红柿烩鱼。

（6）鲫鱼和冬瓜：鲫鱼性温味甘，能和胃补虚、消肿去毒、利水通乳，但若与冬瓜同食会使身体脱水。低血压、身体虚弱者不宜食用。

（7）鸡蛋与白糖同煮：很多地方有吃糖水荷包蛋的习惯。其实，鸡蛋和白糖同煮，会使鸡蛋蛋白质中的氨基酸形成果糖基赖氨酸结合物。这种物质不易被人体吸收，对健康会产生不良作用。

（8）鸡蛋与豆浆同食：早上喝豆浆的时候吃个鸡蛋，或是把鸡蛋打在豆浆里煮是许多人的饮食习惯。豆浆性味甘平，有很多营养成分，单独饮用有很强的滋补作用。但其中有一种特殊物质叫胰蛋白酶，与蛋清中的卵松蛋白相结合，会造成营养成分损失，降低二者的营养价值。

（9）鸡蛋与兔肉同吃：鸡蛋不能与兔肉同吃。鸡蛋同兔肉同食会刺激肠胃道，引起腹泻。

（四）男人的 3 项饮食误区

（1）一顿饭没有肉就吃不饱。几乎所有男人都偏爱动物性脂肪。但实际上，像牛排这样的红肉可能增加患癌症的危险。从世界范围来看，红肉消耗多的国家，前列腺癌的发生率也高。但并非所有的肉都不能吃，白肉（鱼肉、鸡肉等）有着抗癌作用，每周吃 2~4 次鱼肉，可使人患结肠癌的风险下降 50%。

（2）喝酒一定要喝到痛快。在中国，男人喝酒多半是为了应酬。无论喝酒的原因是什么，对健康都不利。据统计，嗜酒酗酒者的平均寿命比不喝酒的人低 15 年左右。

（3）正餐吃到十成饱，坚决抵制零食。不同于女人，大部分男人对零食并不感冒。这未尝不是件好事，但遗憾的是，男人们总会把每顿正餐吃到十成饱。这不仅容易让他们发胖，同时也会使胆固醇上升。男人该向女人学习睡前不吃东西。显然，这是女人为了减肥给自己定的规矩。如果刚吃饱就睡，脂肪容易囤积在体内，体重也就与日俱增了。也许很多人认为，女人更容易在睡前边看电视边吃零食，但男人和女人在零食的选择上有所差异。女人更喜欢水果、酸奶等低热量零食；男人则喜欢高油脂的食物，如油炸食品、肉、方便面等。结果，同样吃夜宵，男性摄取的热量当然高于女性。

（五）餐桌上的饮食误区有哪些

（1）餐前先喝甜饮料。不知何时开始，各种甜饮料成了客人落座之后必不可少的选择。特别是儿童，不能饮酒，家长便会纵容他们喝可乐、雪碧等饮料。然而，碳酸饮料不仅营养价值极低，还会妨碍胃肠对食物的消化吸收。相比之下，纯果汁、菜汁和鲜豆浆是不错的选择，纯酸奶则对饮酒者有较好的保护作用。

（2）凉菜鱼肉唱主角。宴饮之时，难免会点几个冷菜开胃。冷菜油脂较少，有荤有素，如果多点一些清爽素食，本来可以平衡主菜油脂过多和蛋白质过剩的问题。然而，多数食客习惯性地点酱牛肉等鱼肉类冷菜，使冷菜失去了调剂营养平衡的作用，加剧了蛋白质过剩。比较好的选择是以生拌蔬菜、蘸酱蔬菜，加上含淀粉食品（如荞麦面、蕨根粉等）、根茎类食品（如藕片、山药等）和水果沙拉等素食为主，配上一两个少油脂的鱼肉类和豆制品。用这些清爽的食物开胃，可以保证一餐中的膳食纤维和钾、镁元素的摄入，还能避免蛋白质作为能量被大半浪费。

（六）运动前后补充食物时有何误区

很多人喜欢在运动或户外活动时吃些巧克力来补充能量，一些网球运动员在比赛中吃香蕉的做法也让一些爱好运动的人们效仿。不过专家指出，普通人在运动时不宜吃香蕉，而巧克力无论是运动前还是运动期间都是不宜吃的。

饮食越合理，运动效果越好；不适当的饮食则会影响运动效果。如运动之前和运动期间应少吃脂肪含量高的食物。以巧克力为例，其中的咖啡因可以起到兴奋神经中枢的作用，但巧克力尤其是口感柔滑的巧克力往往是高油脂、高热量但含糖少，人吃了运动中不易消耗掉，反而容易造成肥胖。这时如果选择牛奶最好也选脱脂的，普通的牛奶脂肪含量比较高。

香蕉被很多人认为是运动食品，不过未必人人都适合运动时补充香蕉。香蕉虽然容易消化、含糖量和含钾量比较高，而且在长时间运动期间补充会产生饱腹感，却容易形成胃胀气导致运动时出现不适。因此如果吃香蕉再运动感觉到不适，最好就不要吃了。

除了巧克力和香蕉外，在运动前和运动期间应避免食用以下食物，如冰淇淋、坚果、黄油、人造黄油、甜甜圈、烤肉、比萨饼、熏制粗香肠、汉堡、油炸食品、肥肉、腊肉等。

（七）常吃油条、酸菜鱼是不是饮食误区

油条是不少人早餐的选择，可油条中大多加有明矾。这种含铝的无机物，被人体吸收后会对大脑神经细胞产生损害，并且很难被人体排出而逐渐蓄积。长久对身体造成的危害是，记忆力减退、抑郁和烦躁，严重的可导致老年性痴呆等。如果你在食用油条时，佐以豆浆，那么就在无意中保护了自己。因为豆浆中富含卵磷脂。科学家发现给老年性痴呆患者服用一定剂量的卵磷脂，可以使他们的记忆力得到一定的好转。

酸菜鱼是人们喜欢的一道菜肴。但是经过腌制后的酸菜，维生素 C 已丧失殆尽；此外，酸菜中还含有较多的草酸和钙，由于酸度高食用后易被肠道吸收，在经肾脏排泄时极易在泌尿系统形成结石；而腌制后的食物，大多含有较多的亚硝酸盐，与人体中胺类物质生成亚硝胺，是一种容易致癌的物质。研究发现，多吃富含维生素的食物，可以阻断强致癌物亚硝胺的合成，减少胃癌和食管癌的发生。而猕猴桃被称之维生素 C 之王，一个猕猴桃基本可以满足人体一天所需的维生素 C。

（八）饮酒的6个误区

（1）无苯饮酒。在无菜情况下饮酒，酒精可迅速吸收入体内，从而加重酒精对肝脏的毒害作用。一般认为，糖有一定的护肝功能，故下酒菜应选择一些含糖菜肴，如糖酥鱼、糖炒花生米及糖拌番茄等。酒精可增加体内蛋白质耗损，故也要进食一些富含蛋白质的菜肴。醋可与酒发生化学反应，帮助分解酒精，因而可选择一些加醋的凉拌小菜和糖醋排骨等，以助解酒。

（2）先酒后饭。人在进餐时胃往往已排空。如未吃饭就先饮酒，进入胃内的酒可很快地被吸收，进入血液，到达肝脏，这对身体很不利。

（3）浓茶解酒。酒精与浓茶同样具有兴奋心脏的作用，两者合二为一，更增加了对心脏的刺激。另外，酒精大部分在肝脏中转化为乙醛之后再变成醋酸，并进一步分解成二氧化碳和水，经肾脏排出体外。而浓茶中的茶碱，可迅速地对肾脏发挥利尿作用，使尚未分解的醋酸过早地进入肾脏，从而对肾功能造成损害。

（4）饮酒取暖。酒里的酒精被身体吸收以后，能刺激身体表面的血管使其扩张，使内脏的血液也流到身体表面向外发散热量，使人身上暂时感到热乎乎的。但喝酒后扩张的血管不能灵敏地收缩变细而防止血液向外散发热量，于是身体的热量丢失过多，以致先热后冷。

（5）烟酒同进。在饮酒时吸烟，肝脏不仅要清除酒精，又要将烟中毒物解毒清除，这就加重了肝脏的负担。同时，烟草在燃烧过程中，可产生氢化氰、一氧化碳及苯并芘等有害物质。而酒精可溶解这些有害物质，使其进入体内。

（6）饮酒催眠。科学证明，夜晚借助饮酒而入睡者，其睡眠常处于朦胧状态，还会出现呼吸不畅、鼾声加重及呼吸暂停等异常现象。特别是心肺疾病患者，入睡前饮酒，有引起心脏性猝死和发生呼吸骤停的危险。

（九）喝酒时不要同时喝碳酸饮料

很多人喝酒时，喜欢喝点碳酸饮料，比如可乐、雪碧等，以为这样酒被"稀释"了，可以降低"酒劲"，其实不然。从消化系统的角度来说，碳酸饮料在胃里放出的二氧化碳气体，会迫使酒精很快进入小肠。而小肠吸收酒精的速度，比胃要快得多，从而加大伤害。而且酒精在碳酸的作用下，很容易通过血－脑脊液屏障进入脑内，造成伤害。所以，边喝碳酸饮料边喝酒反而会加速醉酒。由于饮料中含有大量的糖和能量，喝酒时掺饮料无形中会增加糖分和能量的摄入，长期饮用会影响健康，导致肥胖和其他慢性病。如果觉得酒实在"太呛"，可以加点冰块。酒后可以喝点淡茶或稀释过的果醋，但最好不要喝浓茶。

还有一个方法，就是在酒后喝两支葡萄糖口服液。因为人体分解酒精主要依赖葡萄糖，葡萄糖口服液可以加快分解体内酒精，避免造成酒精中毒。也可以吃一些容易消化的淀粉类食物，如馒头等。馒头可转化成葡萄糖，有利于为人体供血并增加体能，由于它有发酵过程，还对胃酸有中和作用，吃后身体会马上舒服起来。此外，可以在饮酒前先喝一杯牛奶或者酸奶，以保护胃黏膜不受酒精刺激。

（十）喝茶减肥的 5 个误区

（1）茶叶越贵，减肥效果越好。既然茶叶的减肥有效成分是其中的多酚类和茶黄素类物质，以及其中的咖啡因和茶碱，那么就要选择这些物质含量高的茶叶，而这些因素和价格无关。价格高昂的嫩叶制作的绿茶富含有未氧化的多酚类物质，特别是儿茶素等，对保护心血管最有帮助；成叶发酵制成的乌龙茶和红茶富含抑制脂肪合成酶的茶黄素和茶红素，抗氧化效率较低，但有研究报告，其减肥的效应甚至更有增强。茶叶过浓的涩味往往被认为是不良风味，然而这意味着酯型儿茶素含量较高，这正是减肥的有效成分之一。

（2）喝淡茶就能对减肥有帮助。任何活性物质，都需要足够的剂量才能发挥健康效应。在减肥有效的研究当中，每天的茶多酚的数量在 90~690 毫克之间。仅仅喝三两杯清香淡茶，是起不了减肥作用的。每天至少要摄入相当于 3 汤匙的量，还需要是溶出成分较多的茶叶，才可能有所帮助。

（3）喝茶减肥效果可以长期维持。饮茶对体重的控制不一定具有长期的维持效果。一旦停止饮茶，体重很可能会回复。因此，保持一个长期的习惯可能是必要的。但是，研究也发现，如果在饮食和运动之余加上饮茶习惯，对于维持降低后的体重有所帮助。

（4）晚上大量饮茶，以少睡觉的方式来减肥。对于咖啡因敏感的人来说，饮浓茶可能影响睡眠，因此在早晨和上午饮茶比较合适。上午人体代谢率较高，工作任务也比较重，适合饮用较浓的茶。如下午 5 点以后饮茶，有可能造成晚上失眠，而减少睡眠并不能改善减肥效果，因为睡眠不足不仅会降低抵抗力，还会升高血糖，提高促进食欲的激素水平，所以是得不偿失的事情。

（5）沸水泡茶损失维生素 C，所以只喝 85℃冲泡的绿茶。减肥的目标，和获得维生素 C 的目标，以及减少咖啡因的目标，未必是一致的。只要水果和蔬菜摄入充足，人们无需用茶来供应维生素，所以不必拘泥于"沸水泡茶破坏维生素 C"的禁忌。因为有些减肥的女士体质偏寒，代谢率较低，大量饮用绿茶会强化这种体质，对减肥并无益处，饮用需要沸水冲泡的红茶和乌龙茶，反而对提高代谢率更有帮助。

（十一）喝醋保健的误区是什么

目前，市场上有各种醋饮料的身影，什么冰醋饮、贵妃醋、养颜醋，等等。一些地方还陆续出现了一种叫做"醋吧"的时尚产物，吸引了不少的追捧。

从理论上说，醋确实有软化血管的作用，能够在一定程度上起到预防高血压、高血脂的效果。此外，高血压患者通常要限制摄盐量，这对吃惯了重口味菜肴的人来说实在是难之又难。这时，以酸的醋代替咸的盐不啻为一个极佳的转换方式，在满足挑剔味觉的同时，避免了钠盐的摄入，可谓一箭双雕的选择。

提到醋与钙的关系，首先映入人们脑海的恐怕就是骨头在醋中慢慢软化的情景。在一定的酸性环境下，骨头中的钙离子容易游离出来，这无疑会增加钙的溶解度，有助于钙质的吸收。从这个意义上说，在日常饮食中适当加点醋，对于补钙是颇有好处的。比如，在制作蛤类等海鲜时加点醋，可使贝壳中的矿物质更容易溶解在汤汁中，利于增加我们对钙的摄取量。此外，在做鱼时加点醋，同样会有助于我们吸收鱼体内的钙质。

但是，醋再好，喝起来也要适量。刚开始，可以少喝一点，并视身体的接受程度斟酌是否可以加量。比如，有些人本身胃肠功能不好，喝一点醋饮料都会觉得不舒服，那就千万不要勉强。老年人、胃酸过多的人，以及有溃疡的人，都应该少饮醋，否则可能对胃肠形成刺激，加重溃疡。

（十二）夏季口渴不能仅仅补充水

夏季天气炎热，出汗多，体内水分丢失较多。

但夏季随汗液丢失的不只是水分，还有一些无机盐和水溶性维生素如钠、钾、钙、锌、铜、B 族维生素、维生素 C 等一起随汗液丢失。出汗的量越多，丢失的程度越严重。这些无机盐及水溶性维生素在维持人体健康中发挥着巨大的作用。大量出汗后没有及时补充就会造成体内这些物质的缺乏。

人体缺钾会造成四肢软弱无力、恶心、呕吐、腹胀等症状。缺钠会出现精神萎靡、嗜睡、厌食、恶心、呕吐等，缺乏 B 族维生素会影响体内生化代谢的正常运行。另外，口渴时会大量饮水，甚至过量饮水都会稀释胃酸，直接或间接地影响消化功能，造成食欲下降、乏力、倦怠、胃部不适等症状。

夏季补充水分以淡茶水、绿豆汤、乌梅汤、水果汁及运动饮料为首选。吃饭时可以喝一些蔬菜汤，例如咸肉冬瓜汤、西红柿扁尖笋冬瓜汤、丝瓜蛋汤、紫菜蛋汤、番茄蛋汤、酸辣汤等，这些汤类可以为我们提供丰富的钠、钾、镁等无机盐。西瓜等水果在提供水分的同时，还可以提供维生素 C。

另外，牛奶、酸奶、豆浆中除含有大量的水分，还含有蛋白质、钙以及多种营养素，是夏季食欲不佳时为人体增加营养的优良食品。在喝水的方式上，注意要少量多次，不要一口气喝大量的水，也不易多喝冰镇的各种饮料，包括啤酒。

（十三）夏季不能一日三餐只喝粥

人在夏天，水分蒸发多，容易口干舌燥，吃饭时总喜欢喝一些粥、汤之类食物，以补充水分。中国传统养生之道也推荐了不少适合夏日清凉解暑的药粥、药膳。例如，莲子粥、杏仁粥、荷叶粥、冬瓜赤豆粥、红枣绿豆粥等等。夏日喝粥确实给人带来舒服的感觉。因此，夏季很多家庭，尤其是有老年人的家庭，顿顿以粥、烂面条作为主食，佐以咸菜、酱菜等小菜。结果不到吃午饭时就会经常感到饥肠辘辘，影响学习、工作的效率。

稀薄的粥、汤属于流质食物，稠厚的粥、烂面条属于半流质食物。它们都有体积大、热量密度低的特点。因此，当时吃饭时觉得饱了，但还不到下一顿饭时就会出现饥饿的感觉。长期这样会因能量摄入不足造成消瘦，体重下降。

如果以粥当作主食，应该煮得稠一些，并在两餐之间吃一些零食、点心、水果等，以补充能量的不足。没有条件加餐的，应该干稀搭配，将粥煮得稀一些，吃饭时再加吃一些米饭、馒头等干的主食，以增加饱腹感。

（十四）夏季饮食不能过分求清淡

随着气温的升高，汗液的蒸发，体内水分丢失增加，需要不停地补充水分。结果，胃酸被冲淡、消化液被稀释，致使食欲下降，胃肠道消化吸收功能也下降。清淡少油的饮食较易消化吸收。但是，很多人过分追求饮食清淡，减少了鱼、虾、瘦肉之类蛋白质含量较高的食物的摄入，天天以素食为主。在烹调方法上以清蒸、水煮、凉拌为主。久而久之，身体抵抗力降低，容易出现疲乏、贫血、感冒等病症。

高温环境下，人体的能量消耗增加，基础代谢率增加 5% ~ 10%，热能摄入应该比平时略多。如果一味追求清淡饮食，很可能会出现热能、蛋白质摄入不足的现象，结果影响机体免疫球蛋白的合成。植物油摄入过少，还会造成人体不能合成的必需脂肪酸的缺乏，影响细胞膜的结构和功能。

每餐要保证有主食，数量不低于 50 克。主食类的食物糖类含量高，提供能量方便快捷。消化吸收负担小。如果饭量难以增加，可通过饥饿时吃一些零食、水果、点心等办法增加热能的摄入。蛋白质类食物的补充以牛奶、鸡蛋、豆制品、鱼虾、瘦肉为主。

烹调方法尽量减少过油、煎、炸，可多采用炒、熘、炖、焖、烩、蒸等。如果烧菜放油太少，饭后常有不满足的感觉，可以吃几粒核桃、花生、腰果、开心果及少量葵花子等脂肪含量高的零食，以满足人体对脂肪酸的需求。

（十五）夏季纳凉宵夜不要天天吃

夏天白天天气炎热，食欲减退，进食量少。夜幕降临之后，气温下降，徐徐的晚风会给人带来舒适的感觉。仲夏夜纳凉、聚餐、会友也是很多上班族的选择。酒逢知己千杯少，在愉快聊天喝酒的同时，不知不觉中就会摄入大量的鱼虾肉类等高蛋白、高热量的食物。夜夜酒足饭饱，除了日渐增加的啤酒肚，随之而来的会是一系列身体指标的异常，高血压、高血脂、高血糖、高尿酸血症及脂肪肝等也会出现。

由于晚餐后没有多少活动，所摄入的热量是一天中最容易积存起来的。通常晚餐所摄入的热量占全天总热量的 30% 即可，也就是我们常说的晚餐要吃得少。但是，宵夜时往往吃大量的鱼、虾、肉、蛋等高蛋白高脂肪食物。再加上酒及饮料中所含的热量，往往超出 30%。日积月累，啤酒肚日渐增大。

晚餐脂肪摄入量过多，会造成血脂的升高，会导致肝脏合成的胆固醇明显增多，并且刺激肝脏制造更多的低密度脂蛋白。运载过多的胆固醇到动脉壁堆积起来，容易诱发动脉粥样硬化和冠心病。

另外，长期夜宵过饱，会反复刺激胰岛，使胰岛素分泌增加，久而久之，便造成分泌胰岛素的 β 细胞功能减退，发生糖尿病。夜宵过饱还可造成胃部扩、胀，压迫周围器官，加重胃、肠、肝、胆、胰等器官的负担，引起大脑皮质活跃，诱发失眠。

夜宵时可选择一些蔬菜、鱼虾、豆制品等易消化的食物，烹调方法可选凉拌、清蒸、煮、炖等，红烧、油煎、炸类菜肴选择一种即可。不要贪杯，喝酒前可先吃一点提供糖类较多的粥、面条、馒头、花卷、点心或玉米等，以保护胃黏膜，不宜空腹喝酒，尤其不要大量喝冰镇的啤酒，以免引起胃肠痉挛。在吃饭的时间上也要注意尽量不要超过晚上9点，吃饱饭之后也不宜马上睡觉，可适当散散步，待胃中食物消化掉之后再入睡。

（十六）劳累后进补肉食的误区

不少人在干了较重的活儿或进行了较大运动量的运动后，就想多吃一些鱼、肉等物品来补充消耗，增强体能。其实，这种做法是错误的。食物按酸碱性来划分，可分为两大类。一类是含磷、氯、硫元素较多的食物，如鱼、肉、蛋、糖、花生、啤酒等酸性食物；另一类则是含钾、钠、钙、镁等元素较多的食物。如蔬菜、水果、豆类、茶等碱性食物。偏食酸性食物，容易引起酸中毒，即使人体血液酸性化，反易使劳累后的人更加疲劳，使其抵抗力降低，从而导致病邪袭人。因此，劳累后不应过多吃大鱼大肉。

（十七）水果榨汁喝好不好

现在，许多家庭都购置了榨汁机。一些家庭吃水果基本上都是榨汁吃。其实，除了一些病人和牙齿功能不好的老年人外，水果最好不要榨汁喝。只喝水果汁，就减少了人体对纤维素的摄取。以果胶为代表的水溶性纤维有预防和减少糖尿病、心血管疾病的保健功效。水溶性纤维具有刺激肠道蠕动和促进排便的作用，能防止胃肠系统的病变。食物纤维还能影响大肠细菌的活动，使大肠内胆酸生成量减少，并能稀释大肠内的有毒物质，减少致癌物与肠黏膜的接触时间，因而可预防肠道癌变。

此外，食物纤维还可影响血糖水平，减少糖尿病患者对药物的依赖性，并有防止热量过剩、控制肥胖的作用，同时还有预防胆结石降低血脂的功效。水果榨汁喝，对儿童健康更是不利，易造成儿童牙齿缺乏锻炼，使其面部皮肤肌肉力量变弱，眼球调节机能降低。如果长期咀嚼无力，还会使孩子出现下颚不发达，牙齿排列不整齐，上下牙齿咬合错位等现象。

（十八）把吃水果当正餐吃一个误区

一些爱美、怕胖的女士，中午常常只吃一个苹果或一个橙子，喝一杯饮料，就算解决正餐了。更有一些肥胖女士，为了尽快减轻体重，在一天的食谱中，除吃些水果外，基本上不吃其他食物，特别是含蛋白质丰富的食物。这是极不正确的做法。

大部分水果在蛋白质、铁、铜、维生素 B_{12} 等方面的含量较少。长期只吃水果，虽然会减轻人体的体重，但也很容易导致人体贫血。节食减肥，不能通过把水果当正餐吃来达到目的。在减肥的同时，还应适当地吃些大豆、蛋类、乳类、鱼类及瘦肉类食物，以保证营养均衡，身体安康。

苹果

（十九）不要用保温杯泡茶

茶叶富含蛋白质、脂肪、糖、维生素以及矿物质等营养成分，是一种天然的保健饮料，其中所含的茶多酚、咖啡碱、单宁、茶色素等，又具有多种药理作用。如果用保温杯泡茶，茶叶长时间浸泡于高温水中，就像温火煎煮一样，茶多酚、单宁等物质会大量浸出，使茶水颜色浓重、有苦涩味。同时，由于一直保持很高的水温，茶中的芳香油会很快大量挥发，鞣酸、茶碱大量渗出，这样不仅降低了茶叶的营养价值，减少了茶香，还使有害物质增多。此外，维生素 C 等营养物质在水温超过 80℃时就会被破坏，长时间高温浸泡会使其损失过多，从而降低了茶的保健功能。

另外，还有些人用搪瓷茶具泡茶，这也是不妥的。搪瓷茶具用久了容易产生磨损，使铁皮露出，金属成分会随着茶而溶解，使茶水色泽发黄并失去原味，而且，搪瓷茶具散热、传热快，茶香也易散发。因此，不宜用保温杯和搪瓷茶具泡茶，如果想喝热茶，可以用紫砂壶或陶瓷茶具冲泡，茶泡好了以后，再倒入保温杯中。

（二十）吃鱼安全也成了误区吗

近年来，专家开始重视重金属毒素中的汞会加剧患上心脏血管系统疾病的危机。医学界发现汞在我们的身体内没有任何生理功能，只有毒性。而近代因环境的污染问题，我们日常食用的鱼类成为汞入侵身体的重要途径；鱼类本身含有大量非常有益的不饱和脂肪，但它强化心脏血管系统的好处却全被汞的毒害瓦解。所以，吃大量的鱼反而变得对健康有害无益。

汞有毒，它的毒性尤其对怀孕、哺乳期妇女和 6 岁以下儿童有严重威胁。汞可以流入胎盘，直接损坏胎儿神经系统的发育，对胎儿将来的认知能力和运动能力有很大影响。有证据表明，汞会增高血压，提高成人心脏病突发的风险性。另外，它还是一些免疫系统疾病的根源，例如各种器官的硬化症。

鱼体积越大，它就会含有越多的汞。应该少吃体型较大的鱼类，一个月最多吃两次，鱼翅、旗鱼、鲭鱼、鲶鱼和胖头鱼，这些鱼产品都含有非常高的汞量。生蚝、虾、比目鱼和扇贝的汞含量相对最低。而就算你选择鳟鱼、虾、太平洋三文鱼、黄鱼、中大西洋蓝蟹及黑丝蟹鱼这些相对"健康"的食物，每周也只能吃两到三次，吃多了一样易引起汞中毒。鲑鱼的汞含量也很低，但它有其他方面的危害。人们现在意识到人工养殖的鲑鱼可能含有大量的聚乙烯联苯，这种化学物质会造成肝脏、肠道和皮肤癌变。

（二十一）不要把功能性饮料当水喝

由于区别于普通饮品，功能性饮料适宜于特定人群和特定条件。由于一些功能性饮料中含有咖啡因等刺激中枢神经的成分，对于少年儿童来讲应该慎用。而成年人对功能性饮料虽然可以不受限制地饮用，但也要注意一些特殊情况。比如运动饮料适合在强烈运动、人体大量流汗后饮用，其中的电解质和维生素可以迅速补充人体机能。但这类饮料并不适合在没有运动的情况下饮用，因为其中所含的钠元素会增加机体负担，引起心脏负荷加大、血压升高，因此，血压高的人群应当注意选择。

有的孩子每天很少喝白开水，每当口渴和吃饭时都是争着喝功能性饮料。适当喝一些对身体健康无不良影响，但经常大量饮用，代替了喝粥、饮水、吃水果，就会严重影响孩子们的健康。

功能性饮料一般是在水里加入了维生素、葡萄糖、矿物质、电解质、赖氨酸，有的还有咖啡因、牛磺酸等成分。这些成分有一定的抗疲劳和适量补充钙、钾、矿物质、电解质等作用，比较适合体力损耗较大的特定人群和成年人。而儿童正处在发育阶段，运动量较小，如果过量补充这些成分，会加重孩子自我调节的负担，过量饮用还会超过孩子消化系统和肾脏、肝脏以及神经系统的承受能力。纯果汁含有丰富的维生素，特别是维生素 C 含量较高，儿童可适量饮用，但果汁中含糖量较高，过量饮用会引起肥胖、腹泻、营养比例失调等。功能性饮料和果汁不能代替粥、水果蔬菜，更不能代替水。

水是人体维持正常生理活动的重要营养素，除了它自身的营养素外，还起着溶化、吸收各种营养素、排出机体各种代谢废物、参与体温调节，降低累积在肌肉中的疲劳素（乳酸）等作用。中小学生每天喝水以 1.5~2 升为宜，其中应以温开水为最佳。同时要使孩子养成喝粥、吃瓜果蔬菜的良好饮食习惯，以有利于孩子的健康成长。

（二十二）把凉茶当水喝是一个误区

很多人一到夏天怕上火，以为拼命喝凉茶就没事了。殊不知凉茶不是水，要因人而异。由于凉茶本身味甘性凉，热性体质的人可适当饮用，而寒性体质、胃寒、脾虚，消化不良、体质虚弱的人不宜喝凉茶，尤其不能喝冰镇凉茶。常在空调房里的白领体质偏阳虚，再加上使用空调室内温度低，若再用大量寒凉性食物刺激，会损伤肠胃，出现四肢乏力、怕冷、拉肚子等不适症状。因此，凉茶不能当水喝。

无论是凉茶、冰爽茶、还是乌龙茶，喝茶最好是温凉的，冰镇凉茶易损伤胃肠，尤其是对体弱的老人、儿童和妇女。健康人最好也不要空腹喝凉茶，空腹喝凉茶会冲淡胃液，不利于消化。其实，最好的消暑饮料还是白开水，可以补充人体体液和电解质，另外，菊花茶、决明子茶、绿茶也有消暑功能，百合、绿豆、薏苡仁等可以除湿健脾，增强消化功能。

（二十三）以色论食的误区

误区之一，蘑菇越白越好。正常、新鲜的蘑菇表面有一层鳞片。由于运输过程中的碰撞而变色，一般不是均一的纯白色，有碰伤处呈浅褐色。使用漂白剂的菇体表现出不自然的白色，没有碰伤处的变色，也没有新鲜菇体的鳞片，手感相对湿、滑。

误区之二，海带颜色越"绿"越好。海带以叶宽厚、色浓绿或紫中微黄、无枯黄叶者为上品。海带含甘露醇，呈白色粉末状附在海带表面。海带以加工后整洁干净无霉变、手感不黏者为佳。颜色过于鲜艳或洗海带后水有异色，应停止食用。

误区之三，肉色越红越好。为了使烧鸡、烤鸭、猪腿、红肠、熏腿、猪杂等熟肉食品有诱人的颜色，一些厂商就在制造过程中加入各种人工合成色素。这样的食品对于人体健康的危害是不言而喻的。

误区之四，饼干颜色越鲜越好。正规饼干生产企业对食品添加剂的使用都严格遵照国家的相关规定，并在产品标签上明确标注。从外观上看，正常饼干的外表颜色应较为纯正，与主要配料的颜色相一致。但一些小企业通过添加过多的色素以"润饰"饼干的颜色。

误区之五，绿茶是越"绿"越好。不同品种、不同等级的茶叶，其颜色均不尽相同。但绿芽以翠碧、鲜润、活气且富有光泽的为佳。像高级龙井呈象牙色等。所以说，茶叶不能一律以"绿"定论。

（二十四）食品并不是新鲜越好

有些人认为食物越新鲜就越好，其实不然，有些食物就不宜吃太新鲜的。

（1）海蜇。新鲜的海蜇含水多，皮较厚，还含有毒素。只有经过食盐加明矾盐（俗称三矾）清洗两次，使鲜海蜇脱水两次，才能让毒素随水排尽。洗好的海蜇呈浅红或浅黄色，厚薄均匀且有韧性，用力挤也挤不出水，这种海蜇方可食用。

（2）鲜黄花菜。又名金针菜，未经加工的鲜品含有秋水仙碱。秋水仙碱本身无毒，但吃后在体内会氧化成毒性很大的三秋水仙碱。实验表明，只要吃 3 毫克秋水仙碱就足以使人恶心、呕吐、头痛、腹痛。若吃的量多，可出现血尿或便血，20 毫克可致人死亡。干品黄花菜是经蒸煮加工的，秋水仙碱会被溶出，故而无毒。

（3）鲜木耳。其中含有一种叫卟啉的光感物质，食用后若被太阳照射可引起皮肤瘙痒、水肿，严重的可致皮肤坏死。若水肿出现在咽喉黏膜，会出现呼吸困难。干木耳是经曝晒处理的成品，在曝晒过程中会分解大部分卟啉，而在食用前又经水浸泡，其中含有的剩余毒素会溶于水，水发的木耳无毒。

（4）鲜咸菜。新鲜蔬菜都含有一定量的无毒的硝酸盐，在盐腌过程中，它会还原成有毒的亚硝酸盐。一般情况下，盐腌 4 小时后亚硝酸盐开始明显增加，14～20 天达到高峰，此后又逐渐下降。因此，要么吃 4 小时内的暴腌咸菜。否则宜吃腌 30 天以上的。亚硝酸盐可引起面部青紫等缺氧症状，还会与食品中的仲胺结合形成致癌的亚硝胺。

（5）桶装水。不论是蒸馏水、矿泉水及其他纯净水，在装桶前大多要用臭氧做最后的消毒处理，因此在刚灌装好的桶装水里都会含有较高浓度的臭氧。对人而言臭氧是有毒物质，如果你趁新鲜喝桶装水，无疑会把毒物摄入体内。若将这些桶装水放置 1~2 天，臭氧会自然消失。

（二十五）哪些饮食误区会催老红颜

除了自身的生理特点以外，女性在饮食方面也容易存在一些误区，也是导致缺铁性贫血的重要原因，让你出现心慌、头晕、面色苍白、失眠等症状。

误区之一，蔬菜水果无益补铁。许多人不知道多吃蔬菜、水果对补铁也是有好处的。这是因为蔬菜水果中富含维生素 C、柠檬酸及苹果酸，这类有机酸可与铁形成络合物，从而增加铁在肠道内的溶解度，有利于铁的吸收。

误区之二，肉食损害健康。很多女孩子因为怕胖，总是谈肉色变。她们往往只注重蔬菜水果等植物性食品的保健效用，导致富含铁元素的动物性食品摄入过少。实际上，动物性食物不仅含铁丰富，其吸收率也高达 25%。而植物性食物中的铁元素受食物中所含的植酸盐、草酸盐等的干扰，吸收率很低，约为 3%。因此，不吃肉容易引起缺铁性贫血。

误区之三，吃鸡蛋喝牛奶营养足够。牛奶的铁含量很低，且吸收率只有 10%。鸡蛋中的某些蛋白质还会抑制铁质的吸收。例如，用牛奶喂养的婴幼儿，如果忽视添加辅食，常会引起缺铁性贫血，即"牛奶性贫血"。因此，牛奶鸡蛋虽然营养丰富，但要依赖它们来补充铁质则不足取。

误区之四，嗜饮咖啡与茶。对女性来说，过量地饮用咖啡和茶有可能导致缺铁性贫血。这是因为茶叶中的鞣酸和咖啡中的多酚类物质可以与铁形成难以溶解的盐类，抑制铁质吸收。因此，女性饮用咖啡和茶应该适可而止，一天 1~2 杯足矣。

富含铁的食品有动物全血、动物肝脏、肉类、虾类、蛋黄、黑木耳、海带、芝麻、大瓜子、芹菜、苋菜、菠菜、茄子、小米、樱桃、红枣、紫葡萄等含铁都比较丰富。具有造血功能的食品有骨头汤（包括猪、牛、羊和禽、鱼骨炖汤）、猪肝、牛肝、羊肝、鸡肝、鸭肝、鹅肝。维生素 A 和维生素 C 可以促进铁的吸收和利用。膳食中如加入 50 毫克的维生素 C，便能将铁的吸收率提高 3~5 倍。人体中胃黏膜是吸收食物中铁的主要部分，如果人体缺乏胃酸，铁的吸收就会发生困难，所以，胃酸缺乏的人更应注意。

（二十六）吃冷饮的 3 个误区

误区之一，喝冷饮能解渴。一般人总是认为一杯冰凉的冷饮下肚，就能暑气全消。但是，实际上喝下冷饮后，会使得口腔、食管和胃的表面迅速变冷，然后这些部位的微血管管壁也因为温度降低而收缩，于是使通过的血流量减少，连带地会使吸收水分的能力降低，还会使人体细胞内的水分向组织间隙渗透，于是就会造成"越喝越渴"的现象。

误区之二，用餐时吃冰淇淋。当人快速地喝下一杯冰水或吃一大杯冰淇淋之后，胃内的温度会由37℃快速下降至20℃以下，于是，胃马上"缩起来"，减慢活动。于是，胃不蠕动，肠胃道的消化功能也就停摆，大约需要30分钟（甚至更久）待胃部回复为温暖状态之后，消化功能才会渐渐恢复正常。因此，若在用餐的同时食用冰品，会使得食物自胃送至小肠的时间延后，造成胃胀、消化不良的现象。

误区之三，早餐喝冰饮料。人的体内永远喜欢温暖的环境，身体温暖，微循环才会正常，氧气、营养及废物等的运送才会顺畅。所以吃早餐时，千万不要先喝蔬果汁、冰咖啡、冰果汁、冰红茶、绿豆沙、冰牛奶等，短时间内也许不觉得身体有什么不舒服，事实上会让你的身体日渐衰弱。吃早餐应该吃

冰淇淋

热食，才能保护胃气。早晨的时候，夜间的阴气未除，大地温度尚未回升。体内的肌肉、神经及血管都还呈现收缩的状态，假如这时候你再吃喝冰冷的食物，必定会使体内各个系统更加挛缩、血流更加不顺。

（二十七）外出就餐的8大误区

误区之一，餐前先喝甜饮料。各种甜饮料成了客人落座之后的首选。然而，碳酸饮料不仅营养价值极低，还会妨碍胃肠对食物的消化吸收。相比之下，纯果汁、菜汁和鲜豆浆是不错的选择，纯酸奶则对饮酒者有较好的保护作用。

误区之二，凉菜鱼肉唱主角。宴饮之时，难免会点几个冷菜开胃。多数食客习惯性地点酱牛肉等鱼肉类冷菜，使冷菜失去了调剂营养平衡的作用，加剧了蛋白质过剩。比较好的选择是以生拌蔬菜、蘸酱蔬菜，加上含淀粉食品（如荞麦面、蕨根粉等）、根茎类食品（如藕片、山药等）和水果沙拉等素食为主，配上一两个少油

脂的鱼肉类和豆制品。

误区之三，烹调油多调味重。许多北方居民喜欢味道浓重的菜肴，认为这样才是过瘾。然而，菜肴中总要有咸有淡，有酸有辣，才不至于令味蕾过分疲惫。此外，浓味烹调往往会遮盖食物原料的不新鲜气味和较为低劣的质感，因此餐馆往往会热情地鼓励食客点这类菜肴。在点菜的时候，应适当点一些调味较为清爽的菜肴，如清蒸、白灼、清炖做法的。有两三个浓味菜肴过瘾即可，再配一两个酸辣或酸鲜菜，用来提神醒胃。这样，有突出、有呼应、有回味，口味丰富，也不至于过分油腻。

误区之四，海鲜满桌不嫌多。一些食客特别喜欢河鲜海鲜类产品，总觉得只有吃这些才显得宴席足够高档。其实，水产品尽管营养丰富，口味鲜美，却也是污染的"重灾区"。水产品的特性就是富集重金属，如果一桌当中海鲜和鱼类菜肴比例过高，总摄入量必然较大，污染物质更有超标风险。这不仅会加重身体的解毒负担，严重时甚至可能发生中毒。

误区之五，蔬菜菌藻不见面。宴饮的一大危害就是动物性食品和植物性食品严重不平衡。由于一餐中摄入大量蛋白质无法充分被人体利用，大量蛋白质会分解作为能量使用，同时产生含氮废物，加重肝脏和肾脏的负担，并妨碍酸碱平衡。在节日期间，应当选择那些平日食用较少的高档素食，如菌类、高档新鲜蔬菜、保健坚果，以及藻类、薯类等具有健康价值的蔬菜。这些素食既能促进健康，还能减轻消化系统的负担，可以说是一举多得。

误区之六，餐后喝碗咸味汤。都说"餐前喝汤越喝越靓"，北方宴席却很少见到开胃汤水，倒是餐间和餐后会送上有油有盐的汤。实际上，丰盛的宴席后并不适合饮用大量浓汤。这是因为，大量菜肴已经提供了极多的盐分和油脂，令身体不堪重负；如果再喝汤，必然会增加盐分和热量，对健康无益。餐前喝点汤，数量不至于过多，还能减少食量，对于减肥者有一定好处。餐后或餐间更适合饮用杂粮豆类制成的粥，或者索性用香茶清口。

误区之七，只吃菜肴不吃粮。眼下一个不成文的规矩，就是宴席上只吃菜、不吃饭，直到酒足菜饱之后，才想起来是不是要上主食的问题。然而，空腹食用大量富含蛋白质而缺乏糖类的食物，不仅于消化无益，其中的蛋白质还会被浪费，并产生废物。从营养和健康角度来说，如果不喝酒，餐前不妨上一小碗米饭，或者一小碗粥。这样既能减少蛋白质的浪费，还能减轻油腻食物伤胃的问题。在冷菜中引入一些含淀粉的原料，也能在一定程度上减轻这些问题。

误区之八，酥香小点代主食。目前，大部分餐馆酒楼都推出了各种花色主食，替代米饭和面条。这些花色主食主要是各种酥香小点、炒饭、抛饼、油炸点心等，其中油脂含量大大高于米饭面条，特别是酥点类和抛饼类，油脂高达30%以上，甚至还有较高比例的饱和脂肪。如果使用了植物奶油和起酥油，还会带来对心脏健康极为不利的"反式脂肪酸"。用它们来替代传统主食，显然很不明智。美食之后，最好能喝些清淡粥食，既养胃，又能改善营养平衡。

（二十八）人人都来吃粗粮也是误区

现代生活的精细化和精致化，成为诸多营养疾病的诱因。糖尿病、痛风、高血压、结肠肿瘤、肥胖等正在逐渐威胁人类健康。"粗粮"，是相对加工比较正规和精细的粮食而言的，主要包括谷类中的玉米、小米、紫米、高粱、燕麦、荞麦、麦麸以及各种干豆类，如黄豆、青豆、赤豆、绿豆等。不可否认，提倡人们适当吃粗粮是可以预防疾病的。粗粮虽好，但并不适宜所有人群，一些特殊体质的人就不宜常吃粗粮。

（1）胃肠功能差的人群。胃肠功能较弱的人群，吃太多食物纤维对胃肠是很大的负担。

（2）缺钙、铁等元素的人群。因为粗粮里含有植酸和食物纤维，会结合形成沉淀，阻碍机体对矿物质的吸收。

（3）患消化系统疾病的人群。如果患有肝硬化食管静脉曲张或是胃溃疡，进食大量粗粮易引起静脉破裂出血和溃疡出血。

（4）免疫力低下的人群。如

玉米

果长期每天摄入的纤维素超过50克，会使人的蛋白质补充受阻、脂肪利用率降低，造成骨骼、心脏、血液等脏器功能的损害，降低人体的免疫能力。

（5）体力活动比较重的人群。粗粮营养价值低、供能少，对于从事重体力劳动的人而言营养提供不足。

（6）生长发育期青少年。由于生长发育对营养素和能量的特殊需求以及对于激素水平的生理要求，粗粮不仅阻碍胆固醇吸收和其转化成激素，也妨碍营养素的吸收和利用。

（7）老年人和小孩。因为老年人的消化功能减退，而孩子的消化功能尚未完善，消化大量的食物纤维对于胃肠是很大的负担。而且营养素的吸收和利用率比较低，不利于小孩的生长发育。

总之，吃粗粮很有必要，但一定注意粗细搭配，同时还要搭配其他营养丰富的食品。比如把粗粮熬粥或者与细粮混起来吃，搭配蛋白质、矿物质丰富的食品以帮助吸收。同时，不适宜多吃粗粮的人群要尽可能减少粗粮的食用，以免造成营养不良。

（二十九）无糖食品的消费误区

无糖食品是相对于常规含糖食品而言，它不含精制糖，而用其他甜味剂代替，这个"无糖"，并不是指没有糖类。一些人把无糖食品当作糖尿病人的必备食品，有些人甚至将其当饭吃。有些人由于食用不当，反而使血糖升高了。

糖类按照其化学结构可分为单糖（葡萄糖、半乳糖、果糖等）、双糖（蔗糖、乳糖、麦芽糖等）和多糖（淀粉、果胶、糖原等）。无糖食品是指不含蔗糖（甘蔗糖和甜菜糖）和淀粉糖（葡萄糖、麦芽糖、果葡糖）的甜食品。无糖食品不含蔗糖和淀粉糖，但不等于无其他单糖或双糖。而且，食品中的淀粉、蛋白质等成分也可以转化为糖。因此，无糖食品并非绝对安全，如果食用不当，也会使血糖升高。还有，无糖食品往往含有甜味剂，如木糖醇、麦芽糖醇、山梨糖醇等。这些甜味剂虽然不会使血糖升高，但过量服用也会对人体有害。无糖食品在某些疾病状态下可以使用，但绝不能替代药物治疗。因此，糖尿病患者最好在医生的指导下购买和食用无糖食品。

（三十）饮食卫生中的大误区

（1）用白纸或报纸包食物。一些人甚至一些食品店，爱使用白纸来包食品。一张白纸，看起来是干干净净的，而事实上，白纸在生产过程中会加用许多漂白剂及带有腐蚀作用的化工原料，纸浆虽然经过冲洗过滤，仍含有不少的化学成分，会污染食物。至于用报纸来包食品，则更不可取，因为印刷报纸时会用许多油墨或其他有毒物质，对人体危害极大。

（2）用酒消毒碗筷。一些人常用白酒来擦拭碗筷，以为这样可以达到消毒的目的。殊不知，医学上用于消毒的酒精度数为75°，而一般白酒的酒精含量在56°以下。所以，用白酒擦拭碗筷根本达不到消毒的目的。

（3）用卫生纸擦拭餐具、水果或擦脸。化验证明，许多卫生纸（尤其是街头巷尾所卖的非正规厂家生产的卫生纸）消毒并不好，因消毒不彻底而含有大量细菌，即使消毒较好也在摆放过程中被污染。用这样的卫生纸来擦拭碗筷或水果，并不能将物品擦拭干净，反而在用卫生纸擦拭的过程中给食品带来更多细菌。

（4）用毛巾擦干餐具或水果。人们往往认为自来水是生水，不卫生。因此在用自来水冲洗过餐具或水果之后，常常再用毛巾擦干。这样做看似卫生细心，实则反之，干毛巾上常常会存活着许多病菌。目前，我国城市自来水大都经过严格的消毒处理，用自来水冲洗过的食品基本上是洁净的，可以放心使用，无需用干毛巾再擦。

（5）将变质食物煮沸后再吃。一些家庭主妇就将变质的食物高温高压煮过再吃，以为这样就可以彻底消灭细菌。而医学证明，细菌在进入人体之前分泌的毒素非常耐高温，不易被破坏分解。因此，这种用加热加压来处理剩余食物的方法是不值得提倡的。

（6）把水果烂的部分剜掉再吃。有些人吃水果时，碰到水果烂了一部分，就把烂掉的部分剜掉再吃，以为这样就卫生了。然而，研究微生物学的专家认为，即使把水果已烂掉的部分削去，剩余的部分也已通过果汁传入了细菌的代谢物，甚至还有微生物开始繁殖，其中的霉菌可导致人体细胞突变而致癌。因此，水果只要是已经烂了一部分，就不宜吃了，还是扔掉为好。

（三十一）饮食的 10 大误区

误区之一，茶医百病。有人认为，茶不仅是一种安全的饮料，也是治疗疾病的良药。殊不知，对有些病人来说，是不宜喝茶的，特别是浓茶。浓茶中的咖啡碱能使人兴奋、失眠、代谢率增高，不利于休息；还可使高血压、冠心病、肾病等患者心跳加快，甚至心律失常、尿频，加重心肾负担。此外，咖啡碱还能刺激胃肠分泌，不利于溃疡病的愈合；而茶中鞣质有收敛作用，使肠蠕动变慢，加重便秘。

误区之二，浓茶醒酒。有人认为，酒后喝浓茶，有"醒酒"作用，这是一种误解。因人们饮酒后，酒中乙醇经过胃肠道进入血液，在肝脏中先转化为乙醛，再转化为醋酸，然后分解成二氧化碳和水经肾排出体外。而酒后饮浓茶，茶中咖啡碱等可迅速发挥利尿作用，从而促进尚未分解成醋酸的乙醛（对肾有较大刺激作用的物质）过早地进入肾脏，使肾脏受损。

误区之三，品新茶心旷神怡。新茶是指摘下不足一月的茶，这种茶形、色、味上乘，品饮起来确实是一种享受。但因茶叶存放时间太短，多酚类、醇类、醛类含量较多，如果长时间饮新茶可出现腹痛、腹胀等现象。同时新茶中还含有活性较强的鞣酸、咖啡因等，过量饮新茶会使神经系统高度兴奋，可产生四肢无力、冷汗淋漓和安眠等"茶醉"现象。

误区之四，饮茶会使血压升高。茶叶具有抗凝、促溶、抑制血小板聚集、调节血脂、提高血中高密度脂蛋白及改善血液中胆固醇与磷脂的比例等作用，可防止胆固醇等脂类团块在血管壁上沉积，从而防冠状动脉变窄，特别是茶叶中含有儿茶素，它可使人体中的胆固醇含量降低，血脂亦随之降低，从而使血压下降。因此，饮茶可防治心血管疾病。

误区之五，吃烧烤不喝温茶。很多人喜欢边吃烤串边喝饮料啤酒，这是很不健康的。最好配上大麦茶或绿茶，最好是温热的，解腻又保护肠胃，避免冷热交替刺激肠胃。

误区之六，喝头遍茶。由于茶叶在栽培与加工过程中受到农药等有害物的污染，茶叶表面总有一定的残留，所以，头遍茶有洗涤作用应弃之不喝。

误区之七，空腹喝茶。空腹喝茶可稀释胃液，降低消化功能，加上吸收率高，致使茶叶中不良成分大量入血，引发头晕、心慌、手脚无力等症状。

误区之八，饭后喝茶。茶叶中含有大量鞣酸，鞣酸可以与食物中的铁元素发生反应，生成难以溶解的新物质，时间一长引起人体缺铁，甚至诱发贫血症。正确的方法是：餐后一小时后再喝茶。

误区之九，经期喝茶。在月经期间喝茶，而且喝浓茶，可诱发或加重经期综合征。医学专家研究发现，与不喝茶者相比，有喝茶习惯者发生经期紧张症几率高出2.4倍，天天喝茶超过4杯者，增加3倍。

误区之十，一成不变。一年四季节令气候不同，喝茶种类宜做相应调整。春季宜喝花茶，花茶可以散发一冬淤积于体内的寒邪，促进人体阳气生发；夏季宜喝绿茶，绿茶性味苦寒，能清热、消暑、解毒、增强肠胃功能，促进消化、防止腹泻、皮肤疮疖感染等；秋季宜喝青茶，青茶不寒不热，能彻底消除体内的余热，恢复味甘性温，使人神清气爽；冬季宜喝红茶，红茶味甘性温，含丰富的蛋白质，有一定滋补功能。

（三十二）3 种错误的饮食养胃方法

（1）喝粥对胃病患者好。不少胃病患者认为粥细软，易消化，能减轻胃的负担。事实上，这种观点并不全面。原因是，喝粥不用慢慢咀嚼，不能促进口腔唾液腺的分泌，而唾液中的淀粉酶可以帮助消化。再者粥水分多，稀释了胃液，加速了胃的膨胀，使胃运动缓慢，不利于消化吸收。若喜欢喝热粥，其温度对胃的刺激也是不利的。因此胃病患者不宜天天喝粥，而应选择容易消化吸收的饮食，细嚼慢咽，促进消化，才更有益。

（2）多喝牛奶对胃有好处。胃部酸胀不适时，喝杯热牛奶便可缓解症状，感到舒服。这是因为牛奶稀释了胃酸，暂时形成一层胃黏膜保护层，因而感到舒服，但经常喝牛奶就未必对胃病患者有利了。现已证明，牛奶刺激胃酸分泌的作用比牛奶本身中和胃酸的作用更强，若胃病（如胃溃疡）需要抗酸治疗，是不宜用喝牛奶的办法解决的。豆浆则是个不错的选择。

（3）姜对胃病患者有益无害。人们普遍认为姜可暖胃，胃部不适时喝碗姜末水是常见的事。胃病患者根据自己的情况，偶尔用之，且无不良反应，未尝不可。但应认识到，姜是刺激性食物，过量食用会刺激胃酸分泌，引起胃部不适或加重病情。若想用姜来治胃病应请中医辨证施治，采用不同的方剂对症治疗。

（三十三）为什么这几种食物不能搭配吃

（1）萝卜 + 水果：二者同食，经代谢后体内会很快产生大量硫氢酸。而硫氢酸可抑制甲状腺素的形成，并阻碍甲状腺对碘的摄取，从而诱发或导致甲状腺肿。

（2）牛奶 + 果珍：牛奶中蛋白质丰富，80% 以上为脂蛋白。脂蛋白在 pH 值为 4.6 以下的酸性环境中会发生凝集、沉淀，不利于消化吸收，引起消化不良。故冲调牛奶时不宜加入果珍及果汁等酸性饮料。

（3）海味 + 水果：鱼虾、藻类含有丰富的蛋白质和钙等营养物质，如果与含鞣质的水果同食，不仅会降低蛋白质的营养价值，而且易使海味中蛋白质与鞣质结合。这种物质可刺激黏膜，形成一处不易消化的物质，使人出现腹痛、恶心、呕吐等症状。

（4）肉类＋茶：茶中的大量鞣酸与蛋白质结合，会产生具有收敛性的鞣酸蛋白质，使肠蠕动减慢，延长粪便在肠道滞留时间，形成便秘。

（5）白酒＋胡萝卜：胡萝卜含有丰富的胡萝卜素，与酒精一起进入人体，就会在肝脏中产生毒素，从而损害肝脏功能。

（6）咸鱼＋乳酸饮料：咸鱼不宜与乳酸饮料搭配食用。由于咸鱼制品中的硝酸盐在乳酸菌的作用下，会还原成亚硝酸盐，在唾液中的硫氰酸根催化下，产生致癌物，可能引起胃肠、肝等消化器官癌变。

第十五章　中华饮食老字号文化典故

第一节　传世餐厅老字号

一、北京便宜坊——便利百姓，宜民宜家

（一）老字号文化典故

说起北京烤鸭，大家都知道"全聚德"，但你可能不知道很多北京老百姓钟爱的另一家老字号——便宜坊。

其实，便宜坊与全聚德同样经典，而且比全聚德的历史还要悠久。严格说来，全聚德还是便宜坊分出去的一个支系。那为什么"全聚德"的名气要比便宜坊的名气大呢，这就说来话长了。

1. "便意"亦"便宜"，读法很巧妙

相信大多数年轻的朋友都会望文生义地将"便宜坊"这就大错特错了。

便宜坊

"便"时，《现代汉语词典》只记有两处，即"便宜"和"大腹便便"。老北京人管便宜坊叫做为什么么要这样叫？原来最早开设这家售卖简单吃食的店时，即叫做"便意坊"，含义是"方便宜人"，取"便当，合宜"之意，后来才改"意"作"宜"。便宜坊字号里蕴含了"方便宜人，物超所值"的经营理念。

"便意"比起"便宜"文雅多了，虽说是改成了"便宜"，但是文人雅士为了与众不同，仍要说"便意"。你听，刘宝瑞、郭全宝等人的相声《扒马褂》，就是这样说的："哪儿吃的饭？便宜坊？""打便宜坊出来了。"老舍先生在作品《离婚》中也提到了便宜坊："各色的青菜瓜果，从便宜坊的烤鸭，羊肉馅包子，插瓶的美人蕉与晚香玉，都奇妙地调和在一处。"在作品《正红旗下》也有相关描述："假若一定问我有什么值得写入历史的事情，我倒必须再提一提便宜坊的老王掌柜。他也来了，并且送给我们一对猪蹄子。"

2. 乾隆爱吃便宜坊，御膳房里设炉场

关于烤鸭的记载，最早的是《梦粱录》和《武林旧事》里杭州沿街叫卖的"炙鸭"。明成祖定都北京后，烤鸭由江南传到北方，就由民间小吃变为宫廷美味，是宴席上必不可少的珍品。

关于便宜坊的历史，要从明成祖朱棣迁都北京开始说起。永乐十四年（1416），一位姓王的南京人跟随明朝官员到了北京，在北京宣武门外的菜市口米市胡同29号开了家小作坊，当时并没有字号。他们买来活鸡活鸭，宰杀洗净，然后再给饭馆、饭庄或有钱人家送去，后来又出售焖炉烤鸭和童子鸡。由于这家没有字号的小作坊的生鸡鸭收拾得非常干净，烤鸭、童子鸡做得香嫩可口，味道鲜美、价钱便宜，所以很受顾客欢迎。天长日久，那些老主顾们就称这个小作坊为"便宜坊"。直到民国初年，"便宜坊"才有了自己的店堂。

据清档案记载，到了清代，便宜坊已发展成为著名饭庄，其经营的焖炉烤鸭美名在外，朝廷常差人将便宜坊的焖炉烤鸭送进宫内。乾隆皇帝特别爱吃便宜坊的焖炉烤鸭，传旨让御膳房专设了"包哈房"。当年教授全聚德创始人杨全仁烤鸭技术的孙师傅，就是从御膳房退休出去的，从这点看来，全聚德也算得上是便宜坊的一个分支。

不仅乾隆爱吃烤鸭，似乎吃烤鸭是清朝一种流行的趋势。据《都门琐记》记载：当年的慈禧"席之必以全鸭（指烤鸭）为主菜，著名者为便宜坊"。朝廷的一些官员每次宴请朋友、庆祝节日等，席间也都要有烤鸭这盘主菜。甚至一些外国人也喜欢上了这种美食。美国人安格联在《北京杂志》中述说，他在游历北京名胜风景，品尝多种风味之后，认定便宜坊之焖炉烤鸭为"京中第一"。

3. 招牌匾额有故事，一身正气美名扬

便宜坊牌匾上的字，与便宜坊的历史一样年代久远，据说是兵部员外郎杨继盛所写。杨继盛（1516～1555），字仲芳，号椒山，明嘉靖年间进士。由于他疾恶如仇，能征善战，被当朝皇帝委任为兵部员外郎（相当于现在的国防部副司长）。

奸相严嵩平日欺上瞒下、骄横跋扈、贪赃枉法，底下的官员为了保住自己的乌纱帽，敢怒不敢言。明嘉靖三十年（1552）的一天，生性耿直的杨继盛实在看不下去了，在朝堂之上当众弹劾严嵩收受贿赂，欺压黎民百姓一事。当时，朝中奸臣当道，严嵩在朝中网罗了一帮人为虎作伥，若是有人得罪了严嵩，那以后的日子也不会太平，即使是皇帝也要忍让他三分。所以，皇帝对杨继盛的参奏草草了事。

下朝后，心里气愤难平的杨继盛一路溜达到了菜市口米市胡同。当时正好到了吃饭时间，肚子已经开始"咕咕"叫了，这时杨继盛忽然闻到扑鼻的香气，定睛一看原来是家小饭店，于是他推门而入。店堂不大，却干净优雅，到处都是吃饭的客人。他随便找了个座位，点了烤鸭与些许酒菜。这时，有人认出了他，知道他是爱国名臣，便汇报给店主。店主大为震惊，亲自过来为之端酒夹菜，以表自己的钦佩之情。就这样，二人攀谈起来。结账时，杨继盛发现价钱非常便宜，就询问叫什么店名。老板连忙上前作揖说道："小店以方便宜人为宗旨，还没有取名呢！"

此时的杨继盛已被烤鸭的美味冲散了心中的烦闷，听到此店名叫便宜坊，又看服务周到，就感叹道："此店真乃方便宜人，物超所值！"于是大声叫道："拿笔来，快拿笔来！"老板喜出望外，连忙取来了文房四宝伺候着。杨继盛伏案挥笔写成了"便宜坊"三个大字，周围的人欢呼叫好。此后不久，老板精心制作了匾额，将其悬挂在门庭之上。杨继盛非常喜欢这里，与众位大臣频频光顾，便宜坊的名声也被越来越多的人所熟知。

到了第二年，奸相严嵩和一帮乌合之众联名以各种罪名诬陷杨继盛，皇帝也保不了这个忠臣。不久，年仅四十岁的杨继盛被害。处斩当天，晴朗的天空突然天昏地暗，四城百姓蜂拥来到西市，哭声震天。杨继盛神态安详，并没有向死亡屈服。大刀落下的最后一刻，他还从容赋诗："浩气还太虚，丹心照千古；生平未报国，留作忠魂补。"这首诗表达了杨继盛未能报国的遗憾，一直为后人所传诵。

杨继盛题写的"便宜坊"，在"文革"破"四旧"运动中被毁，后人仿照原来的字重新制作了一块黑漆金字匾，又把它高高悬挂在便宜坊的门首。在便宜坊几百年的发展过程中，戚继光、刘墉也曾在便宜坊留下墨宝，可惜早已经丢失。看来要

想见识便宜坊老字号的风采，只有在它的焖炉烤鸭里才能识得历史的厚度了。

4. 为保子孙店易主，连锁经营闯名堂

道光初期，便宜坊的老掌柜去世前，将店铺交给了自己的儿子。他的儿子接手之后，一心想将父亲的事业做大，灵活经营，将生意打理得井井有条。由于是连家铺，很多事情都要自己做，既要早起买鸡买鸭，又要宰杀，里里外外的活怎么做也做不完，于是他找来山东荣成县的孙子久做学徒。

到清道光七年（1827），在这家"便宜坊"做学徒的孙子久，经过几年的努力终于学有所成。孙子久脑筋灵活，常常帮助掌柜提高焖炉烤鸭技术，使得生意越来越好。后来王掌柜的儿子脖子上长了一个脓疮，久治不愈，命在旦夕，巫婆说是因为王掌柜杀生太多，得罪了神灵，王掌柜为保住儿子的命，忍痛将店铺转让给孙子久。孙子久接手之后第一件事情就是扩大经营规模，从老家招了十几个学徒到北京；第二件事就是狠抓烤鸭的质量，专门派人负责养鸭填鸭。从朝阳门、东直门一带鸡鸭房收买二三斤重的鸭子，便宜坊自己经过短时间喂养，等鸭子长到四五斤时，就填了。如果到郊区农村收购鸡鸭，就会千挑万选质量上乘的。

由于孙子久经营有方，到咸丰五年（1855），这里的生意已经十分火爆，米市胡同常常人满为患。于是，掌柜面向社会发出一则招商启事：

> 本坊自明永乐十四年开设至今，向无分铺。近因敝号人手不够，难为敷用，今各宝号愿意为合作者，尚乞垂赐一面洽商。若有假冒，当经禀都察院，行文五城都衙门，一体出示严禁。
>
> 咸丰五年便宜坊老铺敬启

便宜坊当时名声在外，启事一贴出，上门商讨合作事宜的商户无数。掌柜便与有意向的商户一起商量，由便宜坊派人到各店传授焖炉技艺，以技术和字号参股联营。为强调正宗，米市胡同便宜坊在清光绪年间将店名改为"老便宜坊"。后来有人说这种模式是中国首家以连锁形式经营的商家企业。

自此之后，便宜坊陆续推出了焖炉烤鸭、盐水鸭肝、芥末鸭掌、水晶鸭舌、葱烧海参、酒香醉鸭心、干烧鸭四宝、酥香鲫鱼、糟溜鱼片、浓汁鱼肚、烩乌鱼蛋汤等招牌菜。有些人看到便宜坊烤鸭生意红火，也挂起便宜坊的招牌，在北京一时出现了多家便宜坊。到了清末，套用"便宜坊"或略改一字的北京焖炉烤鸭店号达到32家。后来有一古玩商王少甫与米市胡同老号合股，在前门鲜鱼口开了一个便宜坊（当年叫便意坊）烤鸭店，虽然晚于米市胡同的老便宜坊，但后来居上，甚至超过了老号，深得食客的欢迎。

5. 几经浮沉留精魂，百年老店又新生

清朝年间，便宜坊还没有卖座营业，只有外卖的烤鸭和其他菜肴，以及鸭坯、鸡胚等。到了民国初年，随着生意越来越红火，鲜鱼口便宜坊开始在店堂里卖座营业。刚开始只卖菜，后来为了满足需求才增加了饼、馒头、米饭等主食。

便宜坊的客人多来自大宅门和各大商号，派头自然比较大。除了到店里吃，他们也让便宜坊送餐上门。便宜坊的伙计每天提着一种直径一尺多、两三层的红漆大盒往返店铺与客人家中，大盒里面装着十几个小盒，烤鸭和其他饭菜就装在里面。时间一长，主顾们亲切地称其为"盒子铺"。

随着规模的壮大，便宜坊一度在京城饮食业的名气无人能敌。1898年"戊戌变法"期间康有为宴客便宜坊，形容二层小楼如同一艘画船上的楼阁。前门鲜鱼口便宜坊店从咸丰年间开始营业至今，从未挪过地方。1914年，鲜鱼口便宜坊加入北京饭庄组织"同业公会"。便宜坊的生意越做越大，很多人慕名而来。1917年9月7日，李大钊在便宜坊宴请高一涵等人，谈《宪法公言》主旨；1917年冬，刚完婚的文化名人胡适就带妻子到便宜坊"打牙祭"；1918年，李大钊在便宜坊宴请著名学者，当时赵世炎、毛泽东都在场。

如果没有战争的发生，便宜坊会一直红火下去。1937年卢沟桥事变爆发，北京城内一片混乱与萧条，便宜坊的生意受大局影响，一夜间变得惨淡不已。在民族危亡的时刻，便宜坊表现出了老字号的深厚德义之风。1937年7月26日晚，老便宜坊的店门掌柜曲述文招呼店内12名伙计，持大饼、鸭肉、馒头等犒劳英勇奋战的29军某团，强烈支持他们从右安门、广安门冲进城门去跟日寇作战。后来，随着日军侵入北平，日伪汉奸开始对支持过抗战的商铺进行迫害，"老便宜坊"的经营越来越艰难。曲述文向东家禀明了情况，发誓不能在日寇的铁蹄下苟且偷生。经过商议，东家宣布便宜坊正式歇业，并最大限度地将财产捐给了北平市慈善团体联合会。

老便宜坊东家还与鲜鱼口"便意坊"的东家商议，在民族危难之中，为了不让具有悠久历史的中华烹饪绝技失传，两家店应该不分老号新号，一起携手共渡难关。曲述文将老号所存菜谱及焖炉烤鸭技法毫无保留地传给了鲜鱼口的"便意坊"，使得老号技艺得以传承。后来，米市胡同的老便宜坊慢慢走向衰败，于1937年倒闭，而鲜鱼口便意坊却走上了一条繁荣之路。

1945年抗战胜利，在艰难中苦苦挣扎了八年的"便意坊"终于熬出了头，重获新生。这时，店里的东家于周氏决定重树威望，花重金请来山东荣登人、东光楼饭庄的大师傅苏德海。至此，名厨苏德海进入鲜鱼口"便意坊"掌厨。他不但技艺精湛，而且对鲁菜的渊源与特色也知道得特别多，把"便意坊"经营得有声有色。

到1949年，北京仅存的两家烤鸭店为鲜鱼口便意坊和全聚德。为了让焖炉烤鸭技法代代相传，鲜鱼口"便意坊"付出了不少努力。1956年，鲜鱼口便意坊公私合营，第五任东家王少甫任私方经理。"文化大革命"期间，鲜鱼口便意坊改称"首都烤鸭店"，1978年又改名"便宜坊"，并在崇文门外大街路东开办了"便宜坊"新店。

"便宜坊"将周恩来的精辟解释"便利人民，宜室宜家"确定为经营理念，经过数百年的积淀，形成了以焖炉烤鸭为龙头，以鲁菜为基础、融合各家菜系精华为一体的便宜坊菜系。值得一提的是，很多人不知道烤鸭分为焖炉和挂炉两大门派，便宜坊的烤鸭是焖炉烤鸭，全聚德最早也是焖炉烤鸭，后来改为吊炉烤鸭，而焖炉烤鸭才算得上是烤鸭的鼻祖。

便宜坊在20世纪80年代成功地接待过美国前总统老布什和墨西哥、圭亚那、乌拉圭等外国元首及政府首脑用餐，也成功地向美国的华盛顿和纽约两地的饭店传授技术。自此之后，便宜坊的焖炉烤鸭从国内走向了世界。2002年6月，北京便宜坊烤鸭集团有限公司正式挂牌成立，下有便宜坊、都一处、壹条龙等众多老字号。

现在位于崇文区哈德门店的便宜坊于2011年7月25日进行了第三次"封炉移门"仪式，标志着哈德门饭店正式停业翻建。翻建后的便宜坊哈德门店三年后重新开张，将达到五星级标准。届时，便宜坊将继续凭借传世绝技，抒写百年老店的辉煌历史。

（二）名品推荐

便宜坊的烤鸭外酥里嫩，口味鲜美，享有盛誉。因焖炉烤鸭在烤制过程中不见明火，所以被现代人称为"绿色烤鸭"。他们还擅长烹制山东风味的菜肴，对炒、爆、烧、焖、糟、蒸等技法颇有造诣，名菜品多达百种以上。另外还充分利用鸭子各个部位为原料，烹制出各种口味不同、造型各异的全鸭菜，并在此基础上发展为全鸭席，体现了便宜坊烤鸭店的独特风格与技术水平。

此外，桶子鸡也是便宜坊的有名菜品，把烹饪好的桶子鸡切成丝，拌鲜黄瓜丝，入口清淡鲜美，是冬季的美味佳品。同时，清酱肉也是便宜坊的特有菜品，经过"盐七、酱八"的腌制以后，这种清酱肉比一般酱肉味道更鲜美、利口，越嚼越香，后味浓郁。

便宜坊烤鸭

（三）链接

焖炉烤鸭

焖炉烤鸭的原理与西方人烤面包的方式很相似，焖炉是地炉，炉身是砖砌成的，大小约一立方米，使用的是暗火，技术性强，掌炉人必须掌控好炉内的温度，焖烤鸭子前，先用高粱秆的炭火将炉膛的温度焖烤合适，这与使用明火烹饪的挂炉烤鸭不同。

二、北京东来顺——百年诚信东来顺，一品清真冠京城

（一）老字号文化典故

一提起涮羊肉，居住在北京的人们就非常自然地想到东来顺。每到秋冬季节，东来顺门前车水马龙，排队"拿号"的人站成一条长龙，一片繁忙的景象。

东来顺饭庄是北京饮食业老字号中享有盛誉的一个历史名店。在过去的一百年中，东来顺的发展与历史演变，大可划分为新中国成立前后两个阶段。在新中国成立前的近半个世纪里，东来顺的创业史、发展史，从某种意义上讲，可以看作是北京近代民族饮食业发展演变的一个缩影。

1. 东来顺名字缘起

东来顺的创始人叫丁德山，字子清，河北沧州人，是一位地地道道的回民。全家住在东直门外二里庄的破寒窑里。丁德山和两个弟弟靠专门给城里各煤场送黄土为生，日子过得很艰难。那个时候，冬季没有煤气、暖气这些先进设施，取暖烧饭

全靠煤球做燃料，而煤球离不开黏合剂——黄土。

丁德山每日从城外拉黄土往城里送，途中经常路过老东安市场。东安市场以前曾是皇宫的马场。清朝时，皇帝上朝，文武百官都要由午门进殿，但朝中有规定不能骑马、坐轿进宫。于是，朝廷就专门在东华门那儿为文官下轿、武官下马放了一块下马石。这老东安市场是专为武官下马后存马的地方。后来慢慢地变成了交易市场，车来人往，非常热闹。

1903 年，丁德山看准了东安市场北门这块风水宝地，在这里搭了一个棚子，用干苦力攒下的积蓄摆起了一个专卖玉米面贴饼子、小米粥的小摊，专门招待车夫、马夫。这样，他迈出了艰苦创业的第一步。

由于生意日渐兴隆，1906 年挂上了"东来顺粥摊"的招牌。东安市场在东华门外，属内城的东城；丁德山住在东直门外二里庄，这一连串的"东"，搭上"旭日东升""紫气东来"的大吉大利，这块招牌便成为"来自京东，一切顺利"的意思。

回民素来以洁净、慎食为本，丁德山出身贫寒，摆摊创业凭力气挣钱，又善于诚信经营，小饭摊生意越做越大。于是丁德山扩大规模，还特地请了一个抻面师傅招揽顾客。当时，东安市场由一个叫魏延的太监主管，他特别爱吃粥摊的抻面，经常光顾丁德山的粥摊。每次魏延来，这丁德山也格外的殷勤，非常周到地招待、奉承，博得了老太监的欢心。魏延一看这丁德山，不但人机灵，还特有眼力见儿，一来二去的熟了，就认丁德山当了自己的干儿子。1912 年，一把火把东安市场烧为灰烬，东来顺粥棚也未能幸免。丁德山苦心经营的"东来顺"招牌，遭到了致命的打击，但这场劫难并未使丁德山灰心丧气。之后，由魏太监出面张罗，拿出了若干银两，帮助丁德山又在原铺棚地址重建了三间瓦房。1914 年，店铺重新开张，丁德山将店名更为"东来顺羊肉馆"。重开张的东来顺，以经营爆、烤羊肉为主，后来又把"涮羊肉"引进了店堂。

2. 涮肉驰名京城

涮羊肉，也称羊肉火锅，相传已有数百年历史。据说，涮羊肉这一风味，是忽必烈手下的厨师为了救急，急中生智创制出来的。当时在打仗途中，行军作战非常紧急，恰逢寒冷的冬季，又断了军粮。这厨师如热锅上的蚂蚁，着急坏了，就将冻羊肉切成片，往烧好的一锅开水里一倒，然后捞上来拌上佐料给大家吃，这样就解决了一时的进食问题。也许是饥不择食，从来没有这么吃过羊肉的忽必烈觉得味道还不错，重赏了这位厨师，并把这种做羊肉的方法在全军做了推广。后经过几代厨师的潜心钻研，逐渐形成了后来的独特风味。

而据明代《宋氏养生部》和《清稗类钞》的记载，涮羊肉原为宫廷菜肴，清末民初渐流传入市，成为大众喜爱的冬日菜肴。

民国初年，京城最负盛名的涮羊肉馆有正阳楼、元兴堂、两益轩等，都集中在商业繁华的前门大街一带。自清末形成市场后，王府井大街的东安市场，成了东、西内城的达官富商贾贸娱乐的集中地。"戏场三面敞园庭，豪竹误用丝一曲听。欲识黄金挥洒客，但看上座几雏伶。"随着吉祥戏院、丹桂茶园和中华舞台三个戏院的相继开张，东安市场呈现出灯红酒绿，日夜喧哗的景象。

丁德山看准这类"高消费者"的需求，觉得有如此"天时地利人和"，大把大把赚钱的时机到了。后来东来顺涮肉蜚声中外，可究竟好在哪儿呢？当年丁德山就经过了细心琢磨，觉得涮羊肉要好，必须具备"选肉精、刀工细、调料绝和食具讲究"这四大特点。

3. 选肉精

京城有歇后语流传："东来顺的涮肉真叫嫩"。东来顺涮羊肉对羊肉的质量要求很高，从羊的产地、种类、羊龄到用肉部位都有严格的规定，吃起来不腥不膻，鲜嫩味美，肥瘦相宜。

北京东来顺

保证肉质瘦而不"柴"，丁德山选定了内蒙古地区锡林郭勒盟产羊区所产的大尾巴绵羊，而且只用二至三年的阉割公羊或仅产过一胎的母羊。一只羊只有后腿（术语：黄瓜条）、羊尾部（术语：大三岔）和脊背骨肉（术语：上脑）几个部位的肉细嫩可口，出肉率仅为一只羊净肉的4%。

除了买来现成的羊，他还从内蒙买来小羊，放在自家菜园喂养，等羊长大后，随时供饭馆宰杀。到1921年，东直门外的丁家菜园，已发展到二三百亩，成为东来顺饭馆的大菜库和羊栏。

4. 刀工细

东来顺的羊肉好，刀功更好。当时，在京城刀工师傅中，最有名气的是正阳楼的一位切肉师傅。丁德山想方设法以高报酬把这位师傅请来，又传帮带出一批徒弟。这位切涮羊肉的高手对羊的产地、用肉的部位、切肉的手法做了规范性的整治，使东来顺的羊肉刀工精湛，切出的肉片以薄、匀、齐、美著称，铺在青花瓷盘里，盘上的花纹透过肉片隐约可见。

羊肉切出来形如帕，薄如纸，软如棉，这就是为什么东来顺的羊肉涮起来肥而不油，瘦而不柴，一涮即熟，久涮不老，吃起来不膻不腻味道鲜美的秘密。来看东来顺师傅切肉是一景，吃东来顺涮肉则成了一种享受。这一传统，保持至今。

5. 调料绝

肉好、刀工好，更要涮肉的作料好。从某种意义上说，吃涮羊肉吃的是佐料。东来顺所用涮羊肉调料，精细讲究。

早先东来顺所用的油盐酱醋和涮肉佐料都是从对门百年老店天义成酱园进的货。这家老字号酱园的小菜早在清咸丰年间就被宫内的御膳房选用，传说慈禧就特别爱吃天义成做的桂花甜熟疙瘩。天义成与六必居、天源齐名，被誉为京城三大酱园。

后来因天义成资金周转不灵，1932 年，丁德山就势买下了"天义酱园"，自产天然酱油。1940 年，又在朝阳门内，开设了"永昌顺"酱园，此后又开设了磨面、榨油、副食、干鲜五味调料等店铺，形成了"产、供、销"一条龙的产业链，保证了东来顺涮羊肉的特色。

东来顺涮羊肉的料中最有特色的是糖蒜。东来顺的糖蒜是秘制的，腌制的桂花糖蒜，产地、个头、瓣数、起蒜时间都有严格要求，经过去皮、盐卤水泡、装坛倒坛、放气等工序，前后要 3 个月，检验合格才能出售，与别家出品确有不同。

6. 食具讲究

在涮羊肉器具上，东来顺也很考究。一是严格把握"清真"特色，从店堂布置到一碗一具，全给人以素雅洁净、清新大方的感受。二是用具独特，不同一般。涮羊肉用的铜火锅，均为专门特制，锅身高，炉膛大，火力旺。锅中汤总是能保持沸腾不滴落，使羊肉片入汤即熟。所用碗盘，均系景德镇专门定做的青花细瓷，个个精美如工艺品。十余种调料，分别放置在十多个小碗中，五色纷呈，真正达到色、香、味各具其美。

经过几代厨师博采众家之长，苦心钻研羊肉菜品的制作技艺，东来顺在爆、烤、涮的基础上逐渐总结出一套具有独家风味的熘、炸、扒、炒等烹调技法，经营的菜品日益精美。到三四十年代，东来顺的涮羊肉已驰名京城。据 30 年代的一些账面记载，东来顺每年旺季销出的羊肉在五万公斤以上。

7. 与众不同的广告

由于丁德山以诚信为本，讲求货真价实，又善于学习借鉴别人的经营之道和制作技艺，所以，没出几年，东来顺的涮羊肉便与当时闻名京城的"正阳楼"齐名。

丁德山的精明之处，不仅是瞄准了一批"高消费者"，提高了涮羊肉的档次，使东来顺终日贵客盈门，而且不忘劳苦大众平民百姓这些"低消费者"。除涮肉外，该店还经营多种清真炒菜二百余种，还有他以前的粥摊生意。有些"老主顾"说，"丁掌柜到底是摆摊出身，发了财还不忘咱穷苦人"。

丁德山有自己的经营"诀窍"。他曾非常得意地讲起自己的生意经："穷人身上赔点本，阔人身上往回找。"他这么做自有他自己的用意，东来顺以较便宜的价格供给贫苦人饮食，这便吸引了很多车夫、马夫、苦力人常来光顾，而这些人平常到处奔走，于是也就将东来顺的名声传播开去，为东来顺招来新的顾客。有时外地旅客下了火车找饭馆，拉车的便主动把他拉到东来顺。可以说，丁德山的这一做法使得那些贫苦人成了东来顺典型的"活广告"，起到宣传东来顺名号的广告作用。店员们说："老掌柜的'招'真使绝了！"而事实上，丁德山的这个做法并没有让东来顺赔本，因为东来顺所卖的除了面食以外，肉和作料几乎都是楼上雅座的下脚料。比如涮肉桌上的一斤羊肉片要卖二三斤羊肉的价钱，剩下的下脚料能再卖一次钱，成本便微乎其微了。这样既赢得名声，又赚了钱，一举两得，东来顺何乐而不为呢！丁德山的这一经营诀窍使得"东来顺羊肉馆"不仅成为一些达官贵人、文人墨客前来品尝特色涮羊肉的场所，也成了寻常百姓常去的地方。

说到丁德山的"活广告"，那可也是花样繁多，层出不穷。为了招揽来更多的顾客，他曾在店门前搭起炉灶，架一口大锅，请一位师傅当众表演绝活——不使用笊篱直接用手从开水里捞面条。到了寒冷的冬天，他在门前摆开一排肉案，让十几位切羊肉片的师傅一字排开，在街头切肉片，晚上电灯一亮，周围的人都来看热闹。这些"活广告"确实抓住了人们的猎奇心理，达到了宣传的目的。

东来顺对面有一家会元楼饭馆，两家是竞争对手。据说为了争夺顾客，丁德山也使用了一些小聪明来压制对手。经过几年较量，会元楼由于经营不善倒闭了。于是，丁德山先抢购到手，自己不用，把店面租出，并且约定不得开羊肉馆。

"东来顺羊肉馆"的规模越做越大，名声也得到进一步的远播。到30年代，东来顺已建成三层楼房，可容纳四五百人同时就餐，成为京城数一数二的清真大饭庄，后干脆更名为"东来顺饭庄"。

8. 和中外领导人的不解之缘

1937年北平沦陷后，由于战乱频繁、社会动荡，东来顺的生意也大不如前。1942年，竞争对手正阳楼倒闭，东来顺从此首屈一指，独占鳌头。而在新中国成立前后的半个多世纪中，东来顺更是获得长足发展。

1945年，丁德山把东来顺传给其子丁福亭。1946年的一天晚上，身穿灰色军装的叶剑英和同事们来到东来顺雅座吃饭。当时，苦难的人民只是嘴里念叨着毛主席、共产党、解放军、解放区，有幸见到了叶剑英同志，大家就三三两两轮番上楼窥探，还互相传告："住在北京饭店'军调部'的共产党代表来了。"吃完饭后，等座上的客人都走光了，叶剑英主动和服务员们亲切交谈起来，关切地问他们的工作和生活情况，并且深入浅出地讲内战形势，讲斗争任务。大家的心顿时温暖了，拘束消失了，个个眼里泛着泪花：从来没有见过一个顾客这样关心和尊重过自己啊，如果能够天天给这样的顾客端饭送菜该有多好！至此，中国共产党和东来顺开始了一段鲜为人知的历史。

1948年解放军围城之际，丁福亭突然宣布停止营业，解雇了所有员工。新中国成立以后，党和政府为了发展民族事业，发扬少数民族饮食文化传统，对东来顺进行了大力的扶持和帮助，东来顺又恢复营业。1955年，东来顺成功地实现了公私合资。

"文革"期间，"东来顺饭庄"的牌匾被毁坏，曾一度更名为"民族饭庄"。"东来顺"老板被打成"黑五类"，好多人听到这个消息顿时捶胸长吁短叹。1977年，在党和政府的关怀下，东来顺又恢复了"北京东来顺饭庄"名称。

此后，东来顺饭庄不仅成为广大人民群众品尝清真风味佳肴的就餐场所，也是社会名流荟萃的风雅之地。著名作家老舍先生和夫人胡絜青、国画大师齐白石、京剧大师马连良、张君秋等前辈名人，生前经常在东来顺宴请宾朋，并为东来顺留下

墨宝。

同时，党和国家领导人还经常在东来顺宴请外国元首、政要，周恩来、邓小平、叶剑英、陈毅、郭沫若等，生前多次在此宴请外宾。美国前总统尼克松，前国务卿基辛格，日本前首相田中角荣、大平正芳，莫桑比克总统萨莫拉，巴基斯坦总统伊沙克汗，以及伊斯兰教和其他一些国家的众多政府要员和外交官员来中国访问期间，都曾来此品尝过涮羊肉，都曾对东来顺的美味佳肴都给予了极高的赞赏和评价。美国前国务卿基辛格，曾赞叹东来顺的肉片"是花朵一样的精美工艺品"。

从一定意义上来说，东来顺已成为国家的一个外事活动场所，为国家开展外交活动和增进与世界人民的友谊作出过不小的贡献。不仅如此，东来顺的师傅还被邀请到人民大会堂、国宾馆等地献艺。邓小平在大会堂宴请尼克松、澳大利亚总理惠特拉姆，东来顺的师傅都出过场。

现在，京城涮羊肉馆已遍地开花，仅西城太平桥大街上就有上百家，号称"涮肉一条街"。每逢涮肉季节，东来顺每天接待客人常常有几百人次，这些人在肉尚未入口时，就已经被那薄如蝉翼、如花朵般的肉片所吸引，留下了难以忘怀的美好记忆。

（二）名品推荐

东来顺羊肉的与众不同之处，在于他们只选用内蒙古地区锡林郭勒盟产羊区所产的经过阉割的优质小尾绵羊的上脑、大三岔、小三岔、磨裆、黄瓜条五个部位。加上精湛刀工，切出的肉片更以"薄如纸、匀如晶、齐如线、美如花"著称，切出来的肉片铺在青花瓷盘里，连盘上的花纹都隐约可见。半公斤羊肉可切20厘米长、8厘米宽的肉片80到100片，每片仅重4.5克，且片片对折，纹理清晰，投入海米口蘑汤中一涮即熟，吃起来又香又嫩，不膻不腻。同时，东来顺使用特质铜锅，中空放置炭火，也是好味道的保证之一。

（三）链接

涮羊肉的起源

涮羊肉传说起源于元代。当年元世祖忽必烈统帅大军南下远征。一日，人困马乏，饥肠辘辘，他想起家乡的菜肴——清炖羊肉，于是吩咐部下杀羊烧火。正当伙夫宰羊割肉时，探马飞奔进帐报告敌军逼近。饥饿难忍的忽必烈一心等着吃羊肉，他一面下令部队出兵，一面喊："羊肉！羊肉！"厨师知道他性情暴躁，于是急中生智，飞刀切下十多片薄肉，放在沸水里搅拌几下，待肉色一变，马上捞入碗中，撒下细盐。忽必烈连吃几碗翻身上马率军迎敌，结果旗开得胜。之后在筹办庆功酒宴时，忽必烈还特别点了那道羊肉片，并赐名"涮羊肉"，使其成为了宫廷佳肴。

三、北京都一处——京城皆空，独此一处

（一）老字号历史典故

都一处，前身是"王记酒店"，由山西人王瑞福于清乾隆三年（公元1738年）创办，距今已经有270多年的历史。据说在清乾隆十七年（公元1752年），乾隆皇帝微服私访深夜回京，想要到酒铺用餐。当时正值除夕夜，全北京城仅此一家还未关门，又加上王瑞福服务热情而令龙颜大悦，于是派太监赐匾取名"都一处"。乾隆赐匾后，很多人都来"一睹芳容"，生意甚为兴隆，经营酒类由白酒佛手露发展到五加皮、茵酒、黄酒、蒸酒等；菜肴也由凉菜发展为数十种炒菜，面食有烧麦、炸三角、饺子、馅饼等。

（二）名品推荐

都一处制烧麦的过程与众不同，从烫面、和面、走锤到蒸好上桌，需要经过六七位师傅的手，共14道工序。其中，除了和面和压面会用到机器外，其余步骤都是纯手工的。而烧麦上的褶皱最多可达30个，整个都一处馆也只有五六位师

北京都一处

傅能做得到。吃都一处烧麦的时候，佐以香甜的粟米粥或清爽的银耳羹，令人胃口大开。

炸三角是都一处另一个著名的小食，迄今已有100多年的历史。有荤馅和素馅可供选择，吃时须先用筷子在皮上扎几个眼使馅里的热气冒出来，以免烫嘴或溅出油汤，弄脏衣物。

（三）链接

烧麦的起源

烧麦，在中国土生土长，历史相当悠久，是一种以烫面为皮裹馅上笼蒸熟的面食小吃。顶端呈现蓬松束折如花的形状，形如石榴，提如丝囊，馅多皮薄，喷香可口，兼具小笼包与锅贴之长。在江苏、浙江、广东、广西一带，人们把它叫做烧卖，而在北京等地则将它称为烧麦、稍麦、稍美。

烧麦起源于包子，但它与包子最主要的区别在于使用未发酵面制皮，而且顶部不封口。在14世纪高丽（今朝鲜）出版的汉语教科书《朴事通》上，就有最早关于烧麦的史料记载，元大都（今北京）出售"素酸馅稍麦"，并注说以麦面做成薄片包肉蒸熟，与汤食之，方言谓之稍麦。

四、北京全聚德——金炉百年不灭火，银钩长挂百味鲜

（一）老字号历史典故

提起"全聚德"，可谓无人不知无人不晓，全聚德的烤鸭驰名中外，酥脆的外皮入口即化，肥而不腻的鸭肉，嚼劲适中，搭配上薄嫩的春饼、香甜的面酱、翠绿的黄瓜和雪白的大葱，真是别有一番滋味在齿间。

全聚德的总店设在北京前门，是北京一处独具特色的人文景观。很多人都知道这样一句话：不到长城非好汉，不吃全聚德真遗憾！由此可见全聚德这个百年老店的巨大影响之深。那么，既然是百年老店，全聚德经历了怎样的历史沧桑呢？透过"全聚德"的金牌匾，我们仿佛能看到几代人的艰辛和成果。

1．"全聚德"本是"德聚全"

道光十四年（1834），黄河发生水患，河水漫至河北冀州，淹没了粮田，本就生活困难的杨家没有了收成，日子更加难熬了。杨家有一个年仅15岁的儿子杨全仁，正是长身体的时候，可怜没有粮食，只能眼巴巴地望着老天爷，埋怨他的不开眼。一天，杨全仁饿得实在受不了了，就走到父亲跟前说："爹，我饿了，我要吃饭！"父亲很无奈地摇摇头说："全仁，咱们家没吃的了，要想生活下去，你就要离开冀州，到没有水患的地方去。京城是天子的家，一定有吃的，你去那里吧。"就这样，杨全仁当天就起程前往京城。一路上，他见了不少饿死的人，心里有种说不出的滋味，很难受，但当时他只有一个信念，那就是：我要活着到京城，到了那里我就有好日子过了。

杨全仁是幸运的，他挺到了京城，见到了京城的繁华，可是他来不及细看，就要开始找工作了，因为身无分文在哪里都无法生存。可是，杨全仁太瘦弱了，没有人让他当伙计，怕他干不了重活。然而，功夫不负有心人，杨全仁终于在郊区找到了一份放养鸭子的工作。虽说是放养鸭子，但他同时也要帮老板填鸭和宰鸭。为了生活，杨全仁非常勤奋，加上他并不笨，很快就掌握了一流的填鸭和屠宰鸡鸭的技术。两年的时间很快就过去了，他也积攒了一些积蓄。道光十七年（1837），他与别人合伙，一起做起了小生意，在正阳桥头石板道旁摆摊子卖生鸡、生鸭。

北京全聚德

　　他们每天天不亮就到郊区采购活鸡、活鸭，之后宰杀，并给每只鸡鸭注水。靠着"灌水"的技术，杨全仁积攒了更多的资金，于是就买下了邻近肉市的井儿胡同14号的几间堆房，并将鸡鸭摊移到了广和楼北口。俗话说，实践出真知。经过几年的买卖，杨全仁发现，卖鸭比卖鸡赚钱，于是他逐渐将经营的重点转到了卖鸭上。由于经营有方，杨全仁的生意越来越红火，腰包也渐渐鼓起来。他想："我的钱足够盘下一家店铺了。"杨全仁每天去摆摊卖鸭，都经过肉市胡同路东边一家名为"德聚全"的干果店，这家店铺的位置不错，正是杨全仁想要的，他对自己说，要是哪天这家店不做了，我一定将它盘下来，开一家烤鸭店。

　　应该说是天意，"德聚全"干果店在同治三年（1864）一蹶不振，店主不得已将店铺关门。杨全仁得知这些消息之后，扔下摊子跑回家去将多年的积蓄都拿出来，将这家店盘了下来。

　　为了给烤鸭店起个好名字，杨全仁请来了知名的风水先生。风水先生观看一番后，笑眯眯对他说："杨先生，你这家店铺的位置真乃风水宝地。您看，店铺两边是两条小胡同，就像是两根轿杆儿，如果将来盖起楼房，就像是一顶八抬大轿，你的店铺前途无量啊。"杨全仁听风水先生这么说，心里非常高兴，但一会儿风水先生的眉头又皱了起来，说："不过，之前的那家店铺霉运连连，至今仍是晦气难除。"杨全仁赶紧追问："先生，那我该怎么做呢？"风水先生摸着小胡子说："这个简单，只要你将'德聚全'这个字号倒过来，也就是改成为'全聚德'就能一扫霉运，好运连连。"杨全仁那时候还没有能力建造起楼房，能做的就是将店号改为"全聚德"。杨全仁对"全聚德"的店号非常满意，他觉得这个店号就是在告诉客人他做买卖讲德行。

店号有了，杨全仁要在店外挂上一个金匾，匾上的字一定要漂亮。他听说一名叫钱子龙的秀才写得一手好字，于是就备上好酒将其请到家里为他题写匾额。细心的人会发现，"全聚德"牌匾上的"德"字少了一横，这是为什么呢？有的人说，当时杨全仁将钱子龙请来，两人开怀对饮。钱子龙多喝了几杯，题字的时候精神恍惚，一不小心就落下了一个横。也有人说，是杨全仁故意让钱子龙这样写的，因为心上不能横一把刀，为的是让店里的伙计安心干活，同心协力。但这都是猜测和传说，而真正的原因还在"德"这个字上。早在一千多年前，"德"就有两种写法，可以有横，也可以没有横，表达的意思都是一样的，这点我们可以从唐宋元明清书法名家的墨迹中得到考证，生活在清代的画家郑板桥书写的"德"有时候有一横，而有时候就没有一横。

全聚德开张之后，在杨全仁的精心经营下，生意越做越好，店内的伙计也从十几人增加到三十多个人。当时的北京，有大大小小的烤鸭店二十几家，其中数便宜坊的烤鸭历史最悠久，也数它生意最兴隆。杨全仁看到便宜坊优点的同时，更是注意到它的弱点——焖炉烤鸭的烟火味过重，很多客人不喜欢。于是，杨全仁另辟蹊径，要将挂炉烤鸭这个营生做强做大。

要做挂炉烤鸭就需要一名技术高超的师傅。杨全仁知道，在北京东安门大街路南的金华馆内有一名孙师傅，烤鸭技术精湛。孙师傅原本在皇宫御膳房包哈局（清宫御膳房曾设有专为皇帝做挂炉猪和挂炉鸭的"包哈局"。"包哈"为满语，即为下酒菜之意）里专管烤猪烤鸭，离开皇宫后就到金华馆掌炉。杨全仁为了请到孙师傅，花费了不少力气，大有刘备三顾茅庐之势，最终如愿以偿地请来了孙师傅，同他一起来的还有皇宫中挂炉烤鸭的全部技术。杨全仁眼看着一只只肥鸭被烤鸭杆挑起，送进炉膛，挂在炉梁之上，不多久就成为颜色枣红的诱人烤鸭，他会心地笑了。由于孙师傅和新技术的加入，全聚德的生意一天比一天好。看着眼前的繁荣景象，杨全仁想起了那位风水先生说过的话，他要实现"八抬大轿"的梦想。

但可惜的是，杨全仁没有看到自己的楼房落成就离开了人世。杨全仁死后，全聚德由他的二儿子杨庆茂接管。杨庆茂接管之后才发现，全聚德并不像表面上那么风光，为了把店铺做到最好，杨全仁掌管期间借了大量的外债。杨庆茂做的就是还清债务。

光绪二十七年（1901），杨庆茂找人将全聚德里外粉刷一新，在大门外挂了三块招牌：左边的是"老炉铺"，右边的是"鸡鸭店"，中间是金字招牌"全聚德"。大门左右还挂上了两块明亮的铜幌子，分别写着"包办酒席，内有雅座""应时小卖，随意便酌"。此外，杨庆茂还扩大了生意范围，增加了各种样式的炒菜。至此，全聚德发展成为一家名副其实的饭馆，但烤鸭仍是招牌。

2. 精明能干的"军师"李子明

1912 年，杨庆茂为自己找了一个"军师"——李子明。他精明能干，办事有主见，而且有文化，能够识文断字，给杨庆茂出了不少的主意，解决了不少的危机。

1922 年 4 月，第一次直奉战争爆发，直系军阀吴佩孚最终取得胜利。一时间，北京城内流传着商铺会被军阀洗劫的各种消息，前门大街这个优势位置的商铺老板个个忧心忡忡。不久之后的一天早上，全聚德里来了一位军官，自称是吴佩孚部队的军需官，对接待他的李子明说："吴大帅打了胜仗，为了犒赏三军，点名要全聚德准备两百桌饭菜，每张桌子上必须有一只鸭子。"这对全聚德来说几乎是一个不可能完成的任务，但李子明想也没想就答应下来。店里的伙计都认为他疯了，连一向信任他的杨庆茂也怀疑这个决定是不是正确。为了消除众人的疑虑，他对大家说："如果我们不接，很有可能得罪目前实力最大的军方，到时候全聚德能不能存活都是问题。而如果我们接下来，我们还有机会。请大家相信我，我一定会带领大家好好地完成这项任务。"

之后，李子明调动全聚德的所有人员，迅速地添置新厨具，并且外聘了几名优秀的厨师，而他自己更是亲自到养鸭场选择良种鸭。在庆功之日，李子明一声令下，壮观的上菜场景让人咋舌，这个不可能完成的任务就这么给完成了。从此，全聚德在北京城的名声更加响亮，慕名而来的食客越来越多。

3. 几经磨难终流传

李子明不仅擅长经营，还擅长管理，他要求堂头（我们现在说的领班）要有超强的记忆力，只要客人来过一次就要记住他的身份，下次来的时候要认得清清楚楚，这样客人会高兴，比较容易成为常客。为了能找到一个好的堂头，李子明亲自到其他的饭馆去物色人，然后高价挖过来。为了让顾客相信全聚德是货真价实的，他还专门安排了一个卖手，在顾客选鸭的时候，将活的鸭子拿给客人看，并让客人在鸭身上题字，表明这只鸭子所属。这种做法得到很多客人的赞赏。

李子明是山东人，店铺里也同样有来自山东的伙计，但他并不会给他们特殊照顾，而是一视同仁地予以严格要求。李子明要求伙计们在日常生活中要有规矩，不能做任何有损全聚德形象的事情。那些去看低俗花鼓戏的伙计会被他毫不留情地开除，而那些染上毒瘾或者抽大烟的伙计更是不用说了。李子明对那些勤劳能干的老实伙计非常照顾，有的伙计结婚，他会走很远的路去参加，还会送上厚礼，这让李子明在全聚德深得民心。

李子明对伙计要求高，对全聚德的生意有帮助，但也因此得罪了一些人，全聚德管总账的人就是与李子明发生矛盾之后离开的。他离开之后很不甘心，决定与全聚德唱对台戏，没多久就在离全聚德不远处开了一家名号为"华赢全"的烤鸭店，几乎与全聚德一模一样，看气势和名号是要和全聚德斗下去。华赢全开张的那天，李子明拿着祝贺的牌匾，领着全聚德的伙计们到场祝贺，但这并没让华赢全的老板感动。1924年9月，第二次直奉战争爆发，吴佩孚这次败了，取而代之的是奉系军阀张作霖。华赢全老板拿上次全聚德为吴佩孚摆庆功宴为借口，向张作霖告发李子明"支持内战"。张大帅正愁找不到杀鸡儆猴的人，二话不说就将李子明抓进了大牢。李子明被抓，全聚德上上下下的人都很着急。堂头和伙计们得知张大帅喜欢附庸风雅，决定在他六十大寿的寿宴上做文章，以让张大帅下令放了李子明。全聚德为张作霖的六十大寿精心准备了一道"猜谜夜宴"，博得了他的欢心，顺利地救出了李子明。

历经磨难的李子明回到全聚德之后，更加用心地经营。每天下午是全聚德的营业低峰期，为了让全聚德拥有更多的顾客，李子明在这一时段推出"低价鸭"。因为有便宜赚，很多顾客纷纷前来购买，所以即使在低峰期，全聚德也拥有一定流量的顾客。全天的营业时间中，全聚德门口总是挤满了汽车、黄包车。李子明在全聚德一干就是十几年。1930年，杨庆茂去世，鉴于对李子明的信任，他没有将全聚德交给自己的后人，而是交给了李子明。

李子明刚刚上任就遇到了一件麻烦事儿。原来，全聚德的债主们听说换了异姓掌柜，担心自己的钱要不回来了，而当时的全聚德资金非常紧张，不可能拿出现金偿还数额庞大的外债。若换了别人，肯定已经急得像热锅上的蚂蚁一样坐立不安，但精明的李子明却镇定自若，还想出了一个两全其美的方法，那就是用鸭票子抵充债务，将外债变成自己的生意。没过多久，北京城里就流行起来一股风潮：人们逢年过节登门拜访的时候会相互赠送全聚德的鸭票子。当时的人们很喜欢这种方式，登门送礼不用提着油乎乎的鸭子，只需要在兜里揣上几张鸭票子就可以了，既方便，又体面。

应该说，李子明的经营是远远胜过杨家父子的，仅短短三年的时间，李子明就还清了杨家父子欠下的全部债务。全聚德在李子明的经营管理下，生意蒸蒸日上，而老掌柜杨全仁"八抬大轿"的梦想却仍没有实现，李子明一直记在心里。时机成熟之后，李子明找到技术精良的工匠将全聚德的二层小楼建造完毕。到 20 世纪 30 年代后期，全聚德的烤鸭质量成为北京第一，而一直与之唱对台戏的华赢全则因为经营不善而倒闭。

4. 公私合营挽倒闭之势

经过李子明几十年的经营，全聚德已经是北京城赫赫有名的老字号。李子明死后，他亲自挑选的堂头李培兰接管了全聚德。李培兰任命杨庆茂的长子杨奎耀主持管理全聚德，两人同心合力，将全聚德经营得井井有条。1948 年，李培兰去世，杨奎耀接任全聚德的掌柜，成为新中国成立前全聚德的最后一任掌柜。

受中国大环境的影响，杨奎耀接下来的全聚德是一个烂摊子，每一步都走得非常艰难。而雪上加霜的是，国民党军政官员和美国大兵经常光顾全聚德，他们来吃喝不交一分钱，这使得全聚德的经营更加举步维艰。如果仅仅是这样，全聚德说不定咬咬牙关就能挺过去，但"霜"不仅仅只有这一层，还另有两层：一层是国民党为了打内战，抓走大量的壮丁当兵；另一层是中国当时正遭受着急剧的通货膨胀，谁家买米都要用车拉着钱去，钱多的是，但就是不够花。在这样的形势下，全聚德濒临倒闭的局面。

就在这危急时刻，北平宣告解放。1952 年 6 月 1 日，人民政府宣布全聚德公私合营，杨全仁的四世孙杨福来留任副经理。受到政府的扶持，全聚德焕发了新的活力，生意一年更比一年强，营业额不断攀升，分店也一个接一个地成立。

　　20 世纪 50 年代末期，国家新建了王府井全聚德烤鸭店。1979 年，建成北京全聚德烤鸭店，这是根据周恩来总理生前的指示在和平门建立的，是当时世界上最大的餐馆。1993 年 5 月底，全聚德在前门、王府井、和平门三个烤鸭店的基础上组成中国北京全聚德烤鸭集团公司，同时还集五十多家企业为一体，形成了中国北京全聚德集团。至此，全聚德经过 130 年的不断创新和改革，形成了以烤鸭为代表，集"全鸭席"和四百多道风味名菜于一体的独具特色的全聚德菜系。全聚德烤鸭店也成为中国国家领导人招待各国元首、政府官员等外宾的首选场所。

　　全聚德与共和国领导人的不解之缘

　　新中国成立之后，人民政府向全聚德伸出了援助之手，领导人也给予了特别关注，周恩来总理就曾 27 次光临全聚德宴请外宾。

　　有一次，一位外宾问周总理："这家餐馆为什么叫'全聚德'？其中有什么含义吗？"当时，周总理并不了解"全聚德"三个字的来源，但他灵机一动，机智地回答："全而无缺，聚而不散，仁德至上。"这个回答精辟而又贴切，全聚德的菜式齐全，自创立至今店铺没有分散过，在经营管理上更是仁心仁德。这次宴会结束之后，全聚德的负责人送总理出门，总理望着"全聚德"的牌匾，勉励员工说："你们在这个百年老店是很幸运的，因为这是一块很有吸引力的金字招牌，你们好好地爱护它，把生意做好，为国家多做一点贡献！"中央领导人在全聚德用餐还有一件值得一提的趣事。王光英副委员长是全聚德的常客。1998 年的一天，他带着家人和几个宾客去全聚德用餐，点名要吃全鸭席。不一会儿，服务员就将盐水鸭肝、红曲鸭脯、芥末鸭掌等凉菜先上齐了，接着又陆续将火燎鸭心、炸鸭胗肝、糟熘三白、烩鸭四宝、鸭舌乌鱼蛋汤等热菜也上齐了，最后还上了两只烤鸭。用餐完毕，经理走过来问："委员长，您吃得可好，客人满意吗？您满意吗？"王光英说："菜品和服务都很好，但唯一的不足就是这个'全鸭席'还不够全。"经理听完这话，感到非常吃惊，心里想，这鸭子身上的除了毛都做成菜了，于是就幽默地说："委员长，我们可是除了鸭毛什么都用上了。"王光英笑着说："你再仔细想想什么没用上。"经理想了想，还是没有得出答案，摸着脑袋对王光英说："委员长，我们实在是想不出来，您就告诉我们吧，等您下次来，我做给您吃。"王光英听后，哈哈大笑："是鸭蛋啊！"大家听后恍然大悟。

　　王光英走后，全聚德的厨师们就开始研究鸭蛋的做法，经理吩咐说："不能将咸鸭蛋蒸好一劈两半上桌，或者是简单的韭菜炒鸡蛋等，研究的菜式要上档次。"经过反复斟酌，厨师们先将咸鸭蛋煮熟，然后用鸭掌筋熬成的胶冻裹上，切出来的小块晶莹剔透，最后再配上香菜末和胡萝卜末，白、绿、红相间，颜色煞是好看。新的菜品研制成功了，那么要起一个怎样的名字呢？有人提议叫"肉冻鸭蛋"，这个名字倒是贴切，但还是不够完美。后来，大家集思广益，取名为"水晶鸭宝"，有"感情纯洁、生活富有"之意。王光英再次来全聚德就餐的时候，经理特意让厨师做了这道"水晶鸭宝"。王光英尝过之后才知道这是鸭蛋所做，对此非常满意，连声称赞，还风趣地对经理说："是我启发你们做的这道菜，这可是我的专利啊！"

（二）名品推荐

全聚德的烤鸭备受各国元首、政府官员、社会各界人士及国内外游客青睐，被誉为"中华第一吃"。周恩来总理也曾多次把全聚德"全鸭席"选为国宴。全聚德烤鸭之所以成为北京烤鸭的精品代表，驰名中外，是因为在原料上选用优质的北京填鸭，其体形丰满，肌肉细嫩，脂肪层丰富；再加上全聚德有自己专门的鸭坯生产线，老技师经验丰富，厨师们都经过严格培训考核；最后是清宫挂炉烤鸭独特的风味，鸭子外观丰盈饱满、色呈枣红，光亮油润、皮脆肉嫩、鲜美酥香、肥而不腻、瘦而不柴，为全聚德烤鸭赢得了"京师美馔，莫妙于鸭"的美誉。

"全聚德"的起源店前门全聚德烤鸭店，至今保留其古朴典雅的韵味，这是依据店内还保存完整的各类文物，从而修建的恢复"全聚德"旧时风貌的"老铺"。

（三）链接

挂炉烤鸭

作为挂炉烤鸭的代表，全聚德的烤鸭和便宜坊代表的焖炉烤鸭烹饪方式截然不同，挂炉烤鸭是依靠热力的反射作用来烤制鸭子，即火苗发出热力由炉门上壁射到炉壁，将顶壁烤热后，再反射到鸭身，挂炉烤鸭不能用以火苗直接燎烤。此外，还有一个特点是用饼、大葱或黄瓜、酱和烤鸭一起进食。

五、北京陈记卤煮小肠——肥而不腻，烂而不糟

（一）老字号历史典故

陈记卤煮小肠起源于清乾隆年间，距今已有 200 多年历史，最早是一位姓赵的

农民和陈玉田的祖父陈兆恩在北京卖苏造肉。为适应平民百姓食用，将主要原料五花肉改成了廉价的猪下水，特别是以猪肠为主，令其风味更加独特，由此清宫廷御膳"苏造肉"就演变为"卤煮小肠"。传到陈玉田的父亲陈世荣经营卤煮，童叟无欺，待人又极为和善，有钱没钱的，只要来到摊儿前，都能吃上一口儿，落下了一个好人缘，顾客络绎不绝。新中国成立前，陈记卤煮小肠在天桥、虎坊桥、前门和西单牌楼等一带都设有摊位，属设在华北楼戏院门前的摊位最有名，当时一些梨园名角，如梅兰芳、张君秋、新凤霞等都在唱罢大戏后叫碗卤煮当宵夜。

（二）名品推荐

如今陈记卤煮小肠第三代传人陈玉田制作的卤煮，"肠肥而不腻，肉烂而不糟，火烧透而不粘，汤浓香醇厚"，堪称一绝。卤煮火烧的主料是小肠、肝、肺、肚等下水，还有五花肉、油炸豆腐块和火烧。将五花肉、小肠及各种下水切成段、块放入锅内，用武火煮，不时用勺撇去浮沫，再将油豆腐、花椒、豆豉、大料、小茴香、葱、姜、蒜、醋、豆腐乳卤等调料放入锅内同煮。待肠、肉煮烂后，将火烧放在锅的四周一起煮，出售时，捞出小肠、肝、肺等按顾客要的火烧数量切成小块儿放入碗内，盛上汤卤即可。上桌时浇上辣椒油、醋蒜汁，放上香菜叶。这就是最传统的吃法。

（三）链接

苏造肉

乾隆四十五年（公元1780年），清高宗乾隆巡视南方，曾下榻扬州安澜园陈元龙家里。陈府家厨张东官烹制了很多菜肴，深得乾隆喜爱。后来张东官随乾隆入宫，他分四季，用不同数量配制的香料烹制猪肉，因张是苏州人，故这道肉菜就被称为苏造肉，四季配料称苏造汤卤。

六、重庆桥头火锅——食在重庆，味在桥头

（一）老字号历史典故

百年品牌重庆桥头火锅创始于清宣统六年（公元1908年），是目前全国唯一一家中华老字号火锅。一百多年来，桥头火锅严格采用独特的传统工艺及配方，坚持"五味中求平衡，清鲜中求醇厚，麻辣中求柔和，口感中求层次"，形成了麻、辣、

烫、嫩、鲜、香的鲜明特色，深受美食界及广大顾客的喜爱，有"食在重庆，味在桥头"的佳话口碑。

（二）名品推荐

重庆的桥头火锅是火锅中的传统品种之一，无论山珍海味、飞禽走兽，还是野生家养、荤素精粗，大凡能入口者一概都烫；兼具开胃、健脾、驱风、祛寒之食疗功效，深受重庆人青睐。

桥头火锅那红得冒油的锅底，是由郫县豆瓣、醪糟汁、花椒、辣椒、老姜、料酒、牛油、香料、植物油等20多种调料精工细作而成，采百味于一锅，集麻、辣、鲜、香、嫩、脆于一体。作为巴蜀饮食文化体系的地方名吃，桥头火锅在当地不胜枚举的火锅店中独占鳌头。吃桥头火锅时，从配料、熬制到烫法、吃法都相当讲究。一般味碟用香油、蒜泥制成，有清火、滋润、解毒、增强口感的作用。

（三）链接

重庆火锅传统吃法

重庆人品火锅，吃法大有讲究：用蒜泥、香油、干辣椒面、花椒面、味精调制成味碟，吃之前，先往味碟里淋上一勺锅里刚刚沸腾的红油，先麻后香，独特的味觉享受。把烫好的小菜在味碟中浸一下，再蘸上麻辣粉才吃。像毛肚、鸭肠、黄喉、腰片等一般放入红汤中烫熟，在味碟里浸一下再吃；虾、蟹、鱿鱼等海鲜类食品在白汤中烫食；蔬菜、菌类放入红白汤均可，烫至断生即可食用；鳝鱼类则直接倒入煮熟后再吃。当然，在烫吃的过程中，要注意添加原汤和盐等，以保持味鲜而浓。

七、广东广州陶陶居——来此品茗，乐在陶陶

（一）老字号历史典故

陶陶居开业于清代光绪年间，原址在广州西关第十甫。最初是一个叫黄澄波的人，他见第十甫河汉纵横、丛树成荫、稻畦飘香，满目田园美景却没有茶楼酒肆，便盖了一间茶室，近百平方米的老式大屋，以其妻的名作为字号，称为"葡萄居"。1927年，茶楼大王谭杰接手"葡萄居"，招股集资，大兴土木，新股东嫌旧名不雅，便买来了另一间茶室的匾额——"陶陶居"，寓意：来此品茗，乐也陶陶。据

传，"陶陶居"这三个字系康有为所写，用的是"石门铭"碑法。

（二）链接

一百大洋的月饼

据说，刚开始陶陶居聘请名厨制的这种月饼尚无人赏识，于是茶楼主人便用玻璃盒装月饼，上书"陶陶居上月，售卖一百大洋"，随后挂在店堂门梁。

众多路人围观挂在梁上的月饼，却无人敢买。日近晌午，只有陈秀才踱步门前，拿出一张百元银票，取下这块精装月饼。掌柜问其故，陈秀才慢条斯理地开口："陶陶居乃大号，又有康圣人题匾，这个月饼里一定有文章。"于是当众打开包装盒，切开月饼，众人顿时哗然，原来月饼内藏有金银手镯各一对、珍珠八粒、翠玉两块，可谓金玉满堂。消息一传开，不少人慕名前来，"陶陶居上月"立马成为抢手货，从此销路大开。

（三）名品推荐

陶陶居酒家制作的广式月饼已有百年经验，其中最著名的是"陶陶居上月"，其被誉为"月饼泰斗"，还获得了"金鼎奖"及"中国名牌月饼"称号。

"陶陶居上月"创制于清末民初，在配制馅料和烘制月饼时，每种原料都经过精心挑选，同时十分讲究原料数量的搭配和制作的火候。饼馅由火腿、烧鸭、上肉、钩虾、花生仁、冬菇、莲子等20多种配料和蛋黄拌成，选用的蛋黄，是将产这种蛋的鸭子放养在水排上，吃的多是鱼虾，其蛋黄黄里透红，营养丰富。陶陶居月饼咸甜适中，皮薄松软，是民间最喜爱的月饼之一。

八、河南洛阳真不同——中华名宴，洛阳水席

（一）老字号历史典故

真不同饭店始创于公元1895年，迄今已有百余年历史，它的前身是"于记饭铺"、"新盛长"，创始人为于庭选和于保和，1947年正式定名为"真不同饭店"。著名作家李準为其题写了店名，民间还有"不进真不同，未到洛阳城"的说法，可见真不同饭店受到了食客们的广泛认可。

真不同推出的洛阳水席和宫廷水席、武皇水席、盛唐国宴，风味独特，与众不同。上至皇帝，下至平民及现在的政要、名流和百姓都称其为"天下美食、行业典

范"，被誉为"中华第一宴"。

1973 年，周恩来总理陪同加拿大总理特鲁多来洛阳访问时，在品尝过洛阳水席第一道菜品"洛阳燕菜"后曾风趣地说："洛阳牡丹甲天下，菜中也能生出牡丹花来。"

（二）名品推荐

真不同饭店以洛阳水席为主，分为前八品、四镇桌、八中件、四扫尾，共 24道菜，喻示着武则天执政 24 年的历史光景。前八品也称下酒菜，象征武皇的"服、礼、韬、欲、艺、文、禅、政"的八大特征，亦为八大宴绩。最后一道"圆满如意汤"，以示全席圆满结束。

九、湖南长沙火宫殿——风味小吃，享誉三湘

（一）老字号历史典故

火宫殿，过去是一座祭祀火神的庙宇，又名"乾元宫"，始建于清乾隆十二年（公元 1747 年），道光六年（公元 1826 年）经历重修，距今已有 260 余年历史。每年农历六月二十三日都将举行大规模的祭祀活动，每到这天，火宫殿里人群熙攘，热闹非凡，因而聚集了最多的、最正宗的潇湘美食小吃。

（二）名品推荐

火宫殿是长沙乃至湖南的集民俗文化、火庙文化、饮食文化于一体的具有代表性的大众场所，特别是火宫殿的风味小吃享誉三湘。在这里可以吃到各种长沙和湖南小吃，比如长沙臭豆腐、正宗红烧肉、糍粑等，种类繁多，色香味俱全。火宫殿作为美食

长沙火宫殿

城现在在长沙有 4 处，1 家总店、3 家分店，但原本的最著名的还是坡子路上的火宫殿原址。火宫殿秉持以往"一宫二庙（阁）三通四景八小吃十二名肴"的特色，深受食客欢迎。

（三）链接

一宫二庙（阁），三通四景，八小吃十二名肴

一宫是指火宫殿。二庙即火神庙、财神庙。二阁有普慈阁、弥陀阁。三通是南通坡子街、西通三王街、东通司门口。四景包含古坊夕照、庙廓生烟、一曲熏风、廊亭幽境。

八小吃分别为臭豆腐、龙脂猪血、煮徹子、八宝果饭、姊妹团子、荷兰粉、红烧蹄花、三角豆腐。

十二名肴为发丝百叶、蜜汁火腿、潇湘龟羊、酱汁肘子、腊味合蒸、组庵鱼翅、宫殿豆腐、东安子鸡、红烧水鱼裙爪、红煨牛蹄筋、毛家红烧肉、红烧狗肉。

十、江苏南京马祥兴菜馆——清真寿星，独具一格

（一）老字号历史典故

马祥兴菜馆是南京著名的中华老字号。清道光二十五年（公元 1845 年），河南孟县人马思发因为家乡发大水，带着幼子马盛祥逃荒来到了南京花神庙，靠露天烧卖荒饭谋生，人称"马回回饭摊子"。他过世后，马盛祥将摊子迁到雨花台左侧的回回营，盖了一间铺面，取名"马祥兴"，"祥"字是取自他的名字，"兴"字寓意兴旺发达。马祥兴菜馆历经百年，已成为全国现有清真菜馆中的"老寿星"。它经历过战火、动乱，也曾关门歇业，改过名字，易过主人，但永远不变的是清真菜的传统技艺一直薪火相传，从而至今仍然受到食客们的推崇和喜爱。

（二）名品推荐

民国初期，马祥兴菜馆以经营"牛八样"清真菜为特色，上世纪 20 年代末，推出了"四大名菜"，有用淡水虾爆制的"凤尾虾"，用鲜桂鱼炸制的"松鼠鱼"，用鸡蛋皮裹虾仁蒸制的"蛋烧卖"，以及用鸭胰子和鸡脯肉做成的"美人肝"。其中名气最响的就是"美人肝"。

马祥兴菜馆的特别之处，在于它并非以回民最常用的牛羊肉作原料，而是以江南最常见的鱼鸭虾蛋为食材，构思奇巧，独具风格，真正做到将清真伊斯兰风味与本地特色完美结合。

（三）链接

马祥兴的"名人文化"

马祥兴清真菜之所以有名，不单单是"老"，还在于它菜品烹制技艺具有独特的文化内涵，其中就包含"名人文化"，其中国民党元老于右任曾为该店题写"马祥兴"匾额。国共和谈时期，周恩来应张治中邀请曾在该店用餐。

十一、江苏苏州得月楼——吴中名楼，天下食府

（一）老字号历史典故

蜚声海内外的苏州得月楼创建于明朝嘉靖年间，为盛苹州太守所筑，位于苏州虎丘半塘野芳浜口，距今已有 400 多年历史。当年乾隆皇帝下江南的时候，曾在得月楼用膳，因其菜味道极为鲜美，龙颜大悦，赐名"天下第一食府"。

得月楼随着历史的变迁历经改朝换代，或经移址和湮灭，直至清代乾隆年间，仍得到不少文人墨客的题诗赞美。其中，明代戏曲作家张凤翼就曾赠诗于得月楼：七里长堤列画屏，楼台隐约柳条青，山公入座参差见，水调行歌断续听，隔岸飞花游骑拥，到门沽酒客船停，我来常作山公醉，一卧垆头未肯醒。从张凤翼的诗中，便可以想象早在 400 多年前，得月楼就已经盛极一时，蜚声吴中了。

（二）名品推荐

得月楼注重按苏州每季的时令原料，根据每个季节人体需求的营养与口味，烹制独特精巧的菜点系列，一菜一味，清隽和醇、咸中带甜，讲究色、香、味、形。

苏州得月楼

常年供应品种达三百多种，并配有春、夏、秋、冬四季时令菜点飨客。时令名菜分为春食鱼宴、夏吃糟菜、秋品蟹肴、冬喝药膳。其派生的菜点更让人目不暇接，仅肉类就分春有樱桃汁肉、夏有荷叶粉蒸肉、秋有干菜扣肉、冬有美味酱方。

常年供应的名菜名点则有松鼠鳜鱼、清溜虾仁、得月童鸡、西施玩月、蜜汁火

方、甫里鸭羹、太湖三白羹、枣泥拉糕、苏式船点等。

（三）链接

与影视结缘

上世纪 60 年代电影《满意不满意》中以得月楼为题；80 年代电影《小小得月楼》在得月楼拍摄，历时三个月；还拍摄过《姑苏第一街——醉月飞觞得月楼》。

此外，《莲藕》《美食家》《明月几时圆》《裤裆巷风流记》《姑苏水巷行》等影视片，都有得月楼的镜头出现。

十二、江苏苏州松鹤楼——如松长青，似鹤添寿

（一）老字号历史典故

松鹤楼于清乾隆二年（公元 1737 年）由徐氏在苏州玄妙观创建，经营面点带卖饭菜，是目前苏州地区历史最为悠久、饮誉海内外的正宗苏帮菜馆，迄今已有270 多年的历史。由于古人以松鹤寓长寿，故取名松鹤楼。

光绪年间（公元 1875～1908 年）饭菜生意兴旺，经营额超过面点。到 1918年，因经营不善，餐厅濒临倒闭。后由天和祥店主张文炳牵头以合股形式租赁该店，改名为和记松鹤楼。张文炳接手时的松鹤楼，还只是个两小开间的不起眼儿的饭店，在经过他改头换面的打造之后名声大噪，使其逐渐成为名流聚宴的场所。

著名小说家金庸在其《天龙八部》中就多次提到松鹤楼。2007 年，84 岁的金庸重回松鹤楼，在品尝了苏帮美食后，欣然命笔，写下了"百年老店，历久常新，如松长青，似鹤添寿"的题词。

（二）名品推荐

松鹤楼坐落在古老又繁华的观前街中心点，先后从天和祥、天锡、大新楼聘请苏菜名厨，不仅精于苏菜炖、焖、煨、焙等传统技法，而且讲究选料、刀工、火候。每道菜的色、香、味、形，都遵循苏菜的正宗风味，并且陆续创制数十种新名菜，如原汁扒翅、白汁元菜、松鼠鳜鱼、荷叶粉蒸肉、西瓜鸡、巴肺汤和暖锅等应时佳肴，都有独到之处，显示出了苏式菜肴原汁原味的特有风格。

十三、江苏扬州富春茶社——赏花品茗，弈棋吟诗

（一）老字号历史典故

富春茶社，前身是"富春花局"，始创于清光绪十一年（公元 18855）。由茶座起家，历经百年，形成了花、茶、点、菜结合，色、香、味、形俱佳，闲、静、雅、适取胜的特色，被公认为淮扬菜点的正宗代表。巴金、朱自清、冰心、林散之、吴作人、梅兰芳、赵丹等大家及文艺巨匠都留下了墨宝和赞语。

在陈步云经营之时，改名为富春茶社，一时盐商士绅与文人名流，常常来此赏花、品茗、弈棋、吟诗，非常热闹。陈步云为迎合客人们的需要，除供应茶水外，又增加了包子、点心，生意十分兴隆。

（二）名品推荐

当时一般的茶馆，点心都是以笼计算，一笼 16 只，最少也得半笼起叫，富春茶社的点心花色品种很多，如果采取这种"整卖"方式，无疑会失掉许多生意。陈步云首创了"杂花式"供应方法，一笼罗列 8 种点心，每种两件，四咸四甜，味道各异，这样客人就可以一次尝到富春的各种主要点心，自然十分满意。另外，无论新老茶客，又都可以只叫一件两件，按件计算，经济实惠。

富春茶社的传统名点三丁包被评为名特食品，所谓"三丁"，即由鸡丁、肉丁、笋丁制成。此外，传统点心千层油糕和翡翠烧卖非常受欢迎，油糕通体半透明，柔韧异常，层层相叠又层层相分，甜糯适度而爽口；翡翠烧卖则以绿色菜叶为馅，口味有甜有咸，馅心绿色透过薄皮，形如碧玉。此二点被誉为扬州面点的"双绝"。

（三）链接

富春花局

富春茶社最早并不是一间茶馆，而是一家"花局"。在清代末年，古城扬州"千家养女先教曲，十里栽花算种田"的遗风依然盛行，清光绪十一年（公元 1885 年），扬州人陈霭亭租赁了得胜桥巷内的十几间民房和几分空地，创设了"富春花局"，栽培四季花卉，创作各式盆景应市。清宣统二年（公元 1910 年），陈霭亭去世，其子陈步云继承父业，继续经营。

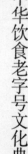

十四、上海杏花楼——红杏枝头，春意热闹

（一）老字号历史典故

杏花楼创建于清咸丰元年（公元1851年），是由广东人"胜仔"开的甜品店，原来杏花楼是一家仅一开间门面的夜宵店，经营广东甜食品和广式粥品。后来，易主经营，改名杏花楼菜馆，从章太炎先生题词"蜜汁能消公路渴，河鱼为解臣君愁"到汪道涵先生题词"群贤毕至"，时至如今颇具规模，是一家享誉申城的粤菜名家。其中，由杏花楼所制广式月饼，配方独特，工艺精湛，尤为脍炙人口。在端午节前后杏花楼还供应自制的什锦裹蒸粽、鲜肉蛋黄粽等各种广式粽子。

（二）名品推荐

杏花楼供应菜肴、点心、糕饼、腊味等，花色繁多。

其中，杏花楼名菜有蚝油牛肉、葱油鸡、咕咾肉、西施虾仁、金钱鸡、烟鲳鱼等，还擅长烧煮蛇、猫、狗、兔、鸽、海狗鱼及山鸡、水鸭等各类野味。

上海杏花楼

而名点则有叉烧包、猪油豆沙包，猪油开花包、鸡球大包、饶卖虾饺、马拉糕、鲜肉云吞等；还有杏仁酥、裱花蛋糕、红绫酥、白绫酥、南乳小凤饼、薄脆，以及奶油蛋糕等各种广式和西式糕点。

此外还有各种香肠、腊肉、腊鸭等腊味。

（三）链接

杏花楼月饼

杏花楼月饼登陆上海近百年，其传统的豆沙、莲芸、椰蓉、五仁已成为广式月饼内馅口味的"四大金刚"。

精细的制作工艺，考究谨慎的选料，是杏花楼月饼成功的最大奥秘。最有名的豆沙必用海门的特级大红袍赤豆；莲芸一律用湖南通心湘莲；椰蓉来自海南的特级椰丝；五仁中的榄仁来自广东西山，杏仁来自新疆北山，核桃则用云南头笋核桃。

十五、台湾台北老天禄卤味——严选食材，力求新鲜

（一）老字号历史典故

以卤味闻名的"老天禄"，位于当年西门町人气最旺的新声电影院隔壁，至今已有 50 多年的历史，是陪伴台北人逛西门町、看电影的必备零嘴儿。如今老字号的"老天禄"港式卤味，更是港台饕客的最爱，已俨然成为台北西门町的特色美食之一。

创始人谢玉泉于 1959 年退伍后，最初是在中华路新生戏院一楼的老天禄担任店员；三年后卤味部老板有意结束卤味生意，谢玉泉就此接下卤味部自当老板，身为客家人的谢玉泉，成就了老天禄独家的广式卤制口味。他从采购、卤制到销售一手包办，并不断改良制作程序与卤制方法。

如今，老天禄卤味几十年不变，坚持每日清晨 4 点到台北市最大的肉品批发——环南市场入货，严选最新鲜与最佳质量的食材，不使用商贩送货，生鲜质量严格把关。鸭舌每一根都讲求肥、大、鲜、嫩，加上宜兰三星葱等佐料，才能制作出最美味的卤味。

（二）名品推荐

老天禄每日定时限量卤制美味，以其鸭翅膀、鸡鸭脚、鸭舌头，以及鸡鸭的肫、肝、心等卤味闻名。每日精心挑选新鲜食材，然后再彻底去毛、切割和洗净，用酱油、米酒、葱以及五香、八角、丁香等 15 种上等中药材调制出老天禄独特的秘制卤汁，再经经验丰富的老师傅适当地添加卤制，才能确保卤味的口感。鸭舌约卤制 35 分钟、翅爪等需 40～50 分钟，热腾腾美味好吃的卤味便可上架热卖了。

（三）链接

天王、天后级艺人的宠爱

在"老天禄"20 多种卤味中，鸭舌头是香港天王、天后级艺人每到台湾必会钦点品尝的名品。

回到上世纪 90 年代，香港艺人初次品尝老天禄鸭舌头的时候，虽然鸭舌形状奇特，但是在嘴里越嚼越香的滋味，让人一只接一只，停不了手。老天禄卤味在香港艺人中的迅速蹿红，使得"老天禄"顺理成章成为香港观光客的一大热门，更有

十六、台湾台北鸭肉扁——狮头土鹅，上乘美味

（一）老字号历史典故

在台湾省台北中华路的"鸭肉扁"，名声响亮，可说是西门町老字号招牌名店。其"扁"是老板张仁和父亲的绰号，沿用其父亲创业时的店名至今。

"鸭肉扁"创业于1950年，最初只是个路边摊，而且生意一直没有起色，在改卖土鹅肉后突然好转，"鸭肉扁"的名号不胫而走，老板也懒得改店名而一直沿用至今。从摊贩到现今两层楼店面，已经营到第三代，即便非用餐时间也是座无虚席。

（二）名品推荐

别被店名唬住，西门町的"鸭肉扁"不卖鸭肉，卖的却是地道的土鹅肉，学名叫"狮头鹅"，从潮州引入台湾饲养，肉质紧实而鲜美，被视为鹅肉的上品。再蘸上老板特调的红酱与黑酱，两种口味，风味更佳，米粉配上鹅肉，便成了鸭肉扁的地道招牌。另外搭配汤米粉及汤面，是用数十只鹅熬成的汤

狮头土鹅

汁，不加任何味精，就非常的鲜甜，与鹅肉是绝配。简单几样招牌料理，却在竞争激烈的西门町饮食圈，立足超过半世纪。

（三）链接

无需多等的美味

进到店里以后，店家不会拿菜单给你看。只有店里带有稍许江湖味的服务生会连续问你："面几个？米粉几个？要不要切鹅肉？100、200还是300元的量？"

因为这间小店只卖三样：面、米粉以及土鹅肉切盘。简明扼要，干净利落，想要品尝土鹅美味，只需等待5分钟。

十七、天津登瀛楼——登瀛洲，思故乡

（一）老字号历史典故

1913 年，山东人苏振芝在当时天津最为繁华的南市建物街，创建了登瀛楼。"登瀛"二字取自《秦始皇本纪》"海中有三神山，名曰蓬莱、方丈、瀛洲，仙人居之。"又加上唐王李世民做文学馆取名"登瀛洲"采用了"登瀛"二字，用以喻山东家乡地名，又顿具文化氛围。登瀛楼饭庄时至 2013 年在天津刚好开业满 100 年的时间。

（二）名品推荐

登瀛楼饭庄以经营津鲁大菜、风味炒菜、各种面点小吃而著称，同时是天津涉外旅游定点餐馆之一。主要的名菜有醋椒鱼、九转大肠、通天鱼翅、香桃满园等。其中，登瀛楼的糟鱼片形神兼备：白如雪的鱼肉，晶莹圆润；浓且醇的糟香，沁人心脾。在保持传统糟香的基础上，盘中的鱼儿姿态可人，仰头翘尾，憨态可掬，令人胃口大开。此外，九转大肠是鲁菜的经典之一，也是登瀛楼的招牌菜。

登瀛楼不仅有上好的传统鲁菜，面点也堪称一流。登瀛楼煎饺借鉴天津传统小吃锅贴的做法，做出了新的花样。煎饺不再是独立的个体，而是紧密地连在一起，形成漂亮的平面。如果使用模具，还可以做成漂亮的蝴蝶形状。登瀛楼煎饺有肉三鲜和素三鲜两种口味，满足食客不同的需要。肉三鲜搭配猪肉、虾仁和海参；素三鲜选择西葫芦、海参和鸡蛋，营养丰富，口感绝佳，再加上煎饺底部那层金黄香脆的薄片，外脆里嫩，鲜香四溢。

十八、天津起士林——享受人生，美妙之地

（一）老字号历史典故

在清末，1900 年八国联军侵占天津以后，相传有一个随着德国侵略军来津的德国厨师、名叫阿尔伯特·起士林，擅长制作面包、糖果。1901 年 9 月 17 日，由他创建的天津最早乃至中国最早的西餐馆——起士林西餐厅，正式在法租界中街（今天津解放北路与哈尔滨道交口附近）开张纳客，约有 100 平方米。

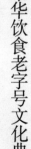

开业后，阿尔伯特掌灶，妻子做招待，并且雇了德国人罗里斯当助手，前期的起士林西餐厅主要靠这三个人经营，以其正宗的德式西餐和面包、点心招徕顾客，生意很旺。起士林的西餐传播了西方的饮食文化，也是老一辈天津人津津乐道的传奇篇章，从精美的餐具到花样繁多的西式菜品、从布置考究的店堂到周到礼貌的服务，真可谓是面面俱到。

（二）名品推荐

天津起士林大饭店曾接待过许多党和国家领导人、外国政要和100多个国家的外交使节、政府官员和国际友人。除了各国侨民和官员经常光顾起士林西餐厅外，天津的达官显贵对起士林也是格外偏爱。从精美的餐具到花样繁多的西式菜品，从布置考究的店堂到周到

天津起士林

礼貌的服务，起士林为天津的餐饮界谱写了靓丽的乐章。

起士林西餐厅主要生产经营德、俄、英、法、意五国风味西式大菜、西点、面包、糖果，饼干、咖啡、冷食等共计七大系列千余种。

（三）链接

在起士林过个西式生日

袁世凯过46岁生日时，将起士林餐厅整个包了下来，阿尔伯特按照西方的风俗布置会场，使得会场气氛高贵典雅，博得袁世凯的夸奖。享用完美食以后，起士林又捧出一个小山般的多层蛋糕，点燃的蜡烛在餐厅里烛光摇曳，照映四壁溢彩生辉。从此以后，天津的有钱人每逢生日，能在起士林餐厅庆贺一番，是当时十分时髦的事情，而且还会点名让阿尔伯特·起士林制作一个别具特色的生日蛋糕。

十九、香港兰芳园——丝丝润滑，奶茶飘香

（一）老字号历史典故

兰芳园是香港一间历史悠久的茶餐厅，由林木河于1952年创办，早年以大排

档形式经营，现在除设于大厦的旧店及新店两间店铺外，位于街边的档口仍然保留，是香港仅余的大排档之一。

作为香港茶餐厅的鼻祖，兰芳园虽然名声很大，但地方却不好找。在行人电梯中段的结志街街口有间铁皮小档，上写"精美小食"、"冷热饮品"，两边贴满了剪报，一个小小的窗口，要探头才能看见里面的伙计，这就是传说中的兰芳园，每日吸引不少名人、中环上班族及海外旅客慕名光顾，其门外常见排队等候的人龙。

（二）名品推荐

兰芳园首创了港式饮料"鸳鸯"和以茶袋冲制的港式浓滑奶茶，俗称"丝袜奶茶"，一经推出驰名海内外。奶茶是使用来自斯里兰卡科伦坡的"季后茶叶"以及马来西亚的植脂奶冲制。兰芳园的奶茶好喝的秘诀是由于选料独到，还要经三冲三泡才能端上你的餐桌。除了港式奶茶外，兰芳园供应传统茶餐厅食品如多士、三文治等，其他食品还包括葱油鸡扒捞丁（炒出前一丁）、奶油猪仔包、猪扒包、番茄薯仔汤通粉等。其中猪扒包、鸡扒捞丁是这里的名菜，一定不要错过。

（三）链接

丝袜奶茶

"丝袜奶茶"决不是拿丝袜来过滤的，因为一个普通纱布袋，在被茶水反复冲刷后变成浅咖啡色，远看就似丝袜了，因此有这个称号。而"丝袜奶茶"独特香气的秘诀则在于这里的奶茶是用四种不同茶叶，按秘制配比调制而成的。现在林老板又改良了现有的奶茶，创新地把奶茶冻成冰粒，然后再放进奶茶中，使奶茶变成为冻饮，即使冰粒溶化，奶茶的味道也丝毫不打折扣。

二十、云南昆明建新园——暖暖温情，过桥米线

（一）老字号历史典故

建新园原名"三合春"，始建于清光绪三十二年（公元 1906 年），因其"过桥米线"汤鲜味美、风味独特而闻名遐迩，常有食客因店内满座伫立于街头用餐，也因购餐人数过多排起的队伍宛若长龙而成为街头一景，被食客誉为昆明市宝善街"第一金字店"。

（二）名品推荐

建新园主营以"昆明味道"为代表的五大系列七十余种云南风味煮品小吃和各式滇味菜品，其风味小吃"四喜凉食"、"鸡汤米线"、"脆旺米线"曾荣获"中华名小吃"和"中国名点"称号。

其中，人人皆知的建新园名吃，必定是过桥米线。过桥米线配菜丰盛、讲究，用多个小碟呈上焖肉、鸡肉、鱼片、肉片、云腿、鹌鹑蛋、鱿鱼等，然后端上一大碗飘着浮油的鸡汤，将配菜依次下汤，烫熟后即可食用。

过桥米线的鸡汤必须要烫，上面浮着的那层油很好地封住热度，另外使用高边深底的大碗装盛鸡汤，也是为了保温。特别要提醒的是各式配料按易熟程度不同，下汤的顺序也不一样，一般先放肉类或不易熟透的食材，然后再放蔬菜。

（三）链接

米线

米线为一古老食物，古烹饪书《食次》之中，记米线为"粲"。至宋代，米线又称"米缆"，已可干制，洁白光亮，细如丝线，可馈赠他人。明清之时，米线又称作"米糷"。

《齐民要术》中谓"粲"之制作，先取糯米磨成粉，加以蜜、水，调至稀稠适中，灌入底部钻孔之竹勺，粉浆流出为细线，再入锅中，以膏油煮熟，即为米线。

如今云南米线制作，仍有两法，传统制法是取大米发酵后磨制而成，俗称"酸浆米线"。其二，取大米磨粉后直接放在机器中挤压，靠摩擦的热度使其糊化成型，称为"干浆米线"。

二十一、广东皇上皇——粤式腊味很经典

（一）老字号历史典故

广东的腊味很出名，源自广东人对吃的讲究。随着现代生活的加快，腌制腊味繁琐的工序，逐渐被终日奔波劳碌的人们所遗忘。但想来就垂涎三尺的腊味，总是让人念念不忘。有家企业不单照顾到消费者的这种需求，还逐渐将腊味做成了老字号，它就是广式经典腊味品牌"皇上皇"。皇上皇在半个多世纪里，生产的腊味一直称得起"最正宗"三个字，而这正是它一直追求的宗旨。

1. 穷则思变，腊味出名堂

广东有句俗语流传很广："秋风起，食腊味。"意思是说，每个秋冬季节正是家家户户的腊味摆上桌子的时候。那个时候，每家一般会先准备好上好的香米，放在砂锅中煮个半熟，在香米尚存水蒸气时，将切好的腊肉片码上去。残留的水蒸气滋润了有点干硬的腊味，而腊味中富含的油水也经过水蒸气的滋润渗透到香米中。如果想要味道更重一些，可以加点橄榄油，用文火蒸半个小时，腊味的油脂和香米就很好地交融在一起，相得益彰。这是最适合秋冬的味道，咀嚼在嘴中，感受油滋滋的香糯，生活就是这么美好！

20世纪30年代末，广州刚刚沦陷，百姓处在水深火热之中，但生活仍要继续。这一天，一个叫谢昌的年轻人天还没亮就挑着担子沿街叫卖："咸鱼……上好的咸鱼，快来买啊！腊肉……自家腌制的腊肉，想吃的尽快买！"谢昌穿着粗布麻衣，挽着袖子，挑着担子，担子里有咸鱼、茶叶蛋、沙榄，还有自家腌制的腊味。

这个时间天刚蒙蒙亮，很多人还在睡觉，只有零星的几户人家家里冒出炊烟。谢昌叫卖了一阵子，并没有应答，他不禁有点沮丧，暗想可能今天又没什么收获了。

正在他心情郁闷的时候，突然一个大叔叫住他："小伙子，经常看你沿街叫卖，生意如何？"见到有人搭讪，谢昌停下脚步。按照以往的习惯，他是断然不会浪费时间跟陌生人聊天的，有这个工夫他更愿意多走点路，多叫卖会儿。但是这几天的生意实在很差，心里着实烦闷，听到有人搭讪，也想一解心中烦闷，放自己一会儿假。

"大叔，说真的，这几天的生意确实不好，这不今天一早我叫卖到现在，一桩生意都没做成。"听了谢昌的话，老人笑了笑："时局这么差，人们只求能吃顿安生饭，像咸鱼、腊味的，想吃也没钱吃呀。"听了老人家的话，谢昌也跟着摇头。老人家接着说："但是说也奇怪了，镇上有个地方的生意却很火，不知道你听说过没有，叫'八百载太上皇'。""或许呀，是你家的东西不吸引人，要我说，你可以去人家那里看看有啥门道没有。总比自己这么吃苦受累却没有点成绩的好呀。"老人家语重心长地跟谢昌说。

跟老人家道了别，谢昌就挑着担子继续沿街叫卖。不过，此时的他心里有了心事，思绪也不由自主地飘到了几年前。

那时候，谢昌还有个哥哥，叫谢柏。谢家生活在广东一个很普通的山村里，母亲一个人要拉扯他们兄弟二人，很吃力，但是尽管如此，母亲还是尽自己所能为两个儿子遮风挡雨。母亲做的腊味两兄弟都非常喜欢，每年到了秋冬季节，母亲都把积攒了一年的钱拿出一部分来，给儿子们做点腊味过年的时候吃。但每到了大年夜，她却总推说胃口不好，把腊味全让给两个儿子吃。渐渐地，两个孩子长大了，能帮着母亲分担点生活压力。这天，谢柏跟谢昌说："我是家里的老大，打算出去找点活儿干。"谢昌对哥哥说："哥，你放心出去吧，母亲就交给我了。"但是没料到的是，谢柏这一走，从此杳无音信。

后来，谢昌又听说镇上"八百载太上皇"腊味店的主人也姓谢，因为机缘巧合，认识了一位大户人家的小姐，后来小姐的父亲出资，他自己又有做腊味的手艺，就开了这家店。

谢昌听了好奇，打算去店里看看，顺便买点腊味尝尝：母亲年老多病，自己很久没吃到腊味了，一来自己解解馋，二来也孝敬一下母亲。但是这一去，结果出人意料，买腊味的他远远看到那个老板正是自己多年杳无音信的哥哥—谢柏。

谢昌当时既惊又喜，他想上前跟哥哥相认，但是转念一想：他已经回到了镇上，为什么不回家看望我们？而且这么多年，为什么杳无音信？他现在发达了，会认我们吗？谢昌是个自尊心很强的孩子，他脑子里千回百转，最终没有去跟哥哥相认。

谢昌尝过哥哥店里的腊味，知道他做的腊味跟母亲做的有相似，但又不完全像。谢昌想如果自己也学着做这样的腊味，会不会也有市场呢？如果有市场，那岂不是和哥哥在抢生意？谢昌思量过之后，决定不管那么多了，母亲的身体越来越不好，他总要想办法赚钱给她老人家治病，让她能安享晚年。谢昌跟邻居朋友借了点钱，尝试着做起了腊味的小生意。

做小生意走街串巷终究不是个长久之计，自己要想有一番成绩，还得有个门面，这样既能免去终日劳碌之苦，又能有时间照顾母亲，而且谢昌当初做生意的目的也不单是为了赚钱，而是要超过谢柏的"八百载太上皇"。

2."皇上皇"胜"太上皇"

谢昌回去把自己想开个门面的想法告诉了母亲，母亲很是赞成。她一直为自己老迈的身体拖累儿子感到内疚，这次儿子想自己创业，她一定要全力支持。她手把手将自己做腊味的经验全部告诉谢昌，并且指导他一遍又一遍尝试和实验。

但是，谢昌想，谢柏卖的腊味为什么那么受欢迎呢？除了得到母亲的真传，还有别的什么门道吗？另外，开门面，就是要经营一门生意，他在这方面一点经验也没有，他应该怎么做呢？要不要请教自己的大哥呢？左右思量，他最终还是不愿意去求那个忘记母亲和弟弟的大哥。那他要怎么做呢？他只好偷师了。

决定之后，谢昌一边跟母亲学习，一边去谢柏那边偷师学艺。他每天都去谢柏的店门口偷偷观察，看他待人接物，看他的经营门道，看他进货出货的技巧。每天晚上临回去的时候，还买点腊味，拿回去一点点咀嚼，一点点品尝滋味，来改良自己产品的口味。

经过日积月累，谢昌做的腊味得到了邻居朋友的好评，但是他自己还是觉得少了点什么，不太满意。一次，他用酒、酱油、糖等调成汁，把肉浸两三天后，再挂起来晒干、烘干。慢慢地，肉变成金黄色，油灿灿的，质地却很红润。谢昌将这一次做的腊肉取下来，打算给母亲做一顿腊肉煲饭。

他把腊肉覆盖在米饭上，估摸着米饭和腊肉都熟透了，就解开了盖子。随着他打开的盖子，一股子香气扑面而来，腊肉的香气混合着大米的香气，那味道甜而不腻，香而温润，惹得人味蕾大动。谢昌开心地大喊母亲和邻居过来品尝。大家一致夸赞这次做的腊肉饭简直是天上才有的美味佳肴。谢昌仔细回忆自己做这次腊肉的过程，记下每个步骤，再加上自己此前的经验，心里的腊肉秘笈就算有谱了。

街坊四邻知道谢昌要开自己的门面做生意时，都非常支持他，因为大家都信任他的人品和技术。知道他的资金不足，大家还热心地纷纷借钱给他。很快，谢昌在谢柏铺子的隔壁租了一家门面，取名叫"东昌腊味店"。

当时因为时局不好，很多做饮食生意的商家纷纷倒闭或者破产，这其中当然也包括做腊味生意的商家。谢柏的店生意虽然火爆，但时局维艰，难免遭受各方压力，店铺发展缓慢，这就给了谢昌的"东昌腊味店"生存和发展的空间。谢昌有过硬的技术，待人接物也很和善，很快"东昌腊味店"前就排起了长队。但是谢昌并不就此满足，他一心想超过大哥的腊味店，甚至想打垮他的店，以消心中的怒气。

谢昌天生是个做生意的料，做生意的点子一个接一个。第一招，他要更改店名。他既然以超越"八百载太上皇"为目标，就索性将店名改作"皇上皇"。1943年，"东昌腊味店"正式改为"东昌皇上皇腊味店"。

第二招，谢昌不像谢柏那么死板，他的店里不单纯以做腊味为主，而是在秋冬两季以卖腊味为主，春夏则卖最热销的冷饮。这样，一年四季，他的店都可以客似云来、日进斗金了。

第三招，除了腊味，他寻思做点腊味的衍生品。

为了开发新产品，谢昌左思右想，但想破了脑袋也没有结果。这天，掌管店里财政大权的老婆又开始跟他唠叨和抱怨用来腌制腊味的原材料又涨价了："这什么世道啊，天天涨价，还让不让人活了！"老婆的抱怨声提醒了谢昌。他心想，我的腊味受欢迎，那是多亏了酱油好呀，如果我自己找人做酱油，这样就省了中间的步骤，就少了一份开支，还可以找懂买卖的人给我广做推销，这样店里就又多了一份生意。

想定主意，谢昌就开始着手干。他把做腊味的酱油与腊味一起组合着卖，效果果然不错。喜欢吃他腊味的人，多对他的酱油情有独钟，腊味、酱油一块买。

更让人欣喜的是，在谢昌思考衍生产品的过程中，无意中发现腊味剩余的残渣还能用来制造肥皂。他又多了一项赚钱的技术。

而谢昌招聘来的买卖手也很能干，他们懂得怎样为"皇上皇"打响品牌，把"皇上皇"店里的产品通过电台、报纸广做宣传，还编成儿歌在大街上传唱。很快，"皇上皇"成了当地家喻户晓的知名品牌，风头一时无二。

这天，谢昌特地在"八百载太上皇"店门口晃悠。尽管现在还有很多客人光顾"太上皇"，但已经大不如前。此时的谢昌不是那个趴在店门口前偷望谢柏的毛头小子，也不是那个偷师学艺的满腔愤怒的谢昌，而是一个改头换面、踌躇满志、以胜利者的姿态来告诉谢柏"他是谁"的谢昌。他成功了，也许真应了那句话：功夫不负有心人吧！但是，他的成功也预示着兄弟俩必然要走分庭抗礼的路，兄弟嫌隙越来越大。

3. 半百风雨半百辉煌

谢昌生意上小有成就了，但他绝不满足于现状，一直在思考着怎样做才能做得更好。腊味饭好像一直只是寻常老百姓家的家常便饭，如何才能让自己的产品上一个档次呢？有了这个想法后，"八百载太上皇"已经不再是谢昌的目标，他战胜了"太上皇"后，需要向更高更远的目标前进了。

这天，谢昌在店里沉思。"谢老板，看戏去？"一直光临他腊味店的老张朝谢昌喊。这一喊，差点让沉思中的谢昌吓掉了魂。他回过神，刚想骂回去，突然想到了什么，"你是说近来十分火的海珠大戏院吗？"谢昌追着老张问。"那还有第二家？最近他们来了两个名角，听说是京里来的，那个身段儿，那个嗓子，啧啧……好多达官贵人都去捧场呢。"老张说得眉飞色舞，看谢昌又陷入沉思，觉得没趣，先行离开了。

找明星给自己宣传？亏这个谢昌想得出来！在半个世纪前的中国民族商人，有请明星代言的想法，这不能不说是文明古国的经商智慧在近代再一次辉煌的亮相。

谢昌也去了海珠大戏院，不过不是跟老张去的，而是备好了礼物，等着戏散场后，去到后台，找到海珠大戏院的老板和戏班子的老板，与他们商量代言的事情。

谢昌重金买断了戏院的冠名权，从此，海珠大戏院的前幕多了几个字，是用金丝线绣上的"东昌皇上皇腊味店"字样。这下看客们觉得新鲜了，在旧中国这是绝无仅有的创意。一时间，坊间处处在议论谢昌的天才头脑，而达官贵人们也对这"皇上皇"腊味起了兴趣。

而这个时候，常在电台、报纸做的腊肠、肥皂广告，也在日积月累的努力下，深入人心。腊肠告白："想、想、想，皇上皇风肠一年一仗，任君选尝。"肥皂告白："阿伯阿伯乜（为什么）你件衫赣邋遢（这么脏）？买件"皇上皇"擦几擦，包你雪赣白。"亲切的方言广告在广州大街被男女老少广为传唱。

借着这股风潮，谢昌开设了太平路"为记"分店及下九路"下东昌"分店，并在大新路、石公祠开设了3个工厂，制造肥皂和冰棍。除此之外，谢昌还置有15间房产，成为广州腊味行业中发展较快的商家之一。

这之后，"皇上皇"穿越了动荡、浮躁、迷茫的时代岁月，始终昂首阔步，昔日的一个小手工作坊积淀了深厚的历史文化内涵，凭借不断创新的产品逐渐享誉大江南北，最终发展成为行业龙头。

今天，皇上皇在发展中不断蜕变，在新老机制的交替中不断求索，创出了一条更加适合自己发展的品牌之路。现在，皇上皇肉食制品厂是广州岭南国际集团下属的一个子公司，形成了以腊制品为龙头，休闲食品、粮油制品、即食及微波食品、月饼为特色补充的多元产品结构，品种和规格多达168种。皇上皇凭借自己产品选料纯正、工艺精细、安全卫生的特点，荣获首届"中华老字号品牌价值百强单位"的荣誉称号。

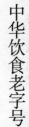

二十二、杭州楼外楼——佳肴与美景共飨

(一) 老字号历史典故

杭州楼外楼菜馆，坐落在美丽西湖的孤山脚下，是一家名闻中外、有一百六十多年历史的名餐馆。

1. 落第秀才开菜馆

清道光二十八年（1848），绍兴一个叫洪瑞堂的秀才到杭州参加科举考试，但最终榜上无名。失落的洪瑞堂回到家中，得到了更加悲痛的消息：身体本就不好的双亲，在瘟疫中双双去世。洪瑞堂面对这样的噩耗非常伤心，在为父母办理完丧事之后，对妻子说："我苦读多年，最终还是没能实现获取功名的愿望，我已经失去信心了，我们离开这个让人伤心的地方，去一个新的地方重新开始生活吧。"

妻子陶氏秀英赞同他的想法，其实她早就不希望自己的相公再苦读下去，家里已是一贫如洗，她也快撑不下去了。就这样，洪瑞堂夫妇由绍兴东湖迁至钱塘，定居在孤山脚下的西泠桥畔，以划船捕鱼谋生。最初，他们只是卖些打来的活鱼鲜虾，虽然时间不长，但他们也逐渐积累了一些资金。

杭州楼外楼

洪瑞堂毕竟是读过书的人，他知道加工过的东西价值才会更多。这天，吃过晚饭，他和妻子商议："我们在绍兴生活了那么久，烹制的鲜虾活鱼味道鲜美，我们为何不精心打造一番，然后开家餐馆呢？"

"相公，这是个好主意，可是，我们自己家乡的菜，在这个地方会受到欢迎吗？"

"娘子，这样吧，我们明天先做一些送给邻居们吃，如果他们说好吃，我们就开家饭馆，我早就看好了，西泠桥一带居然一家饭馆都没有，想必那里便是我们买

卖的开端。"

次日，洪瑞堂夫妇早早地就到钱塘江里打来了鱼虾，将近中午的时候，已经做好了香喷喷的几盘菜。

相公，你看这些饭菜要怎样分呢？老王家给哪盘？老张家又给哪盘？"

对啊，妻子说的话不是没有道理，这样送不是办法，劳神费思事倍功半啊。洪瑞堂抬头看看太阳，已经将近中午了，在地里干活和江里打鱼的人都要回来了，而自家又是他们回家的必经之路，他眼珠一转计上心来。

夫妻俩找了张桌子，将菜都摆在自家门口，见到有经过的人就请他们品尝。吃过的人都伸出大拇指说好："洪家媳妇，你好手艺啊，没想到你烧的菜这么好吃啊！"

洪瑞堂媳妇是个激灵人，马上说："这菜是我家相公跟我一块做的，我们打算在西泠桥一带开家小菜馆，到时候大家多来光顾啊。"洪瑞堂没想到自己夫人提前打开了广告。

众人一听，马上附和："哎呀，这是喜事啊，等你们菜馆开张的那天，我们一定会去捧场的！"

菜肴吃完，众人散去，洪瑞堂夫妇高兴地拥抱在一起说："看来，我们的菜馆是非开不可了。"

后来，洪瑞堂便拿着所有的积蓄去西泠桥附近寻觅未来菜馆的合适地址。最终选择了位于俞楼与西泠印社之间，地处六一泉旁一处闲置的平房。房子盘租下来，洪瑞堂找人装修了一番，就择吉日开张了。开张之后，小菜馆门前的牌匾上写着"楼外楼"三个字。

在平房上挂着"楼外楼"的字号实属罕见，大家都开起了玩笑，"洪掌柜，你家菜馆可不是楼房啊"。众人都笑了。

洪瑞堂微笑着说："大家知道南宋诗人林升的《题临安邸》吗？'山外青山楼外楼，西湖歌舞几时休；暖风熏得游人醉，直把杭州作汴州。'我菜馆的名称就是取自这里。当然取这个名字也是寄予了我的心愿，我一定会逐渐把我的饭馆做大，经规模扩张到二层楼，三层楼！"

洪瑞堂说完，大家都拍手叫好，"洪掌柜好志气！这名字取得好！来，我们大家都进去尝尝他的手艺去"。开张第一天，楼外楼就赢得了满堂彩。

这"楼外楼"还有一种说法。相传，洪瑞堂最初一直为菜馆字号的事情发愁，因为他想不出合适的，风雅的又不够响亮，响亮的又不够大气。后来他去找俞楼里的著名学者俞曲园（俞樾）先生帮忙取名，曲园先生说："你的菜馆在我俞楼外侧，那就取南宋林升'山外青山楼外楼'的名句，叫做'楼外楼'吧。"洪瑞堂很喜欢这个名字，千恩万谢地离开了。不管"楼外楼"是洪瑞堂所取，还是俞曲园先生所取，都已经不重要了，总之，这三个字为菜馆增添了不少文化情趣，使得许多附庸风雅的文人墨客慕名而来。

2. 楼外楼步步登高

洪瑞堂读过书，他给菜馆的每道菜都取了一个好听的名字，客人们都说："没想到这个小店的菜谱看上去这么有文化蕴涵。"楼外楼的特色让人们更深刻地记住了它。洪瑞堂很重视与文人的来往，那时候杭州是政治、经济、文化中心，很多文人都聚集在这里，楼外楼刚刚开张就已经小有名气，文人雅士们常冲着"楼外楼"这三个字来这里小酌。最主要的是，楼外楼离西湖很近，很多游客来这里游玩一番后累了、饿了，通常首选到这里就餐。

楼外楼占尽了天时地利人和的因素，生意一天比一天好，名声远播，洪瑞堂的腰包就逐渐鼓起来了。几年之后，楼外楼在一个夏末停业了，当然不是真的关门大吉，而是洪掌柜准备给平房加盖第二层，实现他当初的愿望。

两个月之后，楼外楼门前锣鼓喧天，鞭炮齐鸣，再次喜庆开张。"洪掌柜，恭喜恭喜，你当初的愿望真的实现了！""洪老板，恭喜发财！"前来祝贺的老主顾们纷纷祝贺楼外楼重新开张。

重新开张的楼外楼装修比以前提高了一个档次，不仅楼外楼的匾额装饰更加大气，门口还多了专门形容菜馆的诗句："一楼风月当酤饮，十里湖山豁醉眸。"的确，楼外楼倚靠景色清幽的孤山南麓，面对霏霏烟雨中的佳山丽水，光是风景已经醉人了。看来，当时洪瑞堂的选择是有眼光的。

楼外楼有文人雅士、西湖游客以及街坊四邻的支持，一直平稳地发展着，掌柜的也是一代传一代，洪瑞堂将它传给了自己的儿子，儿子又传给了孙子。虽然楼外楼也受到了战争等因素的影响，但它还是顽强地生存了下来。

1926 年，楼外楼经过几代人的努力，已经颇具财力，掌管楼外楼的洪瑞堂传人洪顺森又对楼外楼作了扩建，将一楼一底两层楼改建成有屋顶平台的"三层洋楼"。

装修时，洪顺森让人在菜馆中安上了当时很流行的电扇、电话，让这个有着古典文化气息的餐馆增加了不少现代气息，这中西合璧让楼外楼的生意更加兴隆。那个时代的文人，如章太炎、鲁迅、郁达夫、余绍宋、马寅初、竺可桢、曹聚仁、楼适夷、梁实秋等都去过楼外楼小酌，甚至是蒋介石、陈立夫、孙科、张静江这样的政要也曾慕名而来。

楼外楼虽然在战争中存活了下来，但是也没少受其影响。1949 年 5 月，杭州终于迎来了解放，楼外楼迎来了新的发展时期。虽比战争时期好了许多，但直到 1952 年下半年楼外楼的员工也只有 14 人，生意远远没有洪瑞堂那个时代好。在 1955 年的公私合营大潮中，楼外楼像许多其他的老字号一样，申请了公私合营。没多久，申请就被批准了，这家有着百年历史的私人菜馆改变了性质。公私合营之后，楼外楼的发展得到了政府大力扶持，各方面的工作都大有起色，尤其是在恢复菜名上。西湖醋鱼、排面、叫花童鸡、油爆虾、干炸响铃、番茄锅巴、火腿蚕豆、火踵神仙鸭、鱼头汤、西湖莼菜汤……这些自古就传下来的菜名都被印到了菜谱上。顾客们都说："来楼外楼吃饭，光是看菜名就是一种享受啊。"1956 年，浙江省人民政府确定杭州名菜 36 个，以上我们提到的西湖醋鱼、排面等十个楼外楼的菜全在其中，这不能不说是楼外楼的一个莫大荣誉。

在历史年轮中，楼外楼没有止步而是始终不断地探索前行。1980 年，楼外楼被列入杭州市体制改革试点单位；1983 年实行了承包；1984 年民主选举经理；1999 年 9 月，进行了由全民所有制改制成国有法人和企业职工共同持股的多元投资主体的实业有限公司。

自 20 世纪 90 年代中期开始，杭州加快了建设楼外楼附近西湖名胜的步伐。经过园林设计，西湖看上去更美了，来西湖游玩的人络绎不绝，这就给楼外楼创造了大量的商机。而在西湖整治的同时，楼外楼也先后六次进行了大规模的装修，从餐厅的包厢，从大堂的门面，从里到外，无不粉饰一新。既然楼外楼是依托西湖而存在，西湖整治了，楼外楼当然要配合其变化。经过装修的楼外楼从整体布局到细部结构都更加融合并体现了西湖的历史、地域的文化内涵，顾客们在这里既享受到美食、欣赏到美景，又能很自然地感受到浓浓的文化氛围和情调。

除此之外，此次装修中还有一个亮点是楼外楼请东阳木雕大师陆光正为他们设计创作了一幅大型壁雕《东坡浚湖图》。这幅壁雕的画面部分有 50 平方米，一共 5

个场景，85 个人物，生动地记录和反映了九百多年前苏东坡率众疏浚西湖筑苏堤架六桥的全过程。《东坡浚湖图》是东阳木雕中罕见的精品巨作，气势恢宏，精美绝伦，让每位来到楼外楼就餐的宾客在大饱口福之前先将眼福享尽。

回顾楼外楼的历史，在它存在和发展的一百六十多年中，西湖的盛衰与它的盛衰密切相关，西湖游人如织时，也是楼外楼宾客盈门刻。一个商号的地理区位是非常之重要的，洪氏的传人应该感谢祖辈洪瑞堂的远见卓识。

3. 周恩来九登"楼外楼"

楼外楼本就不缺文人政要光临，新中国成立后，周恩来、陈毅、贺龙等老一辈革命家和文化名人丰子恺、潘天寿、吴湖帆、盖叫天、江寒汀、赵朴初、唐云等多次莅临楼外楼，这其中值得一说的，得算周恩来九登"楼外楼"的佳话。

新中国成立之后，在政府的支持下，楼外楼声名远播，不仅老字号打出去了，就连楼外楼的三层小楼也成为"江南名楼"，成为中外宾客南下的必到之处。周恩来总理更是将它作为对外宣传的窗口，让外国友人在楼外楼就能对中华民族古老的饮食文化和新中国的社会景象有个深刻的认识。

1973 年 9 月，法国总统蓬皮杜来华访问，周恩来陪他游览了杭州的美景。这天中午，周恩来送走了法国的客人，兴致很高，就对身边的工作人员说："走，到楼外楼去，今天我请客！法国客人真是没有口福，如果他们在杭州多呆一天的话，我一定带他们去楼外楼。"周恩来刚跨进"楼外楼"的门庭，就触景生情，颇有感触地说："三十年前我就来过这里啊。"门口的工作人员闻声望去，不敢相信自己的眼睛："总理？周总理！"

总理来了，楼外楼的员工都很激动地上前与他握手。知道总理是来吃饭的，他们急忙将周恩来迎进餐厅。周恩来满脸微笑地对服务员姜松龄说："姜师傅，我们就这几个人，给上两三个菜就行。"

厨师们去做菜的时候，周恩来与同行人员回忆起三十多年前来杭州的情形。当年，周恩来受中共中央和毛泽东的委派，从延安来到杭州，与蒋介石进行一次国共合作的秘密谈判。当时非常匆忙，又是战争时期，他没有心情游览杭州的美景，仅是慕名前往楼外楼吃了一顿便饭，之后便离开了。这次旧地重游，周恩来非常高兴。

与同行人员聊着聊着，服务员进来布置餐桌，一看他们的手笔就知道是宴会的标准。周恩来马上阻止说："不要这么麻烦嘛，一切从简，饭菜做多了吃不了，那不是浪费吗？"用餐过程中，周恩来每吃一道菜都会竖起大拇指夸奖一番。午饭过后，周恩来与姜松龄等楼外楼职工一边握手告别，一边细细叮嘱，脸上永远是一副魅力无穷的微笑。虽然当时周恩来已经75岁高龄，但依旧神采飞扬。

当周恩来的脚刚踏出门口的时候，警卫秘书高振普跑过来说："总理，餐费已经付过了。"

"这才对嘛，吃饭付钱，天经地义，餐费多少啊？"周恩来日理万机，生活中也是事必躬亲，一一过问。

高振普拿着手中的票据念到："11元2角9分。"

"那么便宜？我们吃了那么多，你再去加些钱。"周恩来心里清楚，这些钱肯定不够。

姜松龄立即上前来说："总理，这些已经够了，您能亲自光临楼外楼已经是我们莫大的福气了……"

周恩来半开玩笑地说："姜师傅，你若不收钱，那我可就不走了，从此就常住这楼外楼了。"

姜松龄拗不过周恩来，只好又收下5元钱，但周恩来说："5元怎么够，小高，再加5元。"直到姜松龄把钱全部收下，周恩来才满意地离开。周恩来一生去过楼外楼九次，每次都是满意而归。

第二节　传统小吃老字号

一、天津果仁张——民间的宫廷小吃

（一）老字号历史典故

天津小食品——炸果仁，看起来亮晶晶，闻起来香喷喷，嚼在嘴里脆生生，要是再来几盅小酒，那可真是赛过活神仙啊。这炸果仁是花生制成的，不过天津的老少爷们儿可不管花生叫花生，而是叫果仁或大果仁。

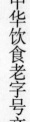

在天津这类小食品行业中，做得最好的当属果仁张。有着一百七十多年悠久历史的果仁张，在最初的时候老百姓是无福享受的，那是专门做给皇帝吃的。

1. 宫廷小吃果仁张

1856年是个多事之秋，英法两国狼狈为奸，赶着数万洋兵提着洋枪、拉着洋炮无耻地占领了大沽炮台，之后火烧了圆明园，还扬言要在紫禁城过过当皇帝的瘾。当时的执政者咸丰皇帝本着保命要紧的原则，于1860年仓皇逃往热河行宫，也就是今天的承德避暑山庄避难，次年便在承德病逝。国不能一日无君。在这种形势下，年幼的同治帝载淳就连哭带喊地被抱上了皇帝的龙椅。

当时，集万千宠爱于一身的小皇帝还是个调皮的孩子，有一天傍晚，小同治帝饿了，向御膳房传膳。不一会儿的工夫，几十个太监，端着盘的、提着盒的、捧着杯的，浩浩荡荡就进了养生殿。可是吃惯了山珍海味的小皇帝什么也不愿吃，一挥衣袖，推碟盖碗地将桌子上吃的打翻在地。这是为什么呢？很简单，天天山珍海味谁能受得了呢？

出现这样的情况，最倒霉的就是在一旁伺候着的太监了，为了能让小皇帝吃上一口，太监们费尽唇舌："皇上，这是一道口蘑肥鸡，您就尝尝吧。"可小皇帝任凭太监们怎么劝说，就是连正眼都不看一眼，更不用说吃了。"都给朕撤了，这些朕都吃腻了，换点新花样来！"小皇帝嚷着。身旁的太监马上应答道："万岁息怒，奴才这就去御膳房吩咐

天津果仁张

去！"说完，一路小跑到了御膳房，对大师傅们说明了情况。事情一说完，大师傅们可就急了，但也只能搜肠刮肚地又做出几个新花样，让太监们端到小皇帝面前。可谁也没想到，事情更糟了，作为独生子的小皇帝，脾气倔，生气地说："大胆奴才！你们就拿这些东西来糊弄朕，是不是？再做不出好吃的来，朕就将你们砍了！"这下可坏了，御膳房的厨师们人人自危，急得跟热锅上的蚂蚁似的。就在大家一筹莫展之时，突然听到身后有人说："我知道了！万岁爷肯定爱吃这个！"众人一看，

说话的是一位叫张明纯的年轻厨师。

张明纯出生于厨师世家，是当时宫廷中比较年轻的一位厨师，他的手艺虽然不错，但清宫御膳房里人才济济，所以他并不起眼。但俗话说得好，"是金子总会发光的"。他的特殊爱好在这危急关头派上了用场，而且改变了他的人生。张明纯的这个特殊爱好就是炸果仁。说来也奇怪，这位科班出身的大师傅，竟然以炸果仁为乐，这可能就是我们常说的萝卜白菜各有所爱吧。张明纯在自家的小院里支了一口大锅，一得空就舞动着油铲炸果仁。经过长时间的锻炼、琢磨、改进，他炸出的果仁真的是与众不同，放在盘子里面黄铮铮亮晶晶的，吃在嘴里香喷喷脆生生的。每次他炸果仁的香味，都会引得街坊四邻的孩子前来讨要，吃了一个就停不住嘴了，想吃下一个，一个接一个得吃不够，直到盘子里的果仁一个不剩。张明纯是个心地善良的人，他见孩子们喜欢，更加乐此不疲了，变着招炸出花样繁多的果仁给孩子们吃。这次小皇帝的发怒让他想起了街坊四邻的孩子缠着他要果仁的情景，于是就脱口说："各位师傅，万岁爷还是孩子，山珍海味吃腻了，不如我们做点小吃给皇上换换口味。"师傅们觉得张明纯的说法有一定的道理，于是就问："依你之见，你觉得皇上喜欢吃什么呀？"张明纯说："不如给皇上炸果仁吃吧。"

给皇上炸果仁吃，这可是大姑娘上轿头一回啊，从来都没有人做过，这就意味着弄好了皆大欢喜，弄不好整个御膳房的师傅们就要卷铺盖走人，所以，听张明纯这么说，大师傅们一个个吃惊得眼珠子都快瞪出来了，但又没有其他办法，只能死马当活马医了。张明纯不慌不忙，热锅、倒油，油开后把已经准备好的香果仁放进去，撒上特制的作料，再用铲子推、压、翻、转，没多一会儿，炸好的果仁就出锅了。小太监急着给皇上送菜，马上就端起盘子要走，张明纯赶紧拦下："别急！还有新鲜的呢！"接着，他又麻利地做出了炸杏仁、炸核桃仁、炸枣圈。

小太监将炸果仁端走之后，御膳房所有人的心里都七上八下的，生怕小皇帝还是不肯吃。一会儿，总管太监怀里抱着圣旨来到了御膳房，说"皇上有旨，宣炸果仁的御厨觐见。"这道圣旨让御膳房的人捏着一把汗：是福是祸就看造化了。张明纯给小皇帝请安之后，小皇帝开口了："你做的这个炸果仁，朕非常喜欢吃，以后你就专门负责给宫里炸制各种小吃和蜜供。"自此张明纯提着的心总算是落了地，御膳房得救了，而张明纯的人生也因此发生了一百八十度的大转折。

张明纯做出的蜜供同样堪称一绝、色泽纯正、甜而不腻、清滑爽口，得了个

"蜜供张"的称号。而张明纯凭借一手炸果仁的精湛技艺，在御膳房名声大噪，也成为果仁张的创始人。

2. 张维顺提升技艺

张明纯有一身的技艺，绝不会让它失传，他让自己的儿子张维顺从小就随着他在御膳房制作小吃。张明纯去世之后，张维顺顶替他成为清宫炸制小吃的御厨。张维顺在宫中担当御厨的时候，正值慈禧太后当政，他炸出的炸素花生仁、炸核桃仁、炸松子仁等色泽红润、甜而不腻、酥脆可口，颇受慈禧太后的喜欢。慈禧还经常将炸果仁当做奖赏赏给有功的王公大臣。

张维顺在有生之年，将炸果仁的技艺提升了一大截，这在一定程度上还多亏了慈禧太后。慈禧有着超强的占有欲和控制欲，谁也不敢惹，也惹不起，但总有那么几个倒霉的人。话说有一天，慈禧在御花园中赏花，累了就坐下来休息。一时兴起，对身边的人说："来人，准备棋盘，我要下棋。"棋盘准备好了，没有对手，慈禧就招呼身边的小太监说："你，过来陪我下棋。"这小太监在宫中闲着无事的时候也喜欢与人切磋棋艺，所以还是有几下子的，一开始他还有所忌惮，对手可是喜怒无常的慈禧老佛爷啊，但进入状态之后，他似乎已经忘记了对手是谁，于是脱口而出："我要杀你的马！"这话一出口，慈禧老太太就急了："什么？你敢杀我的马？好大的胆子！我看你是活腻了！"任凭那个小太监怎样乞求，最终也没有躲过一死。

这件事情之后，不管是大臣还是奴才，对慈禧的忌惮之情越来越重，张维顺也不例外。他一方面是怕死，另一方面是不能死。因为他那时还没有子嗣，如果他死了，他的炸果仁技艺就会失传。张维顺决定提升炸果仁的技艺，让炸出的果仁更好吃，不能让慈禧找出炸果仁的弱点，否则自己不知道哪天就会被斩头了。

张维顺为此练就了一身的绝艺，在选料上，他选用山东香果仁，必须是粒粒饱满，说是百里挑一绝不夸张。选料的方式很多，也非常严格，有时候用箩筐筛，有时候用加热、口品、指捻、掌搓等方式。料选好了，后面的每道制作工序更是精细。泡花生的水温、时间、水量都是有讲究的，泡完去皮之后的干湿度以及下油锅之前的干湿度也有一定的要求，不能太干也不能太湿；果仁下锅的油温、起的油泡，以及炸的过程中的油泡、出锅时的油泡也都有讲究；甚至晴天、阴天、一年四季中炸果仁时起的油泡、果仁的颜色都是不一样的，炸果仁四个季节有四套颜色；

果仁张炸货的时候讲究的手法变化是最重要的环节，包括推、翻、摁、抄、拨、托、提、压、转、挤、拢、点、撩等，为的是保证炸的果仁均匀，不能有的老有的嫩，有的沾的糖多，有的沾的糖少。

张维顺按照这些步骤和方法炸出的果仁脆中有酥、香甜适中、久放不绵，就连挑剔的慈禧老佛爷都赞不绝口。经过张明纯和张维顺两代人的努力，果仁张已经成为清宫大院中经久不衰的小吃了。那么这个宫廷的小吃是怎样传到天津的呢？在天津又有怎样的故事呢？

3. 果仁张入驻天津卫

果仁张的第三代传人是张维顺的儿子张惠山，他不仅从父亲那里继承了炸果仁的技术，也继承了父亲在御膳房中的职位，可他就没有父亲和爷爷那么好命了。有道是"年年花相似，岁岁人不同"。转眼间，腐朽的清王朝气数已尽。辛亥革命爆发后，各有纷纷独立，手握军政大权的袁世凯也趁机逼宫，迫使年幼的宣统帝于1912 年 2 月 12 日退位，从此清王朝便划上了句号。

清朝灭亡了，御膳房里的大师傅们也失了业，他们跟着宫里一些太监一起匆匆忙忙地从宫里逃了出来。宫里的人出了宫就是失业了，张惠山也是其中的一位。从小就在御膳房里工作的他，出了宫才发现，这工作真是不好找，无奈之下，他仍旧干起了老本行——炸果仁。他在御膳房虽然工作的时间不长，但总算是还有点积蓄，于是就先在北京东四牌楼租下了一个小店铺做起了炸果仁的买卖。毕竟是皇城根下，老百姓们早就听说宫里有个会炸果仁的张师傅，所以，张惠山的门脸一开张，人们就蜂窝般地往里挤，争抢着买，看来这名人效应还真是管用。

张惠山从父辈那里继承来的手艺可不是光说说的，他炸出的果仁花样繁多，很快便在整个北京城中风靡起来了，果仁张火起来了。可是，处于事业巅峰之际的张惠山却决定将自己的事业搬出北京，迁往天津，这又是为什么呢？

北京城自打进入民国之后，战争、骚乱就没有消停过，今天这个军阀来，明天那个军阀来，你打我，我打你的。军阀混战苦的是老百姓和买卖人。张惠山看着身旁的商号被洗劫一空，心里很不是滋味，他知道如果再待在北京城，他的小店也很可能下场凄惨，于是决定迁往相对平静的天津，毕竟是在北京长大的，他不想离北京太远。

到了天津之后，张惠山就在黄家花园附近开起了一个小店，摆上炸货，静待客人临门。可是，以前的交通不发达，天津人很少去北京，知道果仁张的天津人很少，果仁张在天津迟迟得不到认可。张惠山左思右想："要怎样才能将自己的牌子打出去呢？"就在他思考之际，他的目光突然落到了一只祖传的青花瓷瓶上，这个瓶子是宫里带出来的，是无价之宝，他一敲脑门，说："有了！"他想出了一个招揽生意的绝妙主意。张惠山从宫里带出来了不少青花瓷器，都是御用之品，甚为珍贵。第二天，他就将那些瓷器一一摆开，里面再放上炸好的果仁。宫里的瓷器非常精致，能吸引不少眼球，张惠山这是醉翁之意不在酒，他是想让人们在看瓷器的时候，也能注意到里面的果仁。

张惠山的这招还真管用，人们被瓷器吸引了眼球，也注意到了里面所盛的炸货，渐渐地就有人买了，尝着好吃，就再来买，或者是介绍别人去买。不久之后，津门就开始盛传一首打油诗了：张家小店是一宝，清宫瓷器不老少，更有御膳炸果仁，皇家味道差不了。这首打油诗传开之后，可真是不得了，谁不想品尝一下皇家美食呢？从那之后，果仁张就在天津站稳了脚。可惜的是，张惠山用来装炸货的清宫瓷器却在"文革"中被毁于一旦。

4."果仁张"曾改名"真素斋"

"九一八"事变之后，隐居天津卫的孙传芳早就不是风行江浙、耀武扬威的五省总司令了，对外宣称自己放下屠刀立地成佛，但他枪杆不离手的行事作风仍不减当年。

有一天，孙传芳的下人给他买了一盘炸果仁，他随手拿起一个放在嘴里，感觉味道好极了，甜中带咸、酥脆麻辣、浓香四溢啊，他心里想："还真没想到天津卫还有这么好吃的小吃！"于是就问下人："这是哪里买的？"下人说："就在那家果仁张，您要觉得好吃，我再去给您买。"孙传芳急忙阻止，说："不就是炸果仁么，你让厨子给我炸一盘就行了。"

这下可难坏了孙传芳府上的厨师，要说做山珍海味他可能还能应付，但炸出和果仁张味道一样的果仁，他还真没有这手艺。但没有办法，孙大帅要吃，厨师也只能硬着头皮炸，可是费九牛二虎之力炸出的果仁还是被孙传芳从皮到里批了一通，什么品色不正啊、味道不好啊，不够酥脆啊，等等。最后还将厨师炸的果仁砸了，并愤怒地说："我堂堂大帅府的厨师，还顶不上一个街边卖小吃的！你给我滚！"孙府的厨师也不怎么地道，为了能让自己脱罪，于是将果仁张拿来当自己的垫背的了。他对大帅说："那果仁张炸的果仁是用驴油炸的，我哪敢用驴油啊，大帅您信佛啊。"孙传芳虽然已经下野了，但还把自己当成皇帝，肝火很旺，经常发脾气。他听厨师这么说，一拍桌子说："这还了得，这不是侮辱我们佛门弟子吗？"

于是，孙传芳就吩咐手下人说："立刻把果仁张的掌柜给我抓来！"这真是闭门家中坐，祸从天上来，那时，张惠山正在店里忙活着招呼客人，突然间听到门口一阵骚动，还没等自己反应过来，五六个彪形大汉就破门而入，将他绑走了。到孙府之后，孙传芳不管三七二十一，就要杀了张惠山。张惠山怎么也是见过世面的，他问："我没犯法，你们为什么抓我？"孙传芳说："你知道老子信佛吗？你竟然拿驴油来炸果仁给我吃。"张惠山辩解说："这是谁散播的谣言？我们从不动荤，我们炸果仁用的油都是香油和花生油，如果大帅您不信，我当场就实验给你看。"

没过多久，张惠山就炸好了一盘果仁。孙传芳吃过之后，发现还真是那个味儿。这下那个厨师可就惨了，孙传芳哪能容得下别人骗他呢？他掏出手枪就要扣动扳机，就在这十万火急的时刻，张惠山扑通一声跪下，对孙传芳说："大帅，您饶他一命吧，他就是随口一说，您要是杀了他，我就得愧疚一辈子，那你还不如杀了我呢。"好说歹说，厨师的命总算是保住了。后来，那位厨师与张惠山成了生死之交。为了表明自己的果仁是用素油做的，张惠山还给自己的店铺起过"真素斋"这个名字。

新中国成立之后，张惠山进一步研制出净香花生仁、琥珀核桃仁等新品种，受到了国内外人士的好评。1956 年，他研制的虎皮花生仁、净香花生仁、琥珀核桃仁等食品，在天津被评为"优良食品"，还参加了博茨瓦纳国际博览会，受到了广泛好评。

5. 矢志不渝再创辉煌

"文革"期间，"果仁张"被迫停业，张惠山去世。直到 1985 年，"果仁张"才得以恢复营业。一向被人们喜爱的宫廷食品销声匿迹了近二十年。

改革开放之后，张惠山的儿子张翼峰及妻子陈敬继承父业，不仅先后恢复了祖传的炸果仁和豆类制品，还结合现代工艺，研制出了挂霜多种系列产品，推出海菜味花生仁、椰子味花生仁、荔枝味花生仁等品种。陈敬在系列挂霜花生仁的基础上，还研制出了系列挂霜玉带蚕豆、青豆，分别取名为翡翠凉果、碧绿鲜果、麻辣酥丸、可可奶球等。

1985 年，天津南市食品街建成，在市政府的支持下，前店后厂的果仁张成立。不久之后还在南江路办起了工厂。1992 年果仁张成立了有限公司，还与外商合资，打开了果仁张走出国门的道路。经过七年的努力，果仁张建起了三千四百多平方米的新厂房，建起了办公、生产、运输、销售一条龙的现代化企业，生产效率大大提高，产品也越来越好。

二、澳门洪馨记——椰子世家，椰香传情

（一）老字号历史典故

"大三巴"牌坊是到澳门旅游的人们必去的景点之一，但是在距离熙熙攘攘的"大三巴"步行几分钟路程的地方，破败了的果栏街里面还藏着一间具有 140 多年历史的本土老店——洪馨记，除了澳门当地人以外，估计不会有多少游客知道这家澳门"百年老店"。这里特别不容易被找到，在大大小小的巷子里左穿右插，远远看见古铜色的硕大椰子壳悬挂成串，上头以红漆书写着显眼的"囍"字，门面前还有数名食客手持小杯子，站着在吃冰，那就找对地方了。

百年前，果栏街一带可是澳门最繁盛的地区，是当时的外贸转口生意的产品中转站，每日都热闹非凡。而于清穆宗同治八年（公元 1869 年）年开业的洪馨记，当时便以外销椰子及其他南洋产品为主营，据说每日可卖几百个椰子，收入丰盛，店铺雇了十多名伙计。1949 年之后，生意一落千丈，连带售卖椰子产品的行业也逐渐式微，到了现在整条果栏街只剩下洪馨记一间百年老店。

（二）名品推荐

如今打理生意的，就只剩下"洪馨记"的第四代传人李氏夫妇。夫妇二人每天亲力亲为，从早上 8 点便开始制冰。首先要除壳，然后去皮、洗净，接着便要刨椰丝、榨汁，最后放到冰柜储存，大约 11 点左右才可以吃到新鲜制成的椰子雪糕。用发泡胶杯盛装雪糕，可确保雪糕不易溶掉，保持冷却的温度，吃起来更加冰凉。

洪馨记的椰子雪糕极为特别，不仅要两个椰子才能够出一斤椰肉，而且雪糕的制作过程中并没有加入任何调味剂和水，全部都是由椰汁调制而成，而且选用的椰子也大有学问，全部选用来自马来西亚的椰子，所以每杯椰子雪糕都真正做到原汁原味，椰子味特别浓。

据说椰子雪糕的出现也是因为当年生意差，很多椰子卖不出去，为避免浪费，于是到 1963 年洪馨记开始卖椰汁、椰丝。售价为 15 港币的椰汁雪糕，价格听起来不算便宜，但是细问起来制作细节，绝对物超所值。

三、北京爆肚冯——世代传承，脆嫩爽口

（一）老字号历史典故

清光绪年间"爆肚冯"由山东陵县人冯立山创立于北京后门桥。清光绪末年由第二代传人冯金河继续经营爆肚，并潜心钻研、精心制作，使得爆肚味道更加浓厚，深受宫内画匠、太监以及旗人的偏爱。后经宫内当差的太监推荐，爆肚冯成了清宫御膳房专用肚子的特供点，直至清帝逊位，清宫的专供才渐渐取消了。

北京爆肚冯

为了维持生意，冯金河便迁至前门外廊房二条，与爆肉马、烫而饺马等五家组成了一个小吃店，被当时各界誉为"小六国饭店"。如今第三代、第四代冯氏传人已将"爆肚冯"发扬光大，分店很多，食客也是络绎不绝。

（二）名品推荐

爆肚儿之所以称为"爆"，就是因其速度快。做法看似简单，将牛羊肚子切成横丝，放入滚烫的水中焯一下，而这一焯再一捞上十分考验师傅的功夫，因为肚儿的各个部位对火候的要求各不相同，稍有差池就会影响口感。爆肚儿的做法有三种：油爆、芫爆和汤爆。在过去的老北京，油爆和芫爆只有在饭馆里才吃得着，街头小摊儿也就是用白水爆一下。

"爆肚冯"的爆肚分羊肚，牛肚两种，羊肚又分葫芦、食信、肚板、肚芯、肚

仁、肚领、散丹、蘑菇、蘑菇头九个部位；牛肚则只有肚仁、百叶、百叶尖、厚头。另外还有几个不同部位的组合拼盘，称为"羊三样"、"羊四样"。

（三）链接

爆肚

爆肚早在清乾隆年代就有记载，作为北京风味小吃中的名吃，多为回族同胞经营。从古至今，每当秋末冬初，北京的清真餐馆和摊贩就开始经营爆肚。北京天桥有"爆肚石"，门框胡同有"爆肚杨"，还有"爆肚冯"、"爆肚满"等最为出名。爆肚冯的调料属于北派调料，据说由70多种原料调制而成。

四、北京砂锅居——名震京都，味压华北

（一）老字号历史典故

砂锅居是创立于清乾隆六年（公元1741年）的中华老字号。原址在西单缸瓦市义达里清代定王府更房临街之处。

砂锅居开业之初叫"和顺居"，因当年用一口据传是明代年间的特大砂锅，煮卖上好猪肉，肉质肥美不腻，味道极佳。日久，人们则以砂锅居代之原名。砂锅居以其特有的烧、扒、白煮等手法，赢得"名震京都三百载，味压华北白肉香"的赞誉。到清嘉庆年间，砂锅居已成为北京著名的餐馆之一，每天清晨宾客们便纷至沓来，络绎不绝。当时有人写诗曰"缸瓦市中吃白肉，日头才出已云迟"，充分说明了砂锅居买卖兴隆的情景。

（二）名品推荐

砂锅居烹饪独特，将煮后的猪肉和内脏用油炸制而成，外酥里嫩、清香隽永；"燎"是将带皮的猪肉、肘等，用铁叉叉住，在旺而不烈的火上翻动，待表面上"燎"起小泡后，用温水浸泡刮去糊皮，再放入砂锅中清水煮熟，切成片蘸调料食用，外皮金黄、肉质白嫩，以"糊肘"最负盛名；"白煮"则最具特色，将上等原料洗净后放入砂锅中，用旺火烧开，微火慢煮，汤味浓厚，煮好的肉嫩香、酥烂，去骨去皮切片后蘸特制味汁食之。

砂锅居特色菜有砂锅白肉、砂锅三白、砂锅狮子头、九转肥肠、干炸丸子、爆三样、水晶肘、蔬香富贵鸡、国宴狮子头等。其中，砂锅居的镇店名菜是砂锅白肉

和红烧全家福。吃时蘸上特制调好的佐料，汤味浓厚、肉质鲜嫩。菜肴风格既有宫廷、王府的华贵、细腻，同时也融入了北京民间菜肴的质朴。

（三）链接

见证京城食俗文化

砂锅居迄今已有272年的历史，积淀了丰厚的饮食文化，记载了老北京地域文化的演进、发展，装载着清代满族、旗人、老北京食俗风尚，更有新老北京餐饮业百年发展的历史变迁，成为北京食俗文化的人文见证。

吃白肉最早是满人习俗，宫廷、王府祭祀撤盘、摆件子，民间时兴的烧燎白煮席等都与"吃白肉"相关。砂锅居是老北京唯一经营满族菜的馆子，两个半世纪的经营史，诠释了老北京吃白肉的食俗文化。

五、吉林四平李连贵熏肉大饼——熏香沁脾，日食夜嗝

（一）老字号历史典故

大约在140多年前，李连贵熏肉大饼由河北滦县柳庄人李广忠（乳名连贵）在吉林省梨树县始创。李连贵的父亲在梨树县小镇上开了一家经营熟下货的酒店，字号是"兴盛厚"。李连贵继承父业以后，一位经常光顾"兴盛厚"的老中医交给李连贵一张纸单，上面列了九味中药。李连贵按老中医的药方，对配药、选肉、切肉、养汤、和面、火候等工序进行了潜心研究。由于李家的酱肉干净、烂乎、浓香，大饼柔软、层清、酥香，吃的人都称道"大饼卷熏肉，吃起来没够"，从此远近闻名。于是改名为"李连贵熏肉大饼店"。

（二）名品推荐

李连贵的熏肉用10余种中药煮肉，大饼用煮肉的汤油加面粉、调料调成软酥，抹在饼内起层，便于夹肉而食。熏肉色泽棕红、皮肉剔透、肥而不腻、瘦而不柴、熏香沁脾，日食夜嗝；大饼皮面金黄、圆如满月、层层分离、外酥里软、滋味浓香。其食用时辅以面酱、葱丝，再喝上一碗小米绿豆大枣粥更增食趣。其具有解腻、解暑、健脾胃、助消化、引气、调中、消食、杀虫等药用功效，实为集美味药膳于一体的不可多得的佳肴。

六、江苏无锡三凤桥酱排骨——香味浓郁，骨酥肉烂

（一）老字号历史典故

三凤桥酱排骨相传是济公和尚为了报答三凤桥肉庄老板的施舍，而献出配方烹制成的，从此无锡肉骨头以色泽酱红、香味浓郁、骨酥肉烂的独特风味，连同这个美丽的民间传说使其名声大振，百年不衰。

最初，无锡南门莫盛兴饭馆为了充分利用剩下的背脊和胸肋骨，加调味作料，煮透焖酥，起名为酱排骨，当做下酒菜出售。1927年，慎馀肉庄（三凤桥肉庄的前身）开张后，对肉骨头的烧制技术作了改进，味道得到了明显的改进。

（二）名品推荐

三凤桥酱排骨是采用猪肉肋排或草排，配以八角、桂皮等多种天然香料，运用独特的烧制方法，烧制出的排骨色泽酱红，油而不腻、骨酥肉烂、香气浓郁、滋味醇真、甜咸适中，代表了无锡地区饮食文化的特色。

（三）链接

无锡味道

每个地方都有丰富的物产，江南水乡的无锡物产丰富，但在老百姓的概念中，吃的特产给人印象最深刻的就是三凤桥酱排骨了。

早在上个世纪30年代，戏剧家周贻白食用了三凤桥肉骨头后，大快朵颐，赋诗一首："三凤桥边肉骨头，朵颐足快老饕流；味同鸡肋堪咀嚼，莫负樽中绿蚁浮。"从当年至今，三凤桥酱排骨的传人已是五代了。

七、辽宁沈阳老边饺子——老边饺子，天下第一

（一）老字号历史典故

老边饺子馆坐落于沈阳北市场，至今已有180多年的历史，是沈阳最享盛名的风味餐馆，经营的饺子品类有100多种。

相传清道光年间，河北任丘县一带多年灾荒，官府却加紧收租收捐，老百姓背井离乡，四散逃亡。这其中有个边家庄的边福老汉也在逃难中。一天晚上，他们投

宿一户人家，恰巧这家人在为老太太祝寿，于是这家人给边福老汉一家每人一碗寿饺充饥。边福老汉觉得这水饺清香可口，其馅肥嫩香软而不腻，于是就虚心向这家人求教。主人看边福老汉诚实厚道，便告诉了他其中的秘密，边福将此记在心中，后来辗转到沈阳市小东门外小津桥护城河岸边住了下来，开起了"老边饺子馆"。

沈阳老边饺子

（二）名品推荐

老边饺子之所以令人交口称赞，关键在于制馅。煸馅的制作，要求选料精细。肉馅，春、夏多用瘦，秋、冬多用肥。蔬菜的选料，随着季节的变化和人们的口味调配：初春选韭菜、大虾配馅；盛夏用角瓜、冬瓜、芹菜入馅；深秋选油椒、芸豆、黄瓜、甘蓝制馅；寒冬用大白菜制馅。著名相声表演艺术家侯宝林先生在吃了老边饺子后，挥毫留下"老边饺子，天下第一"的墨宝。

（三）链接

饺子宴

一桌饺子宴，蒸、烙、煮、炸等各种烹饪方式俱全，香气四溢；银耳馅、发菜馅、香菇馅、虾仁馅味各不同。

吃腻了鱼、肉，可以来一桌"素饺宴"，木耳馅、面筋馅、青菜馅，清淡爽口。适逢贵宾来临，可要一桌"珍妃宴"，山珍、野味、海鲜，珍奇毕呈；最使人称奇的要数"御龙锅煮小饺"，饺子小不盈寸，50克面要包25个。

八、山东德州扒鸡——色鲜味美，穿香透骨

（一）老字号历史典故

据史料记载，扒鸡起源于山东禹城，亦称禹城五香脱骨扒鸡，已有300余年的历史。清康熙三十一年（公元1692年），在德州城西门外大街，有一个叫贾建才的

烧鸡制作艺人，他经营着一个烧鸡铺。因这条街通往运河码头，小买卖还不错。

有一天，贾掌柜有急事外出，就嘱咐小二压好火。哪知道贾掌柜前脚走，小伙计不一会儿就在锅灶前睡着了，一觉醒来发现煮过了火。正在小二束手无策时，贾掌柜回来了。贾掌柜就试着把煮过了火的鸡捞出来拿到店面上去卖，没想却是鸡香诱人，竟吸引了很多过路行人纷纷购买。客人买了一尝，啧啧称赞：不只是肉烂味香，就连骨头一嚼也是又酥又香，真可谓穿香透骨了。

中华第一鸡

早在清乾隆年间，德州扒鸡就是被列为山东贡品送入宫中供帝后及皇族们享用。上世纪50年代，国家副主席宋庆龄从上海返京途中，曾多次在德州停车选购德州扒鸡送给毛泽东主席以示敬意。

德州扒鸡以饲养10周左右的童子鸡为主料，加配十几种名贵调料，经蜜水浇灌、素油烹炸、精工扒制而成。成品色鲜味美、五香脱骨、咸淡适中、香气扑鼻、引人垂涎。

德州扒鸡色泽黄里透红，引人食欲，凡品尝者无不拍手称绝，享有"中华第一鸡"之誉。

（二）名品推荐

扒鸡是中华传统风味特色名吃，鲁菜经典，属中国四大名鸡之首。扒是我国烹调的主要技法之一，扒的制作过程较为复杂，一般要经过两种以上方式的加热处理。由正宗扒鸡传人辅以16种天然名贵佐料及经年老汤，采用文武有序之火，经过20多道工序精制而成。

具体做法是用经年循环老汤，配以砂仁、丁香、玉果、桂条、白芷、肉桂等多种中药材烹制，以文火焖煮。在制作上，选鸡考究，工艺严谨，配料科学，加工精细，火上功夫，武文有行，最后扒鸡的造型美观、色泽金黄、五香透骨，不含任何添加剂和防腐剂，绿色、营养、健康。

九、山东淄博周村烧饼——形如满月，薄如秋叶

（一）老字号历史典故

周村烧饼，因产于山东淄博周村而得名，是山东省的著名特产之一。周村烧饼

制作历史悠久，至今已有1 800多年的历史。文人雅士对周村烧饼赞誉有加，称其"形如满月，薄如秋叶；落地珠散玉碎，入口回味无穷"。

清末至民国期间，周村郭氏人家成为制作烧饼的唯一专业户。因为是郭云龙师傅将原来的"胡饼"发扬光大，方才最终形成了如今的特色。郭师傅当初在烤制厚厚的大酥烧饼时，偶然发现饼上面鼓起来的部分薄而香脆，加上芝麻，吃起来香而不腻。于是他大胆试制新品，果然深受大家喜爱。于是，不经意间便推而广之。

周村牌烧饼最正宗，特别在胶济铁路筑成通车后，周村烧饼也就成了旅客争相购买的食品，于是生产烧饼的店铺，便蜂拥而起，其中以"聚合斋"、"大顺勇"、"东兴和"三家较大。

（二）名品推荐

周村烧饼为纯手工制品，具有"酥、香、薄、脆"四大特点，富有营养，老少皆宜。其外形圆而色黄，薄如纸片；正面布满芝麻仁，背面酥孔罗列；有咸、甜两种口味，酥脆异常，入口一嚼即碎，香满口腹，若失手落地，则会皆成碎片，俗称"瓜拉叶子烧饼"，用印花纸包装，易于携带。

（三）链接

周村烧饼的演变

据考证，周村烧饼前身乃为"胡饼"（芝麻烧饼）。《资治通鉴》记载，汉桓帝延熹三年（公元160年）就有贩卖胡饼者流落北海（今山东境内）。据史料记载，明朝中叶，周村商贾云集，多种小吃应时而生，以胡饼上贴烘烤的"胡饼炉"此时传入周村。清末时，经由郭师傅加以改进后，脍炙人口的大酥烧饼诞生，此即当今周村烧饼的雏形。

十、冠云牛肉——肉质鲜嫩，纹路清晰

（一）老字号历史典故

风味独特、久负盛名的平遥牛肉早在明清时期就已远销亚洲各国。史载清末，慈禧太后途经平遥，享用平遥牛肉后，闻其香而提神，品其味而解困，故将其定为皇宫贡品。西太后还说平遥的财东会享福，每日可吃这美味牛肉。离开时还叮咛李莲英带一些牛肉回京城。新中国成立后，1956年在全国食品名产展览会上，平遥牛肉被评为"全国名产"，随着著名歌唱家郭兰英的一曲"夸土产"，冠云平遥牛肉更是驰名华夏，香飘海内外。

（二）名品推荐

冠云平遥牛肉不加任何色素，但色泽红润，茬口鲜红，肉质鲜嫩，肥而不腻，瘦而不柴，组织紧密，里外软硬均匀，食之绵软可口，咸淡适中，香味醇厚，回味悠长。久食之，可抉胃健脾，增进食欲。制作时必须选用上好牛肉，加工技术非常讲究。有趣的是，刚出锅的牛肉，刀不切味不出，而只要用刀一拉，顿时浓郁的肉香便扑鼻而来，令人口舌生津，垂涎欲滴，确为宴席上的珍品，佐酒的佳肴。

（三）链接

牛肉干

牛肉干通常有三种叫法，"风干牛肉"、"风干牛肉干"、"牛肉干"。

牛肉干的历史沉淀很深很长，风干牛肉曾是蒙古民族独享的草原美食，源于蒙古铁骑的战粮，携带方便，并且有丰富的营养，被誉为"成吉思汗的行军粮"。

牛肉干是用黄牛肉腌制而成的肉干，含有人体所需的多种矿物质和氨基酸，既保持了牛肉耐咀嚼的风味，又久存不变质。牛肉干的制作首先要选择上等的原料，其次是制作工艺和制作的时间，晒干时还得考量日照的时间，可见道道工序都得严格把关。

十一、四川成都赖汤圆——肥而不腻，糯而不粘

（一）老字号历史典故

赖汤圆，创制人原是四川资阳东峰镇人赖元鑫。由于父病母亡，赖元鑫跟着堂兄来到成都一家饮食店当学徒，后来得罪了老板，被辞退。由于生活无着，赖元鑫才找堂兄借了几块大洋，挑起担子卖起汤圆来。偌大个成都，卖汤圆的如此众多，要想站住脚跟，谈何容易。他起早贪黑，粉子磨得细，心子搪油重，卖完早堂，赶夜宵，苦心经营。

直至20世纪30年代才在总府街口买了间铺面，坐店经营，取名赖汤圆。上桌时，一碗四个，四种馅心，四种形状，小巧玲珑，称为鸡油四味汤圆。吃时配以白糖、芝麻酱蘸食，更是风味别具。一时顾客都慕名而来，于是赖汤圆集腋成裘，赚

了一大笔钱。钱多了，名气也大了起来。

（二）名品推荐

赖汤圆香甜滑润，肥而不腻，糯而不粘。有煮时不浑汤、吃时三不粘（不粘筷、不粘碗、不粘牙）的特点。从开始的黑芝麻、洗沙心，逐渐增加了玫瑰、冰桔、枣泥、桂花，樱桃等十多个品种。各种馅心的汤圆又形状不同，有圆的、椭圆的、锥形的、枕头形的。

（三）链接

汤圆

据传，汤圆起源于宋朝，当时各地兴起吃一种新奇食品，即用各种果饵做馅，外面用糯米粉搓成球，煮熟后，吃起来香甜可口，饶有风趣。因为这种糯米球煮在锅里又浮又沉，所以它最早叫"浮元子"，后来有的地区把"浮元子"改称元宵。据说元宵象征合家团圆，吃元宵意味新的一年合家幸福，万事如意。

十二、四川成都钟水饺——更岁交子，红油鲜香

（一）老字号历史典故

"钟水饺"始于清光绪十九年（公元 1893 年），创始人钟少白，后来的厨师叫钟樊森，因开业之初店址在成都的荔枝巷，故又称"荔枝巷水饺"。在馅料上，钟水饺与北方水饺的主要区别是全用猪肉馅，不加其他鲜菜，上桌时淋上特制的红油，个头小小的，十个一两也就一小碗，不过好东西自然有它的好味道。"钟水饺"20 世纪 20 年代即闻名成都，成为成都著名的地方名小吃。

（二）名品推荐

钟水饺最为著名的品种有红油水饺和清汤水饺两种。

红油水饺味微辣、鲜香、咸中带甜，再配以该店特制的椒盐酥锅盔，别有一番风味。红油水饺由手工制皮，馅心选料严格，制作精细，加之调料中自制成红酱油别具特色，调味得当，深受食者喜爱。清汤水饺，味道鲜美，淡而不薄，入口细腻化渣，为面食制品中之佳品。

（三）链接

水饺

饺子是深受中国汉族人民喜爱的传统特色食品，相传是我国医圣张仲景首先发明的，饺子因其用馅不同名称也五花八门，因烹饪方式不同分为煎饺、炸饺、蒸饺、水饺等。其中，水饺古名为"水角"，北方人读"角"为"饺"音，故称"水饺"。

水饺是北方人常用的食品，馅心用蔬菜多于用肉食，但逢年过节时，馅心也十分考究。在南方，水饺只是作为一种小吃，因此馅心多用肉制作，制作上也讲究得多，配上特制的好汤和调料，互相补充，相得益彰。

十三、四川阆中张飞牛肉——表面墨黑，内心红亮

（一）老字号历史典故

张飞牛肉在清代乾隆年间就远近驰名，已有 200 多年历史。

张飞牛肉本名干牛肉或保宁干牛肉，产于四川阆中市，由于境内回民聚居，因此是具有浓厚的回民风味的特产。其表面为墨黑色，切开后肉色粉红，肉质纹丝紧密，不干、不燥、不软、不硬，食之咸淡适口，宴席配餐、伴酒佐餐均宜。上世纪 80 年代左右（约 1985 年），张飞牛肉公司前身原阆中县牛羊肉加工厂，厂长王正秋因其外观特征为"表面墨黑，内心红亮"，恰好和历史上的猛将张飞其人"面皮墨黑，一颗红心向蜀汉"的特征很像，而将其正式定名为张飞牛肉。

相传，刘、关、张三人在桃园结拜兄弟时，曾大摆酒席，为有可口的下酒菜，张飞把他多年制作牛肉的方法说出来，供厨师制作。原来，张飞不仅是一名屠夫，还是一把烹饪好手，他卤制的牛肉味道香美可口。宴席开始，弟兄们一边饮酒，一边吃牛肉，猜令划拳，好不高兴，都称："张飞牛肉好吃！"

（二）名品推荐

张飞牛肉干而不硬，润而不软，剖其横格，轻撕切面，如银丝松针相连，细细咀嚼，其味无穷。生干牛肉又称风干牛肉，系选用牛腿肥厚筋肉制成，在冬季加工，用咸味香料抹揉，入缸加压腌制，出缸后用古柏烟熏，至色泽金黄，始以微风吹拂，至七八成干时，再加香料入缸密封，以待食用。

十四、天津崩豆张——糊皮崩豆，满口留香

（一）老字号历史典故

崩豆张传统产品始于清嘉庆年间，距今已有200多年历史，创始人张德才在宫中御膳房供职，专职就是制作干果、豆类小吃。张德才多次研究实践，终于制成多种豆类风味干货食品，如"糊皮正香崩豆"、"豌豆黄"、"三豆凉糕"及果仁，瓜子等。同时，在佳节喜庆宴会时，他还为宫廷制作了"九龙贡寿"、"麻姑献寿"、"龙凤呈祥"等特种成型贡品。

嘉庆年间，第二代传人张永泰子承父业，在宫中制作出口味、色香独特的"糊皮正香崩豆"、"灰皮素香果仁"、"七美香瓜子"等多种酥、甜、香、咸及加馅崩豆70余种，由此得名"崩豆张"。随后第三代传人张相把原属于宫中的小吃带入了民间。第四代传人张国华老先生及第五代传人张有全先生及其兄弟五人在此基础上，对崩豆张文化进一步发扬，使宫廷小食跻身平常百姓家。

（二）名品推荐

目前崩豆张的产品分高、中、低三个档次，共16大类76个品种，包括糊皮正香崩豆、去皮夹心崩豆、桂花酥崩豆、豌豆黄、三豆凉糕、冰糖奶油豆、冰糖怪味豆、儿童珍珠豆、去皮麻辣豆等。

其中，糊皮正香崩豆原名"黑皮崩豆"，最为知名。制作糊皮正香崩豆，要用到外五料（桂皮，大料、茴香、葱、盐）和内五料（甘草、贝母、白芷、当归、五味子）以及鸡、鸭、羊肉和夜明砂乌等。

制作成形的糊皮崩豆，富含多种营养成分，其中含有29%的蛋白质、47%的碳水化合物和钙、铁、磷等，且低脂肪，不含胆固醇。崩豆外形黑黄油亮犹如虎皮，膨鼓有裂纹，但不进砂、不牙碜，嚼在嘴里脆而不硬，五香味浓郁，久嚼成浆，清香满口，余味绵长。

（三）链接

天津三张

崩豆张与果仁张，泥人张一起并称"天津三张"。

其实，天津近代有名的泥人张、果仁张、崩豆张、皮糖张等，都是有一定历史

渊源的。至于"天津三张",流传着很多说法,其中比较流行的是指"泥人张、果仁张、崩豆张",但是也有"泥人张、皮糖张、果仁张"的说法。

十五、天津耳朵眼炸糕——酥脆软糯 香飘十里

(一)老字号历史典故

清光绪庚子年间(公元 1900 年),当时的北门外大街是去往京师的通得街大道,东西两侧的估衣街、针市街、竹杆巷等,有着全市最大的干鲜果、皮货、染料、药材市场。

刘万春以卖炸糕谋生,最初推着独轮车在鼓楼、北大关一带走街串巷流动售货,后改为在估衣街西口的北门外大街上摆摊设点现做现卖,该店铺就选址北门外窄小的耳朵眼胡同出口处,故戏称为"耳朵眼炸糕"。

后来,刘万春与他的外甥张魁元合伙,在北门外大街租下一间八尺见方的门脸,挂起"刘记"炸糕的招牌,办起了炸糕店。后刘万春的儿子刘玉才、刘玉山、刘玉书等陆续进店。日伪时期,耳朵眼炸糕店被迫加入商会,改名"增盛成"。增盛成的官号不为人们接受,而耳朵眼的绰号却流传至今。

(二)名品推荐

耳朵眼炸糕用糯米作面皮,红小豆、赤白砂糖炒制成馅,以香油炸制而成。成品外形呈扁球状,淡金黄色,馅心黑红细腻,具有"黄、软、筋、香"四大特点。

(三)链接

营养丰富的津门小吃

耳朵眼炸糕是天津市政府招待外宾和国家领导人的指定食品,不仅富含蛋白质、碳水化合物,还有丰富的粗纤维以及钙、磷、铁、钾、镁、维生素 B_1、维生素 B_2 等营养成分,并兼有补中益气、温胃止泻、安神养颜、健脾利湿、清热利尿、解毒消肿等特殊食疗功效。刘少奇、朱德、彭德怀、金日成、西哈努克等中外国家领导人品尝后均大为赞赏。

十六、天津狗不理——中华第一包

（一）老字号历史典故

"薄皮大馅的包子，一咬一兜油啊！"这是人们对天津狗不理包子的评价。

狗不理包子是天津著名小吃，它以其独到的制作工艺和鲜香的口味吸引了大江南北慕名而来的食客。它有着"天津老字号""中华第一包""津门三绝之首"等美誉，名扬海内外。

1. 自杀未遂重开包子铺

狗不理包子的发源地是天津的侯家后。侯家后足天津早期享誉盛名的繁华地区，明朝永乐年间，侯家后已经是比较繁华的商业街了，街上云集了各种做买卖的商贾。辛亥革命以来，凭借得天独厚的地理位置，侯家后成为火爆的餐饮娱乐区，"狗不理"包子也正是从这个地方发迹的。

清朝咸丰年间，在武清县杨村的一户高姓人家里，一个男孩出生了。这个孩子大名叫高贵友，小名叫"狗子"。说起这个小名还是有讲究的，在旧中国医疗设备缺乏，卫生水平不高的条件下，人们大多相信迷信，所以在民间的习惯中，为了让孩子健康地成长，孩子的父母大都会给孩子取一个粗贱的乳名，"狗娃""粪蛋"什么的，这样一来，妖魔鬼怪就不会注意到自己的孩子，孩子们就能健康成长了。

高贵友也确实如其父母所期望的那样，健康地长大了，并在 14 岁的时候来到了天滓老城厢的刘记蒸食铺当起了小伙计。他人虽小，却心灵手巧，勤奋好学，将师傅做包子的手艺都学会了。仅仅两三年之后，他就不甘寄人篱下，离开了刘记，用辛苦攒下的钱在侯家后一带搭了一个包子铺，自己做起了卖包子的小本生意，希望借着生意能让自己的生活变得更好，让家人也跟着自己过上好生活。可事与愿违，最初的生意并不好做，一来二去竟然赔了个底朝天。

高贵友是被命运逼急了，他想，一个大男人，做点生意还赔了，人家卖包子的都做得好好的，为什么偏偏就我赔了呢？这样活着还有什么意思呢？一时想不开，他决定结束自己的生命，不想再受苦了。于是这天晚上，他垂头丧气地溜达着奔南运河的河边一路走下去，走到了一棵歪脖子的大柳树旁，他觉得此处能成为自己的葬身之地，这里比较荒凉，人烟稀少，适合自杀。就当将随身携带的绳子套好，脖子刚要往绳套中伸的时候，身后一个人在他的肩膀上拍了三下，他转头一看，是一位慈眉善目、鹤发童颜的白胡子老头。这老头问："小伙子，你这么年轻就要寻死，是为什么呢？有什么事情想不开呢？"高贵友说："老人家，你是不知道啊，我卖包子都赔了，真是没法活了。"老头说："你这是说的什么混账话，你有力气有手艺，怎么就会挣不到钱呢？你要好好活着。你过来，我给你样东西做本钱。"说着，老人家就将一个包袱递给了高贵友，高贵友打开一看，竟然是一张乌黑油亮的玄狐皮，这东西可是皇帝专用的无价之宝。高贵友说："这么贵重的东西，我可不能要。"老人家说："我说给你，你就拿着！"说完就走了。后来，高贵友就用玄狐皮换了一笔钱，买下了一间门面，起名为"德聚号"，还是做起卖包子的老本行，现做现蒸现卖，一直坚持下去。

2."狗不理"之来源

后来，高贵友凭借着自己的聪明才智和灵巧的手艺，发明了水馅，使用熬得很浓的大骨头汤调馅，以及半发面的工艺来制作包子。高贵友对馅的选料也非常在意，肥瘦按比例搭配，冬天的时候肥的较多，夏天的时候肥的比较少，春秋和暖，肥瘦对开，这样就能不显肥腻，软嫩适口，并且馅儿剁得细而匀，浓汤拌得润而爽，再加上葱姜配味，他做出的包子口感柔软、鲜香不腻。而对包子的外表，高贵友的要求也不低，包馅子不冒顶，不跑油，褶子密，包出的包子看上去像是一朵绽放的白菊花。高贵友还要求一两面包3个，一般大小；每个包子上18个褶，不多不少。这些都成为"狗不理"包子的特点。为了与同行竞争，高贵友还独创了一种叫卖的腔调，带着特殊的韵律。

自此，高贵友的包子一炮打响，前来买包子的人络绎不绝，他每天都忙得团团转。时间长了，高贵友发现，卖包子的时候收钱是个挺浪费时间的活，他在收一位客官的钱时，后面买包子的所有人都要等着。于是他就开始琢磨，怎样才能又快又省事地将包子卖出去呢？而且还不能让客人久等。

思考良久之后，高贵友突然灵机一动，有了，就这么办！第二天，他拿来了一把竹筷子，之后又搬来了一摞粗瓷碗，然后就对前来买包子的人说："您好，要是买包子，买多少，就先把相应的钱放进碗里，我就直接看钱给包子，不招呼你们了，如有怠慢，请多见谅！"还真别说，这个方法真的很管用，想吃包子，就先把钱放碗里，然后把碗递给掌柜，掌柜再用竹筷子将包子取给客人。而客人吃完包子放下筷子就能走人了。用了这个方法之后，高贵友卖包子时自始至终就一言不发，不再多费口舌了。于是，主顾们就笑着说："哎呀，还真行，这狗子卖包子，任人不理!"日久天长喊顺了嘴，高贵友的包子就成了"狗不理包子"了，而"德聚号"反倒被人们遗忘了。

后来，几位外埠客商专程来高贵友这里品尝"狗不理"包子。他们一进门就大喊："老板，这里是'狗不理'吧？来几斤包子!"高贵友一听，急了，伸直了脖子说："我这里有大大的招牌挂在那里你看不见吗？是德聚号，你们长没长眼睛？'狗不理'不是我这里，你们自己找去吧。"客商们一看，果然不是"狗不理"，但出门去找了一圈，又转回来了，对高贵友说："老板，你怎么能和我们开这种玩笑呢？你这里明明就是'狗不理'。"高贵友看这情形，知道"狗不理"这个绰号是甩不掉了，因为连外埠人也知道了，叹口气说："'狗不理'就'狗不理'吧!"人们都说，什么德聚号啊，还是"狗不理"听着舒坦啊。从此之后，"狗不理"包子就在天津卫叫开了。

3."狗不理"成贡包

话说当年，在"狗不理"包子铺的对面有座兵营，兵营的管带一直想着要给直隶总督袁世凯送礼，送点什么好呢？想来想去，突然灵机一动：有了，就送狗不理的包子。这个管带买了几斤包子就给袁世凯送去了，袁世凯心想："这送礼送包子的还真是少见呐。"袁世凯一尝，叫道："太好吃了。想不到我吃了这么多年的包子，还是头一次吃到这么好吃的，真是名副其实的薄皮大馅啊，以前听过狗不理的叫卖，还不信，这次真的心服口服了。"袁世凯吃完狗不理包子就爱不释口了。

袁世凯尝过"狗不理"包子之后不久，正好赶上慈禧太后的大寿。上至皇帝嫔妃，下到文武百官，纷纷前来祝寿拜贺，然而令人意想不到的是，慈禧老佛爷竟然将所有的人都拒之门外，概不接见。前来祝贺的人都丈二和尚摸不着头脑，不知道如何是好。

原来，前一天晚上，慈禧做了一个噩梦，一大早就头冒冷汗、手脚冰凉。这时候，平时最得宠的太监李莲英进来请安，见到平时神气十足的老佛爷今天却垂头丧气的，换在平时可能他还不觉得有什么不妥，但今天是她的大寿，是一个值得庆祝的日子，出现这样的情形实在是有些反常，于是就上前小心翼翼地问："老佛爷是不是凤体欠安呢？见您的气色不太好啊。"慈禧说："要是身体欠安倒好了，比这坏多了。"

李莲英说："老佛爷不妨说出来，奴才愿意为您分忧。"慈禧叹了一口气说："昨天晚上我做了一个很不吉利的梦，梦见天狗在吃月亮。"听慈禧这么说，李莲英当时就一句话也说不出来了，也不敢说啊。为什么呢？原来，按那年头的说法，月亮是属阴的事物，代表着女性，而就在大寿的前一天晚上，慈禧做这样的梦，对她来说是很难接受的。

就在节骨眼上，外边的太监来报："诸位大臣给老佛爷拜寿了。"慈禧生气地挥一挥手说："好了，知道了，让他们都退下吧。"接着又有人报，说："恭亲王前来拜寿，送来翡翠老寿星一个。"慈禧更是气不打一处来，说："去去去，谁稀罕他的寿星。"这气还没生完，又有人来报："北洋大臣袁世凯祝太后老佛爷福如东海、寿比南山，送上包子一盒。"包子？即使再稀罕玩意也不缺，更何况包子这么寒碜的东西，这不是变着法儿来气我吗？什么包子？给我的是气包吧！这时候，袁世凯在外面禀奏说："小臣特地从天津赶来给老佛爷拜寿了，给您带来了天津卫特有的狗不理包子，请老佛爷品尝。"慈禧一听，狗不理？这太好了，那我吃了狗不理，天狗不就躲得远远的了，不来吃我了。于是她马上说："给我端过来尝尝。"慈禧品尝完包子之后，大赞包子好吃，顿时转怒为喜，连声叫好。

这袁世凯真是精明啊，给慈禧老佛爷送礼，礼太重了显得为官不廉，礼轻了显得对老佛爷不重视，用天津"狗不理"包子作为礼物，真是使小钱送大礼。袁世凯的这一宝真是压中了，慈禧在宫里哪吃过这个啊，慈禧对"狗不理"包子的评价是：山中走兽云中雁，福地牛羊海底鲜，不及狗不理香矣，食之长寿也。自从大寿之后，慈禧隔三岔五就会派人去天津购买"狗不理"包子，袁世凯因为这狗不理包子受到慈禧的赏识，慈禧每次吃这包子的时候都要将他夸赞一顿，说他体察民情，连狗不理包子都知道。从此袁世凯更加得势，而狗不理包子也因此而变成贡包了。

4."狗不理"的后世之事

1916 年，"狗子"高贵友病故，他的儿子继承了他的事业，并传承他的手艺。"狗不理"包子铺经过多年的发展已经有了一定的积蓄，在第二代传人之后，又经历二十多年的发展，先后在天津北大关、南市、法租界（天祥后门）等地设立了分号同时经营，"狗不理"包子开始进入发展的鼎盛时期。

1949 年，"狗不理"包子铺已经发展到了第三代，可能是由于人们只对。狗不理"这个名号比较上心，以至于到了这第三代，人们才知道"狗不理"的掌柜原来姓高。

20 世纪六七十年代，"狗不理"包子还进入中南海，受到过毛泽东主席的青睐。当时毛主席有一个厨师叫庞恩元，有一次主席问他是哪里人，他说是天津人。主席点点头，笑着说："你们天津的狗不理包子是很有名气的。"主席虽然没说要吃，但这句话却引起了庞师傅的注意，后来，他专门到天津的狗不理包子铺学艺，等再次回到北京的时候，给主席做了一次狗不理包子，毛主席吃后，赞不绝口。

在公私合营的大潮之中，"狗不理"包子收归国营，但其做工质量一度低落，之后发还私营，质量又逐渐上去，再次受到人们的欢迎。

1980 年，"狗不理"包子铺第一家特许连锁店在北京开业，这是"狗不理"集团的一个尝试，结果证明这样做是正确的，包子铺有着良好的经营业绩。从此之后，"狗不理"集团本着稳扎稳打、适度发展、实现共赢的原则，稳步推进特许连锁店的发展。

至今，"狗不理"集团已在全国开设特许连锁店七十多家，遍及全国 18 个省份的 40 多个城市，年销售收入近 3 亿元。2004 年，集团开始走向国际，"狗不理"韩国加盟店也在首尔开业。

经过数十年经验的积累与不断地改善，"狗不理"集团正着力打造独具中国特色，适应未来国际化发展的新模式——"狗不理"中式简餐，在 2010 年底，样板店已经亮相。"狗不理"以一个全新的面貌呈现于世人面前。

（二）名品推荐

狗不理包子的内馅根据猪肉的比例加适量的水，佐以排骨汤或肚汤，加上小磨香油、特制酱油、姜末、葱末、调味剂等，精心调拌而成。包子皮用半发面，在搓条、放剂之后，擀成直径为 8.5 厘米左右、薄厚均匀的圆形皮。包入馅料，用手指精心捏折，同时用力将褶捻开，每个包子有固定的 18 个褶，褶花疏密一致，如白菊花形，最后上炉用沸水旺火蒸制而成。

历经 150 多年的狗不理包子，经创新和改良已形成秉承传统的猪肉包、三鲜包、肉皮包和创新品种海鲜包、野菜包、全蟹包等 6 大系列 100 多个品种。狗不理包子不仅用料非常讲究，而且讲时令、季节、鲜活。如蟹肉包，那一定是使用金秋十月正当时的大闸蟹，才能保证味鲜汁美。

十七、天津桂发祥——金黄醒目，甘甜爽脆

（一）老字号历史典故

据传说清朝末年，在天津卫海河西侧，繁华喧闹的小白楼南端，刘老八在这里的小巷开了一家小小的麻花铺，字号唤作"桂发祥"，因这条巷子名为十八街，故也称为"十八街麻花"。

刘老八聪明又能干，炸麻花可以说有一手绝活，用杭州西湖桂花加工而成的精品咸桂花、岭甫种植甘蔗制成的冰糖、精制小麦粉等，制作成不仅久放不绵，而且香气四溢、香脆可口的麻花。从此"桂发祥"麻花著称于市，成为天津卫赫赫有名的食品"三绝"之一。而桂发祥的十八街麻花也因此创立了百年字号，成为天津百姓的最爱食品。

（二）名品推荐

十八街麻花经过反复探索创新，在白条和麻条中间夹一条含有桂花、闵姜、桃仁、瓜条等多种小料的酥馅，炸出的麻花酥软香甜与众不同，创造出什锦夹馅大麻花。桂发祥麻花能成为市场上享有盛誉的健康美味食品，其特色全都体现在它的配料和制作工艺上。香、酥、

天津桂发祥

脆、甜的十八街大麻花，在干燥通风处放置数月不走味，不绵软、不变质。

（三）链接

麻花

麻花是中国的一种特色健康食品，有甜、咸两味之分。一尺左右长，有大小几种，每根都多次扭转抻拉折叠而成，外形呈铰链形，故又称"铰链棒"。

麻花的主要产地在天津市、湖北省崇阳县和山西省稷山县。天津以生产大麻花出名，历史悠久；湖北崇阳则以小麻花出名；而稷山麻花是咸的，有普通的和油酥的之分，色香味诱人，可以做主食或零食。

十八、浙江湖州丁莲芳——鲜美精致，盛名远播

（一）老字号历史典故

丁莲芳原是湖州城里一个挑葱卖菜为生的小商贩，生活十分艰难，尤其是风雪严冬，更难糊口。清光绪四年（公元 1878 年），即丁莲芳 29 岁那年，他谋求新的出路以摆脱困境，觉得唯独"吃"这一行当最适宜，可以小本经营，设摊挑担，投资少，翻身快。他认为只有闯新路，做市场上没有的点心才有吸引力。他大胆做些千张包子放在丝粉中，变为千张包子丝粉头。他买了一个锅子，做了一副担子，就这样经营起千张包子丝粉头来了。

（二）名品推荐

烹饪千张包子时，需选用纯精肉、开洋、干贝等作馅，豆制品千张作皮，包成 3 ~ 5 厘米见方的三角棱柱形包子，品尝时佐以辣油、米醋、白胡椒粉、小葱等混合的调料，配以优质粉丝，色白汤清，不仅味道鲜美可口，且已有百余年制作历史。

而丁莲芳餐厅制作的改良版千张包，以用料讲究、烹调有术、味道鲜美而闻名遐迩，包子所用的千张和丝粉都是特制的，千张薄而韧，包得密不透气，香浓汁鲜；丝粉白而粗，久煮不烂，柔软入味。他以鲜猪肉、千张为原料，裹成长枕形千张包子，配细丝粉，名曰千张包子丝粉头，肩挑叫卖。后听取顾客意见，在肉馅中添进笋衣、开洋，并改为 5 厘米见方的三角形包子，细丝粉改用以绿豆为原料的粗丝粉，切成 4 ~ 5 厘米，使外形、馅料和辅料等方面均有别于家常色彩而独具一格。后又听取顾客意见，不断创新改进，成为湖州名点。

十九、浙江嘉兴五芳斋——百年粽子，传奇美味

（一）老字号历史典故

五芳斋的粽子可能人人皆知，可是有关五芳斋的故事却并非人人都知道。事实上，每一个百年老字号发展到今天，都经历了一段悲喜参半的历程，五芳斋当然也不例外。

1. 苏州"五芳"街巷闻，入赘女婿来发扬

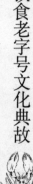

说到"五芳斋"的粽子，可能无人不知，每到端午时节，人们总要买上一些，或自己食用，或送于亲友。而我们在品尝美味粽子的时候，是不是偶尔也想去了解一下"五芳斋"名称的由来呢？事实上，"五芳斋"三个字的由来，可以追溯到清道光年间，不过那会儿这三个字可跟粽子也没什么关系。

话说在苏州吴县陆墓采莲（今苏州相城区元和镇开发区附近）有一户姓沈的人家，这老沈家在苏州齐门外有个甜食铺，以玫瑰、桂花、莲心、薄荷、芝麻等五种苏州人爱吃的东西作为原料，制作桂花圆子、赤豆糖粥焙酥豆、莲心羹、冰雪酥、玫瑰糕等甜食小吃。这沈老爷特别想要个儿子，可惜命中无子，夫人一连生了五胎都是女儿。沈老爷不高兴，也不上心给女儿们起名字，打算随便用家中甜食店的材料玫瑰、桂花、莲心、薄荷、芝麻按在五个女儿身上。但是沈夫人不乐意，好好的大姑娘，用食料做名字，太糙，但又不能违拗丈夫，于是慧心一动，将五个女儿的名字改成玫芳、桂芳、莲芳、荷芳和芝芳。

后来，沈家五个千金纷纷长大，出落得亭亭玉立，街坊邻居们都称她们为"五芳"。提起这几个姑娘，苏州城里谁都竖大拇指，沈老爷也觉得脸上有光，索性将自家的甜食店改名"五芳斋"。

五芳斋也随着"五芳"的传说，流传开去。等到清咸丰四年（1854），五芳斋将老店迁到玄妙观三清殿西侧，在原有基础上增设面食点心，五香排骨、小笼馒头（一种灌汤包子，苏州人将包子也统称为馒头），两面黄更为其拳头产品。逢年过节时还有豆糕、松糕等米食糕点来丰富应市，逐渐形成五芳斋甜食品系列。就这样，不知道是"五芳"给"五芳斋"做代言人，还是"五芳斋"孕育出落落大方的"五芳"，总之，五芳斋不仅名声越来越大，更创出了自己的特色品牌。

随着"五芳"年龄渐长，提亲的人几乎踏破了沈家大门，玫芳、桂芳、莲芳、荷芳陆续出嫁，只剩下小女儿芝芳。沈家的生意越做越大，沈老爷在开心之余却又感到分外烦扰。

一天，小女儿芝芳见沈老爷坐在书房里唉声叹气，她莲步款款，推门而入。"爹爹，在为何事烦心？"芝芳素来与沈老爷亲近，而且小小年纪，又善解人意，聪明伶俐，还经常帮助沈老爷打理生意。

沈老爷抬头看着芝芳，面露难色，沉思了一会儿，说道："女儿，爹爹这么大的家业，总要有个人继承，家里就剩你一个待字闺中，虽说你对做生意尚有灵性，但终归不是男儿，力有不逮。"

芝芳听了爹爹的话，自觉不能为其分担，甚是忧心。但她转念一想，随即对沈老爷说："不知爹爹以为糕点师傅沈敬洲如何？此人为人勤奋、忠厚老实，有一手好技术，又相貌堂堂。如果招他入赘……爹爹意下如何？"沈老爷一听，一拍大腿："芝儿，你真是太了解爹爹的心思了。"

这个沈敬洲是沈老爷的嫡传弟子，虽然家世清贫，但勤学苦练又有天分，一直深得沈老爷的器重，如今听女儿一说，顿觉是个好主意，立马把这事定了下来。

沈敬洲与沈家女儿成亲后，沈老爷就将大部分的产业交给了他。沈敬洲和沈芝芳夫妻二人夫唱妇随，生意越做越火。清咸丰八年（1858），沈敬洲发现当时正在迅猛发展的上海饮食业还没有一家正宗的苏式糕团店，他深感这里面潜藏了巨大的商机，与沈芝芳商量后，他决定到上海开疆辟土。

沈敬洲先是在上海大马路（今南京东路）原盆汤弄附近开设了一个小糕团店，为了突出地方特色，他给店取名"姑苏五芳斋"，而平常卖的正是依照苏州糕团的传统方法制作的桂花赤豆糕、玫瑰方糕、汤团等。地道的苏州口味立刻吸引了大量食客，开上海食风之先，不久就名声大振，生意兴隆。1933年，"姑苏五芳斋"迁到南京东路山西路附近扩大营业，终成为上海规模最大、名气最响糕团店之一。

2. 保护商标没意识，满城尽是"五芳斋"

当初"五芳斋"搬到苏州玄妙观后，虽说临近繁华闹市，但是五芳斋做的是家族生意，类似于今天的小作坊、私房菜，尽管生意红火，但规模不大，再加上当时并没有商标注册和知识产权保护的概念，自"五芳斋"走红后，"大芳斋""六芳斋"和"七芳斋"等饮食店随之如雨后春笋般涌出，互相竞争。

1926年的一天，来自浙江兰溪的弹棉花手艺人张锦泉干了一天的活，又累又饿，路过玄妙观时心想："我弹了一天棉花，却也没挣几个钱，不如去观里求求神仙，兴许能有个新出路。"还没进观，观前街上浓郁的点心香气，就勾起了他肚子里的馋虫。张锦泉不知不觉跟着香味走到了"五芳斋"门前。门口已经排了长长的队，都在等着伙计出售点心。"什么东西这么好吃？"张锦泉心里琢磨着，捏了捏手里弹棉花刚挣来的几钱银子，狠狠心加入到排队的人潮中。

"伙计，我的钱就这么多，你看着每样都给来几个。"尽管饥肠辘辘，但是张锦泉却细嚼慢咽，仔细品味其中的奥妙。

半年后，张锦泉回到老家嘉兴。这会儿是春夏季，正是弹棉花的淡季，张锦泉打算利用省吃俭用攒下的一点钱制售糕点。不过他攒的钱实在太少，只够买点做糕点的材料，根本负担不起租用店面的费用，于是他索性在路边摆了个小地摊向过路人出售。

由于资金紧张，张锦泉首先选择制作最简单也是在嘉兴家家户户都爱吃的糕点——粽子。不过他制作的粽子，不同于平常人家吃的样子。在外形上，他沿用了兰溪一带四角交叉立体长方枕头形，在口味上，他采用的是苏州五芳斋的选料、制作工艺，这使得他制作出来的粽子外形别致、风味独特。当地人先是来看新鲜，吃了后更觉味道一绝，于是一传十十传百，招徕了很多顾客。顾客也将好的口碑带出去，口口相传，张锦泉的粽子就这样走红了。

有了资金后，张锦泉决定安定下来，于是在嘉兴北大街孩儿桥堍附近设了一个专门卖粽子的摊点，取名"荣记五芳斋"。现在算来，这应该是嘉兴地区"五芳斋"最早的专卖店了。过了几年，生意越做越大，张锦泉一个人忙不过来了，于是他从兰溪老家找一个家乡人来当帮手。

但所谓"酒香不怕巷子深"，粽香招来的不单是客户，还有虎视眈眈的竞争者。时隔数年，与"荣记五芳斋"隔几条街一个叫冯昌年的嘉兴人开了一家"合记五芳斋"。这一消息让独霸嘉兴粽子市场这么多年的"荣记五芳斋"，头一次有了竞争者，而且这竞争者用的也是"五芳斋"的牌子，这让张锦泉心里不爽。但是人家用的是"合记"，不是"荣记"，张锦泉也说不出什么来。

张锦泉听说对方的粽子做工精细，用料也很考究，而且像是在苏州学习过，粽子的模样与他家的有几分相似又不是太像。于是，决定去"合记"探查"敌情"。张锦泉路上边走边想，不知不觉走进了"合记"的店，要了几个粽子，准备回家研究。但是他这一举动，恰巧被店里掌柜的看到，告诉了老板冯昌年。冯昌年觉得蹊跷，心想总不会是自家粽子的香气将他引来的吧，后来总算想清楚张锦泉买其粽子的用意。自此，这两家的梁子算是结下了。两家明争暗斗，而每年的端午节前后，更是竞争最激烈的时候。

就在荣合两家竞争激烈的时候，又有一家粽子店开张了，取名"庆记五芳斋"，店铺就设在荣合两家粽子店的斜对过。"庆记五芳斋"的主人是朱庆棠，也是嘉兴人。自此，三家"五芳斋"粽子店呈品字形鼎立，各店每天都有穿着蓝底白花水布，头扎方巾的江南女子，站在各自的店门口吆喝叫卖自家正宗的五芳斋粽子，这种情景一时成了嘉兴这座江南古城的独特风景。每到端午时分，三家老板更是使出浑身解数，在粽子的用料、配方、包裹、烧煮等方面动足脑筋，制作出最好的粽子，互相打擂台斗法，情形好不热闹。慢慢地，这"斗粽子"演变成当地人每年的一大盛事。

3. 粽子"机械化"，走出嘉兴走向世界

1956 年，公私合营改造逐渐兴起，"荣记五芳斋""合记五芳斋""庆记五芳斋"三家粽子店加上嘉兴东门宣公桥堍的"香味斋"粽子店，四家合成一家，新的嘉兴粽子店诞生了。但这时的五芳斋做的不再是粽子的买卖了，它与一般饮食行业没有差别，只供应一般的面点，传统的粽子产品不再制作生产。

1985 年，十一届三中全会后，改革开放的春风也吹进了五芳斋，"荣记五芳斋""合记五芳斋""庆记五芳斋"三家的后人一合计，觉得这会儿又是五芳斋重出江湖的时候了。但是，重出江湖没有过硬的技术和材料是不行的。而当时的嘉兴，经过新时代一轮又一轮的建设，江南水乡风景如画的环境也发生了变化，水不是原来的水，包粽子的叶子也遍寻不到了。这可怎么办？

五芳斋的老人还是见多识广，他们想起老板们在世的时候，曾经提起过一种独特的箬叶，这种叶子产自一种野生阔叶箬竹上，这种竹子一般生长在植被丰富、雨量充沛的山林中，其叶片厚薄适中，柔韧性强，清香度高。用这样的箬叶包粽子，既能保证粽子的外形和质量，又使粽子别具山野的清香，令人回味无穷，而各地所产的箬叶中，尤以江西靖安的箬叶为优。

当时的老板听了老人们介绍，随即派人连同专家到靖安考察：那里生态好，空气中有害细菌含量几乎为零，负离子含量极高，被誉为"天然氧吧"，出产的箬叶品质极高，能达到公司要求的标准。而且靖安纯天然野生箬叶资源丰富，因为该县地处九岭山脉东北南麓，拥有 180 万亩山林，周边地区的箬叶产量供应也十分充足。不久，五芳斋农业发展公司成立了，公司引导农民对野生箬叶按标准采摘、加工，保证箬叶的质量和数量。

但是有了好的材料，手工制作还是满足不了市场的需求，五芳斋不得不做出全面机械化的选择。公司花大力气进行了大规模的技术改造，生产工艺装备发生了巨大变化，真正实现了生产器具"不锈钢化"，粽子入锅、搬运和拌肉实现"机械化"，煮粽炉子"煤气化"；在进行技术改造的同时，也对店面风格进行了重新定位，实现了营业店堂的"民族化"。

1992 年，五芳斋粽子店组建了嘉兴五芳斋粽子公司，传统的制作技术加上现代化的生产和管理，五芳斋粽子很快重获新生，品种也从原来的几种发展到现在的近百种，远销日本、东南亚等地。

（二）名品推荐

五芳斋意为五谷芳馨，五芳斋粽子驰名天下。

五芳斋的粽子外形较为别致，沿用了兰溪一带四角交叉立体长方枕头的形状，按传统工艺配方精制而成。选料十分讲究，肉粽采用上等白糯、后腿瘦肉、徽州伏箬，甜粽则用上等赤豆"大红袍"，通过配料、调味、包扎、蒸煮等多道工序精制而成，选料制作考究，风味独特，招徕了很多顾客。

五芳斋之所以能红遍全国，走向海外，除了祖传秘方的神奇，优质的野生箬叶也起到了不可替代的作用。并不是所有的箬叶都适合包裹粽子，箬叶必须是当年生且在夏至后立秋前采摘的"伏箬"，鲜叶的宽度要达到 9 公分以上，长度达 40 公分以上，对含水量也有明确规定。

（三）链接

野生箬叶

经过五芳斋严格挑选，江西靖安的野生阔叶箬竹从众多箬叶生产区脱颖而出。生长在植被丰富、雨量充沛的山林中，其叶片厚薄适中，柔韧性强，清香度高。用这样的箬叶包粽子，既能保证粽子的外形和质量，又使粽子别具山野的清香，令人回味无穷。

第三节　酱香爽口老字号

一、北京六味斋——唇齿留香两百年的中华熟食

（一）老字号历史典故

六味斋，一个有两百多年历史的老字号；六味斋，一个历经数次危机，仍然屹

立不倒，顽强存活，焕发勃勃生机的企业。

1. 落榜举人开山立派

清朝乾隆三年（1738），北京城异常热闹，全国各地的举人都汇聚于此备战这年的大考。北京城的各个客栈都住满了人，在一家普通的客栈中，一个山东人和一个山西人正坐在一起喝酒畅谈。他们两人所住的房间紧挨着，经常在一起研究诗文，一来二去两人熟悉起来，亲如兄弟。

"贤弟，对今年的大考，你有几分把握？"山东举人端着酒杯问山西举人。

"大哥，我们寒窗苦读这么多年，谁不想一举成名呢，可是，现如今如果我说有十分的把握，那就是真的在吹牛皮了。"山西举人如实回答。

"贤弟你说得很对啊，为兄也是这么想的，哎，我们就尽力而为吧。来，我们饮尽此杯，各自看书去吧。"

"好！我听大哥的！"二人一饮而尽之后就各自读书去了。

大考没多久就开始了，二人带着各自的心思，紧张地进入了考场。一番苦答交卷之后，接下来就等待放榜了。等待放榜的日子是难熬的，幸亏他俩还能互相做伴，时间过得也快一些。

终于，金榜张贴出来了。山东、山西的两位举人带着复杂的心情，结伴去看榜。在路上，山西举人说："大哥，小弟自知才能不及你，若金榜上有你的名字，他日步入官场，可不要将小弟忘了。"

"贤弟，你这是说的何话！大哥的才能怎及得上贤弟？总之一句话，我们不管谁榜上有名，都要照顾另一个人。"

"这个是当然的，大哥！"

两个人说着说着已经到了张榜的地方，金榜之前围满了看榜的举人，两人好不容易才挤到金榜之前。可令人失望的是，金榜上并没有他们两个人的名字。

名落孙山的两位举人失落地回到客栈。按说，他们应该收拾行装，各自告辞回家去，可是他们都皱着眉头没有收拾的意思。原来，他们家境本就不宽裕，来京之时身上没带多少盘缠，在京城待的时间太长，即使省吃俭用，银子也已经用得差不多了。

"贤弟，咱们现在已经名落孙山，盘缠又不够，即使能勉强回家，也是狼狈不堪，我实在不想这样回去，让家人伤心。"

"大哥，我也是这样想的，你有什么好建议吗？"

"贤弟，我们将各自剩余的盘缠凑一块，在京城做点小生意，赚点钱，也好体面地回到家乡。"

"大哥，你已经有主意了吗？你想做什么生意？"

"我这也是一时的想法，只是做什么生意，我还没想好。"就在山东举人说话的时候，客栈外面飘来了一阵肉香，山东举人灵机一动，"要不我们开一家熟肉店吧，我家中的老母亲做得特别好吃，我也掌握了一点手艺。"

"好啊！大哥，我在家乡时也吃过买来的熟肉，知道里面有什么佐料，我们将两个地方的长处结合，一定会让肉更加好吃的！"

两人一拍即合，当即就将身上的盘缠凑到一起，租了一个小摊子，买来上好的肉，做起了熟肉的生意。两人将熟肉做得味好量足，生意之初，虽然来买的人很少，但是吃过的人都说好，客人的评论是最好的广告，一传十，十传百，两人的买卖越做越红火，由小摊子发展成正式的店面，并取名了个"天福号"的店名。

那时候，两人还没有请伙计，晚上两人守在灶旁煮肉，为明天的生意做准备。这天，两人高兴，就多喝了点，不知不觉竟睡着了。

山西举人率先醒来，见天已经微亮，顿时一拍大腿，"坏了！"见大哥还睡着，他马上拍醒他，"大哥，大哥！快醒醒！我们把肉给忘了！"

两人掀开肉锅一看，顿时傻眼了，肉已塌烂锅中，起出锅来，肉已软烂如泥，看着已成了"汁"的肉汤，一时间不知道该怎么办好，这肉成这样，已经不能再大口吃了，可是这么多肉倒掉真是浪费。

这时候，山西的举人想到了一个好办法，"大哥，我们再煮一锅肉，然后将'肉汁'涂到肉上，然后绑好放到盘子里放凉后再卖给客人，肉汁的味足，一定会为肉增加味道的！"

"好！这是个好主意！"山东举人大哥拍手叫好。

肉做好之后，两人先尝了一下，这样做出的酱肉比以前的好吃多了。他们立即将肉拿到外面叫卖。路人没见过绑起来卖的肉，都驻足停留，开口品尝，尝过的人无人不夸，酱肉被一抢而空。

从此之后，两位掌柜就将这种煮肉的方法固定下来，成为他们店铺的一大特色。

有一天，一位刑部大官路经他们的店铺，很远就闻到了酱肉的味道，忍不住买了一块。回家一吃，觉得香嫩熟烂，肥而不腻，瘦而不柴，不由得大呼"好吃"。

这位刑部大人为了讨好乾隆帝，将酱肉献到了宫里。乾隆吃后拍案叫绝。从此之后，天福号就经常接到往宫里送酱肉、酱肘子等的命令。后来，慈禧太后这位"老佛爷"为了能经常吃到鲜美的酱肘子，特赐给送肘人"腰牌"一枚，作为进宫的通行证，酱肘子成为皇宫御用食品。至此，天福号的酱肉身价倍增。

2. 福记六味斋

天福号的酱肉之所以受到世人的欢迎，在于它的酱肉美味独特，在于它独有的手工技艺。

这里说的手工技艺不只是将肉汁浇在肉上这么简单，而是一种复杂的制法。首先在肉的选择上，六味斋的历代掌柜都要求非常高，选作酱肉的肉不仅要新鲜，更要质量上乘。酱肉的具体制作过程则由卤制、酱制、刷酱几个步骤组成。其中，酱肉的酱汁中加入了多种药材和调味料，是卤制酱肉的老汤经滤渣熬制而成，其中没有添加任何添加剂和人工合成制剂。而刷酱更是六味斋酱肉加工所独有的特制工艺，这项工艺不仅保护了肉皮，还让外形更加美观，更能改善口感。此外，肉装锅的时候，层次、顺序都有严格要求。煮制时，武火、文火要掌握准确，有"一闻二看三摸四听"之规：一闻是闻肉的气味，二看是看肉的色泽，三摸是摸肉的软硬，四听是听汤的浓度。汤的浓度之所以要用"听"的方法辨别，是因为肉在煮制的过程中严禁掀锅盖。

经过多年的发展，"天福号"开始在京城之外建立分号。1938 年，"天福号"盛荣广师傅来到太原，选择达达巷 27 号开设分店。这个分店或许注定不平凡，取名号时，分店的掌柜和伙计煞费苦心地思量了一番。

店里的一个伙计说："咱们吃的东西不就是酸、甜、苦、辣、咸嘛，五味俱全，店号就叫五味坊如何，掌柜？"

掌柜若有所思没有说话，这时候另一个伙计也开口了："咱们卖的是肉，如果肉没有香味的话，那还有什么吃头呢？我看不是五味，而是再加上一个'香'味，加起来就是六味，我看应该叫六味坊。"

另一个读了点书的伙计马上插嘴说："这个'坊'字不好听，我看还是'斋'字雅一点。"

这时掌柜捋着胡须，微笑着说："六味斋，嗯，这个名字确实不错，就是这个了。"

就这样，"福记六味斋酱肘鸡鸭店"这个店号就诞生了，从此，誉满京师的宫廷贡品"天福号"酱肘子到太原落户，开始进入寻常百姓家的餐桌。逢年过节，太原的人们总要到六味斋去买点酱肘子和猪耳朵，招待家人和客人。

自从"六味斋"这个店号出现之后，"天福号"这个名号似乎就不再那么响亮了，并逐渐被"六味斋"取代。现在，太原六味斋公司，在山西已经有一百五十多家分店，产品也已经在传统酱肉之上增加了豆制品和速冻食品。

3. 老店遭遇下坡路

1956 年，公私合营浪潮兴起，"天福号"改名为"六味斋酱肉店"，实现公私合营。当时的六味斋在一幢二层小楼上，采用的是前店后厂式的经营模式，并在门前打起了"六味斋"字样的霓虹灯作为标识，以吸引顾客。

1963 年，国家注资"六味斋酱肉店"，六味斋从此完全公有化。不管是公有还是私有，六味斋一直都经营得很好，经济效益也不错，这种情况一直持续到 1966 年。

在"文革"的十年浩劫中，六味斋被当作"四旧"遭到打砸，连店名都改成了"太原酱肉店"，店里店长和多数员工都辞职回乡，一时间，六味斋的经营陷入了困境。

1973 年六味斋恢复了店名，逐渐开始恢复元气。重开之后，六味斋的加工地点搬迁至太原的新建路 47 号。十几年之后，又搬迁至桃园南路，本以为会这样一直经营下去的老店，却又一次遭到了打击。

搬迁至桃园南路的六味斋与同位于桃园南路的太原化工机械修造厂合并，两个毫不相干的企业结成了"亲家"，不正确的结合，带来了严重的后果——营业亏损，已经到了濒临破产的地步。加上其他竞争对手乘虚而入，重开之后的六味斋，其市场份额早就被其他字号占据大半，自此，六味斋开始走下坡路。

在 1989—1992 年期间，六味斋一直亏损，上级管理部门心急如焚。为了挽救六味斋，1992 年，公司领导大换血，"太原市六味斋肉制品厂"成立。新鲜血液的注入并没有让六味斋出现新的气象，亏损仍然在继续。一年之后，走投无路的六味斋接到命令停产，这个命令对这个老字号来说无疑是雪上加霜。

即使是这样，六味斋的领导班子也不想放弃这个百年字号。当时风行合资潮，六味斋与台商、港商合作，成立百味香食品有限公司和顺杰饮料公司。

百味香公司是与台商合资，台商资产占公司总资产的60%，但生产的产品仍然用的是六味斋的商标。当时台商入的是设备股，虽说是从境外引进的新设备，但后来的事实证明，那些所谓的新设备，只不过是翻新的。而六味斋的厂房、地皮等资产，却被变相地纳入了台商的腰包。而顺杰公司是与港商合作，说是合作，实则一天都没有经营过。

合资成立的百味香公司实际上对六味斋进行了一次大清洗，新公司规定只留下原六味斋35岁以下的员工，而且他们还要进入劳务市场返聘，这让许多老员工不得不离开。

可惜的是台商并不是救世主，两年之后公司还是不能正常开出工资，连续5个月拖欠员工工资，老字号六味斋到了崩溃的边缘，空手套白狼的台商给六味斋带来毁灭性的灾难。

4. 励精图治重获重生

濒临崩溃的六味斋怎样才能重生呢？说到这里就不得不提一个人，那就是闫继红。她原本是六味斋一名普通工人，1993年4月，六味斋宣布停产的时候，闫继红担任了柳巷销售店经理，虽然大局势让人担忧，但是，闫继红和柳巷店员工并不甘心老字号就此终结，于是将六味斋柳巷店重开，恢复前店后厂的经营模式。

受台商的影响，六味斋总厂和百味香江河日下，但闫继红却将六味斋柳巷店经营得有声有色。1995年10月，就在六味斋处在几近崩溃之时，太原市食品公司找到了闫继红，强烈要求她出任六味斋厂长。

闫继红这时候接下的六味斋已经是个烂摊子，厂房、设备归了百味香，企业资不抵债，亏损已达几百万元，员工们拿不到工资，养家糊口都成了问题。面对如此巨大的考验，闫继红一边组织老员工们在厂里的职工食堂、澡堂里生产自救，靠卖面皮、羊肉串度日；另一边和台商谈判，要求台商撤资，归还地皮和厂房。

俗话说得好，"请神容易送神难"，闫继红与台商的谈判是艰苦的，最初，两方各不相让，谈判室中的气氛非常紧张。闫继红毫不畏惧，寸土不让，终于逼着台商答应撤资。最终，台商拉走了带来的设备，归还了地皮和厂房。

虽然，台商的撤走给闫继红带来的是千万元的债务，但是凭着一股拼劲，六味

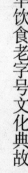

斋厂的状况逐渐好转，不过闫继红的日子仍不好过。在最初接手六味斋厂的日子里，闫继红每天都出去借钱、求人，为的就是给工人发工资，给公司还债。不仅这样，由于闫继红的经营理念和当时的董事会的经营理念相悖，双方起了冲突，还多次短兵相接。尽管困难重重，但闫继红坚持了下来，逐渐让六味斋成长为一个遍地开花的蓬勃企业，但很少有人能体会到闫继红拼搏中的辛酸。在残忍的商界，通常我们看到的是笑到最后的王者，而看不到成功背后的挣扎，也没有人去关心和理会。

甩掉包袱的六味斋，在 1997 年 11 月进行了股份制改革，成立太原六味斋实业有限公司，实现了高速发展。次年，扭亏为盈。到 2005 年，六味斋的销售额就已达到了一亿四千万元。

近几年来，中国食品行业陷入了一个"事故高发期"，因此有人开玩笑说，一个因食品问题倒下的中国人，拍扁了就是一张"元素周期表"。苏丹红、地沟油、三聚氰胺、瘦肉精、增白剂等这些本应是化学专业人士研究的东西，现在人人尽知，无良商家更是拿它们来赚尽了黑心钱。

闫继红说，"六味斋"是良心企业。有人会说，哪个企业的老板不是这样说，我们熟悉的三鹿不就是这样，说得信誓旦旦，但做起来又是一套。但闫继红表现出了她的真诚，"六味斋"的生产车间里，谁也不能触碰的就是添加剂。在选择与清华大学合作时，闫继红提出的唯一一个条件就是不能使用添加剂。她的家人都是六味斋的老顾客，他们很放心。

六味斋发展至今，已经成为一个连锁品牌，闫继红还发展了"好助妇"快餐。为了保证这两个品牌的食品质量，闫继红全部实行企业直营。今天"六味斋"的食品只卖一天，卖不出去的，第二天全部回收处理，绝不会再卖。想必，这就是六味斋重生的秘密。

二、乌镇三珍斋——香飘百年味更美的酱鸡

（一）老字号历史典故

乌镇风味独特的三珍斋，独领肉食美味之风骚，让很多人垂涎三尺。"三珍斋"这个品牌有一百五十多年的悠久历史了，延续至今，长盛不衰，为乌镇书写了永不

磨灭的浓彩重墨。

1. 酱鸡之乡——桐乡乌镇

提起三珍斋，离不开它的产地桐乡乌镇。乌镇是典型的江南水乡古镇，迄今已有一千三百多年的历史，是中国十大历史文化名镇之一，素有"鱼米之乡，丝绸之府"之称。

一样的古镇，不一样的乌镇，乌镇有着一种与生俱来的自然美丽：淳朴秀美的水乡风景、风味独特的

乌镇三珍斋

美食佳肴、缤纷多彩的民俗节日、深厚的人文积淀和亘古不变的生活方式。这是乌镇展现在人面前的迷人画卷。

乌镇自古"人才之盛，甲于一郡"。在这块肥沃的土地上，名人荟萃，学子辈出。据记载，自宋至清千年时间里，乌镇出贡生160人，举人161人，进士及第64人，另有荫功袭封者136人。

由于历史和地理形势的关系，乌镇在相当长的一段时间里曾是文化和经济的中心。这里深厚的文化沉淀和人文景观令人着迷，饮食文化更是源远流长。嘉兴三珍斋食品有限公司的前身"三珍斋"酱鸡店，就创立于这座繁华古镇应家桥堍。它专门加工、销售江浙沪一带特有的传统酱卤肉禽制品。

乌镇建镇日久，饮食文化自有其独到之处，其民俗风情也涵盖和代表了周边的一些地区。三珍斋酱鸡是桐乡的传统食品，据《乌程县志》等记载，早在清初，乌镇的五香酱鸡已"骨亦有味"。志书原文充分印证了"三珍斋"烹制的酱鸡尤其出色，也说明那时的"三珍斋"酱卤制品制作技艺已很精湛了。

2. 传说中的三珍斋

三珍斋的创始人是谁？这个无从考证，不过民间流传的一些故事却让我们可以一探究竟。

据传，清道光年间，乌镇有一王姓人家，夫妻俩非常勤快，开了一家熟食小店维持生计。为了省钱，男的经常独自去乡下的农户家里收购鸡和猪等，回家后自己加工，做些猪头肉、白斩鸡等下酒熟食，出售给当地老百姓。

一次，王姓店主乐呵呵地把买来的鸡交给妻子处理。过了一会，妻子大叫起来，王姓店主连忙跑来问其原因。原来去毛之后，妻子发现这些鸡身上有红色的斑点。完了，一不留神，竟然上了农户的当，买了些病鸡。

王姓店主心里特别难受，夫妻两人本是做的小本生意，这下可好，为了省点钱，竟然买了病鸡回来。扔了吧，花了那么多钱，实在可惜。不扔吧，万一人们知道自己出售的是病鸡，以后的生意还怎么做啊。真是"占小便宜吃大亏啊"。王姓店主的肠子都悔青了。

这时，他看见邻居家的小孩，正拿着一块酱肉吃。他转念一想，是否可以用当地人制酱肉的方法来处理这些病鸡呢？想到这，王姓店主觉得反正豁出去了，不如先尝试一下再说。于是，他立即着手将这些鸡用酱油加以浸泡。

在烧制时，王姓店主非常用心，将过去烧熟食的十八般武艺都使了出来，生怕少放什么让顾客发现这次的鸡与以往不同。为了去掉腥味，掩盖鸡肉上的病点，他用了双倍的黄酒、冰糖，外加桂皮丁香。这些佐料的使用，让鸡肉颜色酱红，味道喷香。

王姓店主没有想到，这些酱鸡一上市就被抢购一空。大家赞不绝口，说这样烧出来的鸡，比酱肉更鲜美可口。还有人闻讯而来，问店主第二天还有没有。店主在开心之余也担心，因为他并不确定顾客吃了病鸡做出的酱鸡会不会生病。几天过去了，没有人上门找他算账，他心里的石头总算是落地了。

见当地的顾客这么喜欢这种味道，王姓店主索性将错就错，专门做起了酱鸡生意。在售卖的过程中，他发现人们不光买酱鸡自己吃，还买了送给亲朋好友。如果包装华丽了，拿出去送人也会更有面子呀！于是，他又在包装上动了脑筋，以荷叶包裹，黄篮装扎，再用红纸盖面。这样的包装既美观大方，又扩大了酱鸡的影响力。

买酱鸡的回头客越来越多，酱鸡一下子成了逢年过节人们送礼的佳品。王姓店主想，既然是送礼的名品，这红纸上就得印上店名，这样别人一看就知道是在什么地方购买的。可是取个什么名字比较好呢？

有主意了，过去的吃食店一般都叫什么"斋"，王姓店主根据自家王姓的堂名"三槐堂"，便将店名取名"三珍斋"，从此三珍斋酱鸡就出了名。

三珍斋酱鸡的来历，还流传有这样的传说。话说清朝初年，有名厨师姓许，他最擅长的就是做酱鸡、熏肠和烤肠，那味道，怎一个"香"字了得。当时人们就把这三样命名为"乌镇三珍"。据说附近的百姓为吃这三样，每天会排几十米长的队。

后来，许厨师觉得给别人打工还不如自己单干，这样来钱也快，还可以将自己的手艺全部发挥出来。于是开了一家无名小店，称为"许官酱鸡店"，所售酱鸡称之为"许鸡"。

吴语里"许"和"死"同音，那"许鸡"岂不就是"死鸡"了。"许鸡"如此畅销，招来很多同行嫉妒的目光，他们开始大肆拿"死鸡"做文章，硬说店主为了牟利，常贪图便宜收购病鸡，以次充好，欺骗顾客。

明人不做暗事，许厨师可不买账，自己没做亏心事，也没有必要担心什么。因所开的作坊和店堂设在应家桥北堍下岸，宰杀活鸡时都在隔壁"大桥洞"上操作，很多人会围观。谣言传开后，他依然如故，谣言也就不攻自破了。

发生这件事后，许厨师觉得品牌形象很重要，就将"许鸡"改为"五香酱鸡"，店号改名"三珍斋"。习惯成自然，大家叫惯了两个字，觉得"五香酱鸡"非常拗口，于是就简单称之为"酱鸡"。所以，在乌镇，你说其中一个词，大伙都知道，三珍斋有酱鸡，酱鸡就是三珍斋的。

传说故事是真是假，我们不做定论，不过有一点不可否认，三珍斋的创始人是在乌镇一千多年饮食文化传统的基础上，吸取前人的经验，经过自己不断地摸索，逐步创新形成了自己的独特风味。

3. 跌宕起伏的风云历史

乌镇三珍斋酱鸡历史悠久，但是由于天灾人祸，也是几起几落，它的历史跌宕起伏，令人感慨。

咸丰十年（1860），太平军与清军在乌镇开战，人们为了躲避战火纷纷举家逃离。这场战争中，三珍斋所有的家业毁于一旦，传家老膏也荡然无存。"老膏"是什么东西？原来是常年用来烧鸡的卤汁，内行人称之谓"老膏"，这种浓汁极其珍贵。

战乱平定之后，店主许天珍觉得自己已经年迈，身体也不行了，苦心经营的事业也被毁了，他低头丧气，觉得家业的不兴可能是缘于杀生太多，老天爷给自己的报应。一想到此，许天珍便丧失了继续经营的勇气，无意再操祖业，无论别人怎么劝说都无济于事。

这怎么可以？乌镇及其周遭的百姓吃惯了"三珍斋"，一下子吃不到了，觉得很可惜，还有人专门跑来乌镇打探"三珍斋"下落。

许天珍的徒弟黄阿五看在眼里，急在心上。他觉得师傅顽固执拗，如果这样的独特风味丢了，真是太可惜了，便一而再再而三地说服师傅重新开业。后来，经不住徒弟的死缠烂打，许天珍妥协了。但他提出一个条件，自己不经营，由黄阿五接手，在原址上复业，仍旧用三珍斋店名。

由于老膏丢失了，黄阿五做出来的卤味与以前的味道大不相同。好在老顾客们比较认"三珍斋"的牌子，新顾客不明原因，所以口味问题就被忽略掉了。老店新开后，生意依然火红。

许天珍的另一个李姓徒弟，看见师兄得了师傅的真传发了大财，也有些心痒痒，就跟师傅商量，自己也想开一家店。得到师傅同意后，他在三珍斋北首上岸也开设了一爿卤味店，取名"凤珍斋"。

虽说"三珍斋"和"凤珍斋"好比同母异父的亲兄妹，可是人们的心里依然是对三珍斋老字号认可。这可能就是现在人们常说的先入为主的品牌效应吧。

经过数年的不断尝试和潜心研究，黄阿五带领众人熬制出了三珍斋老膏。因为数量并不是很多，所以用老膏烧制的酱鸡尤为珍贵，价格要比一般烧制的酱鸡贵。

又过了十多年，经过众人的不断努力，三珍斋的酱鸡全部实现了用老膏烧制，但产量还是有限。为了维护品牌形象和多年形成的良好声誉，三珍斋的主人决定以后所有的酱鸡都用老膏烧制。

20世纪二三十年代，随着交通和信息的日益发达，三珍斋酱鸡的名声越传越远。此时三珍斋的生产规模也扩大了，逐步丰富了自己加工的品种，有酱鸡、酱鸭、叫花鸡、烧鸡、八宝鸭、腊鸭、盐水鸡、盐水鸭、醉鸡等十多种，成为当地及附近地区的一大特产。

到了30年代，"三珍斋"进入了鼎盛时期。当时的上海滩一片繁荣，号称是"亚洲最大的大都市"。到过上海的乌镇人都觉得上海这个市场很大，应该把家乡的一些东西拿出来卖。当时三珍斋的店主黄昌贵，在朋友的怂恿和支持下，在上海北京路和梵皇渡路的商场租了几个柜台开设了上海经销处，专门出售三珍斋酱卤肉禽制品，满足四面八方顾客的需求。

乌镇与上海之间的交通便利，每天傍晚在乌镇加工生产的酱卤禽制品通过客轮运往上海。第二天一早，上海的顾客便可以在市场上买到新鲜的酱卤禽制品了。三珍斋产品在当年的上海卤味品中如鹤立鸡群，极受欢迎。

独特的味道让人吃一次便再也难以忘怀，周到的服务更是受顾客的青睐。当时的三珍斋影响颇大，可以说是街头巷尾妇孺皆知，很多人送礼指明要三珍斋的酱卤禽制品。在当时，凡是外来的客商达官，均以能买到、尝到三珍斋酱鸡为荣，好似买到了酱鸡就跟去了乌镇一样。

可惜好景不长，抗日战争全面爆发，市道萧条。乌镇沦陷后，乌镇连接上海的轮船停航，交通极为不便，三珍斋老店经营陷入困顿，艰难度日。刚尝到甜头的上海店主黄昌贵，迫于时局不稳，只好忍痛割爱，关闭了上海经销处。

抗战胜利之后，乌镇老店的营业逐渐兴旺了起来，而上海经销处却因为种种原因再也没有恢复。

4. 香飘百年味更美

三珍斋一直沿用祖传老工艺烧制酱鸡，用的作料就是老祖宗留下来的陈酒（黄酒）、晒油（酱油）和香料，做出的卤味色泽红亮、肉嫩味鲜、酥香不腻，色、香、味俱全。包装则选用竹篮、荷叶等材料，古朴、别致、精美，成为名副其实的盘中珍品。

据传说，三珍斋酱禽最关键的地方在于汤，味道鲜美与否全取决此。民间流传"三珍斋"当时的老板有几个儿子，老板去世后，几个儿子分家，谁都不想要家财万贯，争夺的正是那一锅鲜美的汤。既然是传言，大家就不必当真。不过，这也说明"三珍斋"的酱卤制品确有其独到之处。

盛夏不馊、严寒不冻、保质期较长，是三珍斋酱卤禽制品的三大特点，人们通常也会把它的这三个特点称为"三珍"。

"三珍斋"酱卤产品可谓是乌镇本土饮食文化中，情感交流和品尝美味相交融的特殊载体，乌镇人、京沪人士甚至是国外友人都对其喜爱有加。

文学巨匠茅盾，是浙江桐乡人，在上海居住，逢年过节都要从上海回乡探亲或扫墓。每次回家，他总是很早起来去三珍斋老店买酱卤品，并且一定要乘当天快班轮船直送上海，送给亲戚朋友。

茅盾在一生的写作过程中曾用过二百多个笔名，其中有个"四珍"的笔名，这是不是跟三珍斋有关呢？在茅盾的文章中，我们发现了这样的描述："家乡中彼之'三珍'沿可名之于海上，我今为之'四珍'当亦名序其后而相袭之也。"看来，茅盾对三珍斋的感情非同一般。

茅盾的表叔是著名的银行家卢鉴泉，他也非常喜欢三珍斋。每次从家乡回北京，他总要带些"三珍斋"的食品，作为礼物馈赠给亲朋。

新中国成立后，历经工商业改造和各项运动，三珍斋归并入乌镇食品公司。由于历史的原因，"三珍斋"逐渐被尘封了起来，一直默默无闻。至"文革"时期，"三珍斋"店号亦属"四旧"之列而加以取消。解放后老店中尚存一副道光年间的挑水担桶及一块老招牌。

20世纪80年代初，乌镇又开始酱鸡生产，也恢复了"三珍斋"店号。1993年，原国内贸易部授予三珍斋"中华老字号"荣誉称号。

随着人们生活水平的不断提高，小规模烧制酱鸡已不能满足市场的需求。三珍斋在发扬传统的基础上融入现代科技，开发了酱鸭、八宝鸭、酱羊肉等系列产品，并采用真空包装等先进技术，很受顾客欢迎。

新形势带给这个中华老字号第二个春天。目前，三珍斋在国内二十多个省市设有五百余个销售网点，部分产品出口。"三珍斋"产品的质量和品牌的知名度在短时间内被提升到一个新的高度。

"三珍斋"在风风雨雨的坎坷中顽强地走了过来，它驰誉江南一百多年，必定会将老字号的历史更丰满地续写下去，将这一份中国的传统文化一直传承下去！

三、安庆胡玉美——艰辛创业，玉成其美

（一）老字号历史典故

清道光十年（公元1830年），一胡氏人家由徽州婺源（今属江西）移居安庆，其中，胡兆祥开始在本地走街串巷，肩挑贩卖酱货，继而开设"四美"酱园、"玉成"酱园，后在安庆商业中心四牌楼创办"胡玉美"酱园，"玉美"是店号，既以之志前人创业之艰辛，又借寓之以"玉成其美"之意，至今已有180多年。

（二）名品推荐

"胡玉美"酱园的主要产品有蚕豆辣酱、酱油、辣油椒酱、复合调味酱、酱菜、

生粉等，其中最有名的，要数胡玉美蚕豆酱。20世纪之初，胡玉美酱园鉴于苏皖人畏于川酱之辣，在仿制川酱的基础上加以改进，逐渐摸索出具有自己特色的完整的制酱方法，酿出辣味不重，味道鲜美、更适合长江中下游地区人们口味的蚕豆酱。胡玉美蚕豆酱以"选料精细、做工考究、风味独特"见长，选用优质蚕豆、辣椒和44°。封缸酒为主要原料精心酿制，绛紫泛红，辛香细腻，微辣带甜，咸中有香，具有色香味俱全、营养丰富、食用方便等特点。

（三）链接

蚕豆辣酱的制作

色好味鲜的蚕豆酱的制作过程，需要用清水把蚕豆洗净后煮熟，捞出放入冷水中浸片刻，剥去蚕豆外皮，之后将蚕豆拌入面粉，平摊于盆内，表面覆盖上一层稻草，保持室温25℃。放置几天，使蚕豆发霉。待蚕豆长霉后，每天将蚕豆霉块翻动一次，经过8天左右蚕豆即可霉透，取出霉透的蚕豆块平铺于竹盘内晒干，最后浸入盐水缸并充分搅拌，最后移缸于阳光下暴晒，到了晚上、雨天则要加盖，每天上下搅动一次，约过20天后就可以食用了。

四、北京六必居——美味酱菜香飘五百年

（一）老字号历史典故

提到六必居，我们就会想到咸甜适口的酱菜，六必居的酱菜在北京是出了名的，至今，到北京出差、访友的人还不忘买一些六必居的酱菜带回去。

六必居酱园创建于明朝嘉靖九年（1530），至今已有四百八十多年的历史。六必居老酱园坐落在前门外粮食店街路西，房子是古式的木结构建筑，虽在1994年翻建过，但仍古香古色。酱园的大堂内挂着相传是明代严嵩书写的结构匀称、苍劲有力的"六必居"三个大字的横匾。

1. "六必居"的字号来历

自古以来，商人给自己的店铺起字号都是图个吉利和叫得响亮，可是六必居的掌柜为什么给自己的店铺起个"六必"的字号呢？这"六必"两个字要作何解释呢？后人对"六必居"这个字号的来历有多种解释，这反倒让六必居真正的来历成为一个谜。

相传，六必居的发源地是山西临汾西社村，创始人是村里的赵存仁、赵存义、赵存礼三兄弟。赵家有着一大家人要养活，仅靠种地产出的那点粮食，家人的温饱都无法满足，于是他们决定开一家小店铺，卖点杂货维持生计。可是卖什么杂货好呢？三兄弟在这方面的意见很一致，他们觉得卖与生活息息相关的货物是最好的，俗话说"开门七件事：柴、米、油、盐、酱、醋、茶"，只要人活着，就要吃饭，吃饭就需要这些东西。

想法是好的，可是进货是需要资金的，家里没有钱，怎么办？借！七凑八借之后他们凑足了开张的资金，进了些米、油、盐、酱、醋，为了节约资金，柴是他们自己上山砍的，而茶则是没有进货，因为他们觉得即使没有茶生活也可以继续。

赵氏兄弟的小商铺最初有六个人入股，所以就取名为"六心居"。这"六心居"又怎么演变成后来的"六必居"呢，这还跟严嵩有点关系。

话说后来这"六心居"发展壮大之后，就想找个书法很好的人来题匾以提高小店的名气，于是他们便找到了严嵩。

那时的严嵩虽说字写得已经很好，但还不曾发达，所以一请就满口答应了。"拿笔来！"严嵩充满自信地说着，一只大笔送上前来，他挥手提笔写下"六心居"这三个字，但写完之后他总觉得不舒服，转身对赵氏兄弟说："'六心居'这个名字不好，一起做生意有六条心，生意怎么可能做好呢？"

"严先生，那您给出个主意！"赵氏三兄弟觉得严嵩说得很有道理，心理暗叹，"真不愧是读书人啊！"

严嵩又转身提笔，在"心"字上加了一撇，于是就成了今天的"六必居"。

这是"六必居"店名来历的一种说法，还有一种说法是，六必居原是一家酿酒的作坊。老板为保证酒的质量，就定下了六个"必须"的规定：黍稻必齐，曲蘖必实，湛之必洁，陶瓷必良，火候必得，水泉必香。这六个"必须"的意思是：酿酒的粮食原料必须齐全，必须要严格按照配方投料，酒曲必须要干净，酿酒的瓷器必须是上品，火候必须要把握好，必须要用香甜的泉水酿酒。

按这六个"必须"酿出的酒醇香浓郁，名满京城。后来酒坊改为酱园，因"六必居"这个字号已经打响，酱园就一直沿用下来。

但是根据考证，北京历代酿酒的资料中并没有六必居酿酒的记载。原六必居经理贺永昌曾经向外界透露出六必居的真正来历。他说，六必居确实卖过酒，但是本身不产酒。六必居的酒是从崇文门外八家酒店中趸来酒经过加工后制成"伏酒"和"蒸酒"。六必居深知陈酒香醇，就将买来的酒放在老缸内封好，经过三伏天，等半年后才开缸，让酒的味道增色不少。所以，六必居的酒即使价格高，也很受欢迎。而六必居之所以有这个名字是因为，六必居除了不卖日常用的茶叶外，人们"开门七件事"中的其他六件都卖，所以叫"六必居"。

2. 六必居的百年牌匾

六必居老酱园的大堂内悬挂着写有"六必居"三个大字的匾额，它随着六必居沉浮几百年之久，至今仍保留完好，是六必居店铺的宝贝之一，然而与"六必居"字号一样，牌匾的来历也是一个传说。

牌匾的来历与"六必居"字号的来历有很大的关联。相传，六必居开张时，店内并没有挂招牌，当时还没有做官闲居北京的严嵩常到六必居喝酒，掌柜的知道他写得一手好字，就请他题写匾额。

严嵩当时还是一个小人物，还没有架子，见老板如此看得起他，就十分爽快地答应了。但是当时没有得志的严嵩觉得没有必要在匾额上落上自己的名字。

还有一种说法是，据说，严嵩做官之后特别喜欢喝六必居的酒，时常派人到六必居买酒喝。当时的六必居虽名声响亮，牌匾却是寒酸得很，字体不能入眼。店掌柜想让严嵩代为写匾，以抬高六必居的身价，于是就托经常来为严嵩买酒的严府男仆帮忙。

男仆和掌柜相熟不好推辞，就答应了，但是他却不敢向大人开口，就去求相熟的女仆，女仆又去求严夫人。严夫人深知丈夫不会为一个普通店铺写匾。于是就想了一个办法，她天天在严嵩面前反复练写"六必居"三个字。严嵩见夫人写得难看，就说："我给夫人写个样子，你照写就是了。"严夫人的计谋成功了，严嵩书写的"六必居"大匾就这样生成了，当然这样迂回生成的匾额也不会有严嵩的落款。

有关六必居匾额的来历，一直被京城中的老百姓津津乐道，渐渐地就引起了学者们的兴趣。原北京市委书记邓拓曾在 1965 年对六必居匾额的传说做了专门的考证。

某天下午，邓拓到前门外六必居酱园的支店六珍号，从原六必居酱园经理贺永昌那里借走了六必居多年的大量房契和账本。经过仔细对比和考证，邓拓说，六必

居不是创建于明朝，而是清朝康熙十九年到五十九年间，因为从账本上看，雍正六年（1728）酱园还不叫"六必居"，而是叫"源升号"，到乾隆六年（1741），账本上第一次出现"六必居"的名字。

照这样看来，生在明朝的严嵩不可能给六必居题写匾额。那么为什么民间有这么多有关"六必居与严嵩"的传说呢？

其实仔细想来这应该是六必居的经营策略。"六必居"三个字写得苍劲浑润，与严嵩的笔迹相似，但也不过是相似而已，如果能与名人攀上关系，掌柜的就将这种相似看成了一种等同，堂而皇之地大肆宣传：匾额是祖传，"六必居"三字是严嵩的真迹。

为了让人们相信他的话，他还煞费苦心地将创店的日期上溯到明朝，编出一段有趣的传说。只是这口口相传定有出入，所以就出现了几种不同的版本。即使这样，这个传说的效果仍然是好的。听了这个传说慕名而来者逐渐增多，"六必居"因此变得更加有内涵了。

六必居经营数代之后，民间关于严嵩的传说仍层出不穷。经过岁月洗礼的"六必居"老牌匾也变得古色古香，甚为珍贵。不管严嵩题匾的传说是不是真的，它都给"六必居"带来了人气，为店铺打响了名号。传说也能成为一种"广告"，利用好了，好处也是非常显著的。

"六必居"虽然盛极一时，但也历经沧桑。1900年，八国联军进攻北京，义和团对洋人、洋货痛恨至极，火烧卖洋货的商店。"六必居"所在的前门外粮食店街遍地火海，大火无情吞噬的不仅仅只是洋货店，还殃及了国人的店铺，六必居就在其中。在大火来临的时候，店里的伙计张夺标深知匾额对店铺的重要性，他不顾生命危险，冒死冲进浓烟滚滚的店铺将匾额抢救出来，藏于崇文门外一带的临汾会馆。在一切归于平静之后，六必居的东家返回，得知大匾幸存，喜极而泣。店号还在，生意就会有，六必居不能因为一场火就在历史中消失，于是老店重开。东家特意提拔了张夺标，让他负责六必居的日常运营。

文革期间，六必居的店名被改为"红旗酱菜厂"。浩劫结束，六必居字号才得以重新走进了人们的生活。

3．"六必居"长盛不衰

六必居最有名的就是酱菜，在产生之初就备受人们的欢迎。在清代，六必居酱

菜被选为宫廷御用食品，为了给宫中送货方便，朝廷还特意赐给六必居一顶红缨帽和一件黄马褂，宫中只要见到有人穿着它们，就知道六必居的酱菜送来了。

民国时期，六必居参加了在青岛召开的铁路沿线出产货品展览会，获得了优等奖。此外，还参加了日本名古屋举办的展览会，干黄酱、铺淋酱油和罐头酱菜受到广泛好评。

新中国成立后，六必居的规模扩张，在北京受到极大的欢迎，而品牌也走出了国门，远销美国、日本、澳大利亚等国，成为名副其实的国际名牌。据说日本前首相田中角荣第一次来中国访问，就指定秘书购买地道的六必居酱菜带回日本给家人品尝。

那么是什么使得六必居长盛不衰呢？我们不妨尝试破解一下。

一种食品受到人们的欢迎，最首要的就是它的质量，六必居在这方面做得极好。

旧时，为了保证产品的质量，六必居每年前半年进货，后半年制作、销售，虽然销售的时间很短，但是供不应求，六必居依然能从中获得巨大的收益。

六必居的老工人说，六必居酱菜几百年风味不减，主要是因为选料精良、制作天然。六必居酱菜在出售时间上都有严格的要求，酱菜存放在酱缸内，卖多少出缸多少，从出缸到顾客手中最多不超过3小时。这样的酱菜颜色鲜亮，香味十足，令人垂涎，行人走到京城大栅栏商业街的粮食店街的北口，很远就能闻到六必居酱菜的香味，忍不住去买上一些带回家品尝。

六必居有十二种传统产品：甜酱黑菜、甜酱八宝菜、甜酱八宝瓜、甜酱黄瓜、甜酱甜露、甜酱姜芽、甜酱什香菜、甜酱小酱萝卜、甜酱瓜、白糖蒜、稀黄酱、铺淋酱油。

腌制这些酱菜的主要原料是黄酱和甜面酱，而这些酱也是六必居自己生产的。六必居制作的黄酱，是精选河北省润县马驹桥和通县永乐店等地颗粒饱满、油性大的黄豆；甜面酱则是用专门从河北涞水县购进的黏性大的小麦制作而成的。

在酱菜原料及其产地的选择上，六必居有着严格的要求，如：蒜是高价购买的长辛店李恩家或赵辛店范祥家中的六瓣白皮蒜，每一头都重一两二三，夏至前三天从地里挖出来，买的时候是带泥的，为的是保持鲜嫩。六必居对黄瓜的选择更是令人咋舌，黄瓜的上下粗细要一样，每斤黄瓜不能超过六根，而且黄瓜长相要直，不能弯曲大肚的。

六必居在酱菜的制作要求也非常严格。制作过程中，要先将豆子洗净、泡透、蒸熟，拌上白面，在碾子上压；再放到模子里，垫上布用脚踩实，要踩 10～15 天；然后拉成三条，剁成块，放到架子上整齐排好，用席子封严，让其发酵；发酵后期，还要不断用刷子刷去酱料上的白毛，经过 21 天酱料才能发酵好。

正是这种严格的、绝不含糊的制作流程，才保证了六必居酱菜的质量。

（二）名品推荐

六必居的酱菜之所以出名，主要是制作上选料精良，讲究规格，精工细作，并采用自制天然酱制的方法。六必居酱菜的原料，都有固定的产地。六必居自制的黄酱和甜白酱，其黄豆选自河北丰润县马驹桥和通州永乐店，白面选自京西涞水县。不仅如此，六必居制作酱菜，还有一套严格的操作规程，一切规程，由掌作一人总负责。连制好的酱菜出售时都有严格的规范要求，要存放在酱缸内，卖多少出缸多少，从出缸到顾客手中最多不超过 2～3 小时。

六必居有 12 种传统产品，分别为稀黄酱、铺淋酱油、甜酱萝卜、甜酱黄瓜、甜酱甘螺、甜酱黑菜、甜酱仓瓜、甜酱姜芽、甜酱八宝菜、甜酱什香菜、甜酱瓜、桂花糖蒜。这些产品色泽鲜亮，酱味浓郁，脆嫩清香，咸甜适度。

（三）链接

北京酱八宝菜

八宝菜是北京酱腌菜主要品种之一，以 8 种菜果为主要原料而得名，一道菜能吃出 8 种口感，酱香中透着清香，还有淡淡的甜味和辣味。因口味的不同，分为甜酱制品的高八宝、甜八宝和黄酱制品的中八宝。腌制八宝菜常用的原料有笋尖、苴莲、黄瓜、白萝卜、茴子白、大青椒、荸荠、莲藕、银条、花生仁、生姜等。一般配菜时笋尖、苴莲、生姜、花生仁必不可少，其他 4 种则可任选。可根据地方盛产的蔬菜，因地制宜地选料配菜，但品种必须多样，否则，不能称为"八宝"菜。

五、北京王致和——致君美味传千里，和我天机养寸心

（一）老字号历史典故

提起王致和的臭豆腐，想必无人不知，无人不晓，一个臭字名扬天下。有句顺

口溜叫"窝窝头就臭豆腐，吃起来没个够"。这话说起来真有点像美国人都以"可口可乐"为"国饮"一样自豪。

"王致和"与"同仁堂"同龄，一臭至今已有三百多年历史。这臭从何而来，又香飘何方呢？而在其创始人王致和身上又发生了怎样戏剧性的故事呢？

1. 前程无量的王举人

臭豆腐的首列者，乃清朝的一位"文化人"——王致和。王致和出生于明朝灭亡、清军入关那年（1644），老家在安徽仙源县（今黄山市黄山区仙源镇），上面有一个哥哥，一个姐姐。父亲王怀巨是个半商半农，既种地又经商，因此家境在当地还算殷实。但经济上富裕，不代表有社会地位。中国自古就讲究"刑不上大夫""书中自有黄金屋，书中自有颜如玉"。思想封建的王怀巨对读书至上的观念更是推崇，觉得家里有再多的钱，也比不上一个功名，于是拿出大把的钱供王致和读书。

明清一代，科举应试的大致流程是：童生—秀才—举人—贡生—进士。根据有限的史料记载，王致和没有辜负父辈的期待，而且还学有所成。康熙八年（1669），王致和25岁，中了举人的他第三次赴京赶考。

按一般规律，在北京举办的会试三年一次，且是在乡试后的次年举行。如此推算，王致和在15岁时就考中了举人，可见其聪慧过人之处。

事实上，考中了举人，日后就有机会当县一级的小官了，王致和的面前似乎只有两条路可走：一是回家候补，从最底层的小官做起；一是继续攻读，等待下一次考试。一心想着光宗耀祖的王致和觉得自己的志向远不在此，他渴望成功，渴望成为人上人。可是在科举取士的年代，万人争过独木桥，实在太残酷了，官运不济的王致和连续三次进京参加会试，又连续三次被挤了下来。难道除此之外，就没有别的道路可走吗？非也。王致和就走上了一条一般读书人不屑于走的道路——创立王致和，当起小商贾。

2. 美丽传说话来历

关于王致和臭豆腐的来历，虽说已无从考证，却有两段广为人知的美丽传说。

第一个传说是这样的：出身文化人的王致和，并非从开始就想做臭豆腐，也曾一心想金榜题名，可万万没想到会名落孙山。仕途无望的王致和起初欲返归故里，因交通不便，所带来的盘缠又所剩无几，于是决定留京继续攻读，准备再次应试。既然留下，总得找点谋生的营生，这样才能维持生活。

王致和的父亲以前在家乡开设豆腐坊，幼年的他跟从其父学过做豆腐的手艺，于是便在安徽会馆附近租赁了几间房，购置了一些简单的用具，每天做上几斗黄豆的豆腐，沿街叫卖。一边刻苦读书，一边干活维持生计，用咱现在的话说是"勤工俭学"。

一次，做出的豆腐没卖完，剩下较多，时至盛夏，如不妥善处理很快就会发霉，无法食用，这可怎么办？他苦思对策，忽然想起家乡有用豆腐做腐乳的方法，便决计试试。王致和将这些白豆腐切成小块，稍加晾晒，配上盐、花椒等佐料，放在一口小缸里腌上。而此后他也就歇伏停业，一心攻读，渐渐地便把此事忘了。

转眼秋风送爽，王致和又想重操旧业，再做豆腐来卖。蓦地想起那一小缸腌制的豆腐，赶忙打开缸盖，一股臭气扑鼻而来，取出一看，豆腐已呈青灰色。看来只能倒掉了，不过他觉得可惜，于是试着蘸了一点送入口中，一尝觉得臭味之余却蕴藏着一股浓郁的香气，虽非美味佳肴，却也耐人寻味。于是他又送给邻居尝，大家尝后都称赞不已，一时传扬开来。

俗话说，"退一步，海阔天空"，而对王致和来说，是"转过身，海阔天空"。考场失意的王致和臭豆腐生意却越做越兴隆，经过深思熟虑，终于决定放弃科考，走经商之路。1670 年，王致和雇了几个人开起制作臭豆腐的小作坊。驴拉磨代替了小拐磨，以经营臭豆腐为主，兼营酱豆腐、豆腐干及一些酱菜。

臭豆腐价格低廉，能开胃促进食欲，适合收入低的劳动人食用。吃过臭豆腐的人一传十，十传百，没用多长时间，王致和臭豆腐就打开了销路。京城的人只要一提起臭豆腐，便无人不知它的主人是王致和。由此诞生了"王致和臭豆腐"。

关于王致和臭豆腐还有另外一个传说。这个虽是传说，但却可以从《武清县志》中得到一些佐证。大概意思如下：

王致和不是安徽人，而是家在潞河畔的西河务村（今天津武清区河西务镇，明清两代为运河河务管理机构所在，故称西河务，临近北京通县）。虽然他自幼机智聪颖，非常喜欢读书，到了中年还有些小小的成就，深受乡民称道。可是，他家境十分贫寒，以卖豆腐为生。

一年炎夏的清晨，一位远地亲戚闯进王致和的家门，说家里娶媳妇需要帮忙，将正要外出卖豆腐的王致和给拽走了。离家数日回来，王致和推开屋门就闻到冲天奇臭。待他打开蒙豆腐的包布一看，豆腐已经变馊。王致和自幼以勤俭为本，实在不忍心扔掉，拿起一块，放到嘴里一尝便惊呆了。做了一辈子豆腐的王致和，还从来没有尝过这样鲜美的味道！

王致和喜出望外，立刻发动老婆孩子，把豆腐全部搬出店外摆摊叫卖。就这样，王致和的豆腐买卖越做越大，而且白豆腐、臭豆腐兼营，而臭豆腐由此渐渐出了名。

到了清光绪八年（1882），王致和应试顺天府。考题为《知味下车》。王致和想起自己发明制作的美味臭豆腐，便吟诗一首：

> 明言臭豆腐，名实正相当。自古不钓誉，于今无伪装。
>
> 扑鼻生奇臭，入口发异香。素醇饶回味，黑臭蕴芬芳。
>
> 珍馐富人趣，野味穷者光。既能饫饕餮，更可佐酒浆。
>
> 餐馔若有你，宴饮亦无双，省钱得实惠，赏心乐未央。

主考官看后大怒，说王致和玩世不恭，玷污考场，应予治罪。此时，巧遇张之洞经过，对主考官说：考生千篇一律论"酒"，特别乏味，而王致和写的臭豆腐一诗别开生面，应重新裁定。

因祸得福，巧遇贵人的王致和中了第一百零七名举人，放任铁岭县，后升任卫辉知府。后来，洞悉官场黑暗的王致和愤而辞官，在北京延寿街开办一家臭豆腐铺。其大门对联："可与松花相媲美，敢同虾酱做竞争。"横批："臭名远扬。"

时至今日，武清一带民间向来以制作豆制品出名，不光是臭豆腐，白豆腐、酱豆腐、豆浆、豆腐脑、五香豆腐丝都别有风味。

与其他商业奇才一样，王致和发家致富的故事只能靠民间的口口相传传承下来。据王致和厂内负责人介绍，其实王致和其人其事多年来没有找到官方的历史考证。而这样的传说一直流传下来，让王致和有了"无心插柳柳成荫"的意境，增添了传奇的色彩。

3. 慈禧太后赐名"青方"

随着臭豆腐日益受欢迎，单靠一家臭豆腐铺已经无法满足人们的需求，于是在康熙十七年（1678），王致和索性在京城前门外延寿寺街购置了一所铺面，以经营臭豆腐为主，兼营酱豆腐、豆腐干及各种酱菜，自产自销，挂上"王致和南酱园"的牌匾开了业。自此雇师招徒，臭豆腐的生意越做越大，销路扩大到东北、西北、华北各地，代代相传。

如果你觉得臭豆腐原来因为其气味特殊而难登大雅之堂的话，那你就大错特错了。

王致和的臭豆腐经过多次改进，质量更好，声望更大，在清末时传入宫廷。传说有个太监听说王致和的臭豆腐如此出名，很是好奇，就买回一些品尝，发现果然名不虚传，好吃极了！他立即奉献给慈禧，而慈禧一尝，顿时勾起她的馋虫来，胃口大开，即传旨将"臭豆腐"列为"御膳坊"小菜之一。不过慈禧嫌臭豆腐名称不雅，便按其青色方正的特点赐名"青方"。

传说慈禧太后对臭豆腐有特别的嗜好，在秋末冬初喜欢吃它，每天都得吃一碟用炸好的花椒油浇过的臭豆腐，而且必须是当天从王致和南酱园买回的新做的臭豆腐。因此，主管太监经常到王致和南酱园购货。有时来晚了，赶上闭户停业，侍奉慈禧的太监只好用剩余的臭豆腐顶替。

骄奢享乐的慈禧太后岂能吃剩食？有一次，她在进膳时刚尝一口就起了疑心，暗地把一枚花椒埋在臭豆腐之中。到了次日，拨开一看，慈禧见自己放的那粒花椒果然还在其中，不禁大怒，于是严厉处罚了主管太监。太监们吃了这顿苦头以后，就同王致和南酱园商量，夜间开窗售货，以保证不误"上用"。从光绪年间起，"王致和"除白天营业外，夜间也开窗售货。

把一种最民间、最底层的食品送到皇宫中，并使之成为御膳之一，王致和也算是做到极致了。臭豆腐一经"上用"便身价百倍，上至皇亲国戚，下至黎民百姓，都把臭豆腐当做了美味食品。后来，许多豆腐店效法王致和，都做起臭豆腐来，但生意终不及王致和豆腐店。于是，也纷纷打起"王致和"的字号，以假冒真。解放以前，北京遍地都是的"王致和豆腐店"就是这样形成的。

王致和门前的三块立匾配上了绘彩龙头，象征着"大内上用"。"王致和南酱园"这六个字分为两块匾，分别由状元孙家鼐、鲁琪兴书题了新匾。孙家鼐还写了两幅藏头门对：一曰"致君美味传千里，和我天机养寸心"，一曰"酱配龙蟠调芍药，园开鸡跖钟芙蓉"。雕刻在四块门板上，冠顶横读四个字为"致和酱园"。

王致和起初万万想不到，这种"中吃不中闻"的东西竟然会在以后进贡宫廷，成为慈禧每日必尝的御食，而且还得到了状元的亲笔手书，真可说是出尽风头。只可惜，这些珍贵的牌匾在"文革"中被造反派当做"四旧"给扫了，牌匾被当成劈柴烧了。可幸的是，王致和人将四句藏头诗永远地印在了商品包装上，作为王致和历史文化的象征流传至今。

4. 特殊的营养价值

在历史的长河中，王致和几经变迁。清光绪年间，在宣武门外、延寿寺街等地相继开设了王政和、王芝和、致中和等酱园。1956年公私合营，1958年3月，王致和、王政和、王芝和、致中和四家私营作坊合并成立了国营田村酿造厂。1972年更名为"北京王致和腐乳厂"。1991年更名为"北京市王致和腐乳厂"，1999年，经过改制后，该厂更名为"北京王致和食品集团有限公司王致和食品厂"。

俗话说："外行看热闹，内行看门道。"从清朝到新中国成立的三百多年间，"王致和"虽更换了几代人，却始终保留着"王致和"这个老字号。"王致和"臭豆腐臭中有香，"王致和"酱豆腐"细、香、鲜"独具风味。别看王致和的小小豆腐块，其中的学问和加工过程可是非常讲究，以质取胜才使得这平凡的小方块充满了神奇的魅力。

圈内人都知道，"王致和"的绝活还在于精良的选料、精湛的工艺和祖传的秘方以及上百年的制作经验。臭豆腐用上等的黄豆和别致的辅料，经过泡豆、磨浆、滤浆、点卤、前发酵、腌制、后发酵等几十道工序制成。生产周期长，工序复杂。其中腌制是关键，撒盐和作料的多少将直接影响臭豆腐的质量。盐多了，豆腐不臭；盐少了，豆腐则过臭。

其实，大家都知道的绝活说起来容易，做起来难，掌握这些诀窍与获取"可口可乐"的配方一样难。难怪自从王致和臭豆腐创制的那天起，一些厂家就想仿制"王致和臭豆腐"，可是仿了300年也没能成功。

如今，小小的"红方""青方"味道鲜美，醇香可口，富有营养，老幼皆宜。较高的营养价值和保健功效，使王致和臭豆腐已经不仅仅作为餐桌上的调味品，而且渐渐成为人们调理身体、促进健康的佳品。

王致和臭豆腐"臭"中有奇香，得益于一种产生蛋白酶的真菌，它分解了蛋白质，形成了极丰富的氨基酸。而其中的臭味主要是蛋白质在分解过程中产生了硫化氢气体所造成的。据古医书记载，臭豆腐可以寒中益气，和脾胃，消胀痛，清热散血，下大肠浊气。常食者，能增强体质，健美肌肤。据说中国人民解放军某军团战士，正是因为每年夏季食用王致和公司赠送的臭豆腐，才摆脱了"夏练三伏"造成的腋下、股下皮肤溃烂的困扰，不再受脚气的侵袭。经常吃些臭豆腐，对预防老年

性痴呆也有积极作用。

被中国老百姓推崇为老字号，被外国人叫做"东方奶酪"的王致和腐乳，方寸虽小却浓缩了万千精华。经检测，100克王致和腐乳中的氨基酸含量可满足成年人一天的需要，其钙、铁、锌含量高于一般食品，还含有维生素 B1、B2，具有很高的营养价值。

买了臭豆腐，哪怕装在玻璃瓶里，把盖子拧紧，那奇特的臭味仍能散发出来，如果你是在公共汽车上，肯定会遭到大家的埋怨。可这臭豆腐却以特殊的魅力迷倒了一大片群众。老北京人爱吃臭豆腐都吃出了名堂，臭豆腐就玉米面、贴饼子、拌面条，一吃就是三大碗。现在，许多"新北京"迷上了"王致和"，就连一些年轻人和知识分子也犯起吃臭豆腐的瘾。大家都夸："闻起来臭，吃起来香，真是外臭内香啊！"

王致和臭豆腐也引起了一部分外国人的兴趣。日本冈山先生曾赞美"腐乳是含有高植物蛋白的食品，而其中以王致和臭豆腐为上"，朝鲜的商务参赞还曾带领数名食品专家专程到王致和腐乳厂学习"取经"。

据一位王致和的老顾客回忆，1947年，北京燕京大学有几位美国教授曾慕名参观整个制作过程。当时他们拍了许多照片，品尝了一番，最后还买走了一些，以便回校进行分析化验。可是，过了一段时间他们又来到王致和酱园，声称"味道不错，而且还含有蛋白质和多种维生素"云云，可见王致和臭豆腐营养丰富不是虚传。

（二）名品推荐

王致和以经营臭豆腐为主，兼营酱豆腐、豆腐干及各种酱菜。王致和臭豆腐是以优质黄豆为原料，经过泡豆、磨浆、滤浆、点卤、前发酵、腌制、后发酵等20多道工序制成，生产周期长，工序复杂。其中腌制是关键，撒盐和作料的多少将直接影响臭豆腐的品质。经检测，100克王致和腐乳中的氨基酸含量可满足成年人一天的需要量，其钙、铁、锌含量高于一般食品，还含有维生素 B_1、B_2，具有很高的营养价值。

（三）链接

臭豆腐

闻起来臭，吃起来香，这就是著名的臭豆腐。臭豆腐是中国汉族特色小吃之一，流传于大中华圈及世界其他地方的豆腐发酵制品。但是在各地的制作方式、食用方法均有相当大的差异。臭豆腐粗略分为腐乳和豆腐干两类，腐乳口感较为松软、浓郁，是下饭的首选，而臭豆腐干经过油炸或烘烤，蘸上辣酱，变成一道非常美味的小吃。如南京、长沙和绍兴的臭豆腐干相当闻名，但其制作以及味道均差异甚大。

六、江苏扬州三和四美——鲜甜脆嫩，天下无匹

（一）老字号历史典故

三和四美酱菜始创于清嘉庆元年（公元 1796 年），拥有 200 多年的辉煌历史及荣耀。其实，三和酱与四美酱原是两个知名老店品牌，1998 年由原扬州三和酱菜公司和扬州四美酱品厂合并成了现在的扬州三和四美酱菜。历史上三和四美酱菜曾获巴拿马博览会、西湖博览会、南洋物产交流会金奖。

取名"三和"，是在三股东创立之时，取意松竹梅岁寒三友，又应"天时、地利、人和"吉祥之意，又指酱菜色、香、味皆美。"四美"本是清初一秀才起名，借用王勃《滕王阁序》中的名句"四美具，二难并"，过后一文人请教老板"是否就是《牡丹亭》中的美景、良辰、赏心、乐事"，一食客插嘴说"鲜、甜、脆、嫩，天下无匹"，寓意酱菜四大特色。

（二）名品推荐

扬州三和四美酱菜推出的三和、四美、五福牌乳黄瓜，什锦菜、宝塔菜、香菜心等系列酱菜均是久负盛名的传统特产，具有鲜、甜、脆、嫩四大特色。

此外，糟方、红方、玫瑰、火腿等系列腐乳酥香绵软，口味纯正；以虾籽酱油为代表的系列酱油采用纯酿造工艺生产，酱香浓郁；以八宝牛肉酱、香辣牛肉酱为代表的系列花色酱滋味绵长，味不雷同。

（三）链接

南北酱菜

1930 年，三和酱菜在当时上海的主流媒体《申报》《新闻报》上介绍三和酱菜，成了扬州最早通过平面媒体进行宣传的企业。三和四美酱园在扬州到处都是，在商业区甚至达到了 100 米一个的境界。

酱菜素有南北风味之分。如果说北京酱菜代表要数六必居，那么扬州自然要算是三和四美的名号最响亮，一个是北方小菜的代表，一个是南方小菜的代表，最主要的差别就在于成度不一样，六必居酱菜偏咸，三和四美酱菜偏甜。

七、山东济宁玉堂酱园——京省驰名，味压江南

（一）老字号历史典故

玉堂酱园至今已有近300年历史，是鲁西南地区唯一的"中华老字号"企业。济宁背依水泊梁山，前俯微山湖；地连河南、安徽、江苏，水牵京津、苏杭。自打京杭大运河穿城开通之后，这里就成了江北著名的水陆码头，商贾云集的繁华中心。玉堂酱园的创始人戴阿大发现这里的商机，又见南门口枕着运粮河，交通方便行商多，于是便于清康熙五十三年（公元1714年），在南门口买下了一方宝地，开起酱菜铺。

开店铺讲究字号，戴阿大图吉利，按天干地支推算，选中未时（按天干地支解释未时为玉堂），便取名玉堂，又因他原籍苏州，故名姑苏戴玉堂。从此，声震国内外的玉堂酱园便在济宁运河岸边诞生了。后因经营惨淡，转卖给了济宁的大药材商冷长连，冷长连苦心钻研，提升口味，从此将玉堂发扬光大。

（二）名品推荐

玉堂酱菜独具地方特色，味压江南。因其选料精良、精工细作、南北风味兼蓄而著称，深受市场欢迎。其实，玉堂酱园原来主要经营的是纯江南风味的小菜，虽然色香味都有特色，但却很难适应当地和北方客商的口味，因此冷长连留江南风味之长，取地方风味之优，短短几年，研制出既有江南风味，又有济宁特点的什锦、八宝、香干、冬菜、黑黄酱等小菜及金波、状元红、葡萄绿等露酒，使玉堂的酱菜、酒类成为江南、江北都喜欢的名品，就连清代著名文学家李汝珍也在《镜花缘》中夸赞金波酒为天下五十五种名酒之一，色泽明澈，醇厚芬芳，天下美酒。

（三）链接

名震巴拿马

经过200多年的发展，玉堂酱园终于得到了世界公认。1910年，南洋劝业会上，玉堂的远年酱油、什锦萝卜、佳制冬菜获优等奖章；1914年，山东第一次物品

展览会上，玉堂34种产品获得金牌；1915年巴拿马万国博览会上，玉堂力压群雄，一次夺得万国春酒、宴嘉宾酒、冰雪露酒、金波酒、酱油5枚金牌，不仅为玉堂，而且为中华民族增添了光彩。

八、山西太原东湖陈醋——华夏第一"醋坛子"

（一）老字号历史典故

开门七件事：柴米油盐酱醋茶。由此可见，醋在人们日常生活中扮演着不可或缺的角色，几乎每家每户的厨房里都有，以作烹调饮食之用。不过在众多的醋品中，哪里的醋品质最佳呢？20世纪30年代，我国的微生物学鼻祖方心芳老先生曾骑毛驴到清徐做过实地考察，之后便称山西醋是中国最好的醋。

1. 御赐"山西老陈醋"

"山西老陈醋"现在可谓是无人不知无人不晓，但是很多人不知道，世人之所以能吃到这等绝世调味品，要多谢明末清初一个叫王来福的人。

话说顺治年间，晋中介休县城的草市巷内有一座五岳庙。庙里的香火很是旺盛，也顺带红火了那些靠庙吃庙的商贩，其中就包括五岳庙对面的"王记醋庄"。

这家醋庄是王家兄弟俩和老大的盟弟合伙开的。老大与盟弟是生死之交，但与胞弟却常因为鸡毛蒜皮的小事，吵得面红耳赤。天下初定，百姓口袋中闲钱不多，小醋庄的生意只能勉强维持生计。

在一个飘着清雪的寒冬，老大因病过世，临终前把自己的独子托付给盟弟。这个独子就是王来福。托孤行为点燃了胞弟与盟弟分裂的导火线。托孤后，胞弟一直想独占王记醋庄，常常借故骂天抢地。盟弟实在气不过，就带着王来福来到自己的老家——山西清徐县城，另开了一座醋坊谋生。

也许是家族遗传，王来福从小就对酿醋有着浓厚的兴趣，而且脑子好用，爱学好问，什么事情只要大人一点化就通。盟弟对王来福也寄予厚望，不但细心栽培，将自己的手艺悉数传授于他，更把自己的女儿许配与他。

王来福没让老丈人失望，他将父辈的手艺悉数学到手，又经过自己多年的摸索和改良，取当地出产的优质高粱作原料，以大麦、豌豆制成的大曲做发酵剂，改"白醋"为"熏醋"，又用"三伏暴晒、三九捞冰"的办法，制出了又酸又香又绵的茄子黑色的陈醋，名闻乡里。有一天，这醋香飘进了县太爷的鼻子里，从此王来福的命运发生了改变。

有一天，钦差大人路过清徐时，当地的县太爷请他吃山西的刀削面。吃面怎么能少得了醋？那就来点王来福做的陈醋吧！加了醋的刀削面，让钦差大人连称"好吃！好吃！好吃！"县太爷眉开眼笑，送了钦差大人几坛子陈醋作为顺水人情。尝了鲜儿的钦差大人，自然忘不了待在紫禁城的皇上，于是借着皇上赐宴之机，向皇上献上了王来福陈醋。

一筷子又一筷子，皇上对王来福陈醋简直爱不释手，这可看傻了站在一边伺候的宫女、太监。"这是什么东西呀？什么时候见过咱们皇上对一样东西动过两次筷子呀？"散了御宴，皇上对王来福的陈醋还是念念不忘，把钦差大人叫到御书房问这陈醋的来龙去脉。听了钦差的介绍，皇上很是高兴，御笔亲书"山西老陈醋"五个大字，并命王来福进京，专为宫膳坊做醋。

"王来福，你的陈醋是怎么做的？怎么这么好吃？"王来福一介草民，哪想到有机会在金碧辉煌的金銮殿面圣，皇上威严的语气让他以为自己是不是做错了什么事情。他跪在大殿上，低着头，心里害怕，声音颤巍巍："醋要做到好吃有三个原因——水质、原料和工艺，山西的水最适合做陈醋，皇上想吃好醋，最好让我回清徐做醋，以供皇宫。"听后，皇上一拍大腿，连声称"好"，当下就封王来福当了做醋的官——九品宫膳作师，赐檀香木旗杆一根，高悬金丝线绣成的御笔"山西老陈醋"五个大字的锦旗。

打这以后，"山西老陈醋"便在中华大地上扬名了。

2."东湖醋"长在红旗下

正如世上很多事情一样，"一人得道，鸡犬升天"，王来福火了，山西当地的醋，不管正不正宗也都跟着火了。当然，经过岁月的考验和人为筛选，"山西老陈醋"逐渐发展壮大，形成规模，有了规范，也有了品牌。这其中的佼佼者当属梗阳的"美和居"醋坊。

"美和居"的醋，与一般醋的做法不同。它最先得名"陈醋"，是因为酿造的时间长，加上自己独特的生产工艺，生产出的醋是醇厚如陈酒，故而得名陈醋。凭借独特的口味，"美和居"的牌子逐渐成为当地知名品牌，并发展成为当时最大的制醋作坊，显赫一时。

这一显赫就是几百年，"美和居"的醋从顺治元年（1644）一直飘香到民国。提起"美和居"，就像现代人提起"镇江老陈醋""山西老陈醋"等品牌一样响当当。饭前餐后蘸点"美和居"的醋，那就是一种享受，甚至被当时的人们认为是贵族才有的享受而纷纷效仿。本是普通的一个物件，就这样在一传十、十传百的口口相传中变成了神话。

所谓"祸福相依"，或许正因为此限制了"美和居"的发展。尽管依仗皇家的青睐，显赫了几百年，但是辛亥革命的炮声，还是击碎了"美和居"空中楼阁式的根基。在军阀混战、民不聊生、四处逃窜的年代，达官显贵们连口热饭都来不及吃，更别说沾点醋，调个味了。而食不果腹、衣不蔽体的老百姓，更没有闲钱买点醋，讨个味儿。于是，曾经的醋业帝国"美和居"也就没落了。

但毕竟"美和居"是传承几百年的老字号，在祖祖辈辈的味蕾上早已打上了烙印。不来点老陈醋，似乎这生活总缺了那么点味道。于是新中国成立后，在党和政府的支持下，早先的"美和居"联合山西当地21家制醋坊，成立了"山西老陈醋厂"。

新厂子新气象，山西老陈醋厂既要传承和发扬传统手艺，同时也该在现有的基础上，发展创新，以便更适合现代人的口味。厂领导经过研究一致作出这一决定，并将这一理念传达给厂里的技术人员。这下可难坏了技术人员，毕竟"美和居"老陈醋是传承了几百年的手艺，想改可不是一下子能改好的。

经新老几代技术人员一合计，一致认为这"美和居"制醋的手艺不能丢，但可以在这个的基础上进行改进。新醋应该保护原料的有益成分，这点固态发酵可以做到；大曲糖化发酵的方法可以保留陈醋中材料原汁原味的自然味道，正好老厂房里有保留制曲车间，还省了再建造技术设备的资金。

想法是好，但是实践起来却不是那么简单。几个春秋的反复试验、冥思苦想却总不见半点成效，但是危机有时也往往蕴含转机。

那是在一个冬天，新的实验方法刚被证明是错误的，大家都很悲伤，一筹莫展。突然，"快看，快闻闻，是不是这种味道？"一个响亮的声音顿时吸引了众人的目光，他们一哄而上，围着新发现的东西。经过检验发现，他们酿造出的陈醋各项理化指标最高，其各种营养物质的含量是其他醋的十几倍，甚至是几十倍。此时的口感最好，它具有其他醋所无法达到的厚重感和香味。

他们终于研发出新的陈醋品种，兴高采烈的人们给它取名"东湖"。这个新的陈醋品种不仅继承和发扬了山西老陈醋的传统制法，沿袭了前人创造的"熏蒸法""夏伏晒，冬捞冰"的方法做醋，而且在口感上和营养上也都更加符合时代和社会的需要，从而开启了陈醋的"东湖"时代。

3. "东湖"来了个郭总

现如今，东湖老陈醋让人难忘的不仅是其产品的口味，还有令人拍案叫绝的"手工醋坊"。

推门而进醋坊，一股浓郁的醋意即刻扑鼻而来。走过几个迂回曲折的走廊后，醋意越来越浓，随后就能看到成群的工人忙活着手里的活儿。若不是事先有所心理准备，真的以为自己穿越回清代，再回到"美和居"的盛世之时。

恰巧一批刚蒸好的高粱正要出锅，醋工将高粱摊开放进冷却池冷却，等温度降到一定程度，再加入大曲。这种大曲是"东湖"陈醋最宝贵的工艺材料，作用相当于酵母菌。加入后，醋开始发酵，这时候，人群中多了个人影，工人纷纷让路，原来是山西老陈醋集团有限公司的掌舵人郭俊陆。

郭俊陆跟着醋工一起，将加入大曲成分的高粱推入熏焙车间，来给醋上色。车间中有六个锅，据说是每天换一个，经过一周，醋就成了红褐色，都是自然上色，而这正是"东湖"老陈醋的精华所在，也是现如今稳坐陈醋界第一把交椅的秘诀。

其实，建国初，东湖醋虽然在党和政府的支持下，在老百姓味蕾的殷切期盼下，打出了点名堂，但改革开放后，长期受到计划经济关照的醋厂，根本经不起改革竞争的冲击，跟当年很多国有企业一样，销量下滑，甚至一度面临破产的境地。1994 年，郭俊陆临危受命，力排众议，买断了已濒临破产的山西老陈醋厂，接过了掌舵人的大旗。

但是尽管有多年积累的家产，仍抹不去计划经济带给老醋厂的满目疮痍。郭俊陆明白，东西是好东西，但是老的观念限制了醋厂的发展，想发展先要解放思想。郭俊陆首先召开全体员工会议，将自己改革的决心以及想法与员工做了充分交流，之后大胆改革、勇于创新，更破釜沉舟变卖一些用不了的设备，更新换代。

大刀阔斧的改革总是会伤害一些遗老遗少们的利益，郭俊陆的改革也不例外。厂里下发的变卖批文，迟迟得不到执行，更有一些老员工，倚老卖老，联合起来不买郭俊陆的账，更是四处散布谣言，说郭俊陆卖厂。谣言传到郭俊陆耳朵里，他心思缜密，不为所动。同时，他还派人调查工人的生活、工作情况，力求做到事无巨细都能了然于胸。

过了几个月，郭俊陆又召开了一次大会，当众将扰乱军心、带头闹事的几个工人点名批评，并将他们鼓动工人闹事，暗中却中饱私囊的无耻勾当公之于众。这时，其他员工才恍然醒悟，自己被利用了，同时更佩服郭俊陆的智慧、仁义与魄力。"跟着郭俊陆干，有奔头！"经此一役，郭俊陆不但排出了众议，还网罗了人心、树立了威信。此后，他的改革措施顺风顺水。山西老陈醋，这个经历过百年风雨的品牌，这个曾经几度濒临破产的场子，逐渐起死回生。

1996 年，郭俊陆紧跟时代的发展，以山西老陈醋厂为基础，组建了山西老陈醋集团有限公司。公司引进全新的管理模式、先进的生产设备，创立新的经营理念，工业产值和老陈醋销售逐年大幅度提高，成为山西醋业的龙头企业。"东湖"牌老陈醋产量和出口量均居全国第一，老陈醋市场占有率居全国第一。同时，老陈醋声誉也得到进一步提升。与此相应，员工报酬也逐年提高。

单是做醋，郭俊陆并不满足。他考虑，自己是做醋起家的，山西老陈醋集团没有了醋也就没了根基，保留醋厂和做醋产业是必须的。于是，他便在此基础上，发展别的产业。1996 年，公司成立了全国首家酿醋业工业旅游基地——"东湖醋园"。

在一个风和日丽的上午，山西老陈醋集团有限公司的大楼里喜气洋洋，董事长郭俊陆刚被授予省"优秀党员""劳模"称号。郭俊陆已经不记得这是自己第几次获此殊荣了。面对来恭贺他的领导和一干员工，他深情地说："好的原料和用心去做是东湖老陈醋品质的两大保证。而今天我也诚心请大家喝醋！"

此话一出，来贺的众领导面面相觑。"醋是调味品，蘸醋尚可，喝醋谁能受得了。"相比领导的不解，公司员工们可就了然多了，董事长郭俊陆想要借此机会推销自家的醋饮料呀。郭俊陆话音刚落，门外款款走来一排礼仪小姐，她们每人手里端着一个盘子，上面摆放着盛满醋的杯子，送到领导们面前。

"干杯！"郭俊陆还没等领导们缓过神，就先行饮下。主人都喝了，客人也不好推辞，众领导也纷纷举杯饮下杯中物。"原来醋还可当饮料喝！味道不错！"人群中开始议论纷纷。工作人员马上在现场摆出酒、雪碧和醋，演示了两种醋饮料的调配方法。第一次见到"调醋"，领导们很兴奋，拿起杯子品尝，笑言："以后饭桌上

可以以醋代酒。"

看着领导和员工们觥筹交错、举杯畅饮的场面，郭俊陆不禁眼圈发红。山西老陈醋在郭俊陆的领导下，不但传承了老手艺，还发扬了新工艺。

4. "勾兑风波"老陈醋

2011年8月20日，山西老陈醋集团公司上空不算晴朗，蛋黄一样的太阳悬挂在天边，一切都像往常一样按部就班地运作着。

"铃铃铃！"刺耳的电话铃声划破此时的讨论声。郭俊陆漫不经心地拿起电话，"什么事？正开会呢。""郭总，不好了，出事了。"几分钟时间里，惊讶、担忧、着急各种表情在郭俊陆脸上过了一遍。会场一片宁静，大家默默地看着郭俊陆，心里祈祷："千万别出什么乱子。"

郭俊陆放下电话，说了声"散会"，就径自离开办公室。他心里嘀咕："这是大乱子，该如何将损失降到最低呢？"郭俊陆脸上凝重的表情预示着事情的严重性，山西老陈醋又一次要面临生死劫难了。

开会的同事依然丈二和尚——摸不着头脑，其实这时网上早已经炸开了锅。山西醋产业协会副会长王建忠8月初接受央广采访时曝出：市面上的山西老陈醋95%都是勾兑醋，醋精本身不含营养成分，勾兑比例掌握不好的话，还会对人体造成伤害。国家目前虽有所谓配制食醋的标准，但尚无手段检测出勾兑的是不是工业级冰醋酸，以及勾兑比例是否合乎标准。

开门七件事，柴米油盐酱醋茶，醋出问题了，怎能不炸开一向不曾平静的网络？质疑声四起，尽管山西醋业相关方面迅速作出回应，但是依然堵不住悠悠众口。山西老陈醋的信誉被推向上了风头浪尖。

郭俊陆匆匆找来秘书，让其通知集团董事开紧急会议。"同志们，想必大家都知道了关于'95%勾兑醋'的事情了。做食品的最重视信誉，老百姓最重视安全。老陈醋又面临生死攸关的考验。大家看看该如何解决。"经过一夜的讨论，郭俊陆决定：公开就是最好的回应。主意已定，郭俊陆随即发文邀请各大媒体到"手工醋坊"里参观。

在现场，郭俊陆跟媒体介绍："纯正老陈醋的一切，都在这里。"紧接着，工人把蒸好的原料进行加热，让原料充分接触和糊化，此后便放在缸里进行进一步发酵，也就是传统工艺中的"熏"。随后媒体又跟着郭俊陆来到下一道工序的工作地点。工人向大家介绍："熏的过程尽管需要大约一周的时间，但这个过程并不复杂。"这个流程就是每天定时把缸子里的原料进行一次充分的搅拌，防止腐化。此后，这些原料将被倒进一个池子里，往池子里浇水，醋便从池子底部的一根管子流出，将第一次流出的醋再次灌入池子，往返两次，不出意外的话，这便是老陈醋的原液。

"那么勾兑是怎么回事呢？"媒体显然是带着问题而来，郭俊陆知道这才是媒体和社会最想知道的事情，也是他们必须做出解释的。面对唰唰齐闪的镁光灯，郭俊陆认真回答："勾兑本身并不是个坏名词，现在媒体都误解了勾兑的含义。正常生产需要添加食品添加剂，所以勾兑不是个吓人的东西。现在就说不让用醋酸，所以我们现在就是100%的原醋。"

这一次的公开，让媒体和社会见识了"东湖陈醋"其实是在忠实地继承古代优良传统的精髓，纯粮酿造，没有任何添加成分的绿色食品。经过实地考察和一系列介绍，大家都发自内心地说，作为"实现健康理念"的绿色文化、健康文化、环保文化和货真价实、诚实守信"给您实实在在好醋"的晋商文化的代表，东湖醋不愧"华夏第一醋"之称。

尽管郭俊陆的公开多少挽回了东湖老陈醋的声誉，但社会上对于"95%勾兑醋"的质疑并没有完全消退，而此事件牵连出的山西部分制醋企业存在的粗制滥造问题，也开始遭受世人的嘘声。对此，作为山西醋的正宗传人与真正代表，"东湖"醋业深感愤怒，严厉谴责这种"砸祖宗牌、断子孙碗"的犯罪行径。郭俊陆代表山西老陈醋集团公司，向来访媒体表态，决心与广大消费者一起抵制造假及假冒伪劣行为。

摆在"东湖"醋业前面的路并不好走，郭俊陆能否带领"东湖"创造另一个神话，咱们期待并拭目以待。

（二）名品推荐

山西"东湖"牌老陈醋的主要成分是醋酸，并含多种有机酸、氨基酸等，色泽棕红，醋香浓郁，酸味柔和适口，滋味回甜醇厚，可冷调熟烹，具有增进食欲、助长消化、解腥去腻、分解脂肪、防病强身之功效，是保健和调味之佳品。

（三）链接

山西老陈醋

醋古称醯，又称酢。

山西老陈醋是中国四大名醋之一，选用优质高粱、大麦、豌豆等五谷，经蒸、酵、熏、淋、晒的过程酿就而成，以色、香、醇、浓、酸五大特征著称于世。它的生产至今已有 3000 余年的历史，素有"天下第一醋"的盛誉。

九、四川成都郫县豆瓣——小小豆瓣，川菜之魂

（一）老字号历史典故

相传明末清初，福建汀州府孝感乡翠亨村人陈逸仙迁入郫县，子孙繁衍，久居其地，人称陈家笆子门。清康熙年间（公元 1688 年），陈氏族人无意之中用晒干后的葫豆拌入辣椒和少量食盐，用来调味佐餐，不料竟香辣可口，胃口大开，这就是郫县豆瓣的雏形。

清咸丰年间，陈氏后人陈守信，号益谦，发现盐渍辣椒易出水，不宜保存，在遵循祖辈秘方的基础上，潜心数年多次尝试后，借鉴豆腐乳发酵之法发酵制成的豆瓣酱，其味鲜辣无比，由此诞生了郫县豆

成都郫县豆瓣

瓣。随后，陈守信开宗立户，取号首"益"字，其年正值咸丰年，取"丰"为时记，又取天、地、人之"和"，因而定名为"益丰和"号酱园。陈守信和他的"益丰和"号酱园也被人奉为"郫县豆瓣"正宗鼻祖。

时至今日，郫县豆瓣已逾 300 年历史的磨砺，形成了极为成熟的制作工艺，在全国乃至世界各地都广为流传，深受欢迎。

（二）名品推荐

郫县豆瓣在选材与工艺上独树一帜，与众不同，是四川三大名瓣之一。

香味醇厚却未加一点香料，色泽油润却未加任何油脂，全靠精细的加工技术和原料的优良而达到色、香、味俱佳的标准，郫县豆瓣具有辣味重，鲜红油润，辣椒块大、回味香甜的特点，是川味食谱中常用的调味佳品，四川老百姓厨房里的必备调料，美誉"川菜灵魂"。

（三）链接

不解之缘

郫县豆瓣自从诞生的那一天起，就与蜀中百姓和所有喜欢川菜的人结下了不解之缘。

从营养的角度说，郫县豆瓣含有丰富的蛋白质、脂肪、碳水化合物，维生素 C 和辣椒碱，长期食用可增进食欲，促进人体血液循环，并且起到祛湿驱寒的作用。而作为一种技艺和文化，郫县豆瓣已深深地融入四川人的血液和川菜的魂魄中。

第四节　甜香糕点老字号

一、杏花楼——粤食之精华

（一）老字号历史典故

月饼在中国人心中的意义，绝不是普通的食品那么简单，与月饼有关的传说也不可胜数，做月饼的品牌同样多如天上的星星。在这些星星中有一颗最大最亮的，这就是上海杏花楼做的月饼。那滋味，尝过后三月不知肉味，入心，入骨，入髓，至今已经一百六十余年。

1. 徐阿润"留洋"回来开甜品店

说杏花楼有一百六十年的历史，一点不掺水分。清咸丰元年，也就是公元 1851 年，在沪广东人徐阿润于福州路和山东路转角处创立杏花楼。说起徐阿润还有点来头。那个年代，洋人刚刚打进中国，很多洋船也开到了中国的沿海地区，广东当然也不例外。洋人在当地烧杀抢掠无恶不作，他们还抓了大量华人卖到南洋或者欧美国家去干活。这就是历史上罪恶累累的"华工买卖"。徐阿润就在这场"华工买卖"中，被卖到一艘洋人的军舰上。

"嗨，那边那个中国人，你到厨房去帮工吧。"一个胡子拉碴、卷着袖子的洋人对缩在墙角的徐阿润说。这时的徐阿润在这艘军舰上已经停留了半年，也渐渐适应了海上的生活。他的工作很简单，就是做服务生，招待军舰上人的生活起居。生活上的艰辛不说，最让人难以忍耐的就是经常挨骂挨打，成为洋人的出气筒。在洋人眼里，华工根本就不算人，好几次看到同胞被打得死去活来，徐阿润虽然愤愤不平，但他势单力薄也不敢表现出来。

一个偶然的机会，一个洋人军官想吃一道典型的中国菜鱼香肉丝，据说这个军官参加了第一次鸦片战争，在抢夺一家酒楼的时候，看到桌子上刚做好的一盘菜，饥肠辘辘的他就大快朵颐起来。吃完后才知道，这道菜叫"鱼香肉丝"，但里面根本没有鱼，有的只是胡萝卜、青椒和肉丝。很奇怪的名字，很美味的滋味，他尝过之后一直念念不忘，但是整个舰队上的人都不会做。无奈之下，军官想起了徐阿润。

做菜？哼哼，那可是徐阿润的拿手活。洗菜、切菜、烧菜，不一会儿的工夫，香喷喷的鱼香肉丝就给军官端上了桌子。军官一闻，那真是一个香啊，很快被一扫而空。大伙看着丑态尽显的军官，又看看徐阿润，"有那么好吃吗？"大伙心里都有这个疑惑。随后，应众人要求，徐阿润又下厨做了几盘同样的菜肴。

从此，徐阿润做菜的手艺算是传开了。洋人也很公平，他们知道让徐阿润做侍应生实在太浪费他的才能，于是就有了上文的一出，徐阿润被调到厨房，专门烧制中国菜。

就这样，在日复一日单调而枯燥的生活中，徐阿润渐渐老迈，他教的徒弟可以在军舰上接替他的工作了。他跟舰长求情，准他回广东养老。舰长感怀徐阿润多年为他们烧菜，答应他可以回国。不过因为政治原因，他们只能在上海将徐阿润送上岸。这几年，徐阿润因为烧的菜好吃，军舰上的人也都慷慨，给他不少赏钱。徐阿润长了个心眼，把钱都存了起来，就等着有朝一日能带回家去。

这一天终于等到了。下了舰艇的那一刻，上海黄浦江边的风徐徐吹来，吹起了徐阿润头上的几缕头发，也吹来了另一番味道，故乡的味道！他已经记不起自己多少年没有回来了，这一刻，他太激动了，激动得顾不得路人异样的眼光，不可遏制地大哭起来。这个正在遭受列强欺凌的故土，在那一刻是那么的可爱，那么亲近。

下船后，徐阿润决定留在上海。因为离开太久，对于广东，徐阿润已经没有多少印象，反正上海也是中国，既然落在这里，也是天意，那就在这里开始自己新的人生吧。徐阿润考虑良久，决定利用这几年攒的钱，置办一处房产，再利用自己的手艺，开个店。1851 年，徐阿润的广东甜品夜宵店正式开始营业。

2. 李掌柜"黄袍加身"创办杏花楼

徐阿润的店开得小，也简单，本也只是做个糊口的小买卖。据资料上记载，徐阿润的店白天主要供应广州风味的腊饭，晚上供应五香粥、鸭子粥、云吞等。这样风平浪静的日子过了 20 年，到了 1872 年，徐阿润老迈的身体已经再也干不动活了，他年纪大了，又膝下无子，于是就想把店转手与人。

这个时候的福州路，已经成为上海的繁华之地。徐阿润的店面所处的位置不错，是个财源广进的好门面。店面要转让的消息一出，很多商家都来打听。卖给谁呢？徐阿润心里也有盘算。因为自己年迈，后继无人，这样结束小店，他舍不得。所以即使转手，他也希望能找一个适合继承他的买卖的人。这样千挑万选，终于，他看上了两个广东老乡，一个叫洪吉如，一个叫陈胜芳。徐阿润希望由广东人来继承他的小店，或许这正是他对少小离家再没回去过的故乡的一点纪念吧。

这洪吉如和陈胜芳也确实没辜负徐阿润的托付。这小店到了他们的手里后，生意也算蒸蒸日上。他们给小店起名"探花楼"，缘于当年一位曾经在这里吃过饭的秀才，后进京考上了探花，于是他们就借着这个机会，给小店改了这个更有文化的名字。因为生意好，这两人就想着扩大店面。后来到了民国初期，"探花楼"就在原先的基础上扩建成一座中式楼房。

但是好景不长，民国初年，军阀混战，经营小本生意的商人成了官僚和军阀盘剥的对象。官老爷随时过来吃霸王餐不说，时不时还要交这个税那个税，洪吉如他们实在经营不下去，就转手将探花楼卖给了一个姓"欧"的外地老板。这个老板本想利用一家小店在上海有个安身立命的所在，不过，他对于经营之道并不精通，再加上又是外乡人，对上海的地方风俗和民情不太了解，跟店里伙计的关系也比较紧张。眼看着小店的经营每况愈下，伙计们都很着急，再这样下去，估计很快他们就要失业了。正好，这位"欧"老板深感时局维艰，经营困难，决定再次将小店转手，自己举家迁往别处。这怎么办呢？大伙一合计，小店转来转去也不是个办法，最好能推举一个人，既懂粤菜又懂经营，还有威信能服众。这时候有人提议大厨李金海，大伙一致赞同。

这个李金海是什么人呢？他也是广东人，祖籍番禺。李金海的家庭背景因时代久远已无可考证，只知道从 1888 年开始，他就在探花楼里当学徒。他这人特别好学，而且做人做事都没得挑，很快就成为探花楼里首屈一指的大厨，人送外号"探花楼厨神"。很多客人不远千里慕名而来，就为一尝他做的菜。在洪吉如时代，探花楼之所以能发展得那么好，与李金海的厨艺是息息相关的。

所以在这次推举大会上，李金海很快就获得了广泛的支持。他们不但钦佩李金海的厨艺，更对他多年来的敬业精神和在这一行的威望感到信服。选李金海当家，应该是再好不过的选择了。那么，李金海呢？其实，自从他走进探花楼开始，他就把探花楼当做自己的家，他在这里工作，在这里学习，在这里长大，还在这里成家立业，他打心眼里希望探花楼好。但是眼看着探花楼一天不如一天，他看在眼里急在心里。今天，大伙儿信任他，那他也应该为探花楼尽点力吧。

李金海在大家的簇拥下站到了桌子上，他双手抱拳，对在场的人说："各位都是我李金海的师兄师弟，都是一家人。今天，大伙儿信任我，推举我出来主持探花楼，我李金海接下了，义不容辞。大伙儿放心，有我李金海一天，就有各位的一口饭吃。"这之后，李金海用自己多年的积蓄，向欧老板盘下了小店。因为时局不好，加上经营不善，欧老板向李金海出售小店时，其实是半卖半送。李金海用剩下的钱，又从银行借了一些款翻新了探花楼。翻新后的探花楼再也不能叫小店了，而是一座七开间、四层高的酒楼，全店可同时开宴席将近百桌，成为当时沪上最大的粤菜馆。

重新开张的那天，李金海动用自己的人脉，请了当时上海几乎所有有头有脸的人来品菜。有李宗仁、孙科等工商界、军政界名人，也有杜月笙等青帮大佬。一时间高朋云集、门庭若市。在舞狮队和鞭炮声中，探花楼又开启了另一个辉煌时代。

探花楼的设计很现代，既有雅间，也有举行大型宴会的大厅，因而一些官方的大型宴会也放在探花楼里举办。这其中，很有名的一次是20世纪30年代举办过上海市教育局国联教育考察团抵沪的欢迎晚宴，国联教育考察团中就包括法国著名物理学家保罗·朗之万。探花楼在上海的名气，可见一斑。

随着探花楼的名气越来越大，随着时间的推移，有人觉得探花楼这个名字落伍了，毕竟已经民国了，状元、探花的称号已经作古。那时候，人们都提倡破旧维新，一切与封建有关系的东西，都舍弃才算是赶潮流，赶时髦。李金海觉得这一提议有道理，就决定更改店名。那么改成什么好呢？探花楼要改名字的消息一放出，就在坊间引起热议，很多人毛遂自荐向李金海献名，给当时上海最大最气派最有名气的酒楼起名字，一旦中标，那荣耀不在小。

短短时间内，新的名字起了一大堆，但是李金海总觉得缺了点什么，没有十分满意的。直到有一天一个姓苏的中学教师路过上海，途经探花楼，听说店家要改名字，又听说了探花楼从徐阿润时候一路走来的故事，随口说道："不如改成杏花村，取唐朝大诗人杜牧的诗句'牧童遥指杏花村'之意。"他这么一说，李金海仔细品味。杏花楼，杏花村，少小离家，他们都是离家的游子都有颗思乡心，这个名字起到他心里去了。李金海决定将探花楼改名为"杏花楼"，并且重金聘请同为粤人的清末榜眼、知名书法家朱汝珍题写了"杏花楼"三字作为招牌。

3. 做好月饼，留名后世

新名字富含浓浓的思乡味儿，那杏花楼的出品，需不需要"名"副其实呢？那是当然！那月饼就是不二之选了。李金海决定将杏花楼的月饼品牌打造出来。

在探花楼时代，他们出品的月饼只是作为一般的点心出售，中秋节时也有包装出售，虽然味道非常不错，在坊间的口碑也不赖，但终究没有作为品牌出售。李金海打定主意后，从1927年开始，就从各家的酒楼和作坊里物色做面点的高手，请到杏花楼来给自己的师傅做培训。遇到确实不错的，与自己理念相符的，他干脆直接把人留下。李金海把别家的长处，与广式月饼的特点相结合，加上自己多年来做点心的经验，反复试验，不断改进，努力将月饼做到最好。

在杏花楼做月饼的过程中，每天都有大量的月饼成为"废弃物"。这些总不能拿给客人吃吧？但浪费了也挺可惜。虽说是下脚料，但对普通人家来说，也是难能可贵的上品。每天中午饭后到晚饭开始的一段时间，杏花楼里比较清闲，李金海就安排在杏花楼旁边开一个摊子，组织伙计把当天或者前一天用下脚料做好的月饼拿出来，以非常便宜的价格卖给百姓。寻常人家哪儿吃得起杏花楼里的点心？从摊子开始的那一天，杏花楼周围总是排起长队，就为了买一点月饼。因为人太多，杏花楼附近一度交通拥堵。为了限制人流，后来杏花楼再出新招，每日限量，用每人限购的方式来限制顾客数量。

经过这次，杏花楼不但落下个"乐善好施"的名声，还让杏花楼月饼声名鹊起，还没出世，就已经备受推崇与期待。经过长期摸索和试验，李金海终于研制出让自己满意的月饼，此时，杏花楼月饼的名声和礼盒早已深入人心。人们只知道，杏花楼出品的月饼有三大特点：一是选料精，含馅重；二是式样新颖，外形漂亮；

三是花式品种丰富，适合自己的需要。但究竟哪种是李金海最终满意的月饼，他们不得而知。李金海也不得而知，因为杏花楼出品的月饼，每块都是最好的。

在杏花楼老顾客的心目中，"杏花楼"这三个字代表的不仅是一块月饼，更是一种沉淀在心底甜甜蜜蜜的思绪，代表着一种积淀在心中挥之不去的美好记忆。年复一年，每年的月圆夜，每年的中秋节，有了杏花楼的陪伴，就如同多了一个亲密的老朋友，让自己寄托亲情、传递温情。

伴随"集三千宠爱于一身"，杏花楼月饼茁壮成长，数据显示，近年来，杏花楼月饼及糕点年产量都超过3000吨，年销售额突破4.5亿元，至今已连续10年保持产值、销量在全国月饼行业的领先地位，连续4年成为上海唯一入选"国饼十佳"的月饼。小小月饼带动了"杏花楼"的发展壮大，让"杏花楼"成为国内月饼食品行业的龙头企业。

二、老鼎丰——乾隆亲题的金字招牌

（一）老字号历史典故

老鼎丰的历史就像"大宅门"百草厅，内蕴深厚；老鼎丰的糕点配方考究，口味独特；老鼎丰糕点厂创下了国有商业企业几十年来从未亏损的商业"奇迹"。

1. 乾隆钦赐"老鼎丰"

相传，两百多年前，乾隆皇帝第二次微服南下。按照乾隆的意愿，一行人来到了古城绍兴。刚进城，就听到了各种叫卖声，"冰糖葫芦……又甜又脆的冰糖葫芦……""包子……热乎乎的大包子""胭脂……""好玩的面具……"。中午时分，他们个个走得又累又饿，立刻就找了家餐馆休息就餐。

酒足饭饱，众人起行，路过一家南味点心铺，乾隆吩咐说："去买几块点心尝尝，绍兴的酒菜不错，不知道这点心的味道如何。"

尝过之后，乾隆赞不绝口，"这是朕吃过的最好吃的点心，风味独特，清香味美，真是想不到，比御膳房做的点心还好吃！我要去见见这家店铺的老板"。

老板是个聪明人，一见到乾隆气宇轩昂，就知道他一定不是平凡人，马上好生招呼："这位老爷，请上座！"

"老板，你店里的点心真是一绝！我非常喜欢。"乾隆直奔主题。

"老爷您过奖了，我只知道做生意要讲究诚信，店里的点心都是用上好的材料做成的，没有一点假。"

"好！好东西一尝就知道，不知道贵店的字号是……"乾隆要问清楚字号，目的是方便以后寻找。

老鼎丰

"不怕老爷笑话，敝店没有字号，如果老爷不嫌弃，就给取个吧。"

"好！那我就献丑了！"乾隆兴致大发。

老板立刻高喊："小二，笔墨伺候！"

乾隆提笔，沉思片刻，挥笔写下"老鼎丰"三个大字。这三个字的含义是："锅里总是有许多好吃的。"

乾隆南下结束，回到京城，立即拟旨，让老鼎丰成为贡品，并给其"南味正宗名点"的评价。从此，老鼎丰的名称响遍了大江南北，"老鼎丰"分号的果匠铺如雨后春笋般出现在中华大地上。

1911年，绍兴人王阿大、许欣庭二人背井离乡，闯关东来到松花江边谋生活。"老鼎丰"成为他们的选择，他们合伙在沈阳道外正阳三道街（今靖宇街）创办一个糕点作坊——老鼎丰南味点心货栈。他们一边卖南味干鲜食品，一边卖自制自销的南味点心。开张之初，老鼎丰没有那么受人欢迎。

2. 几载沉浮后兴盛

哈尔滨的老鼎丰在成立后的四十多年时间里，一直采用的是"前店后厂"的小本经营，小批量的生产，出炉后直接销售，因为制作精良，诚信经营，老鼎丰的月饼、槽子糕、长白糕渐渐被人知晓，小有名气。

在20世纪30年代，老鼎丰渐渐兴旺起来，每天来这里买糕点的人排起了长队，店里生产的产品很快就会销售一空，而且这里的糕点成为节日馈赠亲友不可或缺的礼品。但是这样令人欢心的形势没持续几年就结束了。日本侵占东北之后，受战争的影响，老鼎丰经营异常艰难。

这天，沈阳又响起了爆炸的声音，年过半百的王阿大、许欣庭坐在一起唉声叹气。"你说这战争什么时候才能结束呢？这兵荒马乱的，不用说店铺了，我们自己的命都快保不住了。""是啊，老哥，咱们都一把年纪了，哪儿受得起这样的折腾，我看咱们辛苦建起的店铺就要没了。""本想着我们的店铺会一代一代地传下去，现在看来是有些难了。"

"岳父，大伯，你们怎么这么悲观？这战争会结束的，我们中国这么多人，还怕打不过一个弹丸之国吗？"王阿大的女婿张毓岩听到两位掌柜的对话，忍不住上前接话。

"毓岩啊，难得你还这么乐观啊。"许欣庭说。

王阿大叹了口气，也说："女婿啊，希望你说的会应验吧。"

"哎，兄弟，既然你的女婿这么有志气，店铺就交给他吧。我们的手艺他也学的差不多了，我们俩就退出吧，说不定哪天小鬼子来捣乱，我们俩应付不来啊。"许欣庭对王阿大说。

王阿大想了想，问张毓岩："毓岩，你觉得呢，你愿意吗？"

"岳父大人，毓岩同意，你两位老人家就放心吧！"就这样张毓岩接手了老鼎丰，王阿大、许欣庭叹息着离开了。最初，张毓岩信心十足要将老鼎丰经营好，可是，还是因为经营不善，老鼎丰很快面临倒闭。商人张启滨是张毓岩的朋友，他知道老鼎丰的情况，也曾帮助过张毓岩，经过反复思量，决定将老鼎丰买下。

张启滨找个借口请张毓岩吃饭。酒过三巡，他开口说："毓岩兄弟，你经营的老鼎丰如果实在不行，就转让给我吧，我看你这样死撑着，挺吃力的，等哪天你再想经营了，我再还给你。"张毓岩知道这个朋友说得对，但是心里还是有些舍不得，老鼎丰虽然现在经营不善，但其中也包含了他的心血，可当下，这也是没有办法的办法了，他只得答应。

张启滨经营期间，老鼎丰也没有很大的起色，毕竟在战争年代。抗日战争结束之后，老鼎丰总算有了些起色，但是，直到1956年公私合营，老鼎丰才从历史的深处走出来，重振炉灶。

3. 老鼎丰的历史见证人

在老鼎丰的历史上，有一个人是不得不提的，他就是徐玉铎——"老鼎丰"名副其实的见证人。

徐玉铎的祖籍是山东，生于1932年，10岁时逃荒至哈尔滨，在哈尔滨的前四年辗转了几份工作。1946年，经人介绍进入老鼎丰糕点厂学徒。

学徒进厂按程序都要经过一番考察，类似于今天的"面试"。负责考察徐玉铎的师傅问："你为什么要到这里当学徒？"徐玉铎答："听闻'老鼎丰'制作的糕点有名，人人喜欢，我很愿意来，听说这里要招学徒，我找了好多人，才有一个肯介绍我来。"

"嗯，学徒要从最基本的做起，你能吃得起苦吗？"师傅又问。

"我年纪小，理应多吃点苦，我知道吃得苦中苦方为人上人的道理。"徐玉铎坚定地回答。

师傅见他诚实又机灵，就叫他认了老鼎丰的第二代传人石金宝为师父。徐玉铎跟着石金宝虚心、勤奋地学习，做糕点的手艺日渐娴熟，而他对老鼎丰也有了深刻的感情，一直为老鼎丰的发展无私奉献着。

1972 年，徐玉铎出任老鼎丰糕点厂厂长。老鼎丰在 1956 年公私合营之后，产值一直徘徊在 50 万元左右，直到徐玉铎走马上任，这个局面才发生了翻天覆地的变化。

徐玉铎可称得上是老鼎丰的三代传人，他出任老鼎丰糕点厂厂长之后，发扬老店的传统，从原材料采购到成品出厂的全过程，都十分注意卫生及科学配置，从优选料是徐玉铎强调再强调的规矩。

拿老鼎丰的月饼来说，原料的产地轻易不会改变，徐玉铎每年按季节派专人外出收购，如果月饼有滞销的情况，他也不允许工人将剩月饼毁成馅重新利用。在我国还没有出台《卫生法》的时候，徐玉铎就在老鼎丰糕点厂中执行了自己的"土标准"：自己敢吃、敢给自己的孩子吃的糕点才能对外卖。因此，每到中秋老鼎丰的月饼都是供不应求。

除了发扬传统，徐玉铎还坚持创新，他带领技术人员开发了富有现代特点的新品种。在 1980 年前，老鼎丰的糕点品种仅仅有 140 多种，在徐玉铎的创新观念的带领下，发展成为 500 多种、1000 多个花样。徐玉铎经常挂在嘴边的一句话是，"产品必须常改常新，要靠创新求发展。"

1997 年 10 月 1 日，徐玉铎来到北京参加国庆观礼，并代表食品行业去美国六大城市考察与到日本讲学。讲学时，他在两千人的大课堂内，将中式糕点的多品种，多口味，多造型一一展现出来，在场的人都惊叹："妙极了！妙极了！这就是中国人常说的色香味俱全吧！"

"糖是骨头面是肉，油是血液其中流"，这是徐玉铎形容"老鼎丰"糕点的一句话，从这句话我们能看出他对产品的高标准和严要求。

为了提升老鼎丰的质量和水平，徐玉铎不仅博采京帮、广帮、苏帮之精华，研制出川酥月饼、蜜制百果月饼等新产品，也不忘在传授给别人知识的时候学习当地先进的制作工艺，将其用在"老鼎丰"产品的创新上。

由于老鼎丰的不断创新，"老鼎丰"的糕点技艺、风格自成流派，在市场上享有"糕点之花"的盛誉。也因此，老鼎丰成为唯一没有亏损过的国营企业之一。

在老鼎丰糕点厂中，没有人管徐玉铎叫"厂长"，大家都亲切地称他为"师傅"。徐玉铎的一生几乎全是在糕点厂度过的，他见证了老鼎丰的成长，也对老鼎丰贡献了自己的全部，鉴于此，国家有关部门特批，只要徐玉铎愿意干、身体状况允许他干，他可以永远不退休，永远是老鼎丰糕点厂的厂长。

4. 改制迎来新局面

随着社会的进步和市场竞争的日渐激烈，"老鼎丰"身上的不足逐渐显现。老鼎丰虽没有亏损，但是规模较小；厂房陈旧，设备简陋，加工工艺逐渐落后；经营模式没有创新，没有形成独立的专卖销售渠道，品牌价值一直没有得到体现。

这些不足使得"老鼎丰"的发展一度停滞不前。就在稻香村、冠生园等一批老字号糕点企业相继改制成为集团的时候，老鼎丰还是原来的那个"小作坊"，迟迟没有得到发展。如果再没有进一步的行动，老鼎丰就会被市场的竞争击垮。

工作了半个多世纪的厂子要易主了，徐玉铎的心中百般不舍，厂里的职工也百般困惑，一般情况下，实行改制的老国企基本上都是负债累累的亏损企业，而老鼎丰从未亏损过且利税年年递增，这实施改制到底是为什么。

辽宁省社科院经济所副所长、研究员蒋立东曾表示，小型食品加工行业是一个竞争十分激烈的行业，比较适合实行股份制，比较适合由机制活、管理好的民营资本来经营，国有资本应该从这样的行业中撤离出来。看来，不能仅从盈亏上来衡量一个企业的发展。改制是形势发展的需要，能帮助"老鼎丰"扩大规模，把品牌做大做强。

2004年6月，"老鼎丰"实施改制，退出国有转为民企，组建哈尔滨老鼎丰食品公司。徐玉铎被聘为副总经理兼厂长。

不管是什么性质的经营，老鼎丰的创新一直没有停止。2006年，"老鼎丰"用

希腊进口的纯正橄榄油代替传统的色拉油制作月饼，在全国首创推出橄榄油系列月饼。这个系列的品种主要有川酥、五仁、百果、椰蓉、加州樱桃、葡萄干、蓝山咖啡等。此外，这个系列还针对糖尿病患者推出了以木糖醇为原料的无糖月饼。对待各种顾客的需求，老鼎丰可谓是细致又周到。

改制之后的民营体制运作让徐玉铎感受颇深，他颇有感触地说："我记得当年当学徒的时候，酥皮儿点心上的红点儿歪了，就会被师傅用木板打手心，我们的技术是被'打'出来的。现在不一样了，厂里有有奖有罚，当然这个'罚'不是'打'，关系到一个人的饭碗。这种危机意识让大家都自觉起来，这种无形的约束真的是一种进步啊。我这老骨头赶不上时代的发展喽！"

老鼎丰虽然改制了，但民营企业家们对老字号的热爱一点也不逊于老一代们，老鼎丰的优良传统依旧保持着。即使厂里的设备先进了，技术进步了，但玫瑰花酱仍要自己酿，枣泥仍是自己炒，不使用添加剂，原有的生产工艺一点也没有变。

保留传统的精华，吸取现代技术的精华，老鼎丰的产值突飞猛进地增长，知名度和品牌效应也不可同日而语。

现如今的沈阳靖宇南二道街上建起了"老鼎丰商贸城"，形成了中华老字号一条街。老鼎丰用自己的优势将民间传世的"中华老字号"食品集合起来，不仅加速了自身的发展，也为其他食品老字号的发展提供了契机。

三、澳门晃记饼家——慢工细活，世代传承

（一）老字号历史典故

几乎所有的老字号起初都是家庭式经营，晃记也不例外。晃记饼家是由身为现任晃记掌门人的高培基的爷爷高晃创办于清光绪三十二年（公元1906年），故名为晃记，传予子高望球，如今传至第三代，爷子孙三代一直是全家人辛勤经营，经历不少风雨。以前的晃记，是茶楼与饼家合二为一的。后来生意不景气，高家父子干脆结束茶楼生意，专注做饼。不少老字号，发展至某一阶段，大多敌不过激烈的竞争，进入垂垂老矣的晚年，但晃记则不然，饼食之出品已不限于本地澳人购买，东南亚各地、香港、内地不少游客亦有所认识。

（二）名品推荐

晃记饼食以老婆饼、肉切酥、鸡仔饼等地道粤式饼食出名，用椰子糖浆烤制，

入口香酥软绵，美味可口，配以精湛的巧手技艺捏造，卖相甚佳。其制饼方法与别家不同，一切遵从传统。别人家制老婆饼是用大酥（饼外的酥皮层），即把一条制好的皮逐块逐块切下，但是晃记则恰恰相反，逐块逐块搓，功夫多，时间长，但胜在味道好。

慢工出细活，旧式饼家制饼，从搓皮、制馅、造饼、焗饼一律

澳门晃记饼家

以人手操作，从最早的简陋家庭式经营到今天，虽仍是一家人做生意，但规模已远超当年。其他出品还有肉切酥、鸡仔饼及脆皮金桃酥，皆是游澳必买美食。

（三）链接

老婆饼

相传，元末明初期间，元朝的统治者不断向人民收取各种名目繁杂的赋税，全国各地的起义络绎不绝，其中最具代表的一支队伍是朱元璋统领的起义军，朱元璋的妻子马氏为了方便军士携带干粮，于是用小麦、冬瓜等可以吃的的东西和在一起，磨成粉，做成了饼，分发给军士，不但方便携带，而且还可以随时随地吃。后来人们在这种饼的基础上更新方法，最后发现用糖冬瓜、小麦粉、糕粉、饴糖、芝麻等原料做馅做出来的饼非常好吃，甘香可口，这就是老婆饼的始祖了。

四、澳门咀香园饼家——金黄松化，齿颊留香

（一）老字号历史典故

从 1935 年起，澳门咀香园饼家在澳门清平直街 20 号开设第一间饼家，到现在已拥有 11 间分店，伴随澳门社会起起落落，逐渐成为澳门最大、最著名的老字号品牌。在澳门街头，咀香园富有特色的包装也已经在游客手中汇集成一道独特的风景线。

不经意间，澳门咀香园的手信一直担当着亲善大使的角色，将澳门饼食文化推

向世界视窗，更成为了海外和澳门的文化交流大使，前澳门特别行政区行政长官何厚铧先生，亲自颁发了"澳门旅游功绩勋章"予澳门咀香园的第三代掌舵人黄若礼先生，以赞扬咀香园对澳门旅游业发展的贡献，这是澳门手信业第一个获此勋章。

（二）名品推荐

驰名中外的炭烧杏仁饼是澳门咀香园饼家的经典招牌产品，咀香园饼家以古法木桶炭烧制杏仁饼。这些木桶在咀香园已有数十年历史，经过岁月的历练而愈发光亮。实际上，这种方法要比使用焗炉多花两至三倍的时间，但出品则更加金黄松化、齿颊留香，名副其实是慢工出细活。

小小的一块杏仁饼，凝聚了澳门咀香园历代人的经验和智慧。除了炭烧杏仁饼以外，咀香园的老婆饼及老公饼、紫菜肉松凤凰卷亦是受欢迎的美味糕点。

（三）链接

杏仁饼

杏仁饼是一款广东传统饼食，属于绿豆饼的一种，最早是在 1918 年出现。

最初的杏仁饼是选用绿豆磨成粉，再制成杏仁状的饼，在饼中间夹一块糖腌猪肉，经烘烤后制成绿豆饼。杏仁饼也以它的外形而得名，现在经过改良，已变成了圆饼状，也增加了很多不一样的口味，包括素吃口味等。在澳门地区，杏仁饼变成了一种手信礼品，很多旅客到澳门都会买一些回国。

五、北京稻香村——南味北卖自繁荣

（一）老字号历史典故

"中药同仁堂，糕饼稻香村"，提起稻香村，北京人无人不知无人不晓，它是与同仁堂齐名的老字号。每逢元宵、端午和中秋，来稻香村买元宵、粽子和月饼的人就排起了长龙，这是北京节日的一景。

身处北方的稻香村主营南味食品，却能在京城百年不老，这是为什么呢？这其中有着怎样的缘由呢？

1. 稻香村名考

在曹雪芹的小说《红楼梦》中，李纨的住所"……倏尔青山斜阻。转过山怀中，隐隐露出一带黄泥筑就矮墙，墙头皆用稻茎掩护。有几百株杏花，如喷火蒸霞一般。里面数楹茅屋。外面却是桑、榆、槿、柘、各色树稚新条，随其曲折，编就两溜青篱。篱外山坡之下，有一土井，旁有桔槔辘轳之属。下面分畦列亩，佳蔬菜花，漫然无际"。原本这个住所叫"杏花村"。而在一次诗会上，宝玉却说："'杏花'二字俗陋不堪，何不用'稻香村'？"大家都觉得不错，于是"杏花村"改名为"稻香村"。

"稻香村"这个字号在清代是长江中下游地区常见的字号，多用在食品店上。由于《红楼梦》中曾出现过此名称，许多人说"稻香村"出自《红楼梦》。"稻香"二字用在食品糕点上实在是妙。食品是用田间的粮食做成的，"稻香"二字顿时让食品形色味兼具。

而有关"稻香村"这个字号的来源则还有一种说法，颇具神话色彩。

相传，在几百年前，江浙一带有一家卖熟食的小店，生意惨淡，老板整日愁眉苦脸，这天他做出了一个决定，生意如果再无起色，他就关掉店铺，再寻出路。就在他下决定的这天晚上，店里来了一个讨饭的人，他是个瘸子，衣着破烂，一身臭气。"老板，你行行好，我好几天都没吃过东西了，赏我点东西吃吧！"讨饭的瘸子伸着手，一副可怜的眼神。

或许这个瘸子是交到了好运，遇到了一个心善之人，若是他去别的店铺，老板定会不管三七二十一地将其赶出去。而这位善良的老板，叹一口气说："哎，店里空的座位多的是，你坐下吧。我给你端肉吃去，反正都这个时辰了，应该不会有人来买了。"讨饭的瘸子听到有肉吃，千恩万谢地说了一堆什么"恭喜发财""财源滚滚""好人好报"的吉利话。老板苦笑一声："希望你的话能应验吧！"

讨饭的瘸子一口气吃了三大碗肉，吃完之后抹抹嘴对老板说："我说老板，我瘸子虽是个讨饭之人，但曾经山珍海味也吃过一些，你这肉的味道实在不怎么样。"这时候店小二忍不住了："哎，你这个死要饭的，给你肉吃就不错了，你还挑三拣四的，你会不会说话啊。"

"哎，算了，你也别说他了，肉的味道确实不好，要不店里怎么会没有客人呢。这天色也不早了，你安排这个要饭的在这里住一晚上吧。"老板对店小二交代完之后，便叹着气歇息去了。店小二在厨房的灶台旁给讨饭的瘸子收拾一个容身之地，铺上了稻草，让他凑合睡一晚上。瘸子感激地说："这已经是很好的待遇了，谢谢小哥你了。"

第二天一大清早，瘸子已经不辞而别。厨师拿他睡过的稻草烧火煮肉，令众人没有想到的是，那天煮出的肉非常鲜嫩，香味扑鼻，香味传遍了相邻的几条街巷。聪明的老板借此大肆宣扬，对外称昨夜进店乞讨的是"八仙"之一的铁拐李下凡，还将店名改为"稻香村"。从此之后，他的生意逐渐兴旺，而当时没有申请专利这一说，于是"稻香村"这个字号争相被人使用。

2. 南味北卖，自创经营

清光绪二十一年（1895），金陵人郭玉生领着几个熟悉南味食品制作工艺的伙计来到北京。郭玉生一直有个愿望，那就是开个店铺将南方的糕点引进到北方，这次来北京，他发誓要完成这个心愿。

郭玉生在来北京之前就已经想好了店铺的名字——稻香村，他对这个名字情有独钟，因为家乡有家稻香村生意非常好，他希望这个名字能给他带来好运。他和几个伙计商议后，将店址选在了繁华的前门外观音寺（现在的大栅栏西街东口路北），店铺是个二层小楼，坐东朝西，一共三间门脸，左边是青盐店，右边是茶食柜，中间是稻香村。开张这天，门楣上的黑漆金字匾额"稻香村南货店"被红色绸缎包围着，显得格外耀眼，吸引了不少过路的行人。看着店内门庭若市，生意兴隆，郭玉生看在眼里，喜在心头。稻香村采用的是前店后厂的模式，当时这种形式叫"连家铺"，在京城糕点铺中是一朵奇葩，后来它逐渐被饽饽铺、食品铺等效仿。

厂里自制的各种糕点和肉食，形色味兼具，不仅好吃，而且花样翻新，重油重糖，即使是在天气干燥的北京也是数日不干。冬瓜饼、姑苏椒盐饼、猪油夹沙蒸蛋糕、杏仁酥、南腿饼等南式糕点首次在北京亮相，让习惯吃"大饽饽"的京城人眼前一亮，他们大呼，原来饽饽可以做得这么好看。

刚开始郭玉生还怀疑南味能不能在北方受到欢迎，没多久他发现自己的担忧是多余的，正宗南方美食让这家店铺没多久就火了，大街小巷一传十，十传百，前来品尝的食客络绎不绝，不仅有平民百姓，更有达官贵人。稻香村入驻北京以来，北京当地的点心铺受其"压迫"，丢掉了大半"江山"，老北京逢年过节走亲访友都忘不了进稻香村买几件场面上往来的礼物。

稻香村食品讲究"四时三节"，端午卖粽子，中秋售月饼，春节供年糕，上元有元宵。郭玉生心里明白，像他这种做字号的商铺，走的是长久之路，产品的质量一定要好，料要用最好的。稻香村的核桃仁要山西汾阳的，色白肉厚，香味浓郁，嚼在嘴里甜丝丝的；玫瑰花要用京西妙峰山上太阳没有出来前带着露水采摘的，花大瓣厚，气味芬芳；龙眼要用福建莆田的；火腿要用浙江金华的，等等。

稻香村的做工更是讲究，熬糖要"凭眼""凭手"。"凭眼"是说，什么时候糖熬好了，全凭师傅的经验来看，早一分钟没到火候，晚一分钟火候又过了；"凭手"是说，熬好的糖剪成各种形状，这是纯正的手艺活。

逢年过节打"连班"的时候，郭玉生都要亲自到油面间去查看，油是不是少放了，火候是不是到家了。因为郭掌柜深知顾客才是店铺的衣食父母，只要是顾客的要求，他都会尽量满足。郭掌柜更懂得主顾是衣食父母，买东西没带现钱的，他就赊给人家，留下订单的，不管有多远，他都会让人按时送上门，没一次延误。

为了打响"稻香村"这块牌子，郭玉生和几个合伙人努力开发南味食品，他们花重金从上海、南京、苏州、杭州、镇江请来有名的师傅，开发新产品，肉松饼、鲜肉饺、枣泥麻饼、酱鸭、筒鸭、肴肉、云片糕、寸金糖等风味独特的糕点纷纷摆上稻香村的柜台。产品多了，来光顾的人越来越多，渐渐地，稻香村的食品在京城成了敬父母、送朋友的馈赠佳品。只要看到有人拎着印有"上品官礼"字样的礼盒，就知道他光顾了稻香村。

稻香村名声在外，成为许多文化名人光顾的地方。1912年5月，鲁迅先生来到北京，住在宣武区南半截胡同的绍兴会馆，那里离观音寺稻香村很近，他就经常光顾稻香村。在1913～1915年短短两年多的时间里，鲁迅先生仅在《鲁迅日记》中就记录了15次去稻香村购买食品的经历。

有一次，冰心和吴文藻夫妇来稻香村买了一些熟食和南糖，在结账的时候，冰心夫妇才发现身上没有带钱，可这时候他们正要去探望亲戚，为难的伙计上二楼请出了掌柜。掌柜了解情况后，满脸笑意："东西您先拿走，下次一块算就行了。"许多年之后，冰心老人提起这件事情仍然对稻香村赞不绝口。

3. 由鼎盛到分立至歇业

"稻香村"的生意红火，有人向门生汪荣清和朱有清建议道："你们的生意这么好，为什么不多开几家呢？让全北京的人都来这里买糕点。"两人一听，这是个办法，在稻香村多年，他们拥有了良好的技艺，完全可以独当一面。于是两人商议，"咱们的手艺已经能自立门户了，我们为什么不自己出去做呢？""这倒是，可是，不知道掌柜的同不同意。""掌柜的通情达理，应该不会阻止我们的。"掌柜的听了他们的想法后表示支持，于是在观音寺街稻香村的对面，汪荣清和朱有清开起了一个口味品种一模一样的南味糕点铺"桂香村"。这是1911年的事情。

五年之后，在稻香村学做南味食品的张森隆也从稻香村独立出来，在东安市场自立门户，取字号为"稻香春"。这样，在北京形成了几家南味食品店铺林立，且各店铺互相竞争的局面。由于稻香村的良好开始，越来越多的南味食品铺在京城遍地开花，一时间"南店北开"之风愈演愈烈。

20世纪20年代前后，南味食品在北京有稻香村、稻香春、桂香村，而天津也有明记、何记、森记稻香村，此外还有保定稻香村、石家庄稻香村、太原老乡村。由于店铺的增多，最早的北京稻香村生意受到了极大的影响。再加上当时时局动荡、军阀混战，稻香村终于支撑不住了，在1926年，曾经名震京城的稻香村南货店被迫关张，这一关张长达半个多世纪。

稻香村南货店虽然关张，但是它开创的南味食品派系并未中断，从稻香村分支出来的"桂香村"、"稻香春"却一直沿袭着"稻香村"的传统工艺和经营风格，并代代相传。

4. 百年老店重出江湖

与其他老字号不同的是，由于稻香村半个多世纪的关张，它没有遇到20世纪五六十年代社会主义改造，没有经过计划经济这段历史。

改革开放之后，中国万物复苏，百业待兴。1983年4月，中国民主建国会和中华全国工商业联合会在北京召开，会上举行了传统食品咨询工作座谈会。这个会议让稻香村出现转折，第五代传人刘振英，积极筹划，请回了稻香村的老技师、老职工，准备重开老店。

刘振英当时是北京东城区工商联副主任，他在复兴稻香村的同时，也不忘解决待业青年的就业问题。那时候北新桥街道有许多待业青年，稻香村将他们招揽过来，教给他们制作食品糕点的技术，使他们拥有一技之长。

老店重开将店址选在了东直门里北工匠营胡同的一间街道缝纫厂的旧址上。1984年1月22日，稻香村重新开张，离正式开门还有一个多小时，虽然当时寒风凛冽，但已经有许多顾客排起了长队等候。大家蜂拥而至，让稻香村的员工们应接不暇，一直到晚上仍有很多顾客进店买糕点。

稻香村重新开张的消息很快就传遍了北京城，不仅有很多顾客慕名而来，还有

很多远郊和外地人也纷纷托人帮忙买糕点回去品尝。重新开张的"稻香村"继承了南味食品的传统工艺，坚持"诚信为本、顾客为先"的服务理念，优质的产品和服务让稻香村在北京迅速打开了局面。

1994年9月，北京稻香村食品集团公司正式组建；2005年，稻香村改制为食品有限责任公司。至今，北京稻香村已经拥有了近百家连锁店，一个物流配送中心，三百多个销售网点，开创了特色社区专卖店的第一步。另外，稻香村还有全国传统食品行业内厂房最大、装备最先进的生产基地，生产的节令产品共有六百多个品种。

今天，如果你走进稻香村，映入眼帘的是精细考究的各式糕点、新鲜的熟肉、用豆制品做成的全素宫廷菜、各种干果炒货，还有在别处难得一见的江米酒酿、年糕、炒红果等传统美食，光看就让人垂涎欲滴。

稻香村收钱是专用的不锈钢小盘小夹，还有专门的人找兑零钱，营业员一年到头都是白大褂、白帽子，包熟食用油纸、盛糕点用纸袋……这些别具特色的"老讲究"更是让老北京人倍感亲切。每天门庭若市的稻香村早已成为北京商业中最热闹的一景。

从1984年初重新开张到现在已经走过了28个年头，在历尽了千辛万苦，克服了重重困难之后，稻香村取得了令人瞩目的成绩，不仅建立了高科技工业园，由原来的低科技含量、劳动密集型、半手工操作的传统生产方式，转变为机械化、自动化、工业化程度较高的现代生产模式。

在发展过程中，稻香村形成了属于自己的企业文化，以"发展传统的民族食品工业，为社会创造价值"为历史使命，从老板至员工都始终秉承着先做人后做事的理念，正是有了这些高贵的品格，稻香村的发展才始终一帆风顺，如常青树一般永驻。

（二）名品推荐

北京稻香村常年供应的著名茶食糕点有：猪油松子枣泥麻饼、杏仁酥、葱油桃酥、薄脆饼、洋钱饼、猪油松子酥、哈喱酥、豆沙饼、耳朵饼、袜底酥、玉带酥、鲜肉饺、盘香酥、牛皮糖，交切片等。而随季节供应的著名时令茶食糕点，分别有春季推出的杏麻饼、酒酿饼、白糖雪饼、荤雪饼、春饼等；适合夏季品尝的薄荷糕、印糕、茯苓糕、马蹄糕、蒸蛋糕、荤素绿豆糕、冰雪酥、夏酥糖、酸梅汁等；

秋季相遇如意酥、巧果、佛手酥，各式苏式酥皮饼；冬季陪伴核桃酥、酥皮八件等。

（三）链接

稻香村做工考究、用料正宗

稻香村食品做工考究、用料正宗。讲究"四时三节"，端午卖粽子，中秋售月饼，春节供年糕，上元有元宵。做工考究主要在于"凭眼"、"凭手"，全凭师傅多年的手感和经验。所谓"凭眼"，例如熬糖何时可以端走，早一分晚一分，火候完全不一样；"凭手"则是指将熬好的糖剪成各种形状，这全是手工活儿。

此外，稻香村用料正宗，核桃仁要山西汾阳色白肉厚、香味浓郁、口感回甜的桃仁；玫瑰花要用京西妙峰山的，花大瓣厚、气味芬芳，而且必须是在清晨带着露水采摘下来的；龙眼要用福建莆田的；火腿要用浙江金华的等。

六、天津桂顺斋——糕点文化，源远流长

（一）老字号历史典故

天津桂顺斋当初是从天津卫民间小吃店发展起来的老字号品牌。上个世纪20年代初，回族人刘星泉为了生计来到天津，先是在电车上卖票，见挣钱不多，后来还是操起了老本行，1924年在天津南市买了个门脸，经营糖火烧、汤圆等回民小吃。

1934年，刘星泉从北京聘请了糕点技师马庭香、吕春荣、李文青等，以前店后厂形式制作经营京式糕点。这些师傅推出了京八件、麻圆酥和细八件等清真糕点，当时京剧大师马连良、相声大师马三立等社会名流都是桂顺斋的常客，马三立还为其题字"糕点文化，源远流长"。

（二）名品推荐

天津桂顺斋，是一个拥有80多年历史的老字号清真糕点店铺，以经营各式清真糕点而闻名，专门生产各式传统风味糕点及汤圆，产品已有7大类170多个品种，在各式清真糕点基础上，又研制出黄油、低糖等系列食品。主要产品有萨其马、蜜麻花、一品桃糕。

七、广州莲香楼——口感丰厚，丝丝入情

（一）老字号历史典故

清光绪十五年（公元1889年）在古老的广州城城西一隅，一间专营糕点美食的糕酥馆开业了，这就是莲香楼的前身。

那时，西关一带繁华非常，住户多是富裕人家，因而饮食业异常兴旺。于是馆内引进制饼工艺，用莲子来制作饼点馅料，独具一格，吸引客人。光绪年间，糕酥馆改名为"连香楼"。宣统二年（1910年），一位名叫陈如岳的翰林学士，品尝了莲蓉食品后，有感于莲蓉独特的风味，提议给连香楼的"连"字加上草头，众人一致赞同，他遂手书"莲香楼"三个雄浑大字。

从此，莲香楼制作的莲蓉食品，进入千家万户，被誉为"莲蓉第一家"。莲香楼虽几经风雨，历尽沧桑，人事沉浮，但生意始终兴旺。

（二）名品推荐

始创的纯正莲蓉必定是选用当年产的优质莲子，特级花生油精制而成，以其莲味浓郁、馅料细化而驰名中外，莲蓉出口加拿大、美国、南非等国家。

如今莲香楼的月饼已发展到40多个品种，以莲蓉为主料的月饼品种便达20多个。首创的蛋黄莲蓉迷你月饼、椰汁年糕等新产品深受消费者欢迎。莲香月饼屡获殊荣并远销海外，小小的月饼维系着华夏子孙的亲情，传递着友人的情谊。冷冻食品如糯米鸡、三丝春卷、莲蓉蟠桃包、上汤水饺和椰汁年糕荣获国家优质产品奖，成为莲香楼并驾齐驱的重头产品。

广州莲香楼

（三）链接

各式莲蓉

莲蓉是将莲子打碎，然后加油、糖还有其他香料制作而成，适合儿童、青年和

老人食用。纯莲蓉馅月饼要求饼馅除糖、油脂外，其他原料100%使用莲子；莲蓉馅月饼则要求饼馅除糖、油脂外，其他原料中莲子也要大于60%。根据配料的不同，莲蓉还分为红莲蓉、白莲蓉、黄莲蓉。红莲蓉是莲子加上红糖；白莲蓉是莲子加上白糖；而黄莲蓉的外皮是加了红糖与油和的面，因此呈黄色。

八、吉林福源馆——中秋月圆，福源饼香

（一）老字号历史典故

福源馆的前身是埠源馆，始建于明崇祯元年（公元1628年），创业初期是一位人称"茶水张"的老汉和女儿与其解救的山东骏县书生赵青，共同创办经营的一个以卖茶水为主，兼营油茶、江米条等食品的茶食小铺。因得松花江老船场水旱码头之地利，以香茶待客，用美食邀宾，生意渐隆，始立字号"埠源馆"，成为前店后作坊式的茶食店。

此后，放排的人们、过路的客商、赶集的农民及城里的百姓和达官贵人们，都愿意到"埠源馆"品尝香甜可口的"香油茶"，吃远近闻名的"槽子糕"，买一些亲友们喜欢的糕点带回去。店铺不大名气大，人们每逢年节若吃不到"埠源馆"的糕点便会感到遗憾。

清道光三十年（公元1850年），一位人称"俊六"大人的京城富商，看中了埠源馆，遂出资入股扩大经营。为使财源永续，取"福之源"之意，改"埠源馆"为"福源馆"，并扩大前店后厂规模，生产满、汉、京、浙等各式糕点。应该说，作为老字号的福源馆，在吉林沉淀了近400年的历史，也积攒了近400年的美誉，成为美食的一张"王牌"。

（二）名品推荐

福源馆是前店后厂，产品都是自产自销。生产的主要品种有月饼、油茶、绿豆糕等。福源馆生产蛋糕，按照10斤面加10斤白糖、130个鸡蛋，蛋糕16个1斤的标准，坚持用香油刷模，用方炉烤制。制作油茶，都坚持炒两遍，保证不糊不生。做绿豆糕也坚持绿豆去皮。用去了皮的绿豆做出来的绿豆糕，色泽非常好，也更好吃。

（三）链接

饼中藏金

有一年的中秋节，人们看到福源馆销售的月饼中竟有一个普通型的月饼标出了一两银子的天价，要知道当时一两银子约可以买到 50 斤稻谷，一时围观者众，纷纷猜测其中奥妙。

此事一传十，十传百，传遍城里每个角落，在好奇心驱使下，不少人都拥到福源馆去看个究竟。其中一富有者把它买下并当场切开，原来饼中藏有一件大大超过饼价的名贵首饰，这消息不胫而走，一时成为江城佳话。

九、苏州乾生元——甜香四溢，名不虚传

（一）老字号历史典故

苏州乾生元，原名为"费萃泰"，始创于清乾隆四十六年（1781 年），以生产松子枣泥糕而蜚声海内外，被列为宫廷御膳点心。清光绪七年（公元 1881 年）更名为"乾生元"，以乾坤八卦为首称。"乾"乃乾坤，指天下；"元"即第一，意为乾生元生产的麻饼天下第一。具有 200 余年历史的乾生元虽几易其主，但历代技师之原料配方和制作工艺被完整继承至今，并不断加以改进和完善，以更适合现代人的口味。

宫廷御点

据传，乾隆皇帝下江南时，曾将行宫设于灵岩山下，每天总听到山寺里和尚的念经声。有一天，乾隆皇帝没有听到念经声，便查问起来，原来是木渎乾生元生产的枣泥糕甜香四溢，和尚们闻到了，念经也没心思，便一个个趴在围墙上张望，香味是从哪儿飘来的？对此，乾隆也为之诧异，就命左右到镇上买来尝试，果然香味扑鼻，鲜甜可口，龙颜大悦。自此，木渎枣泥糕也就被列为宫廷御膳点心之一，其声名更著。

（二）名品推荐

乾生元枣泥糕馅心以上等乌枣、白砂糖、胡桃肉、松子仁、玫瑰花、芝麻、精制油制成，含有丰富的蛋白质、维生素、脂肪油酸、磷、钙、镁等多种营养成分。整个加工过程要有十几道工序，基本上都是按照传统加工工艺，以确保产品风味的

独特一格。外地游客和海外华侨到苏州后，都要寻找正宗苏州乾生元食品有限公司的"乾"牌产品。

十、扬州大麒麟阁——茶食飘香，雪花片片

（一）老字号历史典故

大麒麟阁创办于清光绪二十七年（公元 1901 年），迄今已有百余年的历史，是扬州市民家喻户晓的地方名吃，一直以前店后作坊的传统工艺生产四时茶食、维扬细点，久负盛名，深受国内外顾客青睐。

创始人周明泉，充分利用扬州的"天时、地利、人和"，励精图治，在将维扬茶食推到极致的同时，也将大麒麟阁刻在了扬州名优特产品的丰碑上。2003 年 3 月法国总统希拉克访问扬州时，品尝了大麒嶙阁的糕点后，赞不绝口，并特意购买了大麒嶙阁的京果粉、麻饼等中式糕点带回法国。

传说乾隆冬日下扬州，因雪阻停留于盐商宅中，盐商献以此糕点，乾隆入口后只觉得绵软细腻，龙颜大悦，见空中雪花飘飘，欣然御赐"雪片糕"三字。雪片糕又名云片糕，其名称是由片薄、色白的特点而来的。云片糕原料繁多，工艺极为精细。主要原料有糯米、白糖、猪油、榄仁、芝麻、香料等十来种。雪片糕质地滋润细软，犹如凝脂，能久藏不硬，在制作上极为讲究，如炒糯米粉，糯米要碾去米皮，留下米心，碾成粉后一般要贮藏半年左右，以去其燥性；对绵白糖的选择也较严格，白糖不用晶粒糖，而用土糖寮的"砂糖"，取其粒小、质松、速溶；至于糕的切片要求也很高，每条糕块（长 22 厘米）一般要切 140 片左右。

（二）名品推荐

大麒麟阁糕点品种多达数百种，每个品种都集色、香、味、形于一体。

雪片糕素以薄如纸、卷得起、烧得着成为大麒麟阁的特色产品。芝麻牛皮糖色泽亮、香味浓，而且富有弹性，像牛皮筋一般。蜂糖糕甜味悠长，堪作绝活。春有春香糖，夏有薄荷丁，秋有重阳糕，冬有浇切糖。每有婚寿喜庆，举凡扬州人家，大致少不了大麒麟阁的糕桃，甚至定制诸如八仙上寿、月季报春之类的人物花卉添喜致贺。

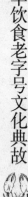

十一、西安德懋恭——金面银帮，秦点之首

（一）老字号历史典故

蜚声古城西安的中华老字号德懋恭食品商店创建于清穆宗同治十一年（公元1872 年）。清光绪末年八国联军攻陷北京，慈禧太后避难到西安，曾在广济街口闻香停车，品尝了德懋恭水晶饼并大加赞赏，遂将其钦点为"贡品"，这之后德懋恭更是名价倍增。140 年来，德懋恭人依据"德、懋、恭"三个字的语意去做人、经商，使得德懋恭水晶饼信誉越来越高。

相传"水晶饼"创始于宋朝下邦（1978 年下邦更名为下吉，即今陕西省渭南市临渭区下吉镇），因其馅通明发亮、结皎晶莹，如水晶石一般，故此得名"水晶饼"。元代时已远销京、津各大城市。至清代末年，经渭南同义栈张采风技师改进精制，产品以"金面银帮，起皮飞酥，凉舌渗齿，清香爽口"而名声大振。当时，以桐木盒和硬纸盒精心包装，作为馈赠亲友的上等礼品。

（二）名品推荐

水晶饼以西安德懋恭生产的最为正宗有名，口味清淡纯正，有果料及玫瑰香味。水晶饼小巧玲珑，皮酥馅足，滋润适口，层次分明，油多而不腻，糖重入口渗甜，且以其浓郁的玫瑰和橘饼清香使人见即想食。水晶饼面色金黄，四周雪白，素有"金底银帮鼓鼓腔，红色印章盖中央"的赞誉，被称为"秦点之首"。

十二、上海乔家栅——享誉百年，味传南国

（一）老字号历史典故

乔家栅早期在上海老城厢乔家路开店，并采用木质栅栏装饰店面而得名。其前身是永茂昌汤团店，先后在上海老城厢乔家路、馆驿街、旧校场路等处开设分店。

1937 年从老城厢搬迁到陕西南路、淮海中路口，1940 年迁址到襄阳南路 336号，定名"乔家栅食府"。2006 年 12 月"乔家栅"被国家商务部首批评定为"中华老字号"。乔家栅历经时代的更迭，饱经沧桑而历久弥坚，今天的乔家栅早已不是当年那种前店后坊式经营，而是实施品牌连锁经营和产销一体的现代化企业。

当年梅兰芳、周信芳均是乔家栅的常客，宋庆龄在沪期间经常派人到乔家栅食府购买糕饼、粽子。在打造中国民族工业品牌的同时，乔家栅涌现出一批技艺精湛的糕点大师，特级技师陈小根师傅擅长江南点心和月饼制作，1959 年曾赴京参加国庆十周年庆典，为毛泽东主席做过点心。

（二）名品推荐

上海乔家栅

乔家栅享誉百年，以经营四季传统糕饼著称，月饼皮薄馅靓、粽子软糯鲜美，名点美食"味传南国"。由乔家栅生产的苏式汤团、八宝饭、粽子、寿桃、定胜糕、松糕、月饼、重阳糕等产品，以其严格的选料、先进的工艺、独特的风味及有口皆碑的质量标准，在上海糕点中独占鳌头。

十三、昆明桂美轩——香浓味醇，甜咸适宜

（一）老字号历史典故

昆明老字号糕点坊"桂美轩"店中的黑木牌匾上记载，"桂美轩"创建于 1936 年，至今已有 70 多年历史，其创始人任明卿乃一介书生。据说，任明卿先祖原姓桂，系清朝中期桂系皇族。他因看到当时昆明糕点作坊的生意火爆，产生了弃文经商的想法。随即拜祖上聘用的老厨为师，因其天资聪颖，很快将糕点制作的技艺学得炉火纯青，最初经营的是小作坊，主要产品有重油蛋糕、沙琪玛、芙蓉糕、玫瑰鲜花饼等，颇受市民欢迎。迁居昆明后，凭借昆明四季如春，祥和温馨的人文、地理优势，任明卿始创"桂美轩""字号。此号以"桂"字为首，有两层含义：一则取义月宫的桂树，每逢中秋思念亲人，愿人间千里共婵娟；二则桂花飘香，寓意美名远扬。

云腿月饼历史悠久，相传明末清初，退居昆明的南明朝廷永历皇帝，终日忧愁，不思茶饭。一位御膳厨师急中生智，别出心裁地选用云南的火腿精肉切成碎

丁，混以蜂蜜、精糖包馅，蒸制点心奉上，称之为"云腿包子"。因其香浓味醇，甜咸适宜，皇上吃了龙颜大悦，连声赞美。从此，列为御膳厨中的应时点心。后来，这种包子的做法传入民间，并逐渐由蒸制改为烘烤，由包子形状改为圆饼形状。

（二）名品推荐

桂美轩主要经营滇式糕点，包括云腿月饼、鲜花饼、重油蛋糕、芙蓉糕、面筋萨其马等10多个品种。

其中最有名的是云腿月饼，云腿月饼是用云南特产的宣威火腿，加上蜂蜜、猪油、白糖等为馅心，用昆明呈贡的紫麦面粉为皮料烘烤而成。其表面呈金黄色或棕红色，外有一层硬壳，油润艳丽，千层酥皮裹着馅心。这种月饼既有香味扑鼻的火腿，又有甜中带咸的诱人蜜汁，入口舒适，食而不腻。

十四、昆明吉庆祥——尘飞白雪，玉屑金泥

（一）老字号历史典故

相传吉庆祥最初于清光绪三十三年（公元1907年）在云南个旧创立，创建人是陈惠泉、陈惠生兄弟，因二人小名小庆和小祥，又得到妹婿袁吉之的资助，于是各取三人名中的一个字，店名取为"吉庆祥糕饼庄"，求吉祥、欢乐、祥和之意。

1922年吉庆祥进驻昆明，选址马市口（华山南路），三层楼三个铺面，气魄非凡。1956年公私合营中，吉庆祥兼并合香楼、萃香楼、德美轩等13家糕饼铺，成为具有一定规模的"吉庆祥糕饼厂"。

上世纪的二三十年代是吉庆祥发展的鼎盛时期，中秋节前，排队购买吉庆祥的云腿月饼几乎成为昆明的一大景观。更有越南、缅甸、泰国的富商雇佣马帮，经茶马古道专门前往昆明购买吉庆祥的月饼。

云腿月饼的前身

虽然吉庆祥创立于清末，但其云腿月饼渊源却可追溯到明末清初。坊间相传，明永历皇帝退居昆明后，终日忧愁，不思饮食，一位御厨别出心裁地选用宣威火腿精肉丁，混以蜂蜜、白糖包馅，称之为"云腿包子"。因其香味独特、酥软可口，

永历享用后龙颜大悦，遂列为御膳。及至清朝，慈禧太后吃了云南巡抚进贡的这种点心后，感觉很好，随即给点心起名，称之为"火腿四两砣"。而一直延续下来的"火腿四两砣"逐渐演变成云腿月饼的雏型。

（二）名品推荐

吉庆祥主要生产各种中西式糕点、滇式糕点、标花蛋糕等，还首创了享誉国内外的硬壳火腿月饼——云腿月饼。云腿月饼旧时称为"火腿坨"或"火腿四两坨"，制作时选用宣威火腿最好的部分切成小块，配以冬蜂蜜、猪油、白糖等制成馅心，再用昆明郊区呈贡县的紫麦面粉包心烘烤而成。其外观褐黄且略硬，食用时酥而不散，故俗称"硬壳火腿月饼"，其口感香浓味醇、甜咸适宜。

十五、云南昭通月中桂——中秋月朗，桂子新香

（一）老字号历史典故

月中桂绿豆糕的创始人熊绍武原做小百货生意，以转溜溜场为主，等到手中略有积蓄的时候，便改行开餐馆，1925 年，他见糕点生意兴隆，便在昭通当时的繁华地段——现在的昭阳区西陡街交汇处租下一处门面，专营绿豆糕、火腿月饼等糕点，由此归中桂正式诞生。作为一个家庭作坊式的小厂，熊绍武的经营很平稳。期间，熊绍武结识了一个名叫黄炳林的外地人，黄炳林对糕点制作颇有研究并技艺超群，二人遂结为莫逆之交。两人对绿豆糕的制作工艺详加研究，在传统工艺的基础上借鉴、吸收各地之长，结合当地原料的特性，以姜黄着色，完全冷操作成形，重油重糖，甘凉沁心，余味绵长，形成了本地区特色鲜明的地方风味名吃"绿豆糕"。

月中桂诞生

1925 年，熊绍武的表兄为糕点店挥毫手书"月中桂"三字，昭通名儒杨筱云为之欣然书联一副曰：月华最是中秋朗，桂子新开第一香；另一联曰：月满琼楼中外瞻彩，桂飘金粟远近闻香。具有云南地方特色的月中桂糕点就正式诞生了。

（二）名品推荐

月中桂绿豆糕，主要以猪油、糖粉、糯米粉、绿豆沙、玫瑰糖、姜黄面为原料，经过淘洗、筛选、烘烤，用和面机合均匀，放入糕厢打制而成。产品松软细

腻，香甜甘凉，在同类产品中因口味独特而占有一席之地。昭通月中桂在绿豆糕和月饼的基础上，还开发出了花生糖块、小麻片、蛋清饼、沙糕、鱼皮花生、芙蓉饼等一系列产品。月中桂做糕点选用的糖，必须是巧家出产的上好的小碗红糖；做月饼所用的火腿必须是民间自己腌制的新鲜火腿，每支火腿都得精挑细选，因此深受人们欢迎。

第五节　茶酒飘香老字号

一、北京吴裕泰——门洞里的生意经

（一）老字号历史典故

两百多年前，北京人说："北新桥附近的门洞里有一家安徽人开的茶栈叫'吴裕泰'。"两百多年之后，北京人会说："'吴裕泰'茶叶是我们生活的必需！""吴裕泰"究竟是怎样成长壮大起来的呢？让我们循着"吴裕泰"的发展足迹去探寻一下吧。

1. 门洞里的茶叶铺

清光绪九年（1883），朝廷举行会试，全国各地的举人都备齐盘缠进京应试。

徽州歙县的吴锡卿有一个好朋友，是一位举人，他也要进京考试。这天他来到吴锡卿的家里向他辞行，"吴兄，又到了会试的年份了，明天我就要启程上京，这一段时间我们不能一起饮茶作乐了，待我回来，再与你做伴。"

"兄弟，不如我随你一起进京吧，我长这么大还没进过京城呢，也不知道京城是什么模样。"吴锡卿嘴上这么说，心里却是早已打响了如意算盘。

吴锡卿祖上世代经商，至他这一代，生意一直不景气，他一直想将自己生意的范围扩大，走出歙县。这次赶上大考之年，正好有人陪他进京，对他来说正是一件美事。

第二天，两人在城门口碰面。举人见到吴锡卿的行李竟然比自己的还多，"我说吴兄，你这大包小包的是什么？我这个考试的带着这么多书，行李还没你的

多呢。"

吴锡卿说："哦，我带了些茶叶，到了北京，我们可以继续一起喝家乡的茶。"

"吾兄，到了京城，我就安心读书了，这茶啊，你就自己喝吧。"举人朋友还是不理解，吴锡卿为什么要带这么多茶叶，即使他们一天喝到晚，这些茶叶也是喝不完的。

刚进北京的城门，吴锡卿就感叹道："哇，京城就是京城！真是繁华！"

为了能取得好的成绩，举人朋友安顿下来之后，就闭门看书应试，而吴锡卿空闲的时间就多了，他东看看西瞧瞧，觉得什么都新鲜。

初到一个陌生的地方，难免需要当地人的指点。吴锡卿和举人朋友租住在北京当地人的家里，因此，他们就多了许多邻居。有什么需要帮忙的，吴锡卿就去寻求邻居们的帮助，一来二去，相互熟悉起来。而吴锡卿也越来越觉得不好意思起来，邻居们在生活上给了他很大的帮助，他该怎样回报他们呢？

对了，茶叶！家乡的茶叶可是香喷喷的。

吴锡卿拿了些茶叶赠与邻居们作为答谢。令他没有想到的是，邻居们喝过茶后都赞不绝口，都说茶叶清香无比，还极力劝说他摆个地摊卖茶叶。

吴锡卿也觉得这个建议不错，他这次来北京，其中一个目的就是要为自己的茶叶打开销路。经过一番观察，吴锡卿选中了北新桥大街路东的一个大门洞作为摆摊的地点。这里曾经是一个大户人家府邸大门，后来这家人落魄了，人去楼空，门洞就一直残留着。

门洞之处是内城满汉居住最密集的地方，居住着贫富贵贱的各色人群，最重要的是吴锡卿发现，北京人特别喜欢喝茶，摊子摆在北京这个地方真是明智之举。

几天之后，茶叶便销售一空，吴锡卿后悔当初没有多带一点茶叶过来。

一段时间之后，会试的榜文发布，吴锡卿的朋友落榜，但是他发誓一定要中榜，谋个一官半职的，所以决定留在北京苦读，等待下科再考。

吴锡卿为了安慰朋友，一直陪着他。这天，朋友红着脸，支支吾吾地说："吾兄，我有个不情之请，不知道你能不能答应。"

"眼看着我身上的盘缠已经用尽，还借了你不少，我想麻烦你回家乡帮我取些银两，不知道你能不能应允。"

朋友的这个请求正好迎合了吴锡卿的心理，他也想回家乡一趟，多置办些茶叶来北京卖，他立刻回答说："我当然应允了，我也正想回去带些茶叶来卖，我这也是顺路。"

吴锡卿回到家乡，铆足了劲儿，尽其所能带回了大量的茶叶，正式开始了在北京的茶叶生意。当时茶叶包装纸上只印刷有"北新桥路东大厅便是"的字样。由于茶叶的质量上乘，即便包装简便，吴锡卿的生意也是日渐红火，业务发展很快。

不久之后，吴锡卿将家人接到了北京，正式在北京落户。吴家经过数年努力积累了一些银两，最终将这个大门洞买下来，经过修缮，建成店铺门面，起用了字号"吴裕泰"。

吴裕泰的第一块牌匾是花五块钱请老秀才祝椿年题写的。1887 年，茶栈正式悬匾开张。由于当时吴裕泰茶栈以仓储、运销、批发为主，门市零售为辅，故称茶栈，而不叫茶庄。祝秀才题写的那块牌匾挂了几十年，伴随着吴裕泰走过了风风雨雨。

吴家懂得锐意进取，经营起生意来童叟无欺，渐渐在京城站稳了脚跟。为了扩大经营，吴家就把与这个大门洞后面相连的荒芜府第（约十五亩）全部买了下来。

吴锡卿将整个大院重新修建，建成环绕群房大约五十多间，在院落南端（骆驼胡同路北）还修建了宽大的门楼，北京人称为吴裕泰大院。

2. 老铺待客似宾朋

清朝时期的老北京人出了名的爱喝茶，不管是王公贵族，还是平民百姓，不管有事没事，也不管心情好坏，都愿意沏上一杯，慢慢悠悠地品了起来，为好心情庆祝，为坏心情释怀。

据统计，早在元明时代，北京人饮茶就非常普及，那时的朝廷，每年耗用茶品八万多斤。经过几百年的发展，北京茶叶市场已经比较成熟，既有高档名贵的茶，也有价格极为便宜的高末花茶。

吴裕泰茶铺开门做生意之初也有过困惑，京城这么大，茶叶市场也算是繁荣，那么到底要将自己的客户定位在什么水平呢？是豪门贵族，还是平民百姓？

经过一番思量，吴裕泰选择了后者。吴裕泰店铺中有副对联，大意是说，京城百业竞奢华，而大富大贵之豪门的数量毕竟是少之又少，古城人民多崇尚节俭，毕竟小门小户人家才是社会的主体。

吴裕泰以老百姓为上的服务经营方针和态度赢得了社会赞许。吴裕泰店铺刚刚成立之时，没有设立分店，更没有我们现在的连锁店，但物美价廉的经营方针使得城里城外的人们，即便是多跑上几十里路，也要到吴裕泰茶庄来买茶叶。

吴裕泰最开始将门洞定为店面，店里的面貌虽然有些古老陈旧，但店堂里的布置却很温馨和谐，使顾客有一种宾至如归的感觉。

走近店铺大堂，迎面而来的是一大面玻璃镜，左右两侧是金色的抱柱楹联："雀舌未经三月雨，龙芽先占一枝春。"大堂两旁各自摆放了一排一字形的尺柜，并且两门与后室是相通的。在两个尺柜内侧贴着大幅的"丹凤朝阳"商标。

大堂里还摆放着应时的花卉，像茉莉、碧桃、桂花、梅花、玫瑰等，不仅赏心悦目，也衬托出了茶文化的雅趣。

来吴裕泰购茶的顾客，可以在店堂里小坐，也可以在后堂喝茶。经常去吴裕泰的顾客，熟悉了，通常是自己去堂取茶取水。

吴裕泰从店面的装修到招呼顾客的方式都让顾客有种宾至如归的感觉，这正是成就百年老店的方式之一。

另外，值得一提的是，吴裕泰茶庄的顾客大部分是回头客、老主顾。有的家庭，几代人都喝吴裕泰的茶叶；有的顾客即使人不在北京了，仍坚持喝吴裕泰的茶叶，喝完了就从北京邮购。真可谓"半生喝茶，一世情缘"。

茶庄严把拼配关。各种档次的茶叶，他们都拉单子，拼小样，多次品尝，精心调配。吴裕泰茶庄茶叶的质量和品位都高于市场同档次茶叶。

3. 五子共谋发展计

直至清末，创始人吴锡卿一直是吴裕泰的掌柜。这位吴老太爷将茶栈的生意越做越大，用"吴裕泰"这个字号先后开设了十几家分铺。

生老病死是自然界的规律，吴老太爷身体渐渐不支，临终前将所有产业平分成五份，分别写了五张字条，让五个儿子抓阄，谁抓到哪儿就掌管哪里。这五份分别命名为"仁、义、礼、智、信"。凑巧的是，他的五个儿子由大到小刚好按顺序抓到了"仁""义""礼""智""信"。

三、四、五房的兄弟年纪较轻，还想打拼，于是他们就商议将各自分得的商店、房屋等财产重新合并，共同居住生活，共同经营商号。为了更好地管理，他们组建了一个管理机构，起名为"礼智信兄弟公司"。

公司创建伊始，礼记的吴德利茶庄（西号、北号），智记的吴裕泰茶栈、吴鼎裕茶庄，信记的协力茶庄和协顺香烛百货铺等共六家商店都纳入公司名下，而这几家商店所掌管的总共十万两银子的资金，也由各店的掌柜交于公司，由公司统一经营和管理，赚了钱大家一起分。

在商场上有足够的资金支持，对吴裕泰来说，可谓是如虎添翼，公司可以放心地购进货物，更好地发展吴锡卿给他们留下的产业。而最重要的是，他们都秉承了吴锡卿给他们留下的"仁义礼智信"的精神，团结一致，这不得不说是吴裕泰发扬光大的一个重要原因。

20 世纪初，京城规定外埠茶商不能再入驻。对以批发为主业的吴裕泰茶栈来说，这条规定为其快速发展提供了前所未有的良机。这是因为，在北京经营零售业务的茶庄的进货途径主要有两种，一种是从天津批买茶叶，另一种是从本地批发商那里批发，而这些批发商的茶叶都是直接到茶叶产地采购而来的。

这样巨大的商机，礼智信兄弟公司怎么会看不到呢？他们立即组织开会，几个兄弟经过商议，决定实行外围重点发展的战略，在天津开始开茶庄。

不久之后，三兄弟就在津北大关一带建起了天津裕升茶庄，还在离北大关不远的地方另修建了一栋三层楼房，作为仓库和员工宿舍。

裕升茶庄主营批发业务，发展速度极快，没多久员工就发展到了二百多人。后来，"裕升"几乎取代"吴裕泰"在天津销售中的地位，成为礼智信兄弟公司最主要的利润来源。

4. 吴裕泰独特的年文化

中国独特的国情决定了春节前后是茶叶销售最繁忙的时候，每年从腊月二十三祭灶开始，买茶叶的人就多起来了，有的为送礼，有的为迎客。吴裕泰的名声已经建起，到这里来买茶叶的人自然就多。

从腊月二十三开始，吴裕泰既要为店面张灯结彩，还要为不同层次的客人准备各种档次的茶叶。过年图的就是开心，人们花钱花得心甘情愿，所以吴裕泰的生意也格外好。每年大年三十的晚上，吴裕泰茶栈提早闭门休市，他们要热热闹闹地进行一系列的民俗活动，这就形成了吴裕泰独有的大年气氛。

活动是以子夜的"接神"仪式开始的。在这个仪式中，有用芝麻秸秆扎成的佛龛样的"钱粮筐子"框架，这象征着来年的生意像芝麻开花那样节节攀高。

另外，吴裕泰还会在过年前特意定制一挂两万头的鞭炮，总长度约有两丈。吴裕泰在挂鞭炮这样的小细节上也是有讲究的，要先从下面单挂，然后在上面变成双挂，再往上就是同时挂起四挂，这样的结构在同时点燃的时候，甚是好看，同时也象征着店铺越来越兴旺。

在早年，新年的子夜，常有穷人家的孩子手持一张纸质的财神像，到街上的店铺门口高喊："送财神爷来啦！"店铺管事的会给他们红包，为的也是图个吉利。在子夜短短的十几分钟内，吴裕泰就能接到上百张财神，这种现象年年如此。在店门口高喊的孩子们为吴裕泰的年庆增添了几分欢乐祥和之气。这些都构成了吴裕泰特殊的、值得纪念的年文化。

5. 崇尚勤俭，乐善好施

俗话说："家和万事兴。"礼智信兄弟公司的"礼""智""信"三兄弟互谅互让、同舟共济，兄弟齐心将吴裕泰茶庄办得有声有色。

公司的主管是兄弟中的老四，人称吴四先生。他为人忠厚、崇尚勤俭、兢兢业业，他与其他两位兄弟一起苦心经营着父辈留下来的茶庄。在公司，吴四先生铁面无私，一切按礼智信兄弟公司的章程办事，当然他对自己的要求更是严格。

这位吴四先生还是一位非常虔诚的佛教教徒，思想上还深受儒家文化的影响，因此他做起生意来不仅严守道德规范，同时也以极大的热心不遗余力投身到公益事业之中。他在公益事业中担任着一些社会职务，同时也经常参加一些佛事活动。一颗慈悲的心经常让他慷慨解囊，救助社会上的饥寒之家，冬季寒冷之时，他还在东直门一带开设临时粥厂，免费给穷苦人家提供暖身的热粥。

吴家虽说是豪门大户，却十分节俭，因此，尽管他们有着大宅门的气派，却始终给人一种平常人家的感觉。正是吴家的这种姿态，使吴裕泰的名号赢得了广大消费者的认同。

正是这种种良善德行让吴裕泰成为百年字号，久负盛名。在很长一段时间里，吴裕泰茶庄就像是巨柱一样撑起了北京茶叶市场的销售天空，是北京地区收益最大的茶庄。

吴裕泰发展至今已有一百多年的历史，相对于从神农尝百草发展至今的整个茶叶史中，吴裕泰的历史也不过是一瞬，但是对吴裕泰来说，这段历史却浓缩着几代人的奉献和追求。

像其他老字号一样，随着社会的变革和历史的发展，吴裕泰的发展也经历了许多浮浮沉沉，但最终还是取得了胜利，将生意越做越大，将形象越做越好。

（二）名品推荐

吴裕泰牌的茉莉牡丹绣球、莲峰翠芽、茉莉雪针等 8 个品种曾连续 3 年获国际名茶评比会金奖，并获日本、韩国评茶会名茶金奖。这是因为吴裕泰百年来始终秉承"自采、自窨、自拼"的操作规范，形成了香气鲜灵持久、滋味醇厚回甘、汤色清澈明亮、耐泡的独特口味。"自采"是指吴裕泰在安徽、福建、浙江等地均设有自家的产茶基地，遵循吴裕泰严格的采摘标准；"自窨"是指花茶的一个加工步骤，一般茶叶只会窨三四次，而吴裕泰的茶叶则窨六七次。窨好的原料茶本可出售，但是吴裕泰多加了一道工序，就是"自拼"，即将原料茶按其口味特点再次进行拼配，这便是老北京赞不绝口的"裕泰香"。

二、北京张一元 ——一等茶庄属张家

（一）老字号历史典故

位于北京前门外大栅栏的张一元茶庄，是茶叶里的老字号，已有近百年的历史，走过了沧桑坎坷，茶庄里仍保留有过去时代的气息。置身张一元，使人恍如隔世，犹如回到了当年它刚刚成立的那个年代。

1. 张一元茶庄创建

自古以来，安徽就是茶叶之乡，祁门茶、六安茶和黄山茶，名扬国内外。

张文卿出生于安徽省歙县定潭村，自小家境贫苦，十几岁时就已经帮助父亲料理家中的几亩水田和茶田。家里有地，虽说饿不着，但也富裕不起来，为了让张文卿有更好的将来，父亲准备让他走出闭塞的山村，去大地方发展。

为此，父亲动用了几乎所有的关系，终于在张文卿 17 岁的时候，送他去北京崇文门外瓷器口的荣泰行茶店做学徒。张文卿临走之时，父亲既高兴又担心，一个劲儿地叮嘱张文卿到了那里要好好工作。

张文卿知道父亲的良苦用心，满口答应着，含着眼泪离开生活了 17 年的山村。

当时北京的磁器口是个商业闹市区，每天来这里做买卖的人络绎不绝，荣泰行茶店的生意十分兴盛。店里的生意多，张文卿从不叫苦叫累，眼尖又勤快，掌柜的经常夸他。

聪明又勤快的张文卿仅用了三年多的时间就学会了在后柜拼配茶叶，在前柜接待顾客。荣泰行的老板预感到张文卿心气高，他离开店的时间不远了。

不出所料，大约在清光绪二十二年（1896），张文卿辞了柜，在同行和朋友的帮助下，在花市大街路南，一家烟铺门前摆起了茶叶摊，取名叫张记茶叶摊。他发誓若是哪天赚足了本钱，一定开一家茶叶店。

为了招揽顾客，张文卿都是拿上好的茶叶泡上一壶，请顾客买茶叶前先品尝，感觉喝的对口了再买。张文卿拼配的茶叶，质优价廉，天长日久，张记茶摊就出了名，生意也越做越好。

北京张一元

荣泰行的掌柜听到这个消息，叹口气说："我就知道这小子有出息，看来不用多久，北京城内就会又多一家上好的茶叶店了。"

清光绪二十六年（1900）春，张文卿茶叶摊后边的烟铺由于买卖做亏了，无法维持下去，不得不关门大吉。张文卿瞅准这个机会，用这几年的积蓄将烟铺的铺底倒了过来。

经过大约一个月的整修和备货，茶庄开张了。张文卿为茶庄取名为"张玉元"，这个名字中包含着他的良苦用心。"张"字是张文卿的姓，表示茶庄是张家的买卖；"玉"字是玉茗的简称，玉茗本是名贵的白山茶花，在陆羽的《茶经》中，它是茶叶的通称，因此，"玉"字表示的是茶的意思，而"元"字有"一"的意思。这三个字合起来就是"张家的第一等的茶庄"。

应了"张玉元"这个名字的彩头，茶庄的生意兴隆，财源广进。张文卿有资本在手，萌生了开设第二家店的念头。1906年，张文卿在前门大栅栏观音寺开设了第二家店，取名"张一元"，这个名字有"一元复始、万象更新"之意，读起来比"张玉元"还顺口。

第二家茶庄开起来之后果然是万象更新，生意也是好得不得了。仅仅两年之

后，张文卿又在前门大栅栏街开设了第三家店，同样取名为"张一元"。为了与前一个店区别，这个店被称为"张一元文记"茶庄。清末民初时期，前门是北京最繁华的地段，两家"张一元"的生意明显好过"张玉元"，人们也大多记住了"张一元"。

张一元在当时的影响力极大，正通银号还拿它当作炒作的手段。正通银号于民国六年（1917）在前门外珠宝市路东开业。当时，民国政府发行"黄河奖券"和"建设奖券"，正通银号取得了推销它们的业务。为了更好地扩大宣传，当时的负责人宣称，"张一元"的老板张文卿就是用一块钱买了一张黄河奖券，得了个头彩，才开了这个张一元茶庄，也因此取名"张一元茶庄"。

从时间上来说，这个说法一定是不真实的，只是正通银号的一个宣传噱头而已，但这件事从侧面反映了张一元茶庄在当时的火热程度。

2. 茶庄火热的秘密

在大栅栏连开两家张一元茶庄后，张文卿暂时将店铺交给伙计看管，亲自到福建开办茶场。他在福州郊外半山坡上，盖了几十间房子，雇佣当地雇工按时收购新摘的茶叶，并买花自己熏制。

对于京城和北方人的口味，张文卿非常了解，他指导工人们熏制、拼配，形成具有特色的小叶花茶。花茶汤清，味浓、入口芳香、回味无穷，受到北京人的广泛认可。

张文卿自己办茶场，不仅熏制的茶叶清香，还由于省了中间的茶商的工序，茶价较其他店的要便宜很多。谁都喜欢价廉物美的东西，自然来光顾张一元的人就多。

为了使自己的茶叶质量高于同行，张文卿以及后来的张一元茶庄掌柜都会经常派人到一些茶店了解售价，掌握商品行情，并且买回别人销售的茶叶，与自家同级茶叶比较，以求做到最好。

张一元茶庄不仅货色齐全、质优而价廉，掌柜和员工招待顾客都是彬彬有礼、态度和气、一视同仁。

张一元茶庄的店堂中不仅设有品茶桌，而且可以看茶叶小样，使顾客先看货后买茶叶，这算得上是比较周到的服务体系了。另外，茶庄中还设有电话和函购业务，凡是单次购买2.5公斤以上茶叶者，茶庄都负责送货上门。

自 1982 年开始，张一元茶庄还开展了代客邮寄业务。不管国内国外，只要有人来信来电要购买张一元的茶，茶庄就会为顾客免费包装和送寄，但邮资是由顾客自付。这一类似于淘宝商城的做法一直坚持了 20 年。通过邮寄喝到张一元茶庄茶叶的顾客遍及国内二十多个省市自治区。为了能将业务做得更好，张一元茶庄又与北京市邮政管理局和市投递局联合开展"张一元免费送茶工程"，造福于张一元茶庄的顾客。

为了招揽顾客，张一元茶庄还是第一个用高音喇叭播放歌曲、戏剧的茶庄。据说，张一元茶庄每次播放彭素海用西河大鼓演唱的《三下南唐》时，门前总是围着一群人观看。有顾客就有消费，张一元的这些招数为其牢牢地锁住了顾客。

民国时期的前门附近，王皮胡同、蔡家胡同、大施兴胡同、小施兴胡同、朱茅胡同、石头胡同、王广福斜街、韩家谭等八大胡同里的几百家妓院，人流穿梭，每天需要大量的中高档花茶。茶庄看到了这一商机，费尽唇舌说服了妓院的管事，只购买张一元的花茶。看来，张一元茶庄火热的秘密还真不少呢！

3. 浮浮沉沉张一元

1931 年，主持经营茶庄几十年的老掌柜张文卿去世。不知是何种原因，张家没有人愿意出面经营，在北京的几家张一元只好分别委托外人经营，虽然易主，但营业并不比以往逊色。

可随着战争的来临，张一元等老字号无一幸免地受其影响。1937 年"七七"事变后，北京沦陷，各业凋敝，张一元茶庄的营业额逐渐下滑。

如果说北京的沦陷给了张一元茶庄的是重重一击，那么 1947 年的大火便是毁灭性的了。

1947 年的一天，大栅栏张一元茶庄店堂中的伙计正在忙着招呼客人，忽然听到后楼传来喊声："着火了！后楼着火了！快来救火！"

茶庄是最见不得潮湿的，茶叶需要一个干燥的环境，在这样的环境中起火，哪说是救就能救下的。大火噼里啪啦的着，人们除了死命地抬水浇水外，没有任何办法。最终，茶庄被烧得只剩下前槽门面。这致命的打击让张一元茶庄一蹶不振。为了生存，店员们不得不在店前摆茶摊，直至北京解放。

1951 年，张一元文记茶庄得到张家的资助，在政府保护、发展民族工商业的政策感召下，重建店堂。1952 年，观音寺张一元茶庄和大栅栏的张一元文记茶庄合并，两家都是张文卿创立。

合并后的张一元仍发扬以前的优良经营传统，在茶叶的质量、种类上不断更新、改造、调整，茶庄仍受到消费者的欢迎。1990 年北京召开第十一届亚运会期间，来到北京的亚奥理事会官员和各国运动员都慕名来张一元茶庄购买茶叶。

1956 年，在公私合营的大潮中，花市大街张玉元茶庄撤点，至此，北京城内，张文卿创建的三家茶庄只剩一家。

4. 通货源起死回生

在计划经济年代，张一元的茶叶和其他所有茶叶店一样，都是统一配货，茶庄作为老字号的优势和特色已经荡然无存。

计划经济结束，为迎接市场的挑战，发扬中国的老品牌，1992 年，北京市张一元茶叶公司成立。当年，王秀兰受命担任公司总经理。她在上任之初就暗下决心，要恢复和发展张一元一些失传断档的传统风格，与此同时，也要适应市场的发展，多方努力，只有这样才能组建出一个新面貌的张一元。

王秀兰走马上任后的第一件事就是走访老顾客和张家后人，希望能尽快恢复老字号传统。经过收集各方的资料，王秀兰将张一元茶庄的特色产品定为茉莉花茶。

张一元有句老话："宁可人不买，不可人买缺。"但是计划经济年代，京城茶庄的茶叶家家一个味儿，人有我有，人无我无，货源非常单一。为此，刚上任没几个月的王秀兰就踏上了寻找茶源之路。

王秀兰来到著名的闽东茶厂，希望从此能直接获得货源。但是习惯了与各省市茶叶大公司打交道的茶厂领导，压根就没将一个自动找上门来的"小公司"放在眼里。

王秀兰没有因此而放弃，厂领导不见她，她就在厂门口等，见到领导之后就迫不及待地给他们讲述张一元的历史，介绍张一元的现状。一次说不完，就等下一次继续说。在很长一段时间里，闽东崎岖的山路上，一直都摇曳着王秀兰忙碌的身影。

闽东茶厂的领导最终还是被眼前这个女经理打动了，他们决定冒着得罪大客户的风险，给张一元直接供货。

王秀兰的努力使得优质的茶叶源源不断地摆上张一元的柜台，这个危在旦夕的百年茶庄又活了过来！

仅是靠卖别家的茶叶可不是王秀兰的最终目的，她知道张一元的创始人张文卿就是靠着自家制茶的特色逐渐发展起来的，这个传统她要发扬起来。

　　1994 年，王秀兰冒着极大的风险，收购了闽东一家老茶厂，誓要将这里的发展成为闽东张一元茶叶基地。为什么说是冒着极大的风险呢？因为王秀兰投入了 100 万的资金，这可是张一元年收入的一半。张一元的每位员工都为她捏了把汗。收购茶厂之后，王秀兰"买山种茶"，精心管理，付出了所有的心血。

　　事实证明，王秀兰的做法是见效的。当年，张一元的产值就超过 500 万元，第二年达到 800 万元，茶场活了，张一元的牌子也在茶区打响了。不仅如此，在 1994 年，张一元茶庄自己生产的茶叶上市，老传统新包装，张一元再次一炮而红。张一元成为第一家恢复传统花茶口味的茶行。

　　打铁趁热，王秀兰相继在福建、浙江、江苏、湖南、海南五指山、四川峨眉山等地建起了茶叶生产基地，形成了张一元产供销一体化的专业网络。

　　古人诗云："买得青山只种茶。"这种买山种茶的文思臆想，被王秀兰在现实生活中实现了。

　　鉴于中国茶"有名茶无名牌"的情况，王秀兰还在茶叶品牌上做起了努力，张一元茶庄把中国古代茶文化与张一元茶庄发展历史相结合，树立起"张一元"品牌概念和企业文化。因为战争的劫难和历史的沧桑，"张一元"的老匾已经失传，为了统一企业标识，公司请来书法家董石良先生重新书写了张一元牌匾。

　　此外，为实施品牌延伸的新战略，把茶叶推向茶饮料的深加工，2002 年张一元茶庄公司投资 3000 万元在北京通州区成立张一元饮品有限责任公司，引进全封闭式的自动化生产线和先进的仪器检测设备，生产茶饮料、果汁饮料、饮用水三大类产品。

　　5. 品牌"高碎"第一家

　　老北京人喜欢喝"高沫"，也叫"茶芯"或"高碎"。听上去，这"高碎"似乎就是茶叶末，其实不然，它是一个个颗粒状的茶芯和小芽，加工起来难度很大。

　　"高碎"沏出的茶味道浓郁，很受欢迎。但是因为加工难度大的原因，在 20 世纪 80 年代，"高碎"就在茶叶市场上断档了。

　　2005 年的一天，一位老人走进张一元茶庄问："服务员，你们这里有'高碎'卖吗？"服务员尴尬地说："老人家，真是对不起，我们这里没有。"

　　老人叹了一口气，转身就要离开，这时候王秀兰正好进来，她对老人家说：

"老人家，您放心，过不了多久，我们这里就会有'高碎'卖的。"

王秀兰马上走访各处，将退休的技师一一请回来，加工了100担（一万斤）"高沫"。本想着这足够2005年的需求了，谁知，不到两个月的时间，100担"高沫"就卖完了，没有买到的顾客还在茶庄登记数目，进行预定。

现在的北京人，很多都选择走进张一元茶庄喝茶。花不多的钱泡壶好茶，与人谈谈事、聊聊天、下下棋，人生岂不快哉?!

（三）名品推荐

深受京城百姓喜爱的"京味"花茶——张一元自制小叶花茶，风味独特，具有汤清、味浓、入口芳香、回味无穷的特点，物美价廉又有深厚的老北京文化底蕴。

张一元不仅走俏京城，而且远销华北、东北各地，其中最著名的要数张一元茉莉花茶，采用的是福建烘青绿茶——春茶作茶坯，初制过程要经过萎凋、杀青、揉捻、烘焙等复杂工序。当时前门外的"八大胡同"和一些澡堂子、戏园子的常客，喝茶几乎都点名要张一元的，是京城百姓离不开的生活必需品。

（三）链接

天桥茶馆

张一元天桥茶馆是一个富有传统特色的书茶馆，其风格融京味文化、宣南文化、老天桥演艺文化于一体，再现了老天桥的民族风情，是一个集学茶、品茶、赏茶的休闲场所。在这里品茶与休闲的同时，还可以欣赏到评书、戏曲、杂技、相声等这些原汁原味的老天桥民俗文艺演出，每个周末，北京德云社将风雨无阻地在此为大家献上中国的传统艺术——相声。

三、苏州玉露春——百年玉露，经典藏春

（一）老字号历史典故

百年老店玉露春，始于清光绪年间，自古以经营茶叶、茶馆为主，兼作建材行业和营造业主们交谈、交易、休闲等，加之集会的场所。江苏苏州东西山洞庭花果园畔盛产碧螺春，而当时京城、海上等行商、官吏每每以"玉露春"茶庄碧螺春茶馈赠乡亲，一时间名震江南，是茶时，往往门庭若市，商贾云集。现代企业品牌"玉露春"，秉承百年基业，在同行业之间独领风骚，以太湖200多亩茶果园为碧螺

春茶原产地，并创"玉露春茶"系列，携同全国各地名茶，远销国内各大城市。

（二）名品推荐

玉露春牌洞庭山碧螺春茶，外形条索纤细、卷曲成螺、满身披毫、银绿隐翠，口感香气浓郁、滋味鲜醇，冲泡时汤色清澈、叶底嫩亮。想要保证玉露春的碧螺春茶能时时泡制出如此"色、香、味"俱全的绝美享受，须只在每年清明前后采摘优质嫩芽，运用手工加工制成。

（三）链接

碧螺春

碧螺春系我国十大历史文化名茶之一，始于唐，盛于宋，历史上都为宫廷贡品，在海内外也久负盛名。

碧螺春，别名碧螺春、佛动心，属于绿茶类，具有特殊的花朵香味，据记载，早在隋唐时期碧螺春茶叶即负盛名，有千余年历史。传说是在清康熙皇帝南巡苏州时赐名为"碧螺春"。喝一杯碧螺春，仿佛在品赏传说中清秀动人的江南美女。

四、天津正兴德——幽幽茉莉 清新芬芳

（一）老字号历史典故

正兴德茶庄创办于清乾隆三年（公元 1738 年），至今已有 270 余年历史，初期名为"正兴号"茶庄，清咸丰七年（公元 1857 年）改名为"正兴德茶庄"，是天津有名的百年老店，茶庄以大理石、汉白玉为装饰，两旁侧门上的"正兴德"三个大字，是天津著名书法家华世奎所书。因其创始人系回族，信奉伊斯兰教，故"正兴德"为清真茶庄。

旧址在北门外竹竿巷，由天津八大家之一的穆家（文英）创办，最初经销一些来自湖南、湖北的绿茶及安徽大叶茶，同时兼售鼻烟，后来研制出有自己特色的花茶，在天津一炮打响。到了穆家第三代穆时荣期间，在茶叶外包装首次使用"绿竹"作为商标，图案中有绿竹、行云、流水，素雅大方，"绿竹"茶在海内外市场上均享有盛誉。

清光绪二十三年（公元 1898 年），北京"正兴德茶庄"在邻近回民聚集区——牛街的菜市口开业，因其具有"清真"标志，颇受回族群众欢迎。生意非常兴

隆，且成为百多年来京城独一无二的清真老字号茶庄。

（二）名品推荐

天津正兴德

正兴德茶庄选用福建闽北、闽东、天山、彬山山脉和安徽黄山、九华山山脉的春茶为原料，精心加工熏窨，制成品质上乘的茉莉花茶，它注重内质不讲究外观，条索紧结、内毫显露，冲泡后汤清色重、杀口耐泡、香味鲜浓，饮后令人爽心，回味无穷。正兴德的茉莉花茶通常是 100 斤茶需放 160 斤茉莉花进行窨制，窨制 4～5 次才能成形。这样制作的茶叶即使 3 杯过后依然留有醇厚的茉莉花香。

正兴德茶叶有花茶、绿茶、红茶、乌龙茶、紧压茶 5 个大类，品种有茉莉香毫、黄山毛峰、六安瓜片、西湖龙井、洞庭碧螺、君山银针、云南滇红、安徽祁红、太平猴魁等百多余种。

（三）链接

花茶

花茶，又名香片，利用茶善于吸收异味的特点，将有香味的鲜花和新茶一起闷，茶将香味吸收后再把干花筛除，制成的花茶香味浓郁、茶汤色深，最普通的花茶是用茉莉花制的茉莉花茶，普通花茶可以用绿茶或红茶制作。

五、山东青岛啤酒——落口爽净，啤酒花香

（一）老字号历史典故

清光绪二十九年（公元 1903 年），青岛啤酒厂由英、德商人创办，时名"日耳曼啤酒股份公司青岛公司"，该厂产品在 1906 年举办的慕尼黑国际博览会上获得金奖。

此外，青岛散啤是袋装的，这也成为青岛的一大特色。1914 年第一次世界大战爆发，日本人占领青岛后，将德国人的啤酒厂购买下来，更名为"大日本麦酒株式会社青岛工场"，并进行了较大规模的改造和扩建，当时产品曾出口到西贡和新加

坡。1945 年抗日战争胜利后，国民党接管了啤酒厂，并更名为"青岛啤酒公司"。1949 年 6 月青岛解放，青岛啤酒公司终于回到人民手中，并逐步恢复生机。

（二）名品推荐

青岛啤酒，110 年只为酿造好啤酒，风味纯净协调，落口爽净，具有淡淡的酒花和麦芽香气。只有在当地才可以喝到地地道道青岛啤酒厂出的原浆啤酒，原麦汁浓度为 12 度，酒精含量 3. 5% ~4%。酒液清澈透明，呈淡黄色，泡沫清白、细腻而持久。没有经过高温处理的啤酒原液，泡沫丰富、麦香浓郁、口感独特，因保质期短，倒出后立即饮用，时间稍长口味立刻变化。

（三）链接

青岛啤酒节

青岛啤酒节始创于 1991 年，最初是由青岛啤酒厂主办，后由青岛市人民政府组建专门的机构主办，该活动是以啤酒为媒介，融旅游休闲、文化娱乐、经贸展示于一体的大型节庆活动，每年 8 月的第 2 个周末在青岛开幕，为期 16 天，是国内规模最大的酒类狂欢活动，在国内外具有较广泛的知名度和影响力，被誉为亚洲最大的啤酒盛会。现在崂山区的青岛啤酒城已经拆除，活动迁移到了城阳区的世纪广场啤酒城。

六、山东烟台张裕葡萄酒——百年"张裕"情，世纪"实业兴邦"志

（一）老字号历史典故

"白茅台，红张裕。"茅台是白酒中的经典，张裕是红酒中的典范。在人民大会堂金色大厅举行的欢迎外国领导人宴席上，配餐的就是张裕百年酒窖干红和张裕爱斐堡酒庄霞多丽干白。国宴用酒的选择很有讲究，国宴餐桌上陈列的美食美酒，不仅有着深刻的含义，也是一个国家文化的缩影。

1. 张弼士的"实业兴邦"梦

1841 年，张弼士出生于广东梅州大埔县。成年后的张弼士正赶上广东沿海一带兴起的一股闯南洋风潮。张弼士知道在当时的社会环境下，留在家里已经没有出路了，倒不如跟着人潮到南洋去闯荡一下。

这时候的他，想的只是家人的温饱，家国天下在他的心里还没落下半点痕迹。但是在登上去南洋的轮船那一刻，回首这个满目疮痍的故乡，在张弼士的心里留下了一抹挥之不去的阴影，种下了一颗"救家救国"的幼苗。在张弼士此后的人生中，这几乎成了他唯一追求的理想。

到南洋后，张弼士利用自己年轻的资本，到处打工学习，很快就积累了很多工艺技术，其中最让他引以为傲的，就是他酿造葡萄酒的技术。凭此技术，张弼士很快在南洋淘得第一桶金。在此后的几十年里，张弼士的生意越做越大，最鼎盛时期资金达到八千万荷兰盾，被当地人称为亿万富翁，荣登当地首富的宝座。

在南洋的创业过程中，张弼士的眼界日益扩大，深感国家强盛对一个在外经商的商人的重要性，逐渐萌生了回国创业、实业救国的念头。随着在马来西亚的成功，张弼士回故乡报效祖国的心情越发强烈。他多次通过国内的朋友打听、疏通，希望能通过自己的财力与技术，在祖国施展抱负。但那时腐朽的官员们，怎会有人听得进他的心声。折腾了几次，真金白银倒是花了不少，却没有实际的效果。

清光绪十六年（1890），清廷派出特使龚照瑗考察欧美富国之道。回经槟城时，他特意拜访了南洋首富张弼士。张弼士知道龚照瑗要来拜访他，高兴得在家里手舞足蹈，不停地跟人说："我的机会来了，我的机会终于到来了！"

张弼士派人打听到龚照瑗的喜好，知道此人对茶的嗜好是出了名的，特地派人去福建武夷山，买了八两"大红袍"送给龚照瑗为见面礼。龚照瑗收到张弼士的见面礼，乐开了花，心想这个张弼士果然出手大方，这大红袍一年不过出产八两，每年都进贡到皇宫。他立刻来到张弼士的办公室，与张弼士面谈。张弼士告诉他，人家西方人之所以欺负我们，是因为他们强大而我们落后。我们落后是因为我们不重视人才，没有摆正工农商三者的关系。你这次不是要来学习欧美的长处吗？这正是他们的长处。想要富强，就要发展商业，改变过去以农为本的立国之策，大力扶持和发展民族工商业。商业繁荣了，国家才能有钱，有钱就能强大了。

这些想法真是说到了龚照瑗的心眼里。此人对洋务很感兴趣，自然对张弼士一套"实业兴邦"的想法也很认同。听了张弼士的一番话，他赶紧问："那么，张先生认为我大清国该采取何种方式实现富强呢？"

张弼士笑答道："我在荷兰殖民地时，跟荷兰人学习开发土地资源；我在英国殖民地时，跟英国人学习静观其变。所以，别人不要的我要了，别人想要的我给他们；能给予能收回，看好天时地利人和。同时还要做好察言观色，擅于利用权变，以及拥有大无畏和当机立断的勇气。当然少不了必要的仁义与兼容并包的气度。正因为此，我才有了今天的地位与财富。"

"好！"张弼士一番论断，龚照瑗大声称赞，起身走到张弼士的面前，说："张先生不但做生意有一套，思想也很先进。今天听了你的一番话，真是受益良多。你不但是商业奇才，更是治世奇才，现在我大清国积贫积弱，你可有兴趣回去报效祖国吗？"这番邀请正中张弼士下怀，他连忙握住龚照瑗的手，连声道："龚大人，我等这个机会已经很久了！"

2. 红顶加身，梦圆"张裕"

龚照瑗回国后，除了向李鸿章中堂汇报了自己此行的所见所闻所想，还甘当伯乐，将张弼士推荐给了李鸿章。

李鸿章听了龚照瑗的介绍，对张弼士心生了些许好奇。此人是马来国首富，为何却想报效大清国？此人什么来头、意欲何为，对我大清国真能有什么功效吗？但不管怎么说，张弼士的身价还是在这其中起了很大的作用。李鸿章想，不管他意欲何

烟台张裕酒庄

为，把他的银子带到大清国，总比让大清国往外掏钱的好。他心里有了数。

很快，大清国的圣旨就来到了张弼士在马来的家中。原来，经过李鸿章的引荐，清朝廷册封张弼士为大清国驻马来槟城首任领事。不久，又将其升迁为驻新加坡总领事。大概在此岗位上工作了半年，李鸿章利用职权，把张弼士调到了国内。红顶加身的张弼士，终于有了实现自己"实业兴邦"理想的机会。

回到祖国后，张弼士感恩李鸿章的提拔，就留在李鸿章身边，静待机会。这天，李鸿章将张弼士叫到自己的书房，对他说："先前就曾听闻先生'实业兴邦'的宏图大志。现在，先生回国有段时间，对国内的情况也有了一定的了解。不知先生现在对自己'实业兴邦'的理念，有什么想法？如果现在给先生机会，你有何打算？"张弼士一听李鸿章的询问，高兴得差点没蹦起来。这个场景在他的心里已经

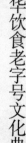

想了千万遍。

张弼士连忙对李鸿章说："中堂大人明鉴，回国几个月，鄙人也有调查研究。大清国确实有自己存在的问题，但是这不但没打消我报效国家的念头，反而更坚定了我的决心。至于从哪方面着手，我本人是做葡萄酒生意的，对这行有很深的了解。葡萄酒也是洋人的最爱，因此我想投资办葡萄酒厂。"

李鸿章本对葡萄酒没什么研究，但听张弼士说洋人最喜欢喝葡萄酒，而国内一直没有，要高价向洋人购买，遂对张弼士建设葡萄酒厂的提议表示赞成。这之后，李鸿章上折子给清朝廷，朝廷正式下批文，支持张弼士开办国内第一家葡萄酒厂。

得到了批文，终于可以实现自己"实业兴邦"的理想，张弼士自然高兴。1892年，张弼士斥资 300 万两白银，购下烟台东部和西南部两座荒山，雇佣两千劳工开辟了 1200 亩葡萄园，又在市区近海处购地 61 亩，建起一座两层生产工作楼。至此，中国第一座带有现代工业色彩的葡萄酿酒公司初现格局。

但是他也没忘记，在大清朝办事，"人脉"是自然不能少的。而对于一个新厂子来说，有了后台还要有"门面"，找什么人来书写公司名字的匾额是至关重要的。他想到了光绪皇帝的老师翁同龢。

当时翁同龢老先生名满天下，人品学问高人一筹，书法又精到。接到张弼士的拜帖，以翁同龢的洞明练达，当然知道张弼士非等闲之辈，乐得送个人情，当下大笔一挥，朴茂凝重、气韵天成的"张裕酿酒公司"招牌写就。翁同龢的书法价格一向让人望而却步，这次特意破了格，每字仅收白银 50 两，意思意思罢了。六个大字镌刻贴金镶嵌在公司大门上方，透着不同凡俗的富贵大方气象，既抬高了张裕的身份，也使过往行人多了一份谈资。

此后，在李鸿章的提携下，张弼士开始参与朝中议事。其后更被任命为粤汉铁路和广东佛山铁路总办职。看样子，李鸿章对张弼士以及他开办的葡萄酒厂格外地照顾。有例为证：在李鸿章给张弼士开办葡萄酒的准照批文中，写有这样的字样："准予专利十五年，凡奉天、直隶、山东三省地方，无论华、洋商民不准在十五年限内，另有他人仿造，以免篡夺。"

当然，张弼士终究没给李鸿章丢脸。张裕公司成立后，不管是否有官方的保驾护航，一直销路广开，并成为很多洋人竖起大拇指称赞的品牌。

3. 孙中山留墨宝，百年传美名

孙中山先生一生所题的匾额不多，能与他那"天下为公"四字齐名的，恐怕就是他为张裕葡萄酒公司题的"品重醴泉"了。

1911 年，孙中山领导辛亥革命，推翻了清政府，但是因为革命不彻底，很多前朝的东西被原封不动地保存了下来，其中就包括张裕葡萄酒公司。当然，这里说的"前朝遗物"并不带有贬义和讽刺的意思。张裕凭借自身雄厚的财力以及当家人广泛的人脉关系，更重要的是自己优良的品质，尽管世界已经发生了翻天覆地的变化，但是在烟台，在张裕公司里，工照开，酒照酿，张裕还是那个张裕。

这一天，孙中山由上海走水路北行，应袁世凯的邀请到北京商议大事。他途中经过烟台，暂作停留。孙中山早就听说烟台有家葡萄酒公司，酿造的葡萄酒誉满天下。他本人对葡萄酒也有研究，很想亲自见识一下，就来到了张裕公司参观。知道孙中山要来，张裕的掌门人欢欣鼓舞。更令他没想到的是，这个改写历史的大人物对张裕的评价，让张裕有了更高的美誉。

当家人拿出张裕解百纳给孙中山品尝。孙中山晃动了酒杯中的酒，闻了闻味道，点了点头，随后抿了一小口在嘴里打了一个转才咽下，连声说"好酒！"孙中山喝得高兴，随即命人取来笔墨，写下"品重醴泉"四个大字。"品"字既指酒品更重人品，好人品酿造好酒品，这样的深意用四个字就概括出来了，可见孙中山的学养与才情。孙中山还赞扬他的广东老乡："张（弼士）君以一人之力而能成此伟业，可谓中国制造业之进步。"

在张裕的诸多名人题字中，还有一个不能不提，那就是少帅张学良的"圭顿贻谋"。孙中山留下"品重醴泉"后，过了几年，时任东北军司令的张学良也有机会来到张裕公司。他看到孙中山先生的题字，想起先生一生的进取与遗憾，不由感伤。孙中山题字的珠玉在前，他也在其后题字诠释："圭顿贻谋。"以春秋战国时期善于经营的大贾巨富白圭、猗顿作比，称赞张裕公司经营有方，真可谓切中肯綮。

1915 年 2 月，"巴拿马太平洋万国博览会"召开，张裕四个产品同获金奖。回味这段辉煌，如果把孙中山与张学良的两个题词联系起来看，不难找到答案。

光阴荏苒，世事变迁。历史的车轮转眼来到了 21 世纪。

百年"张裕"情，百年"实业兴邦"志。看惯了多少大企业浮沉于世，张裕却始终以自己不变的品质独领行业风骚。

2002 年 7 月，张裕被中国工业经济联合会评为"最具国际竞争力向世界名牌

饮食文化典故

中华饮食老字号文化典故

进军的 16 家民族品牌之一"。

在中国社会科学院等权威机构联合进行的 2004 年度企业竞争力监测中，张裕综合竞争力指数位居中国上市公司食品酿酒行业的第八名，成为进入前十强的唯一一家葡萄酒企业。

在 2010 年度《中国品牌 500 强》排行榜中，张裕品牌排名第 64 位，品牌价值达 89．27 亿元。

（二）名品推荐

张裕所产雷司令干白葡萄酒、解百纳干红葡萄酒、李将军半甜白葡萄酒和桃红葡萄酒，诸种产品有典型葡萄酒的纯香和果香，尤其是具有中国烟台产地的特点。

1915 年，张裕的可雅白兰地、红玫瑰葡萄酒、琼瑶浆、雷司令白葡萄酒一举荣获巴拿马太平洋万国博览会 4 枚金质奖章和最优等奖状以来，尤其是新中国成立以后历届全国乃至世界名酒评比中，张裕产品一直榜上有名，先后获得 16 枚国际金银奖和 20 项国家金银奖。

七、陕西宝鸡西凤酒——千年古酒，绵香穿岁月

（一）老字号历史典故

跟西凤酒有关的传说很多，有史料记载，最早出产的西凤酒可以追溯到殷商时代，算起来距今有三千多年的历史了。对西凤酒来说，三千年的历史习惯到近乎理所当然。一切都很像是传说，又像是在话家常。

1．"秦酒"赠"野人"，舍命报君恩

"西凤酒"，一听这个名字，就带有点浪漫色彩。其实这个名字很简单，"西"指西方，即出产此酒的地方在中原的西边；而"凤"是地名，即陕西凤翔。

当时，陕西在秦国的地界内，所以最早的西凤酒被称作"秦酒"。当时的陕西凤翔也不叫凤翔，而是叫雍城。

相传，秦穆公二年的一个冬天，大雪下了几天，整个雍城银装素裹。一天晚上，"天干物燥，小心火烛"的打更声已经过了三次，一伙迫于生计的盗贼在一个高个子和一个矮个子的带领下，不顾天寒地冻，从官衙里偷走了 20 匹马。回去后，他们宰杀了 8 匹，煮汤、炖菜、烤肉，分给寨子里的人吃了，救下一寨人的性命。

但是，他们毕竟吃的是官衙的马匹，而且这些马是准备献给秦穆公的。在那个冷兵器时代，得马匹者得天下。县衙丢了20匹马，是惊天的大事，怎么能就这么不了了之呢？更何况，积雪还给衙门留下了破案的线索。不久，衙役就循着雪地留下的线索找到了这伙盗马贼，并把整个寨子里的人都缉拿归案，以盗窃罪论处。

在古代，盗窃罪是重罪，这些人盗取的又是冷兵器年代的"原子弹"，因此面临杀头之罪。消息传到秦穆公耳朵里后，秦穆公对这伙盗贼虽然心有嫉恨，但他更惊疑，20匹马一次性偷走不是件轻而易举的事情，他们是怎么做到的呢？秦穆公亲自召见了带头的高个子和矮个子。高个子自知罪孽不可饶恕，但他想请秦穆公网开一面，放了他的族人们。于是在回答秦穆公的问题时很小心，也很注意技巧。他告诉秦穆公，他们一族常年生活在山林里，天生有一种跟自然生物交流沟通的本事，那些马可以说是乖乖跟他们回去的。他们本是山野农夫，只想求顿安生饭，但连年战争，让他们食不果腹，当盗贼实在走投无路。

一番话，听得秦穆公感触颇深。最后，他下令放了盗马贼一干人等，并赠给他们秦国的美酒——"秦酒"。这种酒"开坛香十里，隔壁醉三家"，是秦国特有的珍品，多是犒劳将士所用。

秦穆公告诉高个子和矮个子，怕他们吃了马肉没有伴着酒喝会中马肉的毒，而这种酒正好有解毒的作用。这伙"野人"哪里想到秦穆公不但释放了他们，还给他们美酒喝。他们郑重地接下酒，向秦穆公磕了三个响头，大呼："主公万岁，万岁，万万岁。"喝完酒后，秦穆公亲自送他们离开了雍城。

过了几年，秦晋韩原大战爆发，秦穆公亲率大军应敌，但不幸被晋惠公率领的军队围困在龙门山下。就在这危难关头，突然从山顶处垂下很多细长的绳索，随即大量蒙着面的"野人"，呼啸着顺着绳索从山顶而降。他们有些人把秦穆公围成一圈，有些人向前奋勇砍杀晋军。经过他们的浴血奋战，晋军被打败了，并且活捉了晋惠公。

秦穆公这么短的时间经历了如此大起大落，心里纳闷：这是哪里的神仙下凡来拯救他呢？他连忙趋前向"野人们"作揖答谢。这时，人群中走出一高个子和一矮个子，他们解下头上的面纱，原来正是当年秦穆公释放的盗马贼，他们报答穆公昔日"盗马不罪，更虑伤身，反赐美酒"之恩来了。

2. 苏轼咏柳林，凤翔名全国

　　秦穆公赠给"野人"解毒的秦酒，在当时主要是雍城柳林县出产的。经过此次事件，秦穆公感怀秦酒的贡献，一度将秦酒推行全国，秦酒成了秦国的国酒，而柳林县也随着秦酒的推广成为名噪一时的大县。

　　在秦始皇统一六国后，秦国已经不能作为与六国区分的名号，因而秦酒也逐渐淡出了历史舞台，反而是柳林县越发声名显赫，"秦酒"也随之逐渐被"柳林酒"所取代。就是在今天，在凤翔一带，仍然流传着"东湖柳、西凤酒、女人手"的佳话。

　　从先秦到唐朝，西凤酒一直是宫廷御酒，仅限于权贵把玩。虽然凤翔境内"烧坊边地，满城飘香"，但也仅是闻其名不见其物。作为宫廷御酒，本是光宗耀祖之事，却反而限制了西凤酒的发展。

　　历史的车轮来到了北宋。宋朝重视商业的发展，很多历史品牌也借此焕发新生，西凤酒就是其一。西凤酒在北宋时候还是被称作"柳林酒"，但与以往不同，柳林酒开始在全国大范围推广。这要感谢一个人——北宋大文豪苏轼。

　　话说当年，苏东坡因为得罪朝中权贵，被贬到陕西凤翔做签书判官。苏轼早已听闻凤翔盛产美酒，其中尤其以柳林县的柳林酒有名，作为一代大文豪的他怎么能不来品尝呢？

　　上任后，处理完一干政事，苏东坡就带着随从来到了柳林酒作坊。因为他们是微服出访，所以柳林酒作坊的人对他们并不特别招待，接待与普通客人无异。但是这次出行还是让苏东坡难忘，因为柳林酒坊的人并没有因为他们是一般的散客就怠慢，反而根据他们的要求精心安排。苏轼感觉就像在自己家里，喝得痛快，心也舒畅。他随即决定在凤翔东湖宴请宾客，让他的朋友也一起来享受这绝世美酒。

　　直到此时，柳林酒坊的人才知道原来到此饮酒的人是大名鼎鼎的文豪苏轼。他们请求苏轼能留下自己的墨宝，但是苏轼笑而不答，只是吩咐他们在东湖喜雨亭上准备好美酒佳肴，他要在那里宴请宾客。酒坊的人哪里敢怠慢，宴请之时还未到，就准备好所有的工作，静待苏轼与其朋友的到来。

　　苏轼果然是知交满天下，这天来的人着实不少，有朝廷里的官员，有文学界的巨擘，还有坊间的歌伎，更有酒界的富商。苏轼招呼他们落座，随即说："好东西，我苏轼向来喜欢跟好朋友分享。今日在柳林发现这一美酒，各位还等什么，快快品尝吧！"他的话刚一落，柳林酒坊的人就搬来一坛坛酒，在众人面前解封。刚一打开，酒香四溢，闻得众人纷纷点头称赞。酒坊的人给各位尊贵的客人一一满上酒。苏轼举杯，众人附和，一饮而尽："好酒呀!"

朋友们喝得高兴，苏轼自然脸上有光，他喝得痛快，兴致上来，命酒坊的人备好笔墨，挥毫泼墨，写下惊世名篇《喜雨亭记》，并用"花开酒美曷不醉，来看南山冷翠微"的佳句盛赞柳林酒。柳林酒坊的人喜不胜收，将苏轼的墨宝小心保存，标成画卷，悬挂在酒坊中。至今在凤翔东湖，苏轼的墨迹尚有遗存。

经过苏轼这一次的大力推荐，柳林酒的名气更响了。此次参加酒会的文学家用笔杆子为柳林酒写广告，商家争着跟柳林酒坊做生意，而一些官方部门也给了柳林酒坊许多"好处"，将柳林酒定为他们宴会的专用酒。柳林酒的名气一传十、十传百，就传到了皇帝的耳朵里。

之后，苏轼上书给朝廷，提出了一整套振兴凤翔酒业的措施，并附带着送了皇帝几坛子陈年佳酿。皇帝早已经听闻柳林酒的大名，这次亲口品尝到柳林酒，感觉确实名副其实。他随即钦点柳林酒为贡酒，更恩准了苏轼的提议。从此，柳林酒和整个凤翔酒业蓬勃发展，凤翔成了名闻全国的酒乡。

唐肃宗至德二年（757），政府取意周文王时"凤凰集于歧山，飞鸣过雍"的典故，将雍州改称"凤翔"。自那以后，以前的雍城就一直被称为"西府凤翔"。

到了清代，人们已经将"雍城"遗忘，取而代之的是凤翔，而"柳林酒"也被"凤酒"取代。而且那时候，在"八百里秦川"的宝鸡、歧山、郿县及凤翔县等酿制之烧酒均称"凤酒"。

3. 总理关怀，浴火重生

鸦片战争打开了清朝闭关锁国的大门。洋人的大炮不但打破了天朝上国的美梦，更让清朝各行各业受到了冲击。洋人带来了先进的酿酒技术，老作坊出产的白酒，耗时耗工，很快在洋人的恶性竞争下一蹶不振。在这种情况下，为了振兴中国的酒业，也为了挽回一点颜面，清光绪二年（1867），朝廷举办了一场"南洋赛酒会"。

作为宫廷御酒，"西凤酒"自然要参加比赛。经过闻酒香、品酒味等各项比赛，西凤酒过五关斩六将，不但打败了国内很多知名的白酒品牌，更将洋人的酒种打了个落花流水。这次比赛，西凤酒在众多品牌中荣获二等奖，为中国酿酒业挣来了荣誉与面子。之后，西凤酒再接再厉，于1910年在南洋劝业赛会上荣获银质奖，被列为世界名酒。1915 年，西凤酒代表中国白酒征战巴拿马，在巴拿马举办的万国博览会上荣获金质奖。

在当时中国积贫积弱的社会背景下，西凤酒尽管得到很多荣誉，却并没有改变自己技术落后状况。随着清朝的覆灭，西凤酒没有了贡酒的生意，入不敷出，开始走下坡路。经过八年抗战、三年内战，西凤酒的产量每况愈下，逐渐被人们所淡忘。到 1949 年时，柳林镇仅有七家小酒坊。

随着新中国的建立，西凤酒也迎来了自己的春天。这主要得益于一个人，他就是新中国的第一任总理周恩来。

1956 年，农业、手工业和工商业社会主义改造运动基本完成，周总理在陕西送来的"三大改造"名册上没有看到西凤酒的名字。他犹记得西凤酒齿颊留香的味道，还记得西凤酒灿烂千年的酒文化。这样一种有历史故事的酒，应该在新中国的关怀下，得到更好的发展。在他的关怀下，陕西当地的机构迅速行动起来，摸清了西凤酒厂的情况，帮助他们解决实际的困难。

1956 年 10 月份，在凤翔县柳林镇新民酒厂的两个生产小组基础上建成西凤酒厂，西凤酒获得新生。在 1952 年、1963 年和 1984 年的第一、二、四届全国评酒会上，西凤酒三次被评为国家名酒，两次荣获国家金质奖章。1984 年，在轻工业部酒类质量大赛中，西凤酒又获得金杯奖。

1999 年，以西凤酒厂经营性净资产为核心，联合其他社会法人，陕西西凤酒股份有限公司正式挂牌上市，而公司的总部正选在八百里秦川之西陲的凤翔县柳林镇。

自公司成立后，西凤人将先进的科技与传统酿造技术相结合，质量为主，精益求精。同时扩大生产规模，迅速占领国内市场，抢占国际市场。

2010 年 11 月，北京国家会议中心前张灯结彩、喜气洋洋，"华樽杯"第二届中国酒类企业品牌价值评议颁奖典礼在这里隆重举行。西凤酒集团股份有限公司"西凤酒"品牌价值一举突破 80 亿元大关，上升至 83．23 亿元，位居中国白酒类品牌价值排行榜第七位，雄踞北方白酒类品牌价值排行榜榜首，并被大会授予"中华白酒十大全球代表性品牌"。

消息传来，西凤人沸腾了。他们没让世人失望，经过千年淬火，西凤酒在新时代再创辉煌，终成不老传说。

（二）名品推荐

西凤酒以当地特产高粱为原料，用大麦、豌豆制曲。口感醇香秀雅、醇厚丰满、甘润挺爽、尾净悠长，以凤翔城西柳林镇所生产的酒为最佳，声誉最高。

西凤酒曾为王室御酒，御窖西凤酒，包装华丽而喜庆，尤其适合婚宴、寿宴等场合，让所有品尝此酒的人不仅能从现场的氛围中感受到喜庆，更能从酒中品出喜悦之情，无愧为婚宴、寿宴第一酒。

（三）链接

凤香型白酒

凤香型白酒，以高粱为原料，是以大麦和豌豆制成的中温人曲或麸曲和酵母为糖化发酵剂，采用续渣配料，土窖发酵，且窖龄不超过一年，酒海容器贮存等酿造工艺酿制而成。口感清而不淡、浓而不酽，融合了清香、浓香的优点。酒质为无色，清澈透明、醇香秀雅，入口甘润挺爽、诸味谐调、尾净悠长。

八、贵州茅台——浓香飘千年，国酒树丰碑

（一）老字号历史典故

茅台酒源远流长，有两千多年的酿酒历史。翻开一部茅台酒的酿造历史，就等于翻开了半部中国白酒的历史。毫不夸张地说，茅台酒的每一个细小的"侧面"都有着丰富的人文历史故事，有着深厚的文化积淀与人文价值。现在，我们一起穿越历史时空，撩开茅台酒国色天香的迷人面纱。

1. 国酒前身为"赖茅"，古往今来受青睐

在中国，酿酒有着神秘悠久的历史，传说早在远古大禹时代，赤水河的土著居民——濮人，就已经开始酿酒了。随着历史的推移，酿酒的文化一直绵延传承至今。

茅台所产的酒质极桂，从古至今早有定论。茅台地区早在司马迁《史记·西南夷列传》中就有酿酒的记载。

公元前135年，汉武帝刘彻派大将唐蒙出使夜郎。在返回的途中，唐蒙的随从给他奉上一壶酒。唐蒙觉得味道独特，回长安时就带了一壶献给汉武帝。抿了一小口产自夜郎（今黔北一带）的酒，刘彻不由连连点头称赞道："甘美之。"后来，

汉武帝再也没忘记这最早的茅台酒，到贵州开拓夷道之时，他还专门绕道去产茅台酒的仁怀视察。有道是"汉家枸酱为何物？赚得唐蒙益部来"。后来证实，所谓的"枸酱"，是为仁怀赤水河一带生产的用水果加入粮食经发酵酿制的酒。而"益部"也是茅台的旧称。

还有一种说法是，明清之际，山西盐商去边远的贵州省运贩食盐，贵州赤水河畔的茅台镇是商贩运送食盐的转运站。

由于贵州和山西相距九千里，而且当时交通非常不便，贩运一趟食盐少则几十天，多则几个月。夜深人静之时，他们常常会思念远方的亲人，这时，就少不了老家山西的汾酒一解乡愁。

可是当时盐商携带汾酒实在有些不便。为了满足喝酒的这一需要，他们特地从山西雇来工人，就在贵州用当地的水和玉米、大麦，采用汾酒的酿制方法造酒，制造专供他们享用的美酒。

没料到贵州的泉水独特，酿出的酒别有一番风味。此后，茅台酒就成了山西盐商的私房酒，于是就有了这样的诗句："蜀盐走贵州，秦商举茅台。"由于茅台酒酿造工艺是在改良汾酒的基础上进行的，因此就有了"茅台老家在山西"的说法。

茅台酒声名远扬，一些当地烧酒房也开始效仿，称自己的品牌也为茅台佳酿。至明末清初，具有一定规模的酿酒作坊就已经在茅台镇杨柳湾（今茅台酒厂一车间片区）陆续兴建。仁怀地区的酿酒业达到村村有作坊的阵势，茅台镇酒业兴旺发达。据清代《旧遵义府志》所载，道光年间，"茅台烧酒房不下二十家，所费山粮不下二万石。"1840 年，茅台地区白酒的产量已达一百七十余吨。

关于茅台酒的起源还有一种说法，说是清朝道光年间，茅台酒的创始人赖正衡开始在茅台村建立酒坊，即最早的"茅台烧春"坊，研制出最早的赖家茅酒，即后来的"赖茅"酒。赖茅酒是纯天然发酵蒸馏酒，称酱香鼻祖，此为今茅台酒真正的前身。

2. 长征胜利功劳高，独特香味领风骚

茅台酒到底是怎么一举成名的呢？靠的是"怒掷酒瓶震国威"的壮举。

1915 年，巴拿马万国博览会开幕，北洋政府觉得各个国家都去了，中国这个泱泱大国不去，岂不是太说不过去了。于是，几个官员就拿着土瓦罐包装的茅台酒千里迢迢前来参展。哪知道外国人对于外观极为寒碜的茅台酒不屑一顾，中国展位前门可罗雀。

这可怎么办？几个中国官员傻了眼。情急之中，一名中国官员将瓦罐掷碎于地。宾客们被这突如其来的声响怔住了。这时，茅台酒的清香扑鼻而来，弥漫了整个会场，引来众人品尝，继而赞不绝口。此次茅台酒征服了全世界，一举夺得巴拿马万国博览会金奖，从此跻身于世界名酒行业。

那为什么新中国领导人也都喜欢茅台酒呢？这其中也有一段故事。

1935 年 3 月 16 日，红军长征四渡赤水，由于长途劳累和暂时甩掉蒋介石军队的围追堵截，战士们在茅台镇停留下来。

红军前脚刚到，后脚上级的指示便到了：茅台酒生产作坊在全国闻名遐迩，私营企业酿制的茅台老酒，酒好质佳，一举夺得国际巴拿马大赛金奖，为国人争了光，军队的每一个人应遵守纪律，保护好这里的民族工商业。于是，在茅台镇上生产茅台酒最多的成义、荣和、恒兴三家酒坊门口都贴出了一张"安民告示"，而当地的百姓为了欢迎红军，则捧出了最好的茅台酒："你们打仗是为了咱老百姓，我们没啥招待的，就尝尝这里的酒吧。"

红军中的很多人都知道茅台酒好，可是每一位红军战士都严格遵守着铁的纪律，群众的热情，实难推却，收下百姓们送来的茅台酒，同时也留下了酒钱。

听说茅台酒特别好，不仅芳香味美，还可以缓解疲劳，有的红军用酒揉了手脚，还真的是舒筋活血，疲乏全消。著名作家成仿吾在其《长征回忆录》中写道："因军情紧急，不敢多饮，主要用来擦脚，恢复行路的疲劳。而茅台酒擦脚确有奇效，大家莫不称赞。"后来，陈毅还专为此作诗一首："金陵重逢饮茅台，万里长征洗脚来。深谢诗章传韵事，雪压江南饮一杯。"

茅台酒着实让大家全身心放松下来，因风寒而引起泻肚子的同志喝了酒也好了，暂时解决了当时缺医少药的一大困难，红军将士们对此终生难忘。

自长征途中与茅台酒结下不解之缘后，周恩来经常向同志们介绍："这是巴拿马万国博览会获了金奖的茅台啊！红军长征胜利了，也有茅台酒的一大功劳。"可以说，茅台酒为红军长征的胜利立了功劳，对中国革命做出了特殊贡献，由于这种特殊的渊源，新中国领导人都很推崇茅台酒。

3."国酒之父"周恩来的茅台外交

古往今来，向往茅台、赞美茅台的文人墨客不计其数，新中国领导人更是推崇。提到茅台酒，不得不提到"国酒之父"周恩来，他一生最重"茅台"，与茅台酒有说不完的故事。

1949年10月，开国大典前夜，周恩来总理在中南海怀仁堂召开会议，与共和国的开国元勋们一起讨论开国大典用什么酒。长征途中，红军和茅台酒的佳话一直为大家称道。因此大家一致推荐茅台为国宴用酒。

中新社对开国大典晚宴有这样的报道：开国大典当晚的开国第一宴在北京饭店举行，从厨师选择到菜单酒品的确定，都经周恩来亲自审定，主酒为茅台。国运兴，国酒兴，当年为红军疗伤洗尘的茅台酒终于成为共和国的"开国喜酒"。

一百多瓶茅台酒款待中外嘉宾，共庆建国，获此殊荣，是茅台酒称为国酒的开端。自此以后，茅台酒不仅成为彰显高贵、规格最高的国宴酒、外交礼仪酒，而且成为中国民间弥足珍贵的上乘礼品。

1954年4月，周恩来率代表团前往瑞士日内瓦出席国际会议。这是新中国领导人在国际政治舞台上第一次正式亮相，引起了国内外媒体的极大关注。

在会议召开的第二天，周恩来带领中国代表团宴请各国代表、新闻记者和国际友人。宴会上，用来招待各方贵宾的正是茅台酒。茅台酒香扑鼻，喝一口满口香醇。来客们开怀畅饮，频频举杯。茅台成了各国政要宴会上的谈论话题，得到了极大的赞赏。电影艺术大师卓别林喝了茅台后把它称为"真正的男子汉喝的美酒"。

回国后，周恩来总理向党中央汇报时，感慨颇深地说："在日内瓦会议上，有'两台'助阵，我们没有不成功的理由。"这里提到的"两台"，一是戏剧《梁山伯与祝英台》，另一个就是"茅台"。

在"文革"中，身患重病的周恩来总理依然念念不忘茅台酒，并强调"不准任何人以任何理由污染茅台的河水"。

4. 中外宾客醉茅台，复制克隆难度高

不少人都知道，毛泽东一生最爱三样东西"吃红烧肉、吃辣椒、抽烟"。对于酒来讲，他并不是非常喜欢。但不善饮酒的毛泽东对茅台酒却十分关心，在茅台酒厂集团公司，珍藏着数张毛泽东主席和外宾用茅台酒碰杯的照片。

重庆谈判期间，国共两党一起协商，共同签订了"双十协定"。为了庆祝这一历史时刻，在随后的宴会上，茅台酒成为国共两党共同推崇的招待用酒。毛泽东与蒋介石举杯共饮茅台的那一刻，茅台酒已经不是普通意义上的酒了，它身上增添了浓郁的政治色彩。此后，在中国重大历史事件的场合，你都会看到茅台酒的身影。

毛泽东和金日成的关系非常好。据说金日成也非常喜欢喝茅台酒，毛泽东投其所好，每次招待都用此酒，在他回国的时候还作为礼物馈赠。

"国酒"茅台酒在国内外享有巨大声誉，也使得很多人妄图进行仿造，但都没有成功。对茅台酒本身以及茅台酒生产地的水文、地理、植物、气象等等进行一系列的研究后，人们发现，即便用化学、物理、生物等几种最先进的现代化科研手段，都无法复制其品质。

据说，日本人曾动用先进的色谱仪对陈年老茅台酒进行全面分析，之后他们彻底郁闷了，根本无法破译其制作密码，只好决定放弃对茅台的仿造。原来，茅台酒里面包含二百三十余种香气成分，其中三分之二至今无法辨别属于何种物质，这种情形让他们觉得再继续进行等于白费功夫。茅台酒的神奇功力由此可见一斑。

对于这个问题，毛泽东的心中也曾充满疑惑。20 世纪 50 年代，贵州省委书记周林来北京开会。在一次会议的间隙，毛泽东主席让人把他请到了自己的身边，用一口地道的湖南腔亲切地问道："老周，我有个问题想了好久，也没想明白，今天你一定要帮我揭开谜底。"周林连忙问道："主席，您有什么问题尽管说，只要我懂的。"

"你是贵州仁怀人吧，我就搞不明白，茅台酒为什么那么香，有什么特殊的秘籍吗，你要实话实说。"

周书记回答说："主席，不瞒您说，茅台酒香主要是因为贵州的水跟别的水不一样。那水就是您长征四渡赤水时，用来擦脚的那个水。"

毛主席听后爽朗一笑说："你不要拍我马屁呀，是不是害怕别人抢你的饭碗啊?""主席，我向您保证，我说的都是真话，没有半句假话。"

毛主席不由得点点头："真是不可思议，既然这样，那就搞个一万吨茅台酒出来。"

70 年代，为了实现毛泽东主席将茅台酒搞到一万吨的指示，国务院副总理方毅带了一帮人准备大生产茅台。他们在名城遵义市挑选了一块风水宝地，那里山清水秀，没有任何工业污染的痕迹。为了酿造与茅台一样的酒，把茅台酒的所有流程工序和设备，制酒的老师傅，甚至把茅台酒厂的灰尘也装了一箱子过来。据说茅台酒厂灰尘里的微生物，在开放式发酵过程中是必需的，对茅台酒神奇品质的孕育功

不可没。多年过去了，几经改进，所产出的酒仍与茅台酒相去甚远，再次印证了它难以被复制的神话。

时至今日，在中国这个被"酒文化"熏陶已久的国度，茅台酒仍以其悠久的酿造历史、独特的酿造工艺、上乘的内在质量，将深厚的酿造文化展示在世人面前，也将中华酒文化的无穷魅力发挥得韵味淋漓。

（二）名品推荐

茅台酒，是风格典型最完美的酱香型大曲酒的最佳代表，故"酱香型"又称为"茅香型"。其酒质晶亮透明，微有黄色，酱香突出，令人陶醉。敞杯未饮，香气扑鼻；开怀畅饮，满口生香，口感幽雅细腻，酒体丰满醇厚，入口柔绵醇厚，回味悠长不散，空杯留香幽雅持久。

（三）链接

酱香型白酒

茅台酒、赖贵山酒、古赖酒、酱霸天下酒、天长帝酒、乌江酒为酱香型白酒的代表，同属大曲酒类。其酱香突出，幽雅细致，酒体醇厚，回味悠长，清澈透明，色泽微黄。

酱香型白酒具有"三高"的特点：即生产工艺的高温制曲、高温堆积发酵、高温馏酒。此外，酱香型白酒还要经过 3 年以上的贮存，在此期间挥发掉绝大部分容易挥发的物质，因为酒体中保存的易挥发物质少，对人体的刺激小，有利于健康。

九、四川五粮液——五谷杂粮，玉液琼浆

（一）老字号历史典故

享有"名酒之乡"美称的四川省宜宾市，是五粮液酒的故乡。宋代宜宾姚氏家族私坊酿制，采用大豆、大米、高粱、糯米、荞子五种粮食酿造的"姚子雪曲"是五粮液最成熟的雏形。

公元 1368 年，宜宾人陈氏继承了姚氏产业，总结出陈氏秘方，时称"杂粮酒"。公元 1909 年，宜宾众多社会名流、文人墨客汇聚一堂。席间，"杂粮酒"一开，顿时满屋喷香，令人陶醉。这时清举人杨惠泉忽然间问道："这酒叫什么名

字?""杂粮酒。"邓子均回答。"为何取此名?"杨惠泉又问,"因为它是取自五种粮食之精华酿造的。"邓子均说。"如此佳酿,名为杂粮酒,似嫌凡俗。此酒既然集五粮之精华而成玉液,何不更名为五粮液?"杨惠泉胸有成竹地说。"好,这个名字取得好。"众人纷纷拍案叫绝,五粮液就此诞生。

(二)名品推荐

五粮液酒为大曲浓香型白酒,用小麦、大米、玉米、高粱、糯米五种粮食发酵酿制而成,在中国浓香型酒中独树一帜,它以香气悠久、滋味醇厚、入口甘美、入喉净爽、各味谐调、恰到好处的风格享誉世界。

五粮液的前身是御用"杂粮酒"——"荔枝绿",因此五粮液沿用和发展了"荔枝绿"的特殊酿制工艺。因使用原料品种之多,发酵窖池之老,使五粮液同时还兼备了"荔枝绿"清而不薄、厚而不浊、甘而不哕、辛而不螫的优点。

(三)链接

浓香型白酒

浓香型白酒,香味浓郁,以四川泸州老窖酒为代表,所以又叫"泸香型"。浓香型的酒具有窖香浓郁、绵甜爽净、香味协调、入口甜、落口绵、尾净余长等特点,这也是判断浓香型白酒酒质优劣的主要依据。以泸州大曲、五粮液大曲等为代表,着重于堆,覆盖严密,以保潮为主。发酵原料是多种原料,以高粱为主,发酵采用混蒸续渣工艺。发酵采用陈年老窖,也有人工培养的老窖。在名优酒中,浓香型白酒的产量最大。

十、浙江绍兴女儿红——女儿初嫁,独秀群芳

(一)老字号历史典故

女儿红是糯米酒的一种,主要产于中国浙江绍兴一带。早在宋代,绍兴就是有名的酒产地,绍兴人家里生了女儿,等到孩子满月时,就会选酒数坛,泥封坛口,埋于地下或藏于地窖内,待到女儿出嫁时取出招待亲朋客人,中国晋代上虞人嵇含的《南方草木状》记载:"女儿酒为旧时富家生女、嫁女必备物。"由此得名"女儿红"。

女儿红的缘起

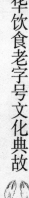

从前，绍兴有个裁缝师傅。一天，他发现妻子怀孕了。喜出望外之时，兴冲冲地赶回家去，酿了几坛酒，准备得子时款待亲朋好友。不料，酒酿得多了，好友没吃完，他随后便将剩下几坛酒埋在后院桂花树底下了。

光阴似箭，女儿长大成人，待到找到如意郎君的时候，他高高兴兴地给女儿操办婚事。成亲之日摆酒请客，裁缝师傅忽然想起了十几年前埋在桂花树底下的几坛酒，便挖出来请客。结果，一打开酒坛，香气扑鼻，色浓味醇，极为好喝。于是，大家就把这种酒叫为"女儿红"酒，又称"女儿酒"。渐渐地，隔壁邻居、远乡近里要是有人家生了女儿时，就酿酒埋藏，嫁女时就掘酒请客，形成了风俗。

（二）名品推荐

著名的绍兴"花雕酒"又名"女儿酒"。女儿红属于发酵酒中的黄酒，用糯米、红糖等发酵而成，含有大量人体所需的氨基酸，江南的冬天空气潮湿寒冷，人们常饮用此酒来增强抵抗力，有养身的功效。

女儿红是绍兴东路酒的代表，酒水呈琥珀色，即橙色，透明澄澈，纯净可爱，还具有诱人的馥郁芳香，而且往往随着时间的久远而更为浓烈。醇厚甘鲜、回味无穷的女儿红酒是一种具甜、酸、苦、辛、鲜、涩六味于一体的丰满酒体，加上有高出其他酒的营养价值，因而形成了澄、香、醇、柔、绵、爽兼备的综合风格。

十一、北京牛栏山——"牛"酒广传承

（一）老字号历史典故

来到北京城有三件事是一定要做的，那就是——登长城、吃烤鸭、喝"牛二"。这里说的"牛二"就是牛栏山二锅头。

1. 绵延五千年的酒文化

说到二锅头，当然免不了要说说中国的酒文化。中国酒文化，不管古代还是现代，已经渗透到了社会生活的各个层面。

中国酒种类繁多，白酒、黄酒、药酒等都是典型的本土酒类品种。据《黄帝内经》记载，王母与帝会于黄山，给帝"护神""养气""金液流晖""延洪寿光"等酒。《吕氏春秋》更有"仪狄造酒，五味不变"的故事。传说仪狄是夏禹时代的人，乃当时天下无双的酿酒大师。据史籍记载，仪狄作酒醪，即指仪狄是黄酒的创

始人。据朱翼中的《酒经》称，夏朝初年，仪狄用桑叶包饭酿成酒以此献给大禹，大禹饭后饮之顿觉味道甘美，飘飘欲仙，遂感慨道："后代必有因饮酒而误家亡国者。"于是下令禁止造酒，但造酒之法并未因此而失传。

自古以来，酒成为文人生活艺术中的重要内容，文人学士多爱饮酒，而且给酒起了许多雅名，如"金浆""琬液""琼苏"等，有些人还直接把酒引入诗中。魏

北京牛栏山

武帝曹操曾赋诗《短歌行》，诗中有千古流传的名句："何以解忧，惟有杜康。"杜康本是人名，据史籍记载，杜康作秫酒，也就是说杜康是白酒的创始人，但是经曹操的这句诗后，"杜康"就成了酒的别名了。

从古至今，许多饱含热血激情的诗歌、书法、绘画等佳作因酒而出名，如唐代的"饮中八仙"李白、崔宗之、贺知章、李适之、苏晋、李琎、张旭和焦遂，均有不少佳作乃酒后所吐，"李白斗酒诗百篇"就是最好的例证。以酒为引子的典故也数不胜数，如"曹操青梅煮酒论英雄""宋太祖杯酒释兵权""武松醉打蒋门神"等，这些典故均为中国酒文化增添了饶有趣味的内容。

为了助兴，很多人还编织了许多酒令和饮酒歌，如"酒逢知己千杯少""能喝多少喝多少，能喝多不喝少，一点不喝也不好""一杯酒，开心扉""五杯酒，豪情胜似长江水""十杯酒，红心与朝日同辉"……有人说中国人的文化是"酒文化"，这一点也不夸张，酒已渗透到人们生活的方方面面。

有句俗话叫"无酒不成席"，可见酒在普通民众的日常生活中无所不在：婚礼的筵席称"喜酒"，生了孩子办满月称"满月酒"，重阳节要喝"重阳酒"，端午节要喝"菖蒲酒"，祝捷要喝"庆功酒"，夫妻喝"交杯酒"，交朋友喝"拜把子酒"……高兴喝酒，不高兴也喝酒，敬神、祭祖、开业等等都要喝酒。酒已经成为了一种桥梁和纽带，在日常生活中发挥着重要的作用。

值得我们骄傲的是，白酒是全世界唯一具有中国文化特色的酒种，是华夏民族五千年文明的象征之一。白酒品牌以川酒、贵酒、汾酒、皖酒等为特征分布，酒的

品牌也有比较明显的界限，因此中国有十大名酒、八大名酒之说。而每一种酒，也都或多或少地促成并承载了每一个区域的特色文化。

北京人爱喝酒，北京人喝酒是一种生活方式，不论男女，不论草根平民，还是高官显贵，他们对北京牛栏山二锅头情有独钟，北京人爱称之为"牛二"！牛栏山二锅头对于他们来说，已经不是什么饮品的概念，而是他们的"红颜知己"。

2. 金牛造就二锅头

"自古才人千载恨，至今甘醴二锅头。"这是清朝诗人吴延祁的诗句。诗中提到的二锅头就是牛栏山二锅头。因此，北京市民经常引用此诗句向外地亲友宣传北京的地方名酒——牛栏山二锅头。

说到"牛栏山二锅头"，不得不来说"牛栏山"。牛栏山位于北京市顺义区城北10公里处，东邻潮白河，西接牛栏山镇。说起"牛栏山二锅头"与牛栏山的渊源，首先应该了解一下"牛栏山"的来历，这在当地有许多美丽的传说。

在很久以前，这里是荒山秃岭，草木难生，人们生活贫困，食不果腹、衣不蔽体。后来，不知从什么地方来了头金牛，因游玩时口渴来到这里，饮了潮白河的水，觉得水质甘甜，便舍不得离开这里，白天帮助村民耕耘山下的荒地，夜晚悄悄地住在山上一个洞穴里。

山下有一个贪婪的财主得知此事，企图独霸这头宝牛，便每天跟随金牛，暗暗窥视金牛的行踪。一次，他趁金牛到潮白河边饮水之际，抓住牛尾巴就往自家拖。金牛大怒，拖着财主跑来跑去，把财主活活拖死了，金牛也一声长啸，不知去向。

经过金牛耕耘过的土地变得肥沃，附近百姓的生活有了很大提高，这里逐渐发展成为一个繁华的小镇。后来，百姓为了纪念金牛，就把金牛住过的洞叫金牛洞，金牛住过的这座山叫牛栏山。

明嘉靖丙申年（1536），甘为霖游经此地曾作《问牛诗》一首，并镌于金牛饮池石上。诗中写道："山为牛栏山，洞是金牛洞。满地尽于莱，何不出耕种？"顾炎武在《昌平山水记》中记述："县北二十里为牛栏山，山有洞，相传有金牛出焉，至今洞前石壁为小槽形，名曰饮牛池。山北里许有小山，昔有仙人骑牛来游。因名灵迹山。"明人蒋一葵的《长安客话》也说："牛栏山其第三峰腰带间一洞，相传曾有金牛出食禾稼，田畯逐之，遁入洞穴。有投以砖石者，辄闻山声，或以物掷之，良久自山旁白河浮出。"

不管怎样，当地的百姓一直认为牛栏山这个地名和牛有关系，这还不是一般的牛，而是一头神牛。

3. 乾隆会饮封"御酒"

牛栏山地区的饮酒文化，最早可追溯到三千年以前的西周时期。这里民间一直流传着因西周天子好酒，出身名门的燕国天禄大夫专门在此地为西周天子酿制美酒的故事。周天子曾命能工巧匠铸造金牛一尊、青铜酒具八件，记载天禄大夫的酿酒秘法和献酒之功，赐给天禄大夫。天禄大夫祖籍是牛栏山金牛村，认为这是"天授神物"，特将金牛供奉于宗祠。1982 年在牛栏山酒厂的原址金牛村附近出土了鼎、觯、爵等八件青铜器皿，其中有五件是饮酒、储酒的酒具，据专家考证，均为西周时期的器皿。

清康熙年间，牛栏山镇上云集了京城各大"老烧锅"（现在的牛栏山二锅头酒厂），到处飘散着酒香，酒旗高展。据《顺义县志》记载："造酒工：做是工者约百余人（受雇于治内十一家烧锅）。所酿之酒甘冽异常，为平北特产，销售邻县或平市，颇脍炙人口，而尤以牛栏山酒为最著。"在牛栏山二锅头酒厂保存完好的《酒镇牛栏山》横卷古画中，生动地记载着当时牛栏山古镇上酿酒、售酒的热闹场面，这些无疑都是对三百余年的牛栏山古老酿酒工艺的褒扬。

当时的制酒作坊大多被称为"老烧锅"，其中尤以安乐烧锅最负盛名。相传有一天，乾隆皇帝饮过安乐烧锅酒后，自言自语地说："刘墉，你看'安乐烧锅'能传多少代？"刘墉当时正在思索一首《水调歌头·安乐歌》，以为乾隆在叫他，马上过去说："万岁，万岁。"乾隆说："安乐能传万代就好了。"后来，乾隆皇帝将安乐烧锅酒封为"御酒"。从此，牛栏山二锅头"御酒"美名传扬天下，有"进贡东路烧酒第一"之美誉，上贡宫廷，下供百姓。

之后，从清咸丰年间的公利、宝生泉、福顺城、宏利等烧锅，到清光绪、宣统年间的公利、宝生泉、福顺城等十一家烧锅，再到民国年间的复顺城、洪义、宝生泉等烧锅，一直到解放前夕的富顺成、魁胜号、义信等四家烧锅，牛栏山的酒脉绵延不绝，真可谓是："世间多沧桑，酒脉割不断。"

4. 沧桑历史典故多

提起牛栏山二锅头的沧桑历史，不得不说历史名人与牛栏山二锅头之间的那些美妙的故事。

一个是施耐庵。据说施耐庵是喝着牛栏山"十里香"美酒完成了《水浒传》的创作。

元至顺二年（1331）秋，施耐庵一举得中辛未榜进士，在拜谢师友的过程中结识了同榜进士刘伯温，两人兴趣相投，交谈甚欢，于是结拜为兄弟。

过了不久，朝廷派施耐庵到钱塘担任县尹。由于权臣腐败，不愿同流合污的施耐庵干脆辞官回到苏州闭门读书，寻找自己心中的那一块净土。

元至顺十三年，施耐庵到江阴的一家坐馆授徒，朱元璋得知后，请施耐庵为其出谋划策，但遭到了拒绝。那时，他已经开始《江湖英雄传》，即《水浒传》的创作。

公元 1368 年，朱元璋扫平天下，在金陵称帝，年号洪武。一天，他看见市面上流传的初稿《水浒传》，想起当年施耐庵拒绝自己的往事，特别生气，派人把施耐庵抓起来，关进了刑部大牢。

施耐庵买通了牢里的狱长，给刘伯温写了一封信，希望刘伯温派人到牛栏山"十里香"客栈索要好酒，以激发他的创作激情。"十里香"客栈的店主听说施耐庵身陷天牢之中，还没有忘记自己所酿的美酒，内心被深深地打动了，就将最好的酒相赠。后来，施耐庵的大作《水浒传》终于写成了，得到了一代代人的传诵。殊不知，牛栏山的美酒也有不小的功劳。

还有一个人特别值得一提，那就是抗日英雄吉鸿昌。民国初年，安乐酒坊已经传到了第七代，到了龚九爷的手中。

这时，日本侵华的无耻行径日甚一日，冯玉祥、吉鸿昌、方振武三人面向全国发表通告，表示要与日本侵略者斗争到底。随后，顺义一千多名热血男儿响应号召跟随吉鸿昌走向抗日前线。听到这个消息，龚九爷对吉鸿昌和这些英雄们肃然起敬，亲自捧着精酿的牛栏山二锅头，为壮士们斟酒壮行。吉鸿昌将军接过龚九爷送来的二锅头烈酒，连干了三大碗，士气为之大振。

后来，吉鸿昌英勇就义，年仅 39 岁。龚九爷闻讯后老泪横流，取出青花瓷大碗，洒酒祭奠烈士英魂。这一举动被人们传为佳话。反动地方政府的人听到后，立即派人逮捕了他，理由是安乐酒坊掌柜龚九爷同情抗日，参与组织抗日"穷人会"。龚九爷被判刑三年六个月，病死在狱中。至今，这段故事一直为牛栏山人所传颂。

5."地利"营造酒乡传奇

牛栏山二锅头是为二锅头之宗。作为京酒的代表，牛栏山二锅头酒共有四大系列二百多个品种，简称"牛酒"。"牛酒"之所以"牛"，绝不仅仅因为二锅头发源地牛栏山中有一个"牛"字，更因其天然生成的独一无二的自然环境，加之丰富、传统、独特的酿酒技艺，造就了牛栏山正宗的口味，这才真正称得上"牛"。

前面我们已经提及"牛栏山二锅头"中牛栏山的来历，那"二锅头"这个名字又是怎么来的？实际上，这个名字是以酿酒工艺而命名的。酿酒师蒸酒时，去第一锅"酒头"，弃第三锅"酒尾"，"掐头去尾取中段"，唯取第二锅之贵酿，嗅之，香气芬芳，轻舞若萤；饮之，酒力强劲，后劲绵长，口感既平和又香气醇厚，因此俗称"二锅头"。

"水是酒之血"，从现代酒水酿造科学来看，好水是酿得好酒的先天条件，对酿酒的糖化快慢、发酵的良差、酒味的优劣，都起着决定性的作用。牛栏山二锅头酿造用水取自水质上佳的潮白河，这是上天独赐的二锅头酿酒宝水。

"粮为酒之肉"，是酿酒的基础。酒的质量好坏，取决于酿酒原粮的优劣；酒的风味是否地道正宗，也依赖于是否能够匹配到适宜的酿酒作物，牛栏山酒就是这样一种好粮造就的正宗二锅头。它精选优质高粱和小麦等为原料，以豌豆、大麦等制成大曲为发酵剂，从原料粉碎到成品酒灌装，历经糊化、发酵、蒸馏等十多道关键工序。

"喝酒要喝牛栏山，舒筋活血一百年""牛栏山二锅头，好喝不上头"。多少年来，关于牛栏山酒的民谣被人广为传唱。

"把盏邀明月，甘香醉古今"。牛栏山酒厂始终坚持传统的酿酒工艺，生产的牛栏山二锅头酒甘冽爽口、风味纯正，深受消费者的喜爱。路过北京顺义牛栏山镇的牛栏山酒厂，人们便可闻见二锅头酒那浓郁、甘醇的酒香。如今，这股由二锅头带来的北京味已香飘全国，并已向着更远的地方飘去。

第十六章　名人饮食趣闻典故

第一节　中华饮食业祖师爷

　　在中国古代民间信仰崇拜中，特别重视对某些特定行业祖师和行业保护神的崇拜。行业祖师和行业保护神，是人们所供奉的、能护佑特定行业及其从业者的神祇。饮食既是人们社会生活须臾不可或缺的行业，也是家庭日常生活最普遍的行为，因此，古代中国饮食中的信仰崇拜既常见又丰富多彩。

　　行业信仰崇拜是社会分工和行业形成发展在宗教信仰领域中的反映。古代中国的行业信仰崇拜，往往是以下几种情况并存：每个行业都有特定的信仰崇拜对象；不同行业往往有着共同的崇拜对象；同一行业有多种信仰崇拜对象；同一行业不同地区、不同时期有不同的信仰崇拜对象。

　　古代中国饮食神崇拜的行为，在满足人们的心理需求，在树立从业者的自信心、自尊心和敬业精神，促进行业发展等方面起到了一定的作用。

一、灶王爷

　　又称"灶神"、"灶王"、"皂神"、"灶君"、"灶君菩萨"、"东厨司命"，是中国古代民间信仰和崇拜的灶神和饮食之神。被认为可掌管一家或行业的祸福，也是古代饮食业所供奉的行业祖师。

　　先秦儒学经典《礼记》"礼器"篇中曾记载："夫奥者，老妇之祭也，盛于盆，尊于瓶。"唐朝学者孔颖达在注释《礼记》时写道："颛顼氏有子曰黎，为祝融，祀以为灶神。"民间传说灶王爷是玉皇大帝派驻人间，监视人们的神灵。还有一种

说法，认为灶王爷原来是天上的神仙，后因遭贬来到人间当灶神。旧俗农历腊月二十三日为"送灶日"，举行送灶神活动，用纸马、饴糖等物品送灶神上天。民间往往在灶头贴上"上天言好事，下界降吉祥"的对联。在唐代著作《辇下岁时记》中，有"以酒糟涂于灶上使司命（灶王爷）醉酒"的记载。人们用糖涂完灶王爷的嘴后，便将神像揭下，与纸马一起点着升天。有的地方则是晚上在院子里堆上芝麻秸和松枝，再将供了一年的灶君像请出神龛，连同纸马和草料，点火焚烧。此时院子里照得通明，一家人围着火叩头祷告："今年又到二十三，敬送灶君上西天。有壮马，有草料，一路顺风平安到。供的糖瓜甜又甜，请对玉皇进好言。"待除夕之夜，则举行"接新灶神"活动，贴上新的灶神像供奉，这一天又称为"迎灶日"。

传说农历八月初三是灶神诞辰，各地饮食业多于此日祭奉灶神。据《北平岁时志》记载："北京八月初三为灶君圣诞，丰台之西有庙会，北京中之厨茶行，均往烧香。"看来不但饮食业将灶王爷奉为祖师，茶行业也将灶王爷奉为神灵，可见灶王爷的威灵之大。

二、雷神

又称"雷公"、"雷祖大帝"，是中国古代神话传说中的司雷神，也是中国古代饮食业所供奉的行业祖师。

中国远古时就有对雷神的崇拜，据《山海经》记载："雷泽中有雷神，龙身而人头，鼓其腹。"可见雷神是一个半人半兽的形象。民间认为雷神能辨善恶，替天行道，惩罚叛逆不孝之人。中国本土宗教道教则吸收了民间的雷神信仰，发展成一个完整的雷神体系，道经称"九天应元雷声善化天尊"为雷部主宰之神，下统三十六重雷神天尊（或说统二十四重天尊）。雷神的来历也众说纷纭，民间祭祀雷神，还以道家的说法较为流行。

在湖南湘潭等地的饮食业中，传说糟蹋粮食会遭雷击。由于饮食业用粮食作原料，浪费现象时有发生，所以古时湖南湘潭等地饮食业建有雷神殿，供奉雷祖的神位。每年农历六月二十四日雷神神诞日，要供奉雷神、祭祀雷祖。在糕点业中传说商朝纣王时期，雷神发明了烙制糕点的"吊炉"、"焖炉"、"蒸炉"等，因此奉雷神为祖师。

此外，古时中国的粮食业、制糖业、陶瓷业也尊雷神为祖师。

三、彭祖

又称"彭铿"、"籛铿"，古代中国饮食业崇拜的行业祖师，主要流行于江苏徐州地区。

彭祖是中国古代的人物，姓籛，名铿，相传为上古帝王颛顼的长孙，是唐尧的大臣。据《汉书·古今人物表》记载："尧封铿于彭城（今江苏徐州）"，故称彭铿。传说彭铿常服食水桂、云母粉、麋角散等，活到800岁。民间视其为长寿的象征，所以称其为祖。

彭铿善烹调，所以饮食业要尊其为祖师。战国时期的伟大诗人屈原在《天问》中说："彭铿斟雉，帝何飨？受寿永多，夫何长？"记载了彭祖善于烹饪，用野鸡制成美味佳肴——"雉羹"。汉代王逸注释《天问》时说："彭铿，彭祖也。好事滋味，善斟雉羹，能事帝尧，帝尧美而飨食之也。""雉羹"是中国典籍中最早记载的名馔，也被誉为"天下第一羹"。难怪后世尊彭祖为饮食之祖师。在徐州饮食业中还相传有一道名菜——"羊方藏鱼"，也是由彭祖流传下来的。

古时徐州北门曾建有彭祖庙，庙内墙上绘有彭祖"捉雉烹羹"的壁画，供奉着彭祖神像。饮食业学徒出师时要举行隆重的祭拜彭祖仪式，敬供三牲，焚香秉烛，师傅还要给出师的徒弟传授《厨谱》。《厨谱》上记载有彭祖、三代祖师以及与本师门有关的师长忌讳，还有饮食业遵守的行规。

四、易牙

又称"狄牙"、"雍巫"。雍，古文作饔，是早餐、晚餐的意思。易牙是春秋时齐国国王齐桓公宠幸的近臣，是专门料理齐桓公饮食的厨师。

易牙擅长烹饪调味，古代饮食业尊称他为行业祖师，流行于天津地区。易牙作为厨师，最有影响的是他为了取悦于齐桓公，杀子烹羹献给齐桓公食用的故事。易牙虽然善于烹调，但齐桓公经常享用也难免有落入俗套的感觉。易牙为了讨好齐桓公，将亲子杀死，取其肉熬成羹献给齐桓公，因此深得齐桓公的欢心。

易牙虽为厨师，但由于他得宠于齐桓公，因而对齐国的政治也产生了很大影响。据《史记·齐太公世家第二》记载，齐国宰相管仲病重时，齐桓公问他群臣中谁可继承管仲担任宰相。管仲回答说最了解臣子的莫过于君王您了。齐桓公又问他易牙当宰相如何，管仲说杀了亲儿子以取悦于君王，没有人情味的人怎能当一国宰相呢。由于齐桓公对易牙深信不疑，管仲去世后仍然让易牙当了宰相。齐桓公死后，易牙与竖乃等人拥立公子无亏为君王，迫使太子昭流亡宋国，齐国因此发生内乱。

由于易牙被奉为饮食业祖师，后世有人撰写的饮食类的书籍也往往托名为易牙所作。如明代的《易牙遗意》，就是韩奕托名易牙，把造脯、蔬菜、笼造、炉造、糕饼、斋食、诸汤和诸药等内容编辑成书。此外，明代周履靖编的《续易牙遗意》，也属托名的仿古之作。

五、汉宣帝

汉宣帝刘询（公元前91～前49年），本名刘病已，字次卿，又字谋，即位后改名刘询，西汉第十位皇帝（公元前73～前49年在位），汉武帝之曾孙，废太子刘据的孙子。汉宣帝也是旧时饮食业敬奉的行业祖师。

汉武帝征和二年（公元前91年），"巫蛊之祸"爆发，刘病已的祖父、当时的太子刘据和他的父亲史皇孙刘进均因此被杀，刚刚出生不久的刘病已也被投入大牢。因为有人说长安狱中有天子气，汉武帝命令处死所有犯人，廷尉监邴吉据理力争，保住了刘病已的性命。刘病已后藏匿于民间。汉昭帝死后，时任光禄大夫的邴吉向霍光推荐刘病已，于是霍光立时年19岁的刘病已为皇帝，是为汉宣帝。汉宣帝统治期间，强调"霸道"、"王道"杂治，政绩显著，是汉朝武力最强盛、经济最繁荣的时期，他与前任汉昭帝刘弗陵的统治被并称为昭宣中兴。

汉宣帝长期在民间生活，深知民间疾苦。民间相传他喜欢游玩，足迹遍及陕西关中各地，而且他每到任何一个食品店去买食物，这个店铺的生意就一定非常兴旺，这一点连汉宣帝本人也觉得奇怪。后来关中一带的厨师因而敬奉汉宣帝为保护神，并把他的画像贴在店铺中，祭祀膜拜，保佑本行业和店铺的繁荣昌盛。

六、诸葛亮

三国时期蜀国政治家、军事家，古代饮食业供奉的行业祖师。

诸葛亮（181~234 年）字孔明，琅玡阳都（今山东济南）人。曾隐居襄阳城西的隆中十余年，留意时事，以春秋时期政治家管仲和乐毅自比，人称"卧龙"。建安十二年（207 年），刘备三顾茅庐，请他出山，遂成刘备军师。刘备根据诸葛亮制定的战略，联合孙权，抗击曹操。公元 208 年，诸葛亮协助刘备联合孙权在赤壁大战中打败曹军，后乘胜占据荆州、益州，助刘备建立蜀汉政权，形成魏蜀吴三国鼎立之势，因功被拜为丞相。223 年刘禅继位，诸葛亮被封为武乡侯，主持军政大事。他辅佐刘禅鞠躬尽瘁，治理蜀国励精图治。他政治严明，任人唯贤；经济上推广屯田，以利耕战；军事上整顿军纪，改进兵法、武器和运输器械，提高战斗力；外交上主张坚持联吴抗魏，并改善对西南各民族关系，促进当地经济文化的发展。他为谋取西南少数民族的支持，七擒孟获，被传为历史佳话。后在与魏军的征战中病死于五丈原军中。

诸葛亮被奉为饮食业祖师，主要是源于他在七擒孟获中的故事。据明代郎璞《士修类稿》卷四十三记载："蛮地以人头祭神，诸葛三征孟获，命以面包肉为人头以祭，谓之蛮头。"也就是说把"馒头"讹称为"蛮头"。因为诸葛亮发明了"馒头"，所以饮食业尊诸葛亮为行业祖师。《上海的传说》也记载了诸葛亮以面包肉作为馒头，来代替人头祭祀的故事。因此，旧时上海南翔镇小笼馒头的厨师奉诸葛亮为祖师。

第二节 名人名菜典故

一、西施与"西施玩月"

西施是中国古代四大美女之一，她的传奇故事在中国家喻户晓，在中国历史上还诞生了与西施有关的中华传统美食。

西施是春秋末年越国贫苦人家的卖柴女子，相传为中国古代的绝色美女。越王勾践为了报仇雪耻，命大臣范蠡选送西施进献给吴王夫差，想以她的美色来迷惑夫差。在中国历史上有关西施的故事里，还诞生出了享誉华夏大地的美食。

在苏州地区有一道美味的菜肴，名叫"西施玩月"。此菜是由鸡蓉、鱼蓉等做成的丸子为主料，以春笋片、火腿片、小青菜心、香菇片等和鸡汤为辅料，搭配烹制而成。菜肴汤汁清澈，丸子洁白无瑕，汤里还漂着青菜、竹笋等青翠的菜类，不仅味道鲜美，彩色更是清新动人。据说，这道菜的创制灵感源于西施在苏州灵岩山赏月的故事。

西施相貌美艳，聪明伶俐，被送到吴国以后，夫差对其宠爱有加。但是西施心里一直想着故乡，不管吴王对她如何千依百顺，都难见她的笑容。临近中秋的一天傍晚，苏州灵岩山上月光皎洁。夫差为了讨得西施的欢心，就在一泓池水边摆了一桌丰盛的酒席，请西施一起赏月。席间难免要饮酒，但洁白的圆月再一次让西施想起了故乡，她无心饮酒。夫差三番五次对其劝酒，西施机智地回应："我可以喝酒，如果大王能把天上的月亮捧在手中，不要说喝下这一杯酒，我还要连敬大王三杯。"夫差一听这话，大吃一惊，并笑着说："我倒是有一个提议，如果你能将这如玉皓月捧在手中，我愿像狗一样在地上爬三圈。"西施思索之后，便默默向池边走去。她双手从池中捧起一杯清水，对夫差说："大王请欣赏掌中的圆月。"夫差从西施掌中看到了月亮的倒影，圆月在西施掌中微微移动显得光彩夺目，旁边西施的容貌与月色相映衬，使这一幕景色更加美丽迷人。夫差看到这景象，不禁脱口叫到："好一个西施玩月！"

夫差认输了，只好趴在地上，绕场三圈。看到夫差爬行的愚笨姿态，西施仿佛联想到越国复仇的那一刻，马上笑出声来。这一幕是夫差求之不得的，他随即拍手称快，并把身旁的水池命名为"玩月池"。

到了中秋之夜，为了让西施忘掉思乡的痛苦，夫差下令在"玩月池"边设宴，邀西施前来赏月。席间厨师端上了一道色泽艳丽、肉质细滑、汤鲜味美的菜肴。西施品尝后觉得很好吃。夫差问厨师菜名，厨师回答此菜名为"西施玩月"。夫差听后很高兴，看那菜的盘子就像"玩月池"一般，菜中白丸子好似天空中的圆月。原来，西施在玩月池边捧月的故事传到了厨师们的耳朵里，他们为了讨好吴王夫差，也为了取悦于西施，费尽心思烹制了这道美味的菜肴。

此后，这道菜传到了民间，江浙地区的人们在全家团聚的中秋之夜，总是一面品尝佳肴"西施玩月"，一面观赏天上圆圆皓月。这道菜不仅味道鲜美，更让西施戏弄夫差的故事代代流传。

二、项羽与"霸王别姬"

项羽是中国古代著名的勇士，其与虞姬的爱情故事也被人们广为传颂。在中华饮食文化之中，也诞生了与项羽有关的经典菜肴。

秦灭亡后，刘邦和项羽两支反秦主力军陷入了争斗。公元前206年，项羽自封为"西楚霸王"，定彭城为都城。相传项羽有一位爱妾，姓虞，美丽贤惠，人们称她为虞姬。虞姬不仅能歌善舞，还擅长烹饪，她随项羽南征北战，为项羽歌舞助兴，还常为他烹饪菜肴。

（一）西楚霸王与"烧杂烩"

苏北地区，自古以来就流行着宴饮之时吃烧杂烩的饮食风俗。关于烧杂烩的来源，当地人都认为与当年的西楚霸王项羽有关。相传，项羽为人有两个特点：身边没有其他妾室，只有虞姬一人与其相伴；每餐只吃一道菜。项羽还要带兵打仗南征北战，为了能保证项羽有个强健的体魄，厨子们把鸡肉、鱼肉放在一起，精心烹调，献给项羽。项羽对这道菜赞不绝口，胃口大开，瞬间就把这道菜吃个精光。后来，他下命令，为了节省时间，厨子们就按照这种做饭的方式烹制菜肴。为了让杂烩菜不单调，厨师们就选用不同的搭配原料。后来，人们为了怀念西楚霸王项羽，经常在家中烹制这道菜。"烧杂烩"也就逐渐在民间流行起来了。

（二）"霸王别姬"诉别情

"霸王别姬"是一道以甲鱼和母鸡为主料烹制的安徽风味菜肴，也是徐州的古典名菜。"霸王"指甲鱼，"虞姬"指鸡肉。霸王别姬原指项羽和爱妾虞姬在兵败后生死离别的悲剧。公元前202年，项羽被刘邦逼到垓下，士卒少而粮食尽。到了夜晚，刘邦的军队在四面都唱起了楚地的歌曲。项羽十分吃惊，认为楚地已经被刘邦全部占领了，他决定要突围。项羽面临着一个两难的抉择，他带虞姬走还是不走，是一块突围还是留下虞姬？他在《垓下歌》最后一句说"虞兮虞兮奈若何"？

项羽觉得突围能否成功，都是一个未知数。项羽慷慨激昂地唱起了悲壮的歌曲，虞姬也跟着唱。项羽的眼泪不停地往下流，两边的随从都哭了。一曲既罢，虞姬自刎而死，项羽则率精锐突围，但仍被逼困在乌江，自刎身亡。项羽与虞姬最后的诀别，成了传唱千古的凄美绝响。

由于"霸王别姬"菜肴的创制思想与项羽和虞姬有关，再加上菜名中的"别"、"姬"与主料中的"鳖"、"鸡"谐音（甲鱼俗称鳖），更给这道菜增添了深刻的寓意。这道菜以别致的造型，鲜美的味道，爽滑的口感和醇厚的汤汁闻名于世，人们在品尝这道菜肴之时，也会想到当年楚霸王的英勇和虞姬的美丽哀怨。

三、曹操与"曹操鸡"

"曹操鸡"是安徽省合肥市的一道名菜，民间又称其为"逍遥鸡"，菜肴味道鲜美，食后令人难忘，更蕴含着丰富的内涵，其流传与曹操有着千丝万缕的联系。

"曹操鸡"是一道安徽传统风味菜肴，烹制此菜要用整鸡，涂满蜂蜜之后油炸，还要用多种调料卤煮，焖到酥烂而成。这道菜色泽艳丽，香而不腻，食用之后留香长久而且具有一定的食疗保健功能。安徽风味菜的最大特征是讲究食补，讲究医食同源，因此，"曹操鸡"也是药膳的传统菜肴。

这道菜肴和三国时期的曹操有着紧密的联系。公元208年，曹操统一北方后，统率数十万大军从洛阳南下征伐东吴，进攻荆州。当时刘表刚刚去世，其子刘琮被曹军的气势所震慑，上表投降曹操。刘备无奈之下只好向江陵撤退。不久之后，曹军攻下江陵，沿着江东下，刘备驻守在夏口，情势十分危急。军师诸葛亮采取了连吴抗曹的对策，亲自前往东吴劝说孙权。东吴都督周瑜和鲁肃等主战派集结了兵力，在长江一带布防，不久就形成了孙刘联合抗曹的局势。

在历史上著名的赤壁之战前，曹操走到庐州（现在的合肥）之时，旧病突然发作，头痛不已。曹操被病痛折磨的卧床不起，多日未曾进食。手下的众将群龙无首，十分焦急。这时，随军医生让厨师找来嫩仔鸡，配上中药烹制让曹操品尝。曹操尝后觉得鸡肉美味无比，食欲大增，痛症状也减轻了。曹操连吃了几天后身体也逐渐康复。从此，曹操所到之处，都要经常吃这种药膳鸡。久而久之，人们看到这种药膳鸡不仅营养美味，而且还能防病治病，就纷纷效仿这种烹饪方法。最后，民间索性将它命名为"曹操鸡"。

客观来看，曹操吃的这道药膳鸡只能适当的缓解他的疼痛症状，对其病症起到辅助治疗的作用，不能完全根治他所患的顽疾。在公元220年，曹操还是因头痛病发作而去世。虽然曹操去世了，但是合肥特产"曹操鸡"却在民间流传开来。后世人们经过不断改进烹饪技术，使得这道菜的味道也越来越被人们喜爱，并声名远播。现在的这道菜肴，选用安徽当地土产上等"伢鸡"作为主料，并搭配上了杜仲、天麻、冬笋等十几种名贵中草药做为辅料，更配上了曹操家乡的的古井贡酒，风味更加独特诱人，营养和药用价值也很高。

四、张翰与"莼羹鲈脍"

在江南吴地，自古以来有一道美味的菜肴叫"莼羹鲈脍"，历史上还流传有西晋张翰因此辞官归家的佳话。这道菜不仅反映了魏晋时代吴人饮食上的习惯，更是中华美食由肥腻到清淡的转变标志。

北魏贾思勰在《齐民要术》中记载了脍鱼莼羹的做法，并且说莼菜生茎而未展叶，称其为"雉尾莼"，第一肥美。烹饪时，鱼和莼菜均要放到冷水中，并且要另外煮豉汁作琥珀色，用以调羹的味道。

莼羹中的莼是一种极其平常的水生植物，又叫做"水葵"，古代又称为"茆"，是水生的本草，叶子浮于水面之上，其叶细嫩可做羹。用莼菜作羹已经有着很悠久的历史了，从晋人偏爱莼羹的清淡和鲜嫩胜于其他蔬菜就可以看出，晋代已经开始了一种新的饮食风尚和饮食观念，即追求清淡的菜肴。作鲈鱼脍的鲈鱼，民间又称其为"媳妇鱼"、"花姑鱼"，是生活在长江下游的近海鱼类，人们经常在河流的入海口处捕到，其肉质鲜美，是江南的珍贵特产，历来被誉为东南美味。

鲈鱼、莼菜的滋味隽永、清新，而张翰"莼鲈之思"的典故更让它名满华夏。"莼鲈之思"的典故出自《晋书·张翰转》，南宋刘义庆在《世说新语》里面也有相关的记载。西晋有个文学家张翰，是江南吴人（今江苏苏州人）。他的父亲曾经是三国孙吴的大鸿胪张俨。晋初风行封同姓子弟为王，司马昭的孙子司马冏被冏袭封为了齐王。"八王之乱"中，齐王迎惠帝复位立下了大功，拜为大司马，执掌了朝政大权。张翰当时就在司马冏手下为官。他见司马冏骄奢淫逸，专横跋扈，就预言司马冏必然走向失败。张翰为人纵放不拘，很有才华，又写得一手好文章，世人都说他有阮籍的风度，所以给他一个称号叫做"江东步兵"。他想到自己很可能会受

到司马的连累，在瑟瑟秋风之中他又想起了家乡的菰菜、莼羹、鲈鱼脍，他突然觉得：人生最可贵之处在于舒服和自由，为什么要千里迢迢如此辛苦的为了追求官位远离家乡呢？于是他急流勇退，辞官归里。他归隐之后不久，长沙王发兵攻打司马冏，齐王终究被讨杀，张翰则幸免于难。

根据《本草》当中的说法，莼鲈同羹还可以下气止呕，这又给张翰在抑郁之时思念家乡莼鲈的说法提供了一些重要的证据。人们都说张翰有先见之明，所谓的思念家乡的莼羹和鲈脍，其实只是他的抽身借口罢了。后人常用"莼鲈之思"作为归隐的代名词。唐代白居易有诗曰："秋风一箸鲈鱼脍，张翰摇头唤不归"，南宋辛弃疾在《永遇乐京口北固亭怀古》中说"休说鲈鱼堪脍，尽西风，季鹰归末"，吟诵的都是这件事。

对张翰因思念家乡美食而弃官还家的举动，诗人们不仅能够理解，而且多对其表达了褒扬的态度。唐代人也热衷莼菜鲈鱼，到了宋代，诗人们似乎兴趣更浓。苏东坡有妙句："季鹰真得水中仙，直为鲈鱼也自贤"。欧阳修为张翰写过很有感情的诗："清词不逊江东名，怆楚归隐言难明。思乡忽从秋风起，白蚬莼菜脍鲈羹"。不少诗人还因迷恋张翰莼鲈之思的典故，亲自来到江南感受莼菜鲈鱼的美味，尽管这莼菜和鲈鱼的产地并非他们的家乡，但也会借题发挥，抒发一下自己的思乡之情。陈尧佐有诗云："扁舟系岸不忍去，秋风斜日鲈鱼乡"。米芾诗曰："玉破鲈鱼霜破柑，垂虹秋色满东南"。陆游曰："今年菰菜尝新晚，正与鲈鱼一并来"。宋代谈明在其《吴兴志》中说到鲈鱼，有"肉细美，宜羹，又可为脍，张翰所思者"的记载，可见在江南吴地，这道美味的菜肴连同张翰回乡的美名一起传遍了中国。

五、杨贵妃与"贵妃鸡"

杨贵妃是中国古代四大美女之一，中国民间流传着许多关于她的故事。风靡华夏大地的名菜"贵妃鸡"相传就与她有关。

陕西有一种名叫"贵妃鸡"的美味菜肴，民间又称其为"烩飞鸡"、"贵妃鸡翅"、"酒焖鸡翅"。这道菜以鲜嫩的母鸡为主料添加上好的红葡萄酒一起烹制而成，味道鲜美异常。

相传，贵妃鸡是根据唐玄宗的妃子杨玉环贵妃醉酒的故事灵感创制而成。杨贵妃不仅长相美艳，充分体现了唐朝人推崇的雍容富态之美，而且她还通晓音律、能

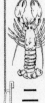

歌善舞，唐玄宗对其宠爱异常。一天，唐玄宗约杨贵妃到百花亭赏花饮酒，他却因梅贵妃的纠缠而迟到了，杨贵妃因此忧郁的自斟自饮起来。等唐玄宗来到百花亭时，天已经黑了，皓月当空之时杨贵妃也有了些许醉意。唐玄宗要饮酒赏月，便让杨贵妃起舞助兴。此时的杨贵妃，带着浅浅的醉意，面若桃花，悠然起舞，显得更加婀娜多姿、美丽动人。因此也就有了"贵妃醉酒"的典故。

杨贵妃平时非常喜欢吃荔枝，除此之外，她最爱吃的菜肴便是鸡翅。宫廷的厨师从贵妃醉酒这件事上得到启示，烹制出了"贵妃鸡"这道菜肴。由于厨师们烹制时选用了上好的红葡萄酒当成辅料烹调，也给这道菜增添了几分传奇色彩。

贵妃鸡这道菜虽然流行多年，但是各种菜典上对其产生的时间、地点、创制人都没有确切的明文记载。民间流传有一种说法，认为杨贵妃在等待唐玄宗未到而陷入忧郁之时，厨师出于排遣她愁绪的目的，特地用她喜欢吃的鸡翅精心烹制了这佳肴，并在鸡汤之中加入了红葡萄酒。杨贵妃虽深陷忧郁之中，但却不能抵挡菜肴的美味和精致，也开怀畅饮起来，醉卧花丛，留下贵妃醉酒的佳话，贵妃鸡也因此名声大振。民间还有一种说法，认为起初有一道菜名叫"烩飞鸡"，深受文人墨客们的喜爱。由于有了贵妃醉酒的典故，便根据"烩飞"的谐音将其改为"贵妃"，于是"烩飞鸡"变成了"贵妃鸡"，也隐喻了贵妃醉酒之意。

在品尝味道鲜美的贵妃鸡之时，我们都会联想到贵妃醉酒的场景，回想起白居易的名篇《长恨歌》，中华饮食文化和历史就能达到很好的交融，令我们感慨良深。

六、李白与"太白鸭"

以鸭子为主料，以唐朝大诗人李白的名字命名的传统风味菜肴。李白（701～762 年），唐朝大诗人，字太白，诗风雄奇豪放，语言明净华美，音律和谐多变，意境波澜壮阔，有"诗仙"之誉，在中国文学史上产生了巨大而深远的影响。由于他愤世嫉俗，藐视权贵，放荡不羁，因而留下许多传奇和佳话。

"李白一斗诗百篇，长安市上酒家眠。天子呼来不上船，自称臣是酒中仙。"（杜甫《饮中八仙歌》）李白不但爱喝酒，能喝酒，还是一个美食家。据说太白鸭就是李白所创制。一次，一位朋友来看李白，还带来了一只鸭子和一坛黄酒。李白便说今天就地取材，用带来的鸭子和黄酒，做一道新菜下酒。只见李白先把鸭子放到开水中略烫，然后将料酒、胡椒粉、盐和在一起涂在鸭子的内外，放到瓦罐里，

加入葱、姜、料酒、枸杞、老汤，用皮纸把罐口扎紧，再把瓦罐放到笼屉里用旺火蒸三个小时，将鸭子和汤取出放到汤盆里，鸭子肉烂汤鲜，味道极其鲜美。朋友吃了后连连称赞，当然又是一醉方休。

事后，这位朋友给李白建议，说皇帝也是美食家，太白先生怀才不遇，何不把做的鸭子送给皇帝尝尝，说不定皇帝吃了鸭子一高兴，会改变对先生的态度。李白认为此话有理，便请人将鸭子送给唐玄宗品尝。唐玄宗吃了李白做的鸭子十分高兴，立即会见李白。李白的本意是借鸭子宣传自己的治国安邦之策，而唐玄宗只对美食感兴趣，因而会谈不欢而散。从此李白彻底失望，决定离开朝廷。李白走后，唐玄宗把李白做的鸭子命名为"太白鸭子"，成为宫廷的保留菜。李白的政治抱负未能在唐玄宗那里施展，却给世人留下一道美食和一段佳话。

七、杜甫与"五柳鱼"

四川成都传统风味菜肴，因鱼背上的五种配料火腿、香菜、香菇、冬笋和红辣椒都切成细丝，形如柳叶，故称"五柳鱼"。鱼肉细腻鲜嫩，味道清淡并略带酸甜，再加上五色配料艳丽美观，色香味形俱佳。

据说，五柳鱼的典故与唐朝大诗人杜甫有关。杜甫（712～770 年）字子美，曾做过节度参谋检校工部员外郎，后人因此也称他为"杜工部"。公元 759 年底，杜甫来到成都，在成都西郊外浣花溪边盖了一座草堂，后称"杜甫草堂"。草堂建成后，杜甫还曾以草堂为题赋诗一首：

> 背郭堂成荫白茅，缘江路熟俯青郊。
>
> 桤林碍日吟风叶，笼竹和烟滴露梢。
>
> 暂止飞鸟将数子，频来语燕定新巢。
>
> 旁人错比杨雄宅，懒惰无心做《解嘲》。

杜甫在历尽兵燹之后新居初定，虽说生活艰苦，但生活在风景优美的草堂，倒也宁静愉悦。一日，友人前来拜访，吟诗作赋，兴高采烈，不觉已到吃饭时间。然而家境贫寒，何以待客？正当杜甫为难之际，忽见家人从浣花溪钓上一条大鲤鱼。杜甫喜出望外，赶紧亲自下厨烹制。他将洗好的鱼加上作料，放入锅中蒸熟后又加入葱、姜、辣椒丝、竹笋丝等，又勾以酸甜芡。朋友尝过后，觉得这道菜酸、辣、甜俱全，味道佳美，不禁问及菜名。杜甫见鱼表面五颜六色的丝纹形如柳叶，又为了纪念先贤五柳先生陶渊明，于是将菜命名为五柳鱼。原来东晋大诗人陶渊明弃官隐居后自号"五柳居士"，并有《五柳先生传》传世。虽然杜甫不同于陶渊明之归隐田园，但毕竟也是为避乱而卜居草堂，与五柳先生也有相似之处。此后，五柳鱼也就在民间广泛流传开来。

八、苏轼与"东坡肉"

浙江杭州有一道名叫"东坡肉"的传统名菜，这道菜与宋代著名文学家苏轼有关系，当地人通过这道菜表达出了对苏轼的怀念和爱戴之情。

自古以来，杭州风景如画，吸引了不少文人墨客前来览胜，在游览之时人们也不会忘记吃上当地传统名菜"东坡肉"。这道菜肴色泽红润、细嫩糯烂、香气四溢，以苏轼的名字命名，更增添了它的浪漫色彩。

苏轼，字子瞻，号东坡居士，梅州眉山人。苏轼是一位才华横溢的文学家，更是一位懂吃善做的美食家。他一生仕途颠沛，曾经到过各地为官，尝遍了大江南北的佳肴，并且留心考察各地烹饪方法，著有《黄州寒食诗贴》、《老饕赋》、《酒经》等饮食名篇。苏轼在贬居黄州时曾写《煮肉歌》："洗净锅，少著水，柴水罨烟焰不起，待他自熟莫催他，火候足时他自美。黄州好猪肉，价钱如泥土。贵者不肯吃，贫者不解煮。早晨起来打两碗，饱得自家君莫管。"从中不难看出他的饮食思想。

苏轼非常喜爱吃肉，经常有人烧好了肉请他过去品尝。苏轼也擅长烹饪肉类，经常亲自下厨烹饪，创制了很多名馔。后世流传了很多与苏轼有关的膳馔，"东坡肉"就是其中之一。宋代人食肉，大多数都不会把猪肉煮烂。苏轼发现了煮烂的肉比腱肉好吃，就一直向外界宣传。由于他是受人爱戴的文学家，所以大家都比较乐于接受他的建议。南宋文学家周紫芝曾经在《东坡诗话》中详细描述了这件事。

苏轼在杭州知州任职时，致力于西湖的疏浚，改善了当地的环境，给后人留下了一块修身养性的宝地，至今杭州西湖上还有以他名字命名的"苏堤"。他还用湖水灌溉农田，解决了当地很多人的温饱问题。当地百姓为了表达对他的感恩之情，每到逢年过节之时就会经常带着礼物前来探望。苏轼不想收下这些礼物，又不能拒绝人们的美意，只好只留下肉，回绝其他的礼品。每当收下肉后，他就会派人将猪肉切成方状，放到锅内焖到红酥香嫩，再拿来疏浚西湖工人的名单，每家每户送一份肉，让大家共同庆祝节日。杭州城内的百姓们都称赞他，为了表示对他的爱戴，人们就把他送来的肉命名为"东坡肉"。

不久之后，杭州城内有家菜馆推出了菜肴"东坡肉"来招揽生意，果然受到人们的喜欢。人们都争相前往品尝，这家菜馆生意越来越兴隆起来。其他的菜馆见状也纷纷效仿起来，经过饮食行业的一致同意，当地把"东坡肉"推选为杭州名菜之首。

有些人很嫉妒苏轼，在皇帝面前陷害苏轼，上奏折说：苏轼为官不端，杭州的人民都痛恨他，大家都争着吃东坡之肉。昏庸的皇帝闻听此言又把其贬谪到了海南。但是，善良的杭州人至今都感念苏轼的功绩，"东坡肉"至今还有很高的声誉。

九、米芾与"满载而归"

中国湖北地区有一道名满中华的菜肴，名叫"满载而归"。这道菜选用的主料是鳜鱼，它的由来和宋代著名书画家米芾有一定的关系。

"满载而归"这道菜是湖北襄阳地区的传统风味菜肴。这道菜将鳜鱼炸成船的形状，之后将猪肉馅用蛋皮包成元宝形放在鱼上，再将虾仁、笋丁、葱花等辅料煸炒，加调料汁勾芡而成。这道菜肴是一道象形工艺菜，它形如彩船，装载着金元宝，滋味酸甜适中，鱼肉不仅外焦里嫩更酥脆可口，元宝鲜香爽口，菜名又极富诗意，令人回味无穷。谈到这道菜就不得不谈到宋代著名书画家米芾"满船书画米襄阳"的故事。

米芾是中国历史上著名的书画家，北宋人，字元章，号海岳山人、襄阳居士，祖籍山西太原，后迁居襄阳，故有"米襄阳"之称。米芾是著名的北宋四大书法家（苏轼、黄庭坚、米芾、蔡襄）之一，他的书画自成一派，并且精通于书画方面的鉴别。米芾曾经任职校书郎、书画博士、礼部员外郎等。他不仅长于篆、隶、楷、行、草等书体，还擅长临摹古人的书法，常常能达到以假乱真的地步。

米芾曾经官居安徽无为通判，他的上司是位姓麦的知州。麦知州是个搜刮民脂民膏的能手，四处欺压百姓，当地百姓都在暗地里叫他"面老鼠"。米芾为官清廉，做人正直，他不想向这位知州低头，每逢参加每月逢单日州衙里的朝拜议事，米芾就感到很不开心。后来，他想出了一个办法，每逢单日去衙门之前，他就让家里人把他收藏的珍奇古石摆出来，他穿上朝服，像拜上司一样拜石头，边拜还边说道：

"我宁可去拜无知的石头，也不想拜你这只肮脏的面老鼠。"每次拜完后，他就会觉得心里很舒服，随后才会到衙门参拜议事。

虽然这个办法能暂时缓解他心中的郁闷，但是时间一长，他还是感到很恼火，非常不愿与这位"面老鼠"为伍，于是就写了帖子派人拿给知州看。麦知州看了大怒，原来帖子上写道："经启无为州正堂：通判米芾，狂妄不法，每逢开衙议事，即具朝服拜石，然后入衙，实为侮慢朝廷命官。拜石时，还口中念念有词：宁拜无知石，不参面老鼠，大堂是魔窟，吸髓搞贪污！知名不具。"这位"面老鼠"很早就看米芾不顺眼了，很想除掉这个祸患，这下他有了借口，立即禀报朝廷说：米芾拜石，侮辱朝廷。

不久，朝廷的革职圣旨来了，米芾于是就租船携带家眷离开了。以"面老鼠"为首的这一伙贪官，没打算轻易放走米芾，他们狼狈为奸的谎称米芾盗窃了国家财宝要乘船潜逃。机智的米芾早就算准他们会用这样的手段，于是故意在船头摆满了纸箱子、空盒，还用黄箔、锡纸做成闪闪发光的元宝。这样一来，官兵们竟在如此引诱之下紧追米芾，想当场查获船中的赃物。谁知等到官兵追上船，才知道那些"金银财宝"其实是给阴曹地府官兵的买路钱。官兵们再打开箱笼一看，都是些笔、画纸和米芾平日所创作的书画作品。

这件事情之后，"满船书画米襄阳"的传说就在民间传开了。当地的厨师从这个传说故事当中得到了启示，便烹调出"满载而归"这道美味佳肴。

十、乾隆与"鱼头豆腐"

在杭州地方风味菜肴中，有一道以花鲢鱼头和豆腐为主料烹饪而成的菜肴，名叫"鱼头豆腐"，味道独特、鲜美异常。这道菜肴从自家餐桌的家常菜成为人尽皆知的江南名菜，据说和乾隆皇帝当年下江南巡游有关。

乾隆皇帝是清朝第四位皇帝清高宗，名爱新觉罗·弘历，年号乾隆，1735～1795 年在位。在乾隆皇帝在位的 60 年内，清朝的国力达到强盛。

乾隆在位的中后期，曾经几次到江南微服巡视。相传，一次乾隆皇帝微服私巡来到风景如画的杭州。一天他在游览观光之时，突然下起了瓢泼大雨。由于是微服私访，又没有带雨具，他只能来到附近一户人家的屋檐底下躲雨。雨越下越大，此时已到了午饭时间，乾隆皇帝等人又饿又冷。这户人家的主人叫王小二，是一家小餐馆的伙计。他见有人躲雨，急忙将乾隆皇帝等人请到屋里。当知道他们想在家里找些东西吃时，王小二为难地说："客官，家里贫寒，没有好吃的东西招待你们。只有一块豆腐，请你们将就着吃。"王小二拿出那块豆腐，又找出半个鱼头，一起放在沙锅中煮起来，等到快端锅时又在里面加了些菠菜。菜端上桌子时，饥饿的乾隆皇帝见到热腾腾的饭菜，高兴的吃了起来。他一边吃着饭菜，一边品尝着这道菜的味道。此时乾隆皇帝觉得这道鱼头豆腐美味异常，胜过平时吃的那些山珍海味、美味珍馐。特别是菜中那鲜香可口的汤汁，喝一口浑身都感到温暖和滋润。

乾隆皇帝吃饱了饭，还在回味鱼头豆腐的滋味，这时雨也停了。乾隆皇帝对王小二说："你的菜做得很好吃，自己可以开个小店啊！"王小二苦恼地说道："我自小家境贫寒，除了炖豆腐别的菜也不会，哪有本事能开店呢？"乾隆皇帝想了想说："我可以给你些银两做开店本钱，你就做那道'鱼头豆腐'，我再给你写个匾牌，你会赚到钱的！"说完便拿出纸笔，写下了"皇饭儿"三个大字，并落款"乾隆"。王小二这时才知道遇到了皇帝，赶紧跪在地上叩头谢恩。

后来，王小二真的开了家小餐馆，专卖鱼头豆腐这道菜，有了乾隆的御笔招牌，生意十分兴隆。他后来又不断改进了鱼头豆腐的做法，终于使"鱼头豆腐"成了杭州乃至全国的一道名菜。

在孙中山的家乡，广东省中山市翠亨村，民间流传着关于孙中山饮食的趣话。人们说，孙中山有两大饮食爱好：爱吃咸鱼头煲豆腐和大豆芽炒猪血。孙中山认为，科学饮食对人非常重要，人们的很多疾病都是由于饮食上不注意而

鱼头豆腐

造成的，生活在中国乡下的人们，他们的长寿之道在于多吃蔬菜。他爱吃大豆芽炒猪血是因为黄豆芽含有丰富的维生素、钙质和蛋白质，猪血里面也含有铁质，这道菜不仅具有对人身体有益的营养价值补充人所需的物质，还味道鲜美。

在孙中山的家乡，人们都很喜欢吃咸鱼，但是平时却剩下鱼头不食用，而孙中山先生却喜欢用鱼头煮豆腐。豆腐也是很有营养的食物，同样含有丰富的蛋白质、

维生素、碳水化合物，而且味道清淡，把咸鱼头和豆腐煲在一起风味独特。孙中山先生的父亲非常擅长做豆腐，也曾经卖过豆腐，他的父亲经常做豆腐给大家吃。后来，孙中山先生还曾经撰文特别介绍豆腐和豆制品的营养价值。

十一、丁宝桢与"宫保鸡丁"

"宫保鸡丁"作为一道美味菜肴，不仅早就成为享誉华夏的一道名吃，而且也已名扬四海，被世界所熟知了。关于这道菜，历史上有着许多有趣的话题。

宫保鸡丁是四川、贵州、山东等地风味的著名菜肴。制作这道菜时，需要选用肉质细嫩的童子鸡丁，再配以上好的辣椒和花生为辅料。此菜中的鸡肉细嫩，花生酥香可口，肥而不腻，辣而不燥，深得世人的喜爱。1986 年，中国第一次参加卢森堡第五届美食展览及世界杯烹饪大赛时，就是以宫保鸡丁这道菜打头阵，结果赢得赞誉和褒奖。从此，宫保鸡丁走向了世界，成为世界各地的中餐餐馆中必备的保留菜品。

（一）"宫保鸡丁"的得名

宫保鸡丁的得名，与清朝咸丰时期进士丁宝桢有关。宫保是中国古代的官名，又称太子少保，是辅导太子的官。丁宝桢是贵州平远人，清朝咸丰三年中进士，曾任山东巡抚，1876 年升任四川总督，封太子少保。贵州平远向来以炒制鸡丁著称，据说丁宝桢从小喜欢吃用鸡肉和辣椒等菜爆出的菜肴，特别是家厨做的辣子鸡丁，鲜辣滑嫩、口味独特。

他在山东任职之时，就经常命家中的厨子制作"酱爆鸡丁"等菜肴。当上四川总督之后，他又特别喜欢用天府花生、嫩鸡肉、辣椒制作的炒鸡。每次设宴，他定会让厨师烹制此菜。即使是回故乡贵州省亲，他也对家里人要求："各位不必破费，只上炒鸡即可。"并且让家里人把辣椒、花生放在其中同炒。渐渐的，丁宝桢爱吃鸡丁的习惯被人们所熟知了。因为丁宝桢官居总督，当时人们尊称为"宫保"，加上他在山东任按察使时剿捻有功，被朝廷封以"太子少保"头衔，人们便将丁宝桢爱吃的这道菜称作"宫保鸡丁"。此菜在丁宝桢任四川总督之时就已经名扬省内，清末民初，这道菜更是风靡了全中国。因丁宝桢曾经在多地为官，四川、山东、贵州都将这道菜列入到了本地的菜系当中。

（二）用制作"宫保鸡丁"的手法判案

宫保鸡丁的传统做法最讲求快速和麻利。因其所选主料是鲜嫩的童子鸡肉，所以杀鸡、烫鸡、剔鸡、切丁都十分简单。烹饪这道菜时，要用热油大火，迅速翻炒。据说，烹制这道菜的过程最少只用两分多钟即可完成。所以，有人将宫保鸡丁制作过程中麻利和快速的特点，与丁宝桢处决当时大太监安德海使用的快刀斩乱麻的手法联系起来讨论，更给宫保鸡丁这道菜肴增添了戏剧性的色彩。

晚清时期，慈禧太后有个非常宠爱的太监，名叫安德海，人称"小安子"。清廷辛酉政变之后，慈禧太后与慈安太后垂帘听政，安德海也随之成为了在宫中地位显赫的大人物，他为人飞扬跋扈，嚣张异常。清朝祖上留下的制度是不准许内监出京的，在1869年，安德海不仅秘密出京，还到处作恶，横行欺压百姓，恣意谋取私利。此时，丁宝桢正在山东任职巡抚。丁宝桢为人刚正不阿，听到安德海在山东德州嚣张滋事的消息以后，立即就给恭亲王奕䜣上了一道奏折。奕䜣平时也很看不惯安德海的为人和品行，便立即带着丁宝桢的奏折去见慈禧太后。当时的慈禧太后正在聚精会神的看戏，奕䜣就将此奏折交给了慈安太后。慈安太后对安德海的行为非常生气，就和奕䜣商议由军机处拟旨，命令丁宝桢秘捕安德海，并且要就地处决。丁宝桢于是就干净利落地处决了安德海，等慈禧太后发谕旨救安德海时，安德海早已是人头落地。

十二、汉顺帝与湛香鱼片

相传东汉年间，顺帝刘保非常喜欢打猎。他平时打猎有许多人随同保驾，前呼后拥。这样做虽然很安全，但刘保却认为，人多了，七嘴八舌的，自己不自由。有一次，刘保摆脱了所有的侍从和卫士，独自一人，兴致勃勃地到野外去打猎。突然间，狂风四起，倾盆大雨直泻下来。刘保被淋得透湿了，急急忙忙跑到山脚下一户人家去避雨。推开门，一位白发苍苍的老人出来相迎。老人连忙让自己的女儿拿来衣服给他换上，并准备好茶水和饭菜。不一会，老人的女儿端来一碗香喷喷的鱼片。刘保已有一整天没吃东西了，此时是又冷又饿。他狼吞虎咽地将饭菜吃了个精光，那姑娘烹制的鱼片可谓色、香、味俱全，刘保吃得津津有味。但他吃饱喝足后仍感不适，身体阵阵发寒，头晕心慌。老人见此状，知道他是受了风寒，便找来了

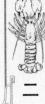

祛寒药给刘保服用，并留他在家中休息两天。过了两天，一队人马前往老人的家，声称到此寻找皇上。他们进门一看，发现皇上就在此地，大家喜出望外，连忙上前叩拜，向皇上请安。老人在一旁看得目瞪口呆。刘保向老人道明了原委，对老人和他女儿两天来的照顾表示深深的谢意。临别时，刘保对老人说："你们父女救驾立了大功，汉室天子刘保封您老为义父，封湛香姑娘为御妹，御妹所做的鱼片为'湛香鱼片'。"

十三、慈禧太后与娘娘爱

清朝光绪二十六年（1900 年），八国联军占领了北京城，慈禧太后与光绪皇帝连夜出逃西安。传说当他们行至曲沃县史村时，饥饿难忍，慈禧太后便提出要吃当地的小吃。随行人员当即征调当地厨师为太后做吃的。不一会儿，有人禀报说，此地有位颇有名望的中年妇女，是个尽人皆知的大好人，她心地善良，乐于助人，常为周围的乡亲们做好事，当地人都尊敬地称她为"娘娘"。听说慈禧路过此地，并要吃当地的小吃时，"娘娘"便吩咐自己的厨师将自己最爱吃的"莲蓬沙锅鸡"献给皇太后。慈禧吃了她送来的鸡，非常满意，听了这位乡间妇女的事迹，太后更是感动不已，临上路时，送了"娘娘"一些银两。"娘娘"便将这些银两一部分给厨师，另一部分分给了当地的穷人，并为大家修桥补路，为老人治病，做了许多有益的事，而她自己一文钱也没有留下。人们便将"莲蓬沙锅鸡"这道菜改名为"娘娘爱"，以纪念和颂扬"娘娘"的功德和人品。

原料

仔鸡 1 只，火腿 25 克，鱼肉 150 克，青豆 25 克，蛋清 3 个，大料、香油、味精、葱、料酒、姜末、盐、花椒、香菜适量。花椒粉、大料粉少量。

做法

1. 仔鸡收拾干净后，入沸水汆一下，放入沙锅内，加葱段、姜末、花椒、大料、味精、料酒、盐，入笼蒸熟。

2. 将鱼肉去刺，剁成泥茸，加入葱、姜、花椒粉、大料粉、味精、料酒、盐等，搅拌均匀，取 12 个小酒杯，将鱼茸分别装入杯内，上面嵌上数粒青豆，呈莲蓬形状，入笼蒸熟后，取出放入沙锅内。

3. 炒勺上火，倒入鸡汤，加火腿、香菜，沸后淋入香油，再倒入沙锅内即成。

十四、成吉思汗与炒米

相传，公元 1219 年，回回国的瓦勒乞黑等三名商人，带着织锦料子、棉织品、日用百货到蒙古地区做买卖。成吉思汗亲自接见，并以厚礼招待。瓦勒乞黑临别时，成吉思汗从属下中选派 450 名懂得西方风俗习惯的穆斯林，让他们跟着瓦勒乞黑去那里做生意。

他们带着金银财宝去了那里，除了一人侥幸脱逃外，其他人全被镇守讹答剌城的将军亦纳勒术赤黑杀害。成吉思汗闻讯后怒火万丈，秘密派使者和哈森打入其内部，让哈森协助提供一份回回国的地图。机智的啥森为避免关卡的检查，就把使者的头发剃光，并给他涂上紫色的合成药物，然后把回回国的地图印在他的头上。使者的头发长长后，便日夜兼程返回本国，把地图交给成吉思汗。

不久，成吉思汗就率领 20 万蒙古大军，带着炒米等干粮西征。成吉思汗兵临讹答剌城下，回回国的援兵从后面包围了成吉思汗。成吉思汗缺水少粮，就命众将士自己掘井饮用，依靠仅有的一点炒米，渡过了生命的难关。直到后续部队赶来，蒙古大军才把讹答剌城攻下，活捉了杀害蒙古商队的刽子手亦纳勒术赤黑，并让他饮金银水而死。

原料

蒙古出产的糜米（俗称蒙古米）5 千克，细沙末少许。

做法

1. 先把糜米筛簸干净，去掉土和沙子。

2. 锅里倒上开水，将干净糜米倒入，使开水淹没糜米之后，尚留五六寸深的水（也可以倒冷水，再加火烧开），上下搅动，使热气走匀。

3. 煮得米开裂以后，赶紧捞在筛子里。这样炒出的炒米发硬，有咬头，当地称为"蒙古炒米"。如果不等米开裂就捞出，炒时反而容易开花。这样炒出的炒米软而好咬，但是经不起咀嚼，当地称为"汉人炒米"。

4. 捞出以后，要就地摊晾在砖地上（或干净的硬地）。

5. 将沙子倒入锅中炒热后，将晾凉的糜米倒入，待大气冒过，米粒噼噼啪啪爆起来，赶紧连沙子和糜米的混合物倒在筛子里，下面接上盆子。筛子一摇，沙子落在盆里，炒米留在上面。

6. 将沙子倒回锅中炒热，再加入新晾出的糜米，如此连续作业，少许沙子便可炒许多炒米。末了，把沙子装在口袋里，下次炒时再用。

十五、成吉思汗与烤羊腿

相传，一代天骄成吉思汗率兵西征的途中，为了不贻误战机，命令将士不分昼夜，马不停蹄地快速行军。一天走下来，人困马乏，众将士肚子饿得咕咕直叫，前心贴后背，行军速度明显慢了下来，再这样走下去的话，就算到了目的地，将士们也没有力气战斗了。于是，大汗传令部队停下来，在限定的时间内赶紧打灶做饭。如何才能在很短时间内吃饱成了大家亟须解决的问题，这时一名伙夫急中生智想出了一个好主意，他将宰割后的羊腿直接架在炭火上烤制后食用。由于这种方法节省时间，加上烤后的羊腿原汁原味，肉鲜味美，而且能够御寒抗饿，深受将士们的喜爱。后来，成吉思汗干脆下令，把烤羊腿作为庆功、团聚、乔迁时必不可少的美食。

原料

整羊腿两条（约重 4500 克左右），胡萝卜块 500 克，芹菜段 500 克，葱头 150 克。调料包括葱段 50 克，鲜姜片 50 克，花椒、桂皮、干草、香叶、料酒、精盐，老抽、白糖、味精各少量。

做法

1. 将羊腿洗净放在盆内，用肉叉扎些小孔，加精盐、料酒、老抽、白糖、味精、葱段、姜片、花椒、桂皮、干草、香叶、清水，腌渍 24 小时备用。

2. 将腌好的羊腿放入烤盘内，加胡萝卜块、芹菜段、葱头，再将腌羊腿的汤汁倒入烤盘，如汤汁少，可再加些许清水没过羊腿。

3. 将装好烤盘的羊腿放入烤炉关住烤箱门，烤的过程中要随时翻动，约烤 4 小时左右，见汤汁少、皮干、内烂、呈酱红色时，盛出装盘即成。食时用蒙古刀将羊腿片好装盘，可蘸上酱与葱饼同吃。

十六、忽必烈与涮羊肉

涮羊肉传说起源于元代。700 多年前，元世祖忽必烈统帅大军南下远征，经过

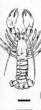

多次战斗，人困马乏，饥肠辘辘。忽必烈猛地想起家乡的菜肴——清炖羊肉，于是吩咐部下杀羊烧火。正当伙夫宰羊割肉时，探马突然气喘吁吁地飞奔进帐，禀告敌军大队人马追赶而来，但饥饿难忍的忽必烈一心等着吃羊肉，他一面下令部队开拔，一面喊着："羊肉！羊肉！"清炖羊肉当然是等不及了，可生羊肉不能端上来让主帅吃，怎么办呢？这时只见主帅大步向火灶走来，厨师知道他性情暴躁，于是急中生智，飞快地切了十多片薄肉，放在沸水里搅拌了几下，待肉色一变，马上捞入碗中，撒上细盐、葱花和姜末，双手捧给刚来到灶旁的大帅。

忽必烈抓起肉片送进口中，接连几碗之后，他挥手掷碗，翻身上马，率军迎敌，结果旗开得胜，生擒敌将。

在筹办庆功酒宴时，忽必烈特别点了战前吃的那道羊肉片。这回厨师精选了优质绵羊腿部的"大三叉"和"上脑"嫩肉，切成均匀的薄片，再配上麻酱、腐乳、辣椒、韭菜花等多种佐料，涮后鲜嫩可口，将帅们吃后赞不绝口，忽必烈更是喜笑颜开。厨师忙上前说道："此菜尚无名称，恭请大帅赐名。"忽必烈一边涮着羊肉片，一边笑着答道："我看就叫涮羊肉吧！众位将军以为如何？"从此，涮羊肉成了宫廷佳肴。直到光绪年间，涮羊肉才逐渐走向民间。

十七、诸葛亮发明的军食

诸葛亮作为古代一位杰出的政治家、军事家，蜚声海内。然而他屡屡发明、发现的战地食品却很少有人知晓。

锅馈

诸葛亮初出茅庐，就留下了"博望用火攻，指挥如意谈笑中。直须惊破曹公胆，初出茅庐第一功"的佳话。这火烧博望一战，直杀得曹军死伤无数，尸横遍野，曹将夏侯淳、于禁、李典仓皇溃逃。蜀军得了博望城，留下五虎上将关羽领兵驻守。

那年，正值天旱，久旱不雨，城内古井干枯，水源断绝，连做饭的水都剩下不多了。眼看将士们饥渴难忍，军心浮动，关羽急得火烧火燎，连忙修书一封，派人连夜送往新野，请诸葛亮下令退兵。诸葛亮接到告急文书，心想：博望乃军事要地，怎能轻易撤军弃城呢？苦苦思索了一夜，回书一封，差人飞书送往博望城。关羽拆开一看，原来军师在信中告诉他："用干面，渗少水，和硬块，锅炕之，食为馈，饷将士，稳军心。"这是一种节水食品的制作方法。关羽心里暗暗佩服，想不到军师不仅善于用兵，就连做饼的方法也知道，真是奇人啊！于是，关羽便按照军师所言，派人制作馈饼。这馈饼大如盾牌，厚似酒樽，食起来脆香爽口，做起来简单方便。将士们终于靠着"博望锅馈"度过了道道难关，守住了博望城。

龙凤配与豌豆糯米饭

"龙配凤"为荆州传统名菜，传闻是蜀营厨师根据诸葛亮的意思所创制。《三国演义》里说到"吴国太佛寺看新郎，刘皇叔洞房续佳偶"的故事。是说诸葛亮识破周瑜的美人计，让刘皇叔赴东吴娶了公主孙尚香，使自命不凡的周郎"赔了夫人又折兵"。

为了迎接主公刘备偕美貌年轻之妻孙尚香安然返回荆州，诸葛亮安排了一个隆重的庆贺宴会。他吩咐厨师，菜肴要有荆州地方特色，名又要寓含喜庆吉祥之意。厨师心领神会，挑选荆州鲜活黄鳝数尾、当地特产凤头鸡一只，即刻着手试制。待成品端上请军师鉴赏，但见盘中黄龙蜿蜒，昂首张口，足踏祥云，呈腾飞状，侧有金凤玉立，锦羽红冠，引颈展翅，呈欲翔状。此菜以鳝制龙，以鸡烹凤，实有巧夺天工之妙，既寓祝贺刘备与孙尚香的新婚之喜，又象征蜀汉大业的锦绣前程，正合诸葛亮心意，遂赐名"龙凤配"。宴席上刘备与夫人共品佳肴，心甜意美。

我国中原各地流传立夏吃豌豆糯米饭的习俗，据传与诸葛亮授意有关。诸葛亮临终时，特地召来孟获，当面嘱咐他说："我虽死了，幼主阿斗仍在，你每年的今日至少去看望他一次。"这天正是立夏时节。孟获是个直性爽快人，一经答应，就要做到。从此，每年立夏日都要往成都拜见蜀主刘禅。数年后，晋武帝司马炎灭了蜀国，把阿斗掳到洛阳，孟获不忘诸葛亮所嘱，每年立夏日仍然带着亲兵护卫前往洛阳看望阿斗。此人粗中有细，唯恐阿斗被亏待，每次来都要亲自用大秤称量阿斗体重，一再告诉晋武帝，如有丝毫差池，他是决不答应的。武帝见他如此认真，便想出一个主意，知道阿斗喜食粘甜性的食物，每届立夏，便命人早早煮了豌豆糯米饭给他吃。此时新豌豆上市，又甜又香，做成饭糯香可口，阿斗至少要吃两大碗，等孟获到来称人，阿斗的体重都比上年重了几斤。难怪阿斗"此间乐不思蜀"了。

诸葛菜与韭叶芸香

蜀中虽号称"天府之国"，却经不起连年征战，加之蜀军屡出祁山，蜀道艰难，军粮常常供应不上。为了解决这一难题，诸葛亮根据在隆中躬耕的经验（传说刘备三顾茅庐后，诸葛亮留饭，席间就有他烹制的蔓菁一菜），命令兵士每到一地就广种蔓菁，用以补充军食。蔓菁是根系类蔬菜，叶大茎粗，根若大萝卜，乡人蒸其根叶食之，可充饥。兵士们依令行事，在行军路途附近大面积种植蔓菁，暂缓解了军粮供需的矛盾。蜀军离去后，所种的蔓菁并没有浪费，当地人民普遍采食，称之为"诸葛菜"。《刘禹锡嘉话录》例举此菜优点是："取其才出甲可生啖，一也；叶舒可煮食，二也；久居则随以滋长，三也；弃不令惜，四也；回则易而采，五也；冬有根可斫而食，六也。比诸蔬属，其利不亦敷矣。"

诸葛亮率蜀军南征，孟获施计把他们引诱到秃龙洞，这一带山岭险峻，瘴气弥漫，常有毒虫出没，蜀军每每染上瘟疫。诸葛亮面临困境，一筹莫展。这天忽听说此去西山不远，有位高人号万安隐士，其居处植有一种异草叫"韭叶芸香"，过往之人口含一叶则瘴气不染。诸葛亮亲自登门拜访，万安隐士献出家藏"韭叶芸香"果实，诸葛亮一眼识得此果为大蒜也。士兵每餐食用大蒜，果然疫病不生。后来诸葛亮又首创用大蒜烧猪肉，改善士兵伙食，使一些厌恶蒜臭的士兵也胃口大开。蜀军士气大振，一鼓作气地活捉了孟获，得胜班师。不久，"大蒜烧肉"菜肴在四川民间流传开了。

第三节　古代名人饮食趣闻

一、刘邦食典的来龙去脉

刘邦以布衣之身，推翻大秦王朝，开创了汉代四百年基业。在他的非凡经历中，曾发生或遇到过许多与吃喝有关的趣事，串联起来，耐人寻味。

（一）传闻多多

《史记》和《汉书》都记载了这样一件事：秦朝末年，在沛郡丰邑中阳里住着刘、卢两户人家，彼此是好邻居。公元前256年某日，刘、卢两家分别降生一个男孩，即刘邦与卢绾。此事给中阳里的居民带来一片惊喜，于是各家凑钱，买了羊与酒，成群结队来到两家道喜，两家自然也要杀羊摆酒，招待来客。

几年之后，刘邦与卢绾同时上学，亲如兄弟，邻居再次送羊送酒，表示祝贺。刘、卢两家也再次以羊、酒招待。刘邦后来当了皇帝，开创了汉朝，乡人乃至后来的徐州人都引以为豪，这种古老的习俗也就一代代流传下来。祝贺孩子诞生，为什么以羊为贺礼呢？因为诞生礼是喜庆之事，必须使用吉祥物，而古代文字中，"羊"与"祥"通用，而且读音相近，所以羊就当选为吉祥物了。

江苏北部的丰县是刘邦的出生地，故称汉乡。在这里流传着两款风味独特的食品，一是"水煎包"，二是"帝王粥"。据说这两款食品都和刘邦有关系。刘邦与其母被秦兵追杀，逃至丰县东城时已是黄昏时分，母子二人又饥又渴，恰好遇到一家包子铺正欲收幌关门，其母便向店主讨食。店主见二人可怜，就把烧汤剩下的粉丝剁细，再加入调料做成包子，随后又把包子放入平底锅中煎熟，并且用豆面、小米面混在一起熬成稀粥，让母子二人食用。刘邦与母亲食后顿觉精神倍增，得以顺利逃至沛县，免遭劫难。后来刘邦登基做了皇帝，其母仍然念念不忘那顿救命饭。于是，刘邦特意从家乡请来了当年在丰县开包子铺的那一家人，将他们迁至长安新丰宫（今西安临潼骊山新丰宫），圆了其母想吃水煎包与稀粥的心愿。如今，在丰县和沛县仍然保留着吃水煎包、喝稀粥这一汉代遗风，而且那粥也被称为"帝王粥"。

"浆水面"是陕西关中民间的传统美食，说是刘邦命名，其中有段故事。相传，楚汉相争时期，在汉中的么二拐处有一家姓赵的夫妻店。一天，这店正开业时，男主人忽闻岳母病重，于是，把刚洗好的白菜丢进缸里，妻子一急，把锅里的热面汤也倒了进去，便关门匆匆去探望老人。几天后，小俩口归来，刚打开店门就走进一老一壮，说要讨点吃得好急着赶路。店主说没准备，只能凑合吃点白菜面条吧！来客点头后，店主忙去缸中取白菜，却发现白菜泡在酸味的汤水里。壮汉走近缸一看，只见白菜青中带黄，酸里透香，他知道这是用干净面汤泡过的，就表示愿意吃这酸菜面。于是店主把面条煮好，浇上酸白菜，淋些红油辣子，两来客品食后觉得味道美极了。壮汉说"白菜入浆，既酸又香"，就给其取了个"浆水面"的名字。原来这壮汉即是后来的汉高祖刘邦，老者便是后来的汉丞相萧何。从此，小店的"浆水面"闻名汉中，并延续至今。

《西京杂记》记载："高祖为泗水亭长，送徒骊山，将与故人诀去，徒卒赠高祖酒二壶，鹿肚、牛肚各一。高祖与乐从者饮酒食肉而去。后即帝位，朝晡尚食，常具此二炙，并酒二壶。"刘邦与朋友饯别时，友人送他的烤鹿肚、烤牛肚两样下酒菜，在他贵为帝王后仍念念不忘，何也？究其原因，自己向来爱吃它，已有肠胃记忆，此其一；人都是有感情的，刘邦不忘旧情，怀念友情，此其二。

刘邦爱吃凉皮。刘邦封汉王时在汉中吃当地的凉皮就吃上了瘾，当了皇上后，还要吃汉中的凉皮，据说有人因给刘邦进贡凉皮而被升了官。

（二）沛公狗肉

古代名人中，有不少人爱吃狗肉。嗜食狗肉的沛县小吏刘邦，终于成了大汉王朝的开国皇帝，是人们熟知的故事。

刘邦从小就沾染上了无赖习气，游手好闲。成年后，做了小吏，整天和那些衙役们勾肩搭背，"廷中吏无所不狎侮"，好酒色又没钱，便跑到酒铺赖酒喝。沛县有一条从北向南流的泗水，刘邦当年住在河西，樊哙在河西设摊卖狗肉，他经常吃樊哙的狗肉不给钱。日久天长，樊哙本小利微，吃不消了，不赊又拉不下面子，只好将狗肉摊悄悄由河西搬到了河东。

刘邦吃不到樊哙的狗肉，一打听，才知樊哙搬到河对面去了，便急忙向河东赶去。那时，泗水很宽，平时只有一条木船摆渡，人多船小，刘邦没有摆渡钱，挤不上去，急得口水直淌。正巧看见一只老鼋游来，他贪嘴不顾性命，噗地一跳，跳到鼋背上，没多会儿，便到了河东，扑到樊哙的狗肉摊就吃。樊哙躲到河东来，还没躲过刘邦，恨死了。他怪来怪去，都怪这老鼋不该把刘邦驮过河来，于是偷偷地把这个老鼋杀了，放到锅里跟狗肉一起煮。刘邦一吃，感到这锅狗肉比过去更鲜了。不久刘邦当上了泗水亭长，想起当初樊哙杀老鼋不让他过河，太不够朋友，就借口樊哙脾气躁，身上不能带刀，派人把樊哙的刀给缴了。樊哙没了刀，只好将狗肉煮得更加熟烂，用手撕着卖给人家吃。谁知撕着吃的狗肉比刀切的味道更香更美，生意更好了。后来刘邦、樊哙分别娶了沛县吕家姐妹，成为连襟关系；刘邦当了皇帝，樊哙也被封为舞阳侯。

公元前 195 年，刘邦讨伐英布叛乱后，以万乘之尊荣班师故里沛县，设宴与家乡父老乡亲欢聚。在丰盛的酒宴上，刘邦点了狗肉这道佳肴。酒酣，刘邦击筑（古乐器）作《大风歌》："大风起兮云飞扬，威加海内兮归故乡。安得猛士兮守四方！"史料记载，刘邦集名师，汇珍馐，大宴百官于沛县，沛县父老乡亲在回敬汉皇的宴席上也用了狗肉。后人曾题诗云"集四海琼浆高祖金樽于故土，会九州肴馔铿膳秘以彭城"；"彭城名馔甲天下，豪啖狗肉歌大风"。此次宴会上，有刘邦家乡厨师所做"沛县狗肉"。刘邦登基称帝后，沛县狗肉仍作为贡品进献宫廷御膳房，后人又冠以"沛公狗肉"、"樊哙狗肉"、"鼋汁狗肉"、"歌风狗肉"等名称。当地有"鼋汁狗肉半城香，刘邦不吃不开张"的佳话代代相传。

（三）食情之间

明代程登吉所撰启蒙教材《幼学琼林》有"戛羹示尽，邱嫂心厌乎汉高"之语。这里有则典故：刘邦的长兄早年去世，长嫂在家操持家务。刘邦经常带朋友到家中就食，开始长嫂还热情接待，精心制作饭菜供他们食用，渐渐地显得不耐烦了。一天，刘邦又带了朋友到家吃饭，长嫂见状，心中生厌，羹煮好后才盛了几碗，就使劲地用勺刮釜让刘邦他们以为没饭了。朋友们会意，就一个个借故离去，令刘邦难堪不已。刘邦步入厨房，见长嫂仍然用勺刮着釜的边沿，而釜中却还有许多羹。刘邦明白长嫂的用意，心中十分怨恨。后来，刘邦夺取天下，建立汉朝，在分封他的兄弟与亲戚为侯时，就一直不给长兄之子刘信加封。刘邦的父亲几次提醒他，刘邦才封侄儿为"羹颉侯"。"羹颉"是用勺刮锅中羹之意。刘邦暗地里称长嫂叫"戛釜嫂"。"戛"，敲击之意；"釜"为古代炊具，似锅。刘邦以此为封号，是想惩戒其嫂的不贤之举。后人亦称不贤之嫂为"戛羹之嫂"。

项羽攻下了梁地的十余座城池，听说成皋被汉军攻陷，就率军急援成皋。这时，汉军正在荥阳东面围攻楚将钟离眛，听说项羽大军来到，便凭借险要之地进行防守。项羽率军在广武山与汉军对峙。过了几个月，楚军粮草少了，项羽害怕起来，于是将刘邦的父亲太公按在砧板上，威胁刘邦说："如果你现在不赶快投降，我就烹死你的父亲。"刘邦说："我与你项羽都是楚怀王的臣子，一同接受怀王攻秦的命令，约定为兄弟，因此我的父亲就是你的父亲，你一定要烹杀我的父亲，那就希望分一杯肉羹给我。"项羽非常愤怒，真的想杀掉刘邦的父亲，项羽的叔叔项伯劝道："天下的事还不知道，如果为了得天下而不顾对方的家人，只能坏事！"项羽听从了项伯的话，留了刘老太公一条活命。

刘邦嘴上说要分享太公肉羹，只是危急中使的心计，其实他对老父十分孝敬。据《三辅旧事》记载，刘邦在汉中称帝后，将老父从老家接到长安皇宫颐养天年，谁料太上皇整日闷闷不乐，不思饮食。派人一打听，原来老父想吃家乡沛县的大饼。刘邦为了讨得父亲的欢心，令工匠赶造新丰邑，新建的丰邑不但有房屋、街道、酒肆，还专门建有"饼铺"。

话又说回来，刘邦是否真的吃过人肉羹？史籍载，公元前196年夏，刘邦以英布阴谋造反为由，将其杀死，"醢其肉以赐诸侯"，就是把英布的肉做成肉酱，分给诸侯吃。

刘邦登基称帝时，皇后吕雉用计翦除了手握兵权的开国元勋韩信，进一步巩固了刘邦的统治地位。刘邦为答谢吕后，决定举办盛大宴会，并想赐她一件稀世珍品"红棉锦衣"。然而，此衣要用红色棉花纺线织成，但当时没有红色棉花，刘邦便下令各地大小官员寻找，找了一年多也没有找到。后来，有一位商人路过"红花村"，偶然发现了一家小院里开着一朵朵旺盛的桃形红棉，便以高价买下，献给高祖。刘邦为给吕后一个惊喜，授意御厨用太湖大虾为主料，烹制红棉色形的佳馔。盛宴当日，吕后身着"红棉锦衣"，丰姿绰约，艳惊文武；第一个品尝了"红棉虾团"，感觉甜酸宜人，真个喜出望外！

（四）争霸伎俩

楚汉争霸，风云际会。刘邦在食事中所表现的大智大勇，尽显一代天骄的人格魅力。

"鸿门宴"妇孺皆知。秦朝灭亡后，进入咸阳受降的不是率部与秦军主力血战的项羽，而是刘邦。愤怒的项羽攻破函谷关，与屯兵霸上的刘邦形成对峙，火并一触即发。此时，刘邦的大将曹无伤叛变投敌，对项羽说，刘邦想称关中王。项羽下令，第二天诸侯联军早饭后就对刘邦部发起总攻。项伯与刘邦的谋臣张良是好朋友，他竟然偷偷跑到刘邦军中通知张良逃跑避难。张良把项伯介绍给刘邦，刘邦为了拉拢项伯，和项伯订下了姻亲，然后和张良等人主动去项羽处赔罪。面对怒气冲天的项羽，刘邦先是叙战友之情，又说自己不过是捡来的功劳，不敢称王。项羽下令摆宴席，算是庆祝灭秦的庆功宴和与刘邦和解宴。在宴会上，亚父范增几次暗示项羽杀掉刘邦，但项羽都假装没看见。范增让项庄起身舞剑借机刺杀刘邦，但刘邦的亲家项伯也起身舞剑，暗暗护住刘邦。犹豫不决的项羽也不阻止这场闹剧。张良把宴席上的事告诉在帐外等候的樊哙，樊哙闯入宴席来保护刘邦。项羽问这是谁，张良说这是刘邦的车夫，可能是饿了，进来要点吃的。喜欢壮士的项羽赏给樊哙一个生肘子和一斛酒，樊哙也趁机用发牢骚的话来说明刘邦没有称王之意。但危险始终存在，刘邦借着上厕所的机会逃回了霸上。

项羽出兵将刘邦困于荥阳，形势危急。刘邦被大兵围困，便请郦食其商讨对策。郦食其劝他立六国之后，称霸天下，这样项羽也得俯首称臣。刘邦觉得很有道理。商讨完大事后，刘邦命人端上酒菜，与郦食其饱餐。这时，谋臣张良前来求见，刘邦一边吃，一边高兴地把计划告诉了他。张听后吃惊地说："陛下的大事完了。"刘邦奇怪地问："为什么？"张良说："请把筷子借给我，让我给陛下分析一下当前的形势。"接着，张良便从刘邦手中接过筷子，边比划边分析了原因。张良最后说："陛下如果真用了郦食其的计谋，则大事完矣。"刘邦目瞪口呆，恍然大悟："这小子！差点坏了我的大事！"郦食其羞惭离去。

公元前 202 年，带有浓厚流民习气的刘邦即位后曾遇到"群臣饮酒争功，醉或妄呼，拔剑击柱"的混乱局面。"夫礼之初，始诸饮食"。食礼是一切礼仪制度的基础。文臣叔孙通"采古礼与秦仪杂就之"以成朝仪礼法，就是参考先秦以来逐渐形成的饮食礼仪，"竟朝置酒，无敢喧哗失礼者"。刘邦乃"知为皇帝之贵也"。当时刘邦拥有全国最为完备的膳食管理系统，负责皇帝日常事务的少府所属职官中，与饮食活动有关的有太官、汤官和导官，分别"主膳食"、"主饼饵"和"主择米"。这是一个人员庞大的官吏系统。太官下设有七丞，包括负责各地进献食物的太官献丞，管理日常饮食的大官丞和大官中丞等。太官和汤官各拥有奴婢三千人，刘邦及其后宫膳食开支一年达二万万钱。

二、东方朔滑稽吃相

东方朔，西汉文学家，字曼倩，平原厌次（今山东惠民县东北）人。武帝时任太中大夫、给事中，博才多学，诙谐滑稽。古代隐士，多避世于深山之中，而他却自称是避世于朝廷的隐士。

（一）清醒酒鬼

东方朔嗜酒，当年他听说糜钦山上有枣树，世人吃该山枣一枚便可长醉一年之久，因此就拣回来，和以香草做成丸子，用水泡成了"糜钦酒"，其酒香"经旬不歇"。

《史记》载，一次，东方朔喝醉了酒，竟然在皇帝的朝堂上撒了一泡尿。这一次汉武帝真火了，下令把他的官职罢了。有人问东方朔：人们都认为你是个疯子，

脑子有毛病，是这样吗？东方朔即席作了一首歌："陆沈于俗，避世金马门，宫殿中可以避世全身，何必深山之中、蒿庐之下。"意思是，在世俗中随波逐流，避世在皇宫之中，宫中也能避世全身，我何必非住在深山草屋？这首歌是东方朔"时坐席中，酒酣，踞地歌曰"，所以，明清以后的古诗选本把这首歌称做《踞地歌》。

什么样的师傅，就带出什么样的门徒。《东方朔外传》上记载有好酒之徒打赌的故事。一天，东方朔的三个门生出门，路见一鸠，一个说"今当有酒"，另一个说"其酒必酸"，第三个则说"虽有酒，必不得饮"。到友人家后，主人虽拿出了酒，却泼在地上，三人果然未得畅饮。于是，三人各问其故。第一个说："出门见鸠饮水，故知有酒。"第二个说"鸠集于梅树，故知酒酸。"第三个则说："鸠飞去后，那梅树的树枝折断，故知有酒也不得饮。"

东方朔偷饮过汉武帝的"长生酒"，不过，并非为了自身长命百岁，而是意在戳穿贡酒人的谎言。冯梦龙在《古今谈概》中讲到一个故事：皇帝当久了，什么都不怕，就怕死。汉武帝为了求得长生不老，什么法子都想尽了，受了许多方士的骗，把个宫廷搞得乌烟瘴气。东方朔看在眼里，急在心头。有人向汉武帝献上一坛"仙酒"，据说酿自岳阳香山，人喝了这个酒，就可以长生不老，汉武帝那个高兴劲儿呀，甭提了！

东方朔听说这件事后，瞅个机会就把这坛"仙酒"偷来喝了个底朝天。一介微臣，竟敢偷喝皇上御酒，这还得了？汉武帝"大怒，欲诛之"。这时候，东方朔面见汉武帝，不慌不忙地说："万岁杀臣，臣亦不死；臣死，酒亦不验。"其意说，俺喝了仙酒了，你怎能把我杀死？如果你把俺杀死了，那仙酒也就不灵了。汉武帝仔细一想，觉得有理，就把东方朔放了。宋朝罗大经在他编写的《鹤林玉露》中叹道："方朔数语，圆转简明，意其窃饮以发此论，盖讽武帝之求长生也！"东方朔就是故意借这个事幽了武帝一默，忠言进了，还保全了自己，这在那个时代不容易啊！

（二）智者笑话

据传汉武帝庆寿，让御厨准备寿宴。御厨想，皇宫天天山珍海味，武帝早已吃腻了，得变个花样，搞出一桌又好吃又有庆贺意义的寿宴来。他绞尽脑汁，打算面食上做文章：他将面粉调成面团，拉成极细的丝，煮熟，挑到寿碗中，加上不同口味的浇头，摆了满满一桌。武帝一见气不打一处来，怒斥道："为朕贺寿，竟用这么简单的面条，多不气派！"越说越气，脸拉得老长。东方朔见皇帝生气，便风趣地对他说："贺喜万岁！贺喜万岁！"武帝气呼呼地责问："喜从何来？"东方朔笑说："万岁有所不知，《相书》上说，人中（鼻下穴位）长一寸，能活一百岁，寿星彭祖活到八百八十岁，可见他的人中长八寸有余，'脸'即'面'也，脸长即面长。这一碗碗又细又长的面条，既是鲜香可口的庆寿美食，又是生命延续的象征，今日用面条为万岁贺寿，其意即在祝福万岁像彭祖一样长寿。"汉武帝听罢转怒为喜，端起面碗香香地吃了起来。

诚如东方朔所说，古代人称脸为面，脸长就叫面长。人人都想长寿，就希望自己的人中长一些，但这是不可能的事，所以就用面条来代替，流传下来，就有了过生日吃长寿面的习俗。这种世俗始于齐梁，盛于隋唐，以后一直沿袭下来。

东方朔为皇上贺寿另有一个典故，颇带天方夜谭的意味。汉武帝寿辰之日，宫殿前一只黑鸟从天而降，武帝不知其名，东方朔回答说："此为西王母的坐骑青鸾，王母即将前来为帝祝寿。"果然，顷刻间，西王母携七枚仙桃飘然而至，除自留两枚仙桃外，余下五枚献与武帝。武帝食后欲留核种植。西王母言："此桃三千年一生实，中原地薄，种之不生。"又指东方朔道："他曾三次偷食我的仙桃。"据此，始有"东方朔偷桃"并长命一万八千多岁而被奉为寿星。后世帝王寿辰，常用东方朔偷桃图庆典。齐白石等名家都曾画过《东方朔盗桃图》。

汉武帝经常赐肉食于臣下用作烧烤。有一年伏日（三伏天的祭祀日），武帝下诏赏赐诸大臣每人一块猪肉，东方朔不等分肉的大官丞到来，就自己拔剑割了一块肉，并对其他大夫说："伏日当早归，请受赐。"拿了肉便走了。汉武帝获悉东方朔私自割肉，在第二天入朝时便责问他："昨天朕赐肉，你为什么不等大官丞到来，就擅自割肉而去？"东方朔伏地谢罪，并自责道："东方朔，东方朔！接受赐肉，不等大官丞到来，自己拿走，是多么无礼至极啊！私自拔剑割肉，是多么豪壮啊！只割了一小块肉，又是多么寡欲啊！把肉送给妻子，又是多么仁义啊！"武帝听后笑着说"让你反省，你倒自夸起来了。"于是又赐给他酒一石，肉百斤，让他捎给妻小。

东方朔接受皇上赏赐美味的表现与他人大不相同。皇上赐食，一般大臣包括解甲归田的元老，都是弯着腰，低着头，细嚼慢咽，一副毕恭毕敬，诚惶诚恐的样儿。东方朔没有那么多规矩，而是当着汉武帝的面，狼吞虎咽，吃完之后，残羹剩饭舍不得扔掉，索性脱下外衣"打包"。所以，东方朔的衣服多是龌龊不堪，别人冷眼相看，他也满不在乎。

三、王羲之吃名背后

王羲之既是东晋时的大书法家，也是位老饕。他会吃、善吃，这还与他一生的功名成就大有点关系哩！

王羲之是山东临沂人，父亲王旷当过淮南太守。他的伯父王导是东晋著名的宰相，历事元帝、明帝、成帝，是三朝元老。王羲之13岁的时候，被带去谒见当时任尚书左仆射的周某。周尚书知道王羲之7岁时跟书法家卫夫人（东晋女书法家卫铄）习字，不到三年已见笔力沉劲，顿挫生姿，方圆百里颇有名气。12岁就已读过前人的书法论述，年纪虽小，却很有才学，因而被人刮目相看。

当时的人，很重视吃牛心炙，说吃了牛心炙可以补心。此菜是烧烤而成的。有一次王羲之受邀赴宴，在座的客人都还未动箸，周尚书就亲自先割了一块给王羲之吃。于是，同时被邀请的客人都对王羲之敬羡不已。一个13岁的娃娃，一下子成了知名人士。此事，《世说新语》《晋书·王羲之传》皆有载。

王羲之年纪方少，书法有名，在一片赞扬声中，头脑有些飘飘然起来。有一天，王羲之路过集市，见一家饺子铺里济济一堂，生意兴隆，可是，铺门旁的对联"经此过不去，知味且常来"，及横匾"鸭儿饺子铺"却写得十分呆板，没有一点功力。王羲之暗想：这些字太差了，简直丢了饺子铺的颜面！

为了探究明白，王羲之走进铺里。只见铺内大锅中的水沸腾着，锅旁一道矮墙，一个又一个包好的饺子从墙那边飞来，不偏不倚，恰好落入锅内。饺子好似在水中嬉戏的小鸭子，精巧极了。王羲之绕过矮墙，见一白发老妪坐在面板前，一个人擀皮包饺，动作异常娴熟。老妪包完饺子，就随手将饺子抛过矮墙，王羲之惊奇不已急忙问道："老人家，您这么深的功夫，多长时间才能练成？"老妪答："熟练五十载，深练需一生。"王羲之怔了一下，又问道："您的手艺如此高超，门口的对联为什么不请人写好一点呢？"这一问，老妪脸色变了，她生气地说："并非我不愿请，只是不好请呵！就说那个刚露脸的王羲之吧，让人捧得长翅膀了。说实话，他写字的功夫，真不如我扔饺子的功夫深呢，你可别学他。"听了老妪的话，王羲之羞愧极了，恭恭敬敬地向老妪认错，马上写了一副对联送上。后来，王羲之变得非常虚心好学，创立飘若浮云、矫若惊龙的书法，被尊为"书圣"。

王羲之曾任会稽（今绍兴）内史，他有一大嗜好—特别喜欢鹅。王羲之爱鹅传得最广的一则故事是，会稽有一老妇喂养的一只鹅善鸣，且叫声清脆动听。王羲之听说后，特地叫人去买这只鹅，老妇说什么也不愿出手。王羲之没办法，就带着亲友到她家看鹅。老妇听说大书法家要来，心里很高兴，但家里贫寒，拿不出什么好吃的招待客人，清晨就把那只会叫的鹅杀了。王羲之兴致勃勃地赶到老妇家，结果那只叫鹅却已成了盘中之餐，令他叹惜了很久。

人们不禁要问，王羲之缘何如此喜爱鹅呢？许多学者认为，王羲之是大书法家，他爱鹅也应从书法的角度找原因。鹅的形态和动作对王羲之的执笔、运笔很有启发。清代书法家包世臣就这样说过："其要在执笔，食指须高钩，大指加食指、中指之间，使食指如鹅头昂曲者，加指内钩，小指贴无名指外距，如鹅之两掌拨水者，故右军爱鹅，玩其两掌行水之势也。"

现代学者陈寅恪对这则故事作了新的考证，认为这和书法毫无关系。王羲之会稽寻鹅的目的，只是为了吃鹅。此说一出，震动了学术界，引起了强烈反响。陈寅恪从王羲之出自"天师道"世家入手，把鹅与道士服丹药联系起来，深入探讨王羲之"爱鹅"之谜。陈寅恪曾撰写了《天师道与滨海地域之关系》一文，系统阐述了东汉末年以后的三百年间，"天师道"对政治、社会和文化的重大影响。他认为古代道家与化学、医药学的关系极为密切。道教徒为了追求长生不老，大量服用丹石之药，久而久之，就会造成慢性汞中毒。而鹅有解毒功能，道士养鹅是为了吃鹅肉，所以鹅肉被列为道家上品之肴。王羲之本是个道教徒，曾与其他道士一起修道，甚至不远千里采药石炼丹服食。他会稽寻鹅，当然也是为了吃肉，滋补身体，此外，没有其他目的。

沈括在《梦溪笔谈》中以幽默的笔触侃道："吴人多谓梅子为'曹公'，以其尝望梅止渴也。又谓鹅为'右军'，以其好养鹅也。有一士人遗人醋梅与鹅，作书云：'醋浸曹公一瓮，汤右军两只，聊备一馔。'"

在王羲之的饮食生涯中，最有深远影响的莫过于兰亭盛宴。东晋永和九年（353）春天，王羲之邀请四十一位亲朋好友，在"有崇山峻岭，茂林修竹，又有清流激湍"的兰亭举行野外盛会。赴会的文人中有当时的书法家和诗人及名士。这是一次时尚的"野餐派对"，没有大鱼大肉、生猛海鲜，有的大概是带来的几碟泡菜、腌豆、腊肉，采一些山蘑，钓几尾活鱼，酒也是产自西域的葡萄美酒。一切都别有韵味。

众雅士燃一堆篝火，搭起帐篷，在小溪间流觞吟诗。兴致所至，把羽觞（轻便的酒杯）放在水上，顺水而下，每人顺序取觞饮酒作诗。写不出诗的人，都要被罚酒，当天有 26 人作诗，一共写了 35 首。王羲之带着醉意，以特选的鼠须笔和蚕茧纸，即席挥毫，乘兴书写了一篇序，即《兰亭集序》。据说，他在几天后再重写近百次，但是总比不上他当天即兴完成的作品。《兰亭集序》共 28 行，324 字，章法、结构、笔法都很完美，也是他三十三岁时的得意之作。

四、韩愈命丧火灵鸡

唐代文学家韩愈为情误食"火灵鸡"，到头来死于非命，成为千古遗憾。

韩愈生前纳有两个小妾，一个叫绛桃，弓弯纤小，腰肢轻盈；一个叫柳枝，柔顺婉媚，楚楚堪怜。两个娇娃能歌善舞，主人将她俩视作宝贝疙瘩捧着。韩愈在《感春诗》中不无欣慰地向人夸耀："娇童为我歌，哀响跨筝笛；艳姬蹋筵舞，清眸刺剑戟。"

唐穆宗时，藩镇军阀王庭凑叛乱，时任兵部侍郎的韩愈奉命前去安抚，走到寿阳（今属山西）驿站，竟暂时忘记了使命，思念起家中二妾来，作《夕次寿阳驿题吴郎中诗后》绝句说："风光欲动别长安，春半边城特地寒。不见园花兼巷柳，马头惟有月团圆。"韩愈思念侍妾，侍妾却不思念他，特别是柳枝，不甘心长期陪伴一个老头子，决心追寻自己的幸福和爱情，趁韩愈不在家，毅然跳墙逃离，还好，被韩家人发现抓回。韩愈从镇江归来听说这则丑闻，又气又恼，哀叹成诗："别来杨柳街头树，摆弄春风只想飞；只有小园桃李在，留花不发待郎归。"

"柳枝缘何乘自己不在逃离？"韩愈冷静一想，都怪自己"鸟不起"（阳痿）。道观寺有位道士向他传授秘方，说吃"火灵鸡"（一说火灵库），可以长气补精。韩愈笃信不疑，马上命人从街市买了几十只公鸡，依照道士开的药方，每天以掺入硫磺的大米喂它们，严禁它们与母鸡交配，长至一千天杀掉烹食，每隔一天吃一只。

起初，韩愈吃了这种"火灵鸡"，性欲亢奋，做了几回浪蝶狂蜂，那种快意自不必说。渐渐地身体消瘦，57 岁那年便卧病在床。他对前来念佛的僧人说："我服药无效，眼看要死了，你们仔细视察我的手足肢体，不要骗人说我是生麻风病死的。"

韩愈的好友张籍闻讯，痛惜不已，作诗悼念："中秋十五夜，圆魂天差清；为出二侍女，合弹琵琶筝。"白居易也为寿不过中年的韩愈扼腕叹息，《思归)）中有这样诗句"退之（韩愈）服硫磺，一病旋不痊"。

五、孙思邈：食疗不愈，然后命药

在陕西省耀县孙家塬村，有一座药王庙，庙前立有一方石碑，上面刻着孙思邈的《养生铭》。显然，这庙是孙思邈的故乡人为他而建。孙思邈被尊为"药王"，既在于他医术高明，也由于他养生有道。关于孙思邈的年龄，如今已有六种说法：101岁，120岁，131岁，141岁，165岁，168岁。无论以哪个年龄为准，孙思邈都是唐代年逾百岁之上的老寿星。他的养生之道，一直为人们所推崇。

在《养生铭》中，孙思邈重点写及饮食养生："当令饮食均""再三防夜醉""若要无诸病，常当节五辛"……后人将孙思邈的饮食养生方法概括为九方面：

第一，合理饮食，饮食有节。孙思邈特别强调"善养性者，先饥而食，先渴而饮，食欲数少，不欲顿而少，多则难消也。常欲令饱中饥，饥中饱。"

第二，提倡淡食。"每学淡食""每食不用重肉""厨膳勿使脯肉丰盈，常令俭约为佳。"孙思巡经常向人们宣传淡食的好处："关中土地，俗好俭音，厨膳肴馔，不过范酱而已，其人少病而寿。"而"海陆鱿肴，无所不备，土俗多疾，而人早夭。"

第三，平五味。孙思邈在《千金要方》中说："如食五味，必不得暴，多令人神惊，夜梦飞扬。"又说："五味不欲偏多，故酸多伤脾，苦多伤肺，辛多伤肝，咸多伤心，甘多伤肾，此五味克五脏，五行自然之理也。"

第四，戒生食。孙思邈主张不能生食冷饮。他在《千金要方》中说："勿食生粟、生米"，"深阴地冷，水不可饮"。对于肉类，他主张"勿生食肉、伤胃。一切肉唯须煮烂停冷食之。"

第五，戒陈腐。孙思邈说："勿食生菜、陈腐物。"

第六，反对吃饱就睡。孙思邈强调，忌"饱食既卧"，否则"乃生百病，不消成疾。"

第七，反对夜食。孙思邈说："不得夜食"，因为夜食即卧易于"成积聚"。万一吃夜食，也要"夜勿过醉饱，勿精思，为劳苦事，有损余。"

第八，控制饮酒或忌酒。孙思邈主张："饮酒不欲使多，多则速吐之为佳。勿令至醉"；有病之人不能饮酒，"虚损人常须日在巳时食讫，讫则不须饮酒"。他更反对饮酒成癖，酗酒无度，"久饮酒者，腐烂肠胃，溃髓蒸筋，伤神损寿。"他还指出："醉不可露卧及卧黍穰中"，"醉不可以强食"，"醉饱不可以跳掷。"

第九，讲究食后卫生。孙思邈在食后卫生方面，提供了许多有价值的建议。他最早提出食后嗽口，防止牙病。他说："食毕当嗽口数过，令人牙齿不败，口香"，而且指出发酵过的东西不能嗽口："以冷醉浆嗽口者，令人口气常臭，齿病"；其次是"热食成物后，不得饮冷浆水"；三是"热食后汗出，勿当风，发痉头疼，令人目涩"；四是"每食讫，以手摩面及腹，令津液通流"；五是"食毕当步行踌躇，使计中里数。"

上述饮食养生方法，孙思邈说到做到，身体力行。于是，他在《千金要方》中得出了这样的结论："安身之本，必资于食……不知食宜者，不足以养生也。"他还指出："夫为医者，当须先洞察病源，知其所犯，以食治之；食疗不愈，然后命药"。

正是由于孙思邈坚持"养生之道先于食"，在日常生活中，合理利用食物中的营养来防治疾病，改善体质，才得以长寿。

孙思邈99岁时，提出"食饱行百步"，后人据此将"食饱行百步"与他九十九岁高龄连结起来，说成"饭后百步走，活到九十九"，顺口，易记，也就流传下来。

六、武则天：虫草萝卜都是好菜

中国历史上第一个女性皇帝是武则天。她当了28年皇后、5年太后，67岁做皇帝，是继位年龄最大的皇帝；她终年82岁，是寿命最长的皇帝之一；她有美丽的容颜，有优雅的仪态，有健康的身体。她的一生，注重饮食养生。在她看来，药食同源，稀有的虫草和普通的萝卜，都是好菜。

在武则天晚年时，曾有一段时间咳嗽不止，全靠吃"虫草老鸭汤"，才食疗见效，止咳康复。

这是一道典型的药膳汤。汤名中的"虫草",即"冬虫夏草",也是本款药膳之"药"。

中医说,再没有比"冬虫夏草"更形象的药名了。单从药名上看,谁都能猜到,"冬虫夏草"——冬天是虫,夏天是草。对此,《见闻续笔》一书记述的犹为生动传神:"冬则虫蠕蠕而动,首尾皆具;夏则为草,作紫翠杂色。山中取其半虫半草者鬻之,植物生物合为一气,何生物之奇也。"

冬虫夏草,到底是虫还是草呢?原来,它是鳞翅目蝙蝠蛾科蝙蝠蛾属昆虫的幼虫,在生长过程中,被一种叫"中华虫草菌"的菌类感染,形成一种虫、菌结合体。人们在夏天所看到的"草",其实并不是草本植物,而是中华虫草菌的子座芽。

这种怪怪的"冬虫夏草",在中医眼里,是一味难得的滋补药,它味甘性温,入肺经、肾经,具有补肺益肾、止咳化痰的功效。据此,宫廷御厨制作"虫草老鸭汤",以"虫草之药力、老鸭之美味"合成一道"止咳汤",端到武则天的餐桌上。

然而,令这位御厨始料不及的是,武则天看到鸭汤里黑乎乎似虫非虫的东西,大为疑惑,以为御厨者要害她。一怒之下,这位御厨被她打入牢狱。

好在这位御厨有位好朋友,也是御厨,同行相惜。这位好友,急中生智,想出一个解救办法,给武则天制作同样的"虫草老鸭汤",却让她看不见汤中的"虫

冬虫夏草

草":扒开鸭子的嘴,将冬虫夏草塞进去,再用全鸭炖汤。这样炖出的汤,看不见汤中有"虫草",而"虫草"的药力却能从鸭头直贯鸭身,而且鸭肉软嫩,汤味鲜美。果然,武则天看不到汤中"毒物",也就放心食用,也就不久病愈——咳嗽被止住了。

这时,心情愉悦的武则天问道:此前的"毒物"是什么?此后的"良药"又是什么?御厨以实相告。武则天知道了事情的原委之后,恍然大悟,随即赦免了那位并非以"毒物"加害于她的御厨。

从此，既美味又治病的"虫草老鸭汤"，身价百倍，名声显赫。后来，这道"宫廷菜"走出宫廷，也成了"民间菜"。

当然，也有的"民间菜"成了"宫廷菜"。在武则天做皇帝时，就有这样一例：

那是一年秋天，菜农在洛阳东关的菜地里种出一个特大的萝卜，三尺多长，上青下白，特别水灵好看，人们纷纷观赏，传为美谈。这"萝卜王"，被地方官进献给女皇武则天。

武则天也从未见过如此大的萝卜，甚是欢喜。萝卜毕竟是一种食物，武则天叫御厨以此萝卜为原料，烹制菜肴。御厨颇费一番心思，切成细细的萝卜丝，配以山珍海味，制成羹汤。武则天吃罢，感觉鲜美可口，又说味道像燕窝，便给此菜赐名"假燕菜"。

此"燕菜"，虽说是"假"，可因为女皇欣赏，也就列入了宫廷菜谱，成为名菜。

视虫草萝卜都是好菜的武则天，也说过这样的话："朕禁屠宰，吉凶不预；然卿自今召客，亦须择人。"她的意思是，我严禁屠宰，但红白喜事除外；以后请客，要选择好客人。

如今，武则天饮食轶闻，也成了人们餐桌上的谈资："洛阳水席"上的第一道大菜，是武则天赐名的"燕菜"；"虫草老鸭汤"，是武则天得益于食疗的药膳……

七、吕蒙正悔吃鸡舌汤

吕蒙正，字圣功，北宋洛阳人，太宗、真宗时的三任宰相，以敢言著称。宋史记有"臣不欲用媚道，妄随人主意，以害国事"之壮语。

吕蒙正虽身居高位，自奉俭薄，不贪财物，生活向来很俭朴。年纪大了以后，他牙床松动，故喜食鸡舌汤。一天，他来到花园，忽见墙角边有一高堆，以为是座小丘，便问侍人是谁人所筑？侍从实话实说："那不是小丘，是相公食鸡所弃鸡骨而成。"吕蒙正大惊："我哪会吃这么多鸡？"仆人屈指给他算了一笔账："每只鸡只有一个舌头，相公每喝一碗汤羹该用多少鸡舌？一年呢？几年呢？"原来，一碗汤羹要用数十只鸡舌，取下一条舌头，整只鸡就扔了，天长日久，弃鸡便堆积如山了。

吕蒙正听了仆人这席话，心犹如倒了五味瓶，不是滋味。

吕蒙正年幼时父亲在皇宫任官，专门编撰皇帝的言行录和起居一类的文稿，较有权势，有妻妾多人，因嫌吕蒙正的母亲年老色衰，而将母子二人逐出家门。此后，母子困居寺院生活了九年，靠僧人布施度日，备尝艰辛。

《邵氏闻见录》中写道：吕蒙正以乞讨为生，曾在伊水边见人卖瓜，很想吃，但身无分文，只能在一旁闲看。待到买瓜人收摊，偶尔漏一小瓜，他赶忙拾起来便吃。任宰相后，他在洛阳城外买下一大片瓜圃，并在伊水边建"壹瓜亭"以示纪念。

这个故事后来被元人改头换面编成杂剧搬上了舞台，其中一个情节是：一位长者前来买瓜，瓜贩开价说："一两钱！"长者大惊，问道："这价怎么比往常高出十倍？"瓜贩人理直气壮地说："税钱重！十里一税，能不这样吗？"两人正讨价时，吕蒙正走过来也要买瓜，卖瓜的人还是出这个价。吕蒙正摇头说："我是穷人，买不起。"随后指着旁边筐里的黄瓜说"买黄的吧。"卖黄瓜的人也恶声恶气地说："黄的也要这等钱！"黄的分明是影射黄袍在身的皇帝。

恰巧皇帝正在台下看戏，发觉戏子们是在讥刺自己，不由得龙颜大怒，喝令侍从操起家伙，将扮演卖瓜人的戏子打落两颗门牙。当然，这并非真的是吕蒙正惹的祸。

吕蒙正娶妻后，仍是穷得叮当响。潮州剧《彩楼记》说的是：千金小姐刘翠屏"彩楼抛球择婿"，彩球正打中吕蒙正。刘小姐不嫌贫爱富，抛弃荣华富贵与吕蒙正寒窑成婚，两人相依为命，苦度光阴。

一年，端午节来临，大户人家都在杀鸡宰鸭，剁肉炸鱼，包粽煮蛋准备庆贺端午。可吕蒙正久困寒窑，家贫如洗，为了安慰妻子，便在墙上题诗一首：

富家之女嫁贫夫，明日端午样样无。

莫把节日空过了，舀瓢清水煮碗粥。

刘翠屏买小米回来，看到了窑壁上的诗句，她深深领会丈夫的心情，便诙谐地和了一首：

何人壁上乱题诗，明日端午我不知。

有朝一日时运转，天天端午正午时。

吕蒙正听到妻子的吟诵，想到当年刘小姐不嫌自己贫寒，今日依然坚贞不移，同甘共苦，深为感动。

秦腔戏《吕蒙正赶斋》（又名《木兰寺》）则说的是：吕蒙正与刘翠屏困居寒窑，每日前往木兰寺赶斋（讨饭）糊口。有一日风雪交加，岳母派人送银米接济。吕蒙正赶斋回来，发现寒窑前的雪地上有一行陌生人的脚印，怀疑妻有私情，故而发生了误会。

吕蒙正穷不夺志，日夜攻读，刻苦求进，终于金榜题名，官至宰相。升官那天，人皆登门庆贺，趋之若鹜。前倨后恭，世态炎凉，吕蒙正感慨万千，于是写了一幅对联，贴在门的两侧：

旧岁饥荒，柴米无依靠，走出十字街头，赊不得，借不得，许多内亲外戚，袖手旁观，无人雪中送炭；

今科侥幸，吃穿有指望，夺取五经魁首，姓亦扬，名亦扬，不论张三李四，踵门庆贺，尽来锦上添花。

阿谀拍马者看了，羞愧不已，无人再敢登门。

吕蒙正连自己也没有意识到，位极人臣的他，生活日渐奢侈起来，讲究饮食，特别爱吃鸡舌烩制的汤羹，每天必不可少。相府的厨师为了迎合吕蒙正的口味，加以精心烹制，那汤羹更是鲜美可口，使主人经年兴味不减。今日仆人一经提醒，吕蒙正顿即省悟，从此再也不肯吃鸡舌汤羹了。

八、王安石餐桌轶闻

王安石当宰相时，一人之下，万人之上，权力大得很。尽管改革最终失败了，即使对王安石攻击最凶的人，也不敢说他以权谋私、贪赃枉法。因为他从不讲究饮食，不修边幅，不拘小节。吃粗茶淡饭，穿破衣烂衫，有时不洗脸，长期不理发，蓬头垢面。作为一个封建社会的高官，如此这般也许不雅，但作为人格，确实难能可贵。

宋代曾敏行《独醒杂志》载：王安石儿媳家的亲戚萧盛到京城来，王安石约他吃饭。第二天萧盛赴约，以为宰相必定盛宴款待。时过中午不见开饭，萧盛饥肠辘辘却不敢离开。又过了很久，王安石才命他入席。饮了几杯酒后，上了"胡饼两枚、獾臛（猪肉）数四"，另上一碗菜羹。萧盛一向骄纵，心中不快，不再动筷子，只吃胡饼抹有芝麻、饴糖和麻油的中间部分，将剩下的饼边扔在桌上。王安石嫌他浪费，一声不吭拣起来自己吃了。萧盛甚感愧疚，匆匆退席。由此可见，当年王安石生活的节俭和淡泊。廉能生威，这在王安石身上得到了验证。

（一）双喜字肉

据传，王安石年轻时赴京赶考，半路上遇见一富户人家在用对诗的方法选女婿。王安石凑上去细一打听，原来，这诗的上联是王小姐自己出的，求对下联。上联写道；"天连碧树春滋雨，雨滋春树碧连天。"王安石心想，这位王小姐还有几分文才，不觉已有几分好感。转念一想我何不试一试。他略一思索，便吟出"地满红香花连风，风连花香红满地"。众人齐声称好，王小姐闻知，也十分满意。于是，王安石与王小姐约定科考后完婚。

说来十分凑巧，在科考场上考官收毕试卷后，主考官又另外出了一题："地满红香花连风，风连花香红满地。"求对上联。王安石出口便道出："天连碧树春滋雨，雨滋春树碧连天。"主考官闻言大喜，十分赞赏。

王安石与王小姐完婚之日，传来王安石高中状元的消息。真是喜上加喜，王安石高兴极了，亲自下厨烹制菜肴款待前来贺喜的亲友邻居。尤其那道"双喜字肉"，不仅味道好，而且在制作上也别出心裁，每块肉上刻着的双喜字就更有意义。众人越吃越爱吃，边吃边夸新郎精湛的烹饪技艺。后来，人们就常常把它作为喜庆宴席上的一道菜，为的是增添更浓的喜庆气氛。

（二）鉴食有方

王安石无愧是士林中的知味者。王安石老年患病，太医让他饮阳羡茶，但须用长江中峡（巫峡）之水煎烹。因苏东坡是蜀地人，王安石托他带一瓮。不久，苏东坡带水来见王安石，王安石即取水煎茶，但见茶色半晌才慢慢现出来。王安石问东坡水取自何方，东坡说是中峡。王安石笑道："此乃下峡（西陵峡）之水，如何假名中峡?"东坡大惊，只得如实告之，并问王安石何以辨之。王安石道："《水经补注》上说，上峡水性太急，下峡太缓，唯中峡缓急相半，此水烹阳羡茶，上峡味浓，下峡味淡，中峡浓淡之间，今观其茶色，故知是下峡。"

一天，苏东坡拎上几条鲜活武昌鱼看望病中的王安石。王安石将鱼蒸熟后，夹起一根鱼刺扔入清水中，以验证是否是"正宗"的武昌鱼。王安石向坡翁传经道：人们常说的鳊鱼一般包括鳊鱼、三角鲂和团头鲂。团头鲂就是武昌鱼，乍看它与三角鲂的外貌几乎一样，细瞧则稍有差异。武昌鱼口较宽，呈平弧形，背鳍硬刺短，尾柄较高，略呈正方形，银白色的鳞片，镶有十几条细纹；而三角鲂口较窄，背鳍硬刺较长，尾柄较短，呈长方形，体侧条纹不明显。再者，长春鳊和三角鲂分布很广，北起黑龙江，南到海南岛，江河、湖泊中都有天然生长的；而武昌鱼原产湖北的鄂城附近的梁子湖。武昌鱼油脂丰厚，剔刺抛入清水，即刻浮起油花。这是鉴识武昌鱼最简易的方法。苏东坡听后，对王安石丰富的食鱼知识十分钦佩，写诗赞美武昌鱼："长江绕廓知鱼美，好竹连山觉笋香。"

王安石不仅能从平常的食品中发现其胜绝之味，还熟知它的保健作用。《本草纲目》记有一段王安石以羊靥治气瘿的轶事。说的是王安石任相期间，一度患上气瘿，就是用羊靥治愈的。他的诗中就有"内疗羊靥"之句。所谓"羊靥"则是羊的甲状腺部分；"气瘿"即地方性甲状腺肿胀病。唐代《千金方》和《外台秘要》都有用羊靥治疗气瘿的记录。用现代目光来观察，称这种疗法叫脏疗法，也是所谓的组织疗法。

（三）吃饭走神

《曲洧旧闻》记有王安石吃"眼前食"的轶闻：王安石任宰相时，有人说王安石喜欢吃獐脯（獐肉干），王夫人听说后对这事感到怀疑，说："相公平日没有择食的习惯，怎么突然有了这种爱好？"便派人去问王安石左右的侍从："你们怎么知道相公喜欢吃獐脯呢？"侍从说："宰相每次吃饭不看别的菜，而只吃一盘獐脯，所以才知道他的这种爱好。"夫人又问："吃饭时獐脯放在什么地方？"回答说："放在靠近他的汤匙筷子的地方。"王夫人说："明天吃饭时暂且换盘别的菜放在他面前。"第二天吃饭时，王安石果然不一会就把面前那盘菜吃完了，而放在远处的獐脯一块也没动。知味莫如妻。侍从才明白，王宰相由于常考虑军政大事及学术问题，所以吃饭时常常心不在焉，食不知味，只不过专拣筷子最近的菜肴罢了。

有一次，仁宗皇帝在宫苑里宴请一些臣子，用餐前有一个轻松的规定，每个人都必须自己到御池中去钓鱼，然后，由皇家的御厨用钓上来的鱼，做每个人想吃的菜。这是一个令人愉快的提议，大家兴致勃勃地拿上鱼钩和鱼饵去钓鱼。只有王安石，心不在焉地坐在一张台子前，一粒一粒地吃身旁盛在金盘子里的球状鱼饵。最后，鱼没钓着，鱼饵竟被他吃光了，并在众人的一片惊讶声中，表示自己已经吃饱了。

王安石酷爱读书，经常手不释卷，他在常州当知府时，在宾客面前从未露过笑脸。有一天王安石大宴宾客幕僚，艺人在庭中表演，王安石突然大笑起来。人们很奇怪，以为是艺人的表演使知府发笑。也有人怀疑王安石发笑可能另有原因，便找了个机会问了王安石，王安石答道："前几天在宴席间偶然思考《咸》《常》二卦，现在忽然领悟其要义，心中欢喜，不觉就发笑了。"

王安石曾在书斋精心编撰了一部文字训诂专著《字说》。著《字说》时，他专心致志，费尽心思，把一百多颗干硬的莲子放在案头，咀嚼苦涩的莲心来帮助思考。有时莲子吃完了，又来不及添加，下意识地咬自己的指头，直到流血仍没有察觉。

九、黄庭坚饭局逗趣

北宋"苏门四学士"之一的黄庭坚，生性幽默，言语诙谐，常以美食与友斗嘴。

苏东坡新婚不久，应邀去黄庭坚家作客。才到那里，仆人就赶来请他马上回去，说夫人有急事。苏东坡头也不回，蹬上马鞍就走。黄庭坚见东坡如此惧内，吟道："幸早里（杏、枣、李），且从容（苁蓉为一味中药）。"这句诗里含三种果名，一种药名。苏东坡边跃马扬鞭边回敬道："奈这事须当归（当归为中药名）。"奈亦称沙果，苹果的一种。

那年冬天，苏东坡烧了一锅猪蹄，香味四溢，惹得苏门学士黄庭坚、秦观（少游）馋涎欲滴，急等着吃猪蹄。过一会，入席吃饭，只见苏小妹在桌上端放着四个碟子：韭菜、葱、荞头（野蒜）和蒜，却不见猪蹄。苏东坡说："今天先吃这四样菜，要每人吟诗一句，句中各含食物之名。违者受罚，不得食猪蹄。"说罢，他举筷夹起韭菜，吟道："久（韭）居令人厌。"苏小妹夹了一根葱，接着吟道："聪（葱）明各自归。"第三位是秦观夹的是荞头，从容接茬道："轿（荞）也抬不去。"最后黄庭坚抓起蒜，大声作了结句："算（蒜）数吃猪蹄。"四人开怀大笑吃起猪蹄来。

一次，苏东坡雅兴大发，亲自下厨做鱼，刚刚烧好，隔着窗户看见黄庭坚进来了，知道又是来蹭饭卡油，于是慌忙把鱼藏到了碗橱顶上。黄庭坚进门就道："今天向子瞻兄请教，敢问苏东坡的苏怎么写？"苏东坡拉长着脸回应："苏（蘇）者，上草下左鱼右禾。"黄庭坚又道："那这个鱼放到右边行吗？"苏东坡道："也可。"

黄庭坚接着道："那这个鱼放上边行吗？"苏东坡道："哪有鱼放上面的道理？"黄庭坚指着碗橱顶，笑道："既然子瞻兄也知晓这个道理，那为何还把鱼放在上面？"一向才思敏捷的苏东坡，这次被黄庭坚整了个十足！

宋哲宗时，一般的庶贫寒人，羊肉自然不会是常享之物，不过，年节时也会满足一下口福。有一寒士韩宗儒，尽管清贫如洗，却又十分贪食，于是便将苏东坡写给他的书信，拿去给酷爱东坡真迹的殿帅姚麟换羊肉吃，黄庭坚便因此戏称东坡书信为"换羊书"。

黄庭坚和赵挺之同在史馆修史。每当厨师征求吃什么饭，赵挺之口吃，必说："来日吃蒸饼！"乡音浓重，听起来很好笑。一次，饮酒行令，商定用三个字合成一个字作为酒令。有的说："戊丁成皿盛。"有的说："王白珀石碧。"有的说："里予野土墅。"轮到赵挺之，他说："禾女委鬼魏。"黄庭坚应声说："来力敕正整！"与赵说"来日吃蒸饼"同音。大家哄堂大笑。

黄庭坚的斗食诗，幽默风趣不乏绵内藏针。

黄庭坚喜食螃蟹，称其物美绝伦。当地有个贪官投其所好，金秋时节，令人送来一篓肥蟹，顺便向他索诗。黄庭坚一手抓着蟹，一手挥毫作诗："怒目横行与虎争，寒沙奔火祸胎成；虽为天上三辰次，未免人间五鼎烹。"诗人借咏螃蟹的体表和横行之态，辛辣地讽刺那些鱼肉百姓、飞扬跋扈的贪官污吏到头来难逃杀戮的命运。

十、陆游：补肾明目枸杞粥

在陆游的"万首诗"中，有一首广为人知的《食粥》："世人个个学长年，不悟长年在目前。我得宛丘平易法，只将食粥致神仙。"人们喜欢这首古诗。有人时常吟咏，以古诗作为食粥的理由；有人在文章中引用，以古诗证明食粥的好处；有人甚至写在粥棚里，以古诗为粥作广告。

陆游1125年出生于浙江绍兴，生活在"人生古来七十稀"的时代，却享有85岁高龄，成为当时的"生命奇迹"。喜欢食粥，是陆游长寿的秘诀之一，在他年老时，更是得益于枸杞粥的补肾明日。

陆游在《老学庵笔记》中记载不少值得借鉴的延年养生之道。比如，有一位年过七旬的老人，红光满面，行动敏捷，非常健康。陆游从这位老人那里学会了"健

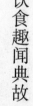

身拜"：每天早晨起来，静心松气，拱手弯腰，连续"拜"10次。"拜"的动作，使肢体屈伸，全身的真气随着血脉的顺畅流通到手足末梢，能免除手足之疾，还能"暖其背，护其胸，健其腰。"在"体育健身"的同时，陆游很注重"饮食养生"，为此写下许多诗歌。《食粥》便是其中之一。在陆游的餐桌上，经常出现各种各样的粥：米粥、面粥、麦粥、豆粥、菜粥、果粥、乳粥、肉粥、鱼粥、花卉粥……

正是得益于身体锻炼和食粥养生，陆游不仅越过了"人生古来七十稀"的"极限"，而且背不驼、腿不颤、耳不聋、眼不花，身体结实，有时还能上山砍柴，挑柴而归。因此，陆游在《薄粥》中大发感慨："薄粥枝梧未死身，饥肠且免转车轮。"——靠食粥支持年迈的身躯，而且也能够免受饥饿。他还用"老便藜粥美，病喜粟浆酸"的诗句，表达"老人喝粥，多福多寿"的感悟。

陆游晚年肾气渐亏，眼力不济。这时，有人向他建议：光吃"普通粥""花色粥"不行，向他推荐具有补肾明目功效的枸杞粥。这种"药膳粥"有更好的食疗食补效果。

枸杞，被誉为"四季养生的不老丹""滋补养人的不老子"。它殷红如胭脂，艳丽如玛瑙，光彩映目，十分好看，肉厚子少，味甜微酸，甘美可口，四季可食："春采叶，名天精草；夏采花，名长生草；秋采子，名枸杞子；科采根，名地骨皮。"

陆游经常食用添加枸杞的粥、羹，深得"滋补肝肾、益精明目"之益。在陆游的笔下，便又流淌出赞美枸杞的诗句："雪霁茅堂钟磬清，晨斋枸杞一杯羹。"

一代又一代后来人，从来没有停止对陆游诗歌创作和长寿之道的研究。800多年前，陆游曾自言"六十年间万首诗"。如今，民间仍有9300多首陆游的诗，广为流传。陆游是我国现有存诗最多的诗人。他创作的诗多，与他健康长寿有着直接的关系。

2009年2月，科学技术文献出版社出版的《药食两用话中药》，特意选编了陆游爱吃的枸杞粥。

十一、李渔：慎杀生，求食益

李渔，1611年出生于浙江兰溪，1680年病逝于杭州。他是明末清初的戏曲理论家、剧作家。他与厨师，似乎"舞台"不关"灶台"的事——"隔行如隔山"。

可那位烹饪大师很认真地和笔者说："厨师，也应研究李渔。"

李渔不仅把中国古典戏曲理论推上巅峰，在中国文学史上享有独特地位，而且在书法、篆刻、美容、烹饪等24个专业都取得了非凡的成就。他的《闲情偶寄》，是笔记体散文集，名列"中国名士八大奇著"之首，开现代生活美文之先河，被誉为"古代生活艺术大全"。其中的"饮馔部"，生动地再现了明末清初的乡风食俗以及江南食话。

李渔注重饮食营养、饮食科学、饮食文化。在《闲情偶寄》中，他写道："予于饮食之美，无一物不能言之，且无一物不穷其想象，竭其幽渺而言之。"对各种各样的美味佳肴，李渔嗜吃一生的是蟹："予嗜此一生，每岁于蟹之未出时，即储钱以待。因家人笑予以蟹为命，即自呼其钱为'买命钱'。自出之日始，至告竣之日止，未尝虚负一夕，缺陷一时。"

人都有些饮食嗜好，但很难像李渔那样把自己的饮食嗜好写得淋漓尽致。"嗜蟹如命"，把预存买蟹的钱称为"买命钱"；无一日不怀念蟹；螃蟹上市之日起到断市之时终，他家七七四十九只大缸里始终装满螃蟹，用鸡蛋白喂养催肥，用绍兴花雕酒来腌制醉蟹，留待冬天食用，一年四季有蟹吃。

当年，有人问李渔：每年要花多少钱吃蟹？李渔不无风趣地回答："若想知道我富不富，屋后蟹壳就知数。"但是，李渔也感慨道："即使日购百筐，除供客外，与五十口家人分食，然则入予腹者有几何哉？蟹乎！蟹乎！"

李渔并非为吃而吃，正如苏东坡的"意不在酒"。李渔虽然嗜蟹，但"暴殄天物"的饮食深恶痛绝。在他看来，生吞猴脑、活吃幼鼠之类的野蛮行径，不是良好的品行，而是非人道的"虐生"劣行。李渔是一位讲究人道主义的美食家。他把自己的饮食原则概括为24字诀，即：重蔬食，崇俭约，尚真味，主清淡，忌油腻，讲洁美，慎杀生，求食益。

李渔企望动物得到人道对待，免遭虐待之苦。人们总还是要生活在一个充满爱心与温情的世界里，也应该保护动物免受不必要的痛苦和虐待。

《闲情偶寄》这部书刚出来的时候，一位友人向李渔借去阅读。此人对戏曲理论不感兴趣，翻了十来页都是这些东西，便觉乏味，将书退回。李渔'得知，写了一首诗回赠："读书不得法，开卷意先阑。此物同甘蔗，如何不倒餐？"

李渔果然精通饮食，就连如何看书，也能用食物来作恰当的比喻：甘蔗根部最甜，对一般读者来说，《闲情偶寄》也是最后面六部更能引起阅读兴趣。如果跳过前三部去阅读，就不会感到乏味了。

李渔的《闲情偶寄》分成八部：前三部写戏曲理论，后五部写丝竹歌舞、房舍园林、家具古玩、饮馔调治等人们的日常生活和世俗风情。

看来，前面提到的那位烹饪大师，是会读书的人。

十二、名妓厨师董小宛

董小宛出身妓家，容貌姣好，天资聪慧。崇祯十二年（1639）春，16岁的她，沦为秦淮乐籍即南礼部教坊司的官方歌妓，精通琴、棋、书、画，为"秦淮八艳"之一。那一年，经方以智穿针引线，小宛认识了前来南京应考的如皋才子冒辟疆。三年后，名士钱谦益以三千两银子为小宛赎身，一叶扁舟将她送至如皋，正式嫁给冒辟疆为妾。

（一）好个慧巧厨娘

小宛是一位巧于美食的大家，她制作的桃膏、瓜膏、腌菜、豆豉等已成千古绝菜名点，有人调侃说："董小宛本身就是上帝秘制配方烹调出的一道大菜。"

我们不妨看看她是怎么制膏的。她取五月的桃汁、西瓜汁，漉掉果丝瓜穰，用文火煎到七八分稠，放糖进去搅拌后细炼，这样制出的桃膏看上去像大红琥珀，瓜膏比得上金丝内糖。即便在大暑天，为了保证汁液的鲜洁，小宛也亲手漉取。炼膏时，她静坐炉边看火候，不让膏液焦枯。所制之膏，分为浓淡数种，真是异色异味。梅磊《为辟疆盟兄悼姬人董少君纪饮》云："少年夫婿老词场，好客频开白玉堂。刺绣争夸中妇艳，调羹不遣小姑尝。薇露酿出醍醐味，桃李膏成琥珀光。若使珍厨常得在，食经应笑段文昌。"

小宛做豆豉也是极尽慧巧变化，她视取色取气重于取味。黄豆要晒九次洗九次，豆瓣的衣膜要剥掉，再和上瓜、杏、姜、桂等种种细料以及酿豉的汁水，豉熟以后拿出来，豆瓣粒粒可数，气香色醋味殊，与众不同。

小宛还把一般的红乳腐进行精加工，首先把红乳腐烘蒸五六次，使内肉酥透，然后削去表皮，加上各种调味品，几天之后，这种红乳腐的味道比福建建宁的三年陈乳腐还要胜过一筹。

小宛腌制咸菜，能使黄者如蜡，绿者如翠。蒲，藕、笋、蕨、枸、蒿、蓉、菊等各种鲜花野菜一经小宛之手用作食品，都有一种异香绝味。

她做的火肉有松柏之味，风鱼有麂鹿之味，醉蛤如桃花，醉鲟骨如白玉，油鲳如鲟鱼，虾松如龙须，烘兔酥雉如饼饵，菌脯如鸡粽，腐汤如牛乳，一匕一脔，妙不可言。

小宛深知辟疆的口味好尚，她为辟疆制作的美食鲜洁可口，花样繁多。据冒辟疆在《梅影庵忆语》一书中记载，如酿饴为露，她不仅在中间加上适量的食盐和酸梅调味，还采渍初放的有色有香的花蕊，将花汁渗融到香露中。这样制出的花露入口喷鼻，世上少有，就是金茎仙掌之露也难与争衡。其中最鲜美的是秋海棠露。海棠本无香味，而小宛做的秋海棠露独独是露凝香发。秋海棠俗名"断肠草"，常人以为不可食用，谁知秋海棠露味美独冠群花。其次，则用梅花、野蔷薇、玫瑰、丹桂、甘菊制露。至于用黄橙、红橘，佛手、香橼，除去白色丝缕后，色香味更佳。酒后用白瓷杯盛出几十种花露，不要说用口品尝，单那五色浮动，奇香四溢，就足以消渴解酲。徐泰时《春日题跋辟疆年盟兄哀董少君跋纪饮食》云："剪旗深翠护花铃，本草新删谱食经。玉露琼浆调指甲，畦蔬篱菜园丁。冬真蓄三年旨，饷客时挑百品馨。谁道幔亭无玉沆，至今空挈一双瓶。"

小宛经常研究食谱，看到哪里有奇异的风味，就去访求它的制作方法，再用自己的慧心巧手加以变化，这样做出来的菜肴使人有五鲭八珍之想。董小宛的"菜谱"亦是"诗诀"。至今如皋名厨李玉亭老人仍谈菜必引诗，其菜上桌时的叫板也都用诗句。比如：雨韭盘烹蛤，霜葵釜割鳝。生憎黄鲞贱，溺后白虾鲜。释义讲，就是选料要考究。"烹蛤"应择取雨后的韭菜，"釜鳝"须挑取霜打的葵叶，黄鲞（黄姑鱼）以小暑前打捞的最佳，白虾要选清明后的才鲜美。"诗菜"上了桌，也有诗。"菊花脆鳝"盆中的鱼丝亮丽溢黄，其叫板是"翠菊依依醉寥廓"，而"鸡火鱼糊"中的层层汤波，被嗦称为"春水一江闹秦淮"。三百多年前，时任礼部侍郎的钱谦益，就将"董菜"誉为"诗菜"，并赞曰："珍肴品味千碗诀，巧夺天工万钟情。"

（二）品味"董"字号

想当初，冒辟疆在秦淮河上设宴款待杨龙友、杜茶村、白仲调等文友，众人提出要小宛亲自下厨，做一道从未尝过的美味佳肴。小宛拗不过大家的美意，只好答应。她在苦思冥想中，灵机一动，取一大把鱼肚塞在肥嫩的白鸡膛里，加作料熬成一锅雪白的浓汤，端上桌后，芳香盈席，一个个吃得眉开眼笑，纷纷询问菜名。小宛刚刚报出"鱼肚白鸡"四个字，一旁聪明的方密之已经品出了其中含意，鼓掌应道："吃掉这只鸡，剩下就是余、杜、白三位了！真正是'余子秦淮收女徒，杜生步武也效尤，白君又把尤来效，不道一齐下汤锅'。"一首即兴歪诗逗得众人哈哈大笑。"鱼肚白鸡"便是小宛第一次亮相的董家菜。

据说，苏菜中的"灌蟹鱼圆"就是董小宛所创。现在人们常吃的虎皮肉，即走油肉，也是董小宛的发明，因此，它还有一个鲜为人知的名字叫"董肉"。这个菜名虽然有些唐突美人，但和"东坡肉"倒是相映成趣的。曾被抗清名将史可法称为"天下一绝"的"董肉"，亦有形象生动的"切诗"：眼眼见快，板板聆声，刀刀显功，片片生津。

小宛善于制作糖点。清朝一本叫《崇川咫闻录》的记载："'董糖'，冒巢民之妾董小宛所造。""四公子"之一的冒辟疆途径苏州，慕名亲访小宛数次，都因小宛外出未归不遇。待小宛归来时，辟疆已离苏还乡，小宛深为遗憾。她返回南京秦淮后，终日思念辟疆，特亲自下厨，用芝麻、炒面、饴糖、松子、桃仁和麻油作为原料制成酥糖，切成长五分、宽三分、厚一分的方块，从秦淮托人转带给如皋辟疆，以寄深情厚谊。两人经历企慕、相识、热恋，小宛终于在崇祯十五年（1642）十二月委身辟疆为妾。这种酥糖外黄内酥，甜而不腻，人们称为"董糖"。

屈指数来，如皋董糖已有三百五十多年历史了。现在的扬州名点灌香董糖（也叫寸金董糖）、卷酥董糖（也叫芝麻酥糖）和如皋水明楼牌董糖都是名扬海内的土特产。郑逸梅在《水绘园后主冒鹤亭》一文称誉董糖"啖之，不仅快我朵颐，又复发我思古之幽情。"

（三）疏酒亲茶

歌筵绮席，酬酢周旋，少不了要饮酒。因此，不少歌姬都能豪饮。崇祯十五年九月，銮江汪汝为在江口梅花亭子上宴请辟疆和小宛。也许是汹涌的长江白浪激发起小宛的豪情逸致，她大杯狂饮，"觞政明肃，一时在座诸妓，皆颓唐溃逸"。这样的情景，在辟疆也只见过一次。因为自从嫁给辟疆后，小宛见辟疆饮酒很少，量不胜蕉叶（形似芭蕉叶酒器），也就不怎么喝酒，只是每天晚上陪苏元芳小啜几杯。

在喝茶方面，小宛和辟疆有共同的嗜好。从辟疆15岁那年起，一个熟悉宜兴

茶山的柯姓吴人在每年桐初露白之际，就给辟疆送来十余种茶，其中最精妙的要数两片茶味老香深了，它具有芝兰金石之性。后来，冒辟疆经过苏州半塘，结识了茶艺家顾子兼，自此，顾子兼每年都会拣选最好的虎丘片茶寄给辟疆。这种片茶具有片甲蝉翼之异，煮好以后有一股奇特之香。

煮茶当然是小宛的拿手好戏。她先用上品泉水洗涤煮茶器皿，接着用竹筷夹住薄如蝉翼的片茶放在热而不烫的水中反复涤荡，去掉尘土、黄叶、老梗，再用手搦干，放在洗涤器皿中盖严，过一会儿开视，茶叶已是色青香烈，这时候再把煮沸的泉水泼上去。夏天是先贮水后放茶，冬天是先贮茶后放水，然后才把茶鼎放在炉上用文火煮。当小宛噘着红唇吹火涤茶时，辟疆每每吟诵左思《娇女诗》，引得小宛粲然一笑。当茶水上泛起一层细沫，茶就煮好了。最后，把味甘色淡、韵清气醇的茶水灌到小茶壶中。壶小，茶香就不容易涣散。他们常常是一人一壶，在花前月下默默相对，细细品尝茶的色香性情。此情此际，碧沉相泛，真如木兰沾露，瑶草临波，备极卢仝、陆羽之逸致。人们看《影梅庵忆语》中对董小宛厨艺的描写，从那种精致、那种巧妙中仿佛能感觉到旖旎的江南风光，体味到江南文化的诗意对日常生活的渗融。

小宛最令人心折的，是把琐碎的日常生活过得浪漫美丽，饶有情致。小宛天性淡泊，不嗜好肥美甘甜的食物，平日里用一小壶茶温淘米饭，再佐以一两碟水菜、香豉，就是她的一餐。以茶淘饭其实是南京人的食俗，六朝时，就已经有了。

顺治七年正月初二，年仅27岁的一代名厨董小宛因肺病复发不治而逝。

十三、蒲松龄的穷吃

蒲松龄是清代著名文学家，以《聊斋志异》闻名于世。他一生家境窘迫，仕途坎坷，历尽磨难，靠的是粗茶淡饭走完了人生76个春秋，这不能不说与他的饮食之道有关。

（一）敢恨食无余

蒲松龄自幼身体瘦弱多病，长大成人后，体质仍不那么健壮，加上家境贫困，于是专心攻读，企盼能博取功名，一改眼下窘况。但是，由于当时科场中贿赂盛行，舞弊成风，他四次应试举人都落第了，至71岁时方为贡生。

蒲松龄既不会治产理家，又不甘心名落孙山，因此长期穷愁潦倒，生活清苦。这一年他到济南居留，早餐吃的啥？有一首题为《客邸晨炊》的诗说得很清楚："大明湖上就烟霞，茆屋三椽赁作家。粟米汲水炊白粥，园蔬登俎带黄花。"短短数语，道明了蒲氏旅居大明湖畔，晨曦早炊的生动情景。特别是后面两句诗，说取泉水熬煮粟米粥，以及在案板上切配素食蔬菜（包括黄花菜），用于佐食小吃的情景。可以想见当时蒲松龄自炊自啖、津津有味的早餐状况。蒲松龄所记述的炊煮小米自粥，佐以菜蔬的早餐饮食，也正是山东大部分地区的日常饮食习俗。山东民间早晨多喜食粥，粥的品种甚多，有小米粥、大米粥、小米绿豆粥、江米粥、豆汁粥、红豆粥、荷叶粥等等。

蒲松龄久居乡间，知识渊博，对有关农业、医药和茶事，深有研究，写过不少通俗读物。如《日用俗字·饮食章》一书，就对饮食的烹调和面食的制作写得详细生动。

蒲松龄科举失意和生活穷苦，使他对品尝美食成为一种奢望，好不容易有人邀他美餐一顿，可天公又不作美。

那年冬天，蒲松龄的好友王八垓烹了一只肥羊，邀请蒲松龄前去共享美味。蒲松龄很高兴地答应了，不料临行时因下雪受阻未能成行，他深感遗憾，懊悔多日，为此写下了《戏作烹羊歌》。诗中写道："生平百事能知足，中岁多病思粱肉。高斋偶然列珍肴，三十五指攒纷纶。匕箸摩戛刺双眼，顾盼遂如风卷云。故人烹羊期初七，开函忻忻动颜色。突然天阴雪崩腾，路滑雨湿行不得。"蒲松龄为此感叹不已。

次年冬天，王八垓烹羊再请蒲松龄前去，这次又遇下雪天，蒲松龄写诗记下此事："去岁烹羊曾大雪，今岁大雪仍烹羊。冷风肌粟道途没，口腹将殉身欲僵。""三人踏雪还登堂，纵饮烂醉斜阳里。浮白凭陵叫未已，奴子频去催肴羹。"诗中语气诙谐有趣，生动幽默。直到晚年，他还留下"年来肉食贵，久绝肥甘想。""此身幸顽健，敢恨食无余"等诗句，为自己不能经常品尝到精美的佳肴而感慨。

（二）煎饼情结

蒲松龄为山东淄川（今淄博）人氏。煎饼是山东民间最普遍的食物，它的特点是饼薄如纸，极易蒸熟和加热；便于消化，易于存放；长期咀嚼能够生津健胃、促进食欲，亦可锻炼牙齿和面部肌肉，保持视觉、听觉和嗅觉神经健康。

提及山东煎饼卷酱葱，不禁让人想起蒲松龄"妙联销煎饼"的民间传说。

据说，蒲松龄家乡淄川有母女二人，摊得一手好煎饼，在临街收拾了一间门面儿，开起煎饼铺。别人摊煎饼都带炸油条，煎饼卷油条，吃着才配套。这母女本钱太少，置办不起炸油条的设备，只好把大葱剥净截段，配以小碟炸酱供佐食。这显得十分寒伧，顾客很少问津。那年春节前夕，来了一位头戴方巾的教书先生，见状，十分怜恤，便问："你们生意可是不大好吗？"满面愁云的母亲说："您先生说得对，一天卖不了仨瓜俩枣钱，养不起伙啊！"先生说："明天我给你们写幅春联，门上一贴，包你们生意红火！"说罢就走了，母女惊喜之余，信疑参半。次日，先生果然写来春联，亲自贴在门上。那鲜艳的大红纸与带亮光的黑字，立即招来许多路人围观。只见对联写的是："铛圆糊稀摊开大，葱多酱少卷上长。"众人读了不禁喝采。再看横批："越吃越短"。又引起一阵哈哈大笑。于是人们纷纷购买，吃煎饼卷大葱，顿觉别有风味。此后，母女俩的煎饼铺生意果然兴隆起来。无须多问，写此联者是谁。

平日里，蒲松龄没少吃煎饼。他写的《煎饼赋》中说："独煎饼则合米为之，齐人以代面食。"并道出了制煎饼的全过程："煎饼之制，何代斯兴？溲合米豆，磨如胶饧。扒须两岐之势，鏊为鼎足之形，掬瓦盆之一勺，经火烙而滂澎，乃急手而左旋，如磨上之蚁行，黄白忽变，斯须而成。"制出的煎饼"圆如望月，大如铜钲，薄似剡溪之纸，色似黄鹤之翎，此煎饼之定制也。"蒲松龄将山东煎饼从用小米、黄豆为原料，到磨成稠糊子，舀糊倒在热鏊上，用扒子很快将糊推刮至薄平，经火烙至变色即成。煎饼成品的规格、色泽、厚薄写得形象、准确。

蒲松龄摊煎饼是行家里手，吃煎饼也是招数多多。他向邻家传授四种吃法：新出锅的煎饼要趁热夹上鸡肉，浸上鸡羹鲜食；隔夜煎饼须涂上鹅脂、猪油，重叠上火烤制而食；寒冷季节，煎饼须卷折切成细条，与豆豉、椒兰等调味料一起入锅，略煮而食；在饥荒之年，无豆为料，可将椒榆之叶榨汁与大米合制煎饼，以酱和大葱为调料食用。邻家照此法做的煎饼，大人小孩吃起来，风卷残云，流星赶月，诚如蒲氏所形容的那样"脱一瞬兮他顾，旋回首兮净光"。

（三）益寿菊桑茶

蒲松龄也算得是我国古代北方的一位茶学家。他的《药崇书》一书总结了自己在实践基础上调配的一种寿而康的药茶方。蒲松龄身体力行，在自己住宅旁开辟一个药圃，种了不少中药，其中有菊和桑，还养蜜蜂。他广聚民间药方，通过种药，又取得不少经验，并在此基础上形成药茶兼备的"蜜饯菊桑茶"，既止渴又健身治病。

菊桑茶成分含蜂蜜、菊花、桑叶、枇杷叶等。其制法是先用药碾槽碾成粗末，用蜂蜜100克蜜炙，而后用纱布袋分装，每袋5～10克，每次1袋，开水冲泡代茶饮，每日2袋。他深知几味药的特性，并写于《药崇书》中，菊花有补肝滋肾、清热明目之效桑叶有疏散风热、润肝肺肾、明目益寿之效；枇杷叶性平、味苦，功能清肺下气，和胃降逆；蜂蜜有"长寿之品"之誉，具有滋补养中、润肠通便、调和百药之效。四药合用，相得益彰，可祛暑、清毒、明目、消积、通血脉、健心脾的功效，不失为是一贴补肾、抗衰老之良方。

蒲松龄在家乡柳泉设了一个茅草茶亭，就是用这药茶方泡茶，每天清晨和妻子陈淑卿在门前摆上一只口小腹大的磁罂，磁罂里盛着苦茶，又在桌上放一把烟叶，见了过路人，就邀请歇坐闲谈，搜奇索异。随客人的便，渴了就请喝茶，倦了就让抽烟，直到聊尽为止。蒲松龄20岁左右开始动笔写《聊斋志异》，40岁成书。书中490多篇文言体小说集，就是这样搜集素材而得到的。

十四、年羹尧血溅厨坊

年羹尧是清代康熙雍正年间的大将军，声威赫然，曾平定西藏、青海回民叛乱，对于开拓疆土，稳定大清政权有卓越的贡献。雍正二年十月征西归来，入京觐见受封。时功盖天下，位极人臣，受封一等公，赐缎九十四。其父遐龄，亦封一等公爵加太傅衔，长子斌封子爵，次子富亦封一等男爵。其家仆皆封四品顶戴副将。

《书·周官》云"位不期骄，禄不期侈"。年羹尧得此宠遇，未免骄奢起来，何况他又是雍正帝少年时的朋友，并有拥戴大功。自思有这个靠山，断不至有意外情事，因此生活奢侈至极，年府仆婢数百，"一人只司一衣或一菜，必须斟酌尽善"。

（一）厨师无二技

年府上有一绝色女厨芳华妙龄，善做小炒肉。小炒肉即炒肉丝，因由丝长只盈寸，犹如当时串铜钱的线绳，故清人称为"寸炒线绳"。年羹尧每饭必吃小炒肉，

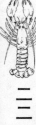

这位厨娘专为他做，每次少不了手不停脚不住地忙上半天时光，所以菜名叫做"须得忙日"。

晚清学者梁章钜在《归田琐记》中说道，年羹尧被皇上抄家以后，姬妾星散民间。杭州某秀才娶到善做小炒肉的那个姬。秀才说："娘子为我做一味小炒肉尝尝吧！"姬调笑他："酸秀才，谈何容易。府中一盘肉，须一只肥猪，任我择其最精处一块用之。今君家市肉，率以斤计，从何下手！"年府饮食之讲究奢靡，于此略见。

厨娘透露，年羹尧吃小炒肉的方法很血腥，命厨子手执竹片将活猪追打，直打得猪背上的脊肉质地松绵、筋腱脱尽、纹理顺当，方才从活猪身上一刀割下。一次，秀才按照此法取肉，吃了这女子的小炒肉，因为肉香，"竟并舌皆吞下之"。

年家的厨子分工精细，一个厨师只负责一道工序，很少有人会炒两道菜的。清人笔记里记载过这么一个故事：有个秀才娶了年家的一个厨娘。秀才想，以后自己家的饭菜还能差吗？一问，心凉了半截。原来这位女厨在年家混了多年，只会做一道菜，就是蒜苗炒肉。做蒜苗炒肉的就决不做蒜苔炒肉，这道蒜苗炒肉菜肴在年家一年也只吃上两三回。

（二）不投味者杀

年羹尧平时待厨子及其侍从非常严酷，稍一违忤，立即斩首。

年羹尧美膳佳肴吃得烦腻了，责令厨师变换花样，厨师绞尽脑汁，总不合年的胃口。掌管饮食的头目便在各地查访名厨。他打听到陕西乾州有一个擅长做豆腐脑的农夫，便命人带来试做。这个农夫做的豆腐脑多用泉水，出锅后凝而不散，翻而不碎，用浅勺轻轻舀到碗中一片，则摺而不断。加上食盐、姜、蒜泥、酱油、五香醋、油泼辣子，真是红白相映，味浓辣香，引人食欲。年羹尧一吃感觉味道特殊，非常满意，便把这个农夫留下，专做豆腐脑。后来，这位农夫给年羹尧做的豆腐脑还另加鱼髓，因此更加格外好吃。有时年羹尧还专门设宴招待同僚共食豆腐脑。时间一晃过了几年，这个农夫因年老体衰回乡了。年羹尧想吃豆腐脑的瘾来了，便令其他厨师制作，但味道极差，年羹尧一气之下，将厨师杀了。另叫人做，仍不满意，这样一连杀了几个人。厨师们每日提心吊胆，唯恐丧命，便托人又将这个农夫请来。

年羹尧坐镇青海期间，请了一个私塾先生，姓王，字涵春，教幼子念书，令厨子馆僮侍奉维谨。一日，饭中有谷数粒，被年羹尧察出，立即将厨子处斩。又有一个馆僮，端茶水入书房，一失手，把水杯倒翻，刚巧泼在先生衣上，又被年羹尧看到，立拔佩刀，砍去馆僮双臂，吓得这位王先生日夜不安，一心只想辞馆。怎奈见了羹尧，又把话儿咽下肚，恐怕得罪东家翁，也落得厨子、馆僮一般下场。就这样战战兢兢过了三年，方得年羹尧命令，叫幼子送师归家。这位王先生离开这阎罗王，好像得了恩赦，匆匆回家。

年羹尧性情残暴，杀戮随意，别看他身居大将军，能调遣千军万马，可他想找个先生教孩子读书识字却没人愿来。多亏他的盟兄弟胡期恒举荐来一位先生。此人姓刘，顺天府大兴县青云店人。刘先生学问渊博，秉性耿直，不慕功名，只靠教书谋生。刘先生到年府后，年家对他照顾得十分周到，先生教学也非常认真，每日教年府几位公子读书、作文，对课、习字，要求很严格。几位公子都刻苦好学，尤其是那位小公子，别看他年方六岁，可聪明伶俐、进步最快。年羹尧得空便到书房检查孩子们的功课，见到小儿子才思敏捷，字写得端正秀丽，总是十分满意地夸奖一番。他从心眼里敬佩这位刘先生。

转眼就是中秋节。这一天，年羹尧在书房设宴招待刘先生。筵席上，山珍海味美酒佳肴，异常丰盛，自然不必多说。酒过三巡，菜过五味，年羹尧乘酒兴说："有位朋友给我出了个上联，连日来我颇费心思，但时至今日也没答对出个可心的下联，先生帮个忙吧！"刘先生忙问："这个上联是怎么出的呢？"年羹尧念道："玉帝兴兵，雷鼓云旗，雨箭风刀，天为阵。"刘先生听罢，沉思片刻，说："这上联以气象为喻，气派极大，要想个配得上它的下联，确实不容易。"刘先生话音未落，那小公子抢着说："这有何难，他以气象为喻成上联，我以风物为喻对下联。"说罢，念道："龙王设宴，珠灯贝碟，螺觥岛桌，海为厅。"刘先生一听，十分高兴，连连拊掌叫好。正在这时，猛然间"啪"地一声，年羹尧拍案而起，怒容满面，一双虎目直瞪着小公子，高声喝道："胆大奴才，我与你老师谈话，哪有你插嘴之理。你那恩师乃当代名儒，学深似海，方才不过谦虚而已，你却当真，如此慢怠师长，我岂能容你？"刘先生赶忙劝说："制台大人息怒，今日乃家宴，不必拘死理。"年羹尧却说："我年某深受皇恩，朝夕图报，然而不能治家，又焉能治国？"接着，冲小公子喝道："小奴才，还不快给我伸出手来！"那小公子早吓得面如土色，伸出巴掌战战兢兢地往前挪。刘先生心想："准是要打孩子手板。"他正要上前劝阻，万没想到，年羹尧一猫腰，照孩子手指，"吭哧"就是一口，只听"啊"的

一声惨叫，孩子左手中指断为两截，鲜血直流昏倒在地。刘先生抢前一步，抱起孩子，"真……真……真是岂有此理！"气得说不上话来。年羹尧余怒未消，望着刘先生说："慢怠师长，理应碎尸万段，今天看在先生的面上，我才从轻发落这小奴才。"第二天刘先生找年羹尧，借口离家日久，老母近来身体欠安，辞馆回了家。

年羹尧恃功而骄，飞扬跋扈，被皇上贬为杭州防御，驻旗下营，任一个很小的官职，而年羹尧却不在乎，照样讲究饮馔。然而口福难久，不到一年后便被雍正皇帝尽削所有官爵，列九十二宗大罪，赐其自杀。

年羹尧成败之速，异于寻常，被史家列为"雍正八案"之首案。他缘何被杀，众说纷纭，成为清史上的一个谜案。

十五、郑板桥的口舌之好

"三绝诗书画，一官归去来"，便是郑板桥一生最好的概括。郑板桥享年73岁，富有平民色彩的饮食生活，被誉为"内行醇谨"的人。

（一）粗茶淡饭

物产丰富、烹饪发达的江南水乡生活，在郑板桥笔下反映得比较平淡，见诸文字的多为普普通通的食品。

郑板桥吃过山野的荠菜，写道："三春荠菜饶有味，九熟樱桃最有名；清兴不辜诸酒伴，令人忘却异乡情。"由此看出他对清雅鲜爽荠菜的偏爱。

"南阳菊水多蓍旧，此是延年一种花。八十老人勤采啜，定教霜鬓变成鸦"，描写的是古代郦县一带饮菊延年益寿、返老还童的事。

在其他地方，郑板桥和友人的饮食交往中，也是这么平平淡淡，却具有很深的涵意。例如，《范县》一诗所咏"苦蒿菜把邻僧送，秃袖鹑衣小吏贫"。

郑板桥诗文所述的日常饮食生活简单朴素，讲究节俭，"瓦壶天水菊花茶，青菜萝卜子饭"；"稻穗黄，充饥肠。菜叶绿，作羹汤。味平淡，趣悠长"。他把青菜摆在素食保健的第一位。

郑板桥克俭克勤，极力提倡简朴度日，给兄弟的家书都不忘再三叮嘱勤俭持家，尤其不可忘记家庭的穷苦历史。《范县署中寄舍弟墨第一书》称："可怜我东门人，取鱼捞虾，撑船结网，破屋中吃秕糠啜麦粥，搴取荇叶、蕴头、蒋角煮之，

旁贴养麦锅饼，便是美食。幼儿女争吵，每一念及，真含泪欲落也。"

同他的哲学观、美学观一脉相承，郑板桥的饮食观彰显儒雅超逸，韵溢品高；师法自然，返朴归真。他主张"白菜腌菹，红盐煮豆，儒家风味孤清"。他崇尚"左竿一壶酒，右竿一尾鱼，烹鱼煮酒恣谈谑"的生活。他提倡田园清供之味，赞扬"江南大好秋蔬菜，紫笋红菱煮鲫鱼"，"三冬菜偏饶味，九熟樱桃最有名"。

郑板桥的文人生涯和茶、酒有着不解之缘。对于这位被誉为诗、书、画"三绝"的名家来说，茶还有助于塑造他粗茶淡饭型文人的良好形象。正像他自我题写的联语："墨竹一枝宣德纸，香茗半瓯成化窑"，散见名胜古迹的郑板桥咏茶名联有，江苏镇江焦山自然庵："汲来江水烹新茗，买进吴山作画屋"；浙江绍兴日铸山："雷文古鼎八九个，日铸新茶三两瓯"；四川灌县青城山天师洞："扫来竹叶烹茶叶，劈碎竹根煮菜根"。

郑板桥嗜酒，曾经自谑"顿餐不离盏，书画伴终身"。据说，郑板桥酒酣时作画格外有神。但他的酒俗也很朴素，这从他的诗词中可见一斑："买酒将鱼换，得酒船头转。岸上打场声，渔歌水上清。"郑板桥深知过量饮酒之害，并曾因饮酒误事自责"戒酒三春"。

郑板桥也是美食家。他参加过两淮盐运使卢雅雨举办的"红桥修禊"，写下"张筵赌酒还通夕，策马登山直到巅"、"日日红桥斗酒卮，家家桃李艳芳姿"的诗句，品尝过一些淮扬大宴名菜。金农说他"风流雅谑，每逢酒天花地间，各持砑笺执扇，求其笑写一竿，墨渍污襟袖，亦不惜也"。

他认为饮食原料要就地取材，讲究新鲜，"卖取青钱沽酒得，乱摊荷叶摆鲜鱼。湖上买鱼鱼最美，煮鱼便是湖中水"。板桥在山东做官时，曾给李鳝写信，怀念扬州应时鲜鱼佳蔬，表示神魂系之，云"惟有莼鲈堪漫吃，下官亦为啖鱼回"。

郑板桥诗中说到扬州人煮鲫鱼突出"烂"字，家家户户都会，非常普及。配料唯有鲜竹笋而已，云"江南鲜笋趁鲫鱼，烂煮春风三月初；吩咐厨人休斫尽，清光留此照摊书"。用鲜笋作鲫鱼的辅料，最为适当，为了吃鲫鱼而不惜割爱，只是告诉厨师手下留情而已。

（二）狗宴受骗

郑板桥以爱吃狗肉而遐迩闻名，他对狗肉偏爱到"宁可三日无饮，不可一日无此尤物"的地步。朋友中有谁家杀了狗，他即使手中的公务再急，也会推置一边不顾，赶去大啖一顿，以快朵颐。他在山东潍坊任县令时，就曾赴狗肉宴而延误公务，受到上司的责难。郑板桥吃狗肉到底是位老饕，他的经验之谈是："姜者，食物中之秀味，狗肉则为至味，亦神味也。"

有一些喜爱他字画的新朋旧友，投其所好，弄上一些狗肉邀他做客，然后向他索讨字画。据说此法百试百灵，无一落空，并留下传奇式的吃狗肉上当的轶闻。

郑板桥早年以卖画为生，清贫却清高。扬州城里有一些富商大贾派人带千金去求画，却常常被他拒之门外。一年春天，郑板桥出外郊游，忽闻一阵悠扬的古琴声盈耳而来，便随声寻觅来到一片翠竹林中。只见一大院落，竹篱茅舍，颇为清雅。推门而入，却见一白发鹤顶的老人正襟危坐，正在弹拨古琴。而假山一旁，一个童子正手拿蒲扇，红炉白炭在炖狗肉，阵阵香气迎风扑鼻而来。郑板桥对弹琴老人说："先生也爱吃狗肉吗？"老者说："百味之中，唯有狗肉最为香美，足下也喜爱的话，请同品尝！"

郑吃完狗肉想回报主人，但手边又没带银两。环视茅舍，四壁皆为白墙，便问："如此清雅之室，何不挂些书画以作点缀呢？"老者淡漠地说："本地无好画家，听说有一个叫郑板桥的，有点名气，但不知其书画尚佳否？"郑听后，莞尔一笑，说："在下就是郑板桥，书画平平，愿为先生补壁，不知意下如何啊？"老者听了高兴地道："呵，幸会，幸会！那就有劳大驾了！"于是命书童捧出文房四宝。郑即兴作画，画完后又题之以诗。老者一边瞧着，赞叹不绝，见已画好，便说道："贱字某某，请先生为之落款，以志永念。"郑听到老者所报名字，不觉生疑，说道："此乃城里某盐商之名字，阁下如何亦同姓同名？"老者不觉大笑道："老夫取此名时，某盐商尚未出世，同姓同名又有何妨？再说，清者自清，浊者自浊耳！"郑板桥听后，认为有理，便不再犹豫，写好落款又加盖了随身所带的书画印章，交付老者便恋恋道别。

次日，某盐商在扬州城里大摆筵席。郑板桥应邀来到盐商家中，见客厅挂着他的兰竹真迹，而且上有盐商名字下有自己的落款及印章，几疑眼花。仔细一看，却都是昨日为在翠竹林中居住的老者所画的，始悟老者为盐商所雇，实系一场精心设计的骗局。郑板桥一气之下，拂袖而去。

（三）民食为天

郑板桥不仅在政治上疾恶如仇，在饮食生活上也爱憎分明。

一年，严冬时节，年关将到了。这天正是腊月二十八，郑板桥微服私访，入村问俗，视察民情。是日，晌午时分，见到集市许多穷苦农民，有的站在露天寒风中啃着硬窝头，有的蹲在墙角里的避风处吃着干煎饼，顿生怜悯之心，立即命手下人架起大铁锅，倒入井水，生起柴火，准备熬上热鸡汤免费供应给乡亲们就着干粮吃。万事俱备，就欠东风——郑板桥单等买肥鸡下锅呢，就在此时，集市上发生了一桩讹鸡案。

一位六十多岁的老婆子张氏奶奶，抱着一只老母鸡到集市上想换钱给卧病在床的老伴抓药。不料，那鸡突然挣扎脱手，钻进了一家棺材铺里。老板顺手捉住鸡，放入棺材里藏了起来。于是，张氏奶奶与棺材铺老板为争鸡而吵了起来。郑板桥上前好言好语地劝解老板把鸡还给张氏奶奶，老板不但不还，反而横眉竖眼地说："你是吃饱喝足了撑的，关你的屁事来插嘴！这只老母鸡明明是我家养的，你为什么偏说是老婆子的呢？"郑板桥亮出知县身份，问棺材铺老板："东家，我问你，今早上，你用什么东西喂鸡？"老板瞥了一眼张氏奶奶，觉得她是一个农村贫家的老婆子，是舍不得用粮食喂鸡的，就说："我给老母鸡喂的是米糠拌瘪谷。"郑板桥转过脸来又问张氏奶奶："老人家，你呢，喂什么？"张氏奶奶答道："这只老鸡正下蛋呢，为了让它多下几个蛋换钱，我给它喂的是花生米。"

郑板桥马上命随从将母鸡开膛剖肚，扒开肠胃察看，里面果然还有尚未消化的花生米残渣。郑板桥板起脸孔，手指着棺材铺老板的鼻尖，厉声喝道："大胆刁民，光天化日之下，你竟敢讹诈一个老妪的母鸡。而且，此鸡是老媪换钱用于买药给病人吃的呀！我决不容你干出这种伤天害理的事，一定要严加惩罚！"围观的人群也跟着大声呐喊助威。老板吓得面如土色，伏地求饶。郑板桥问道："你是愿罚，还是愿打？愿罚嘛，就罚五十两银子；愿打呢，就打一百板子。"老板怕打，当场拿出了五十两银子。郑板桥转手将四十两银子送给了张氏奶奶，说道："老婆婆，你快把银子拿去买药吧，剩下的银子，买些粮食并添件新衣裳过个好年。"张氏奶奶双手接过银子，千恩万谢。

郑板桥将留下的十两罚银买了许多只鸡，连同那只杀死了的老母鸡，煮了一大锅鸡汤，使生意人免受吃冷食之苦。后来，"朝天锅"逐渐地发展到加入了猪头、下水，并配了一些调味佐料。这样一来，潍坊的"朝天锅"这道什锦鸡汤，成了当地大众化的名食。

郑板桥借咏蟹挖苦庸官，在民间流传很广。郑板桥任潍县知县时，有一天差役传报，说是知府大人要路过潍县。那知府的官是买来的，肚里没有一点真才实学，郑板桥很瞧不起他，没有出城迎接，只是在衙门里备了酒宴。酒宴上，差役端上一盘螃蟹，知府转思一想："我何不让他以蟹为题，即席赋诗。如若作不出来，我当众羞他一羞，也好出出我心中的闷气！"于是用筷指蟹，一语双关地说："此物目中无人，郑大人何不以它为题，吟诗一首，以助酒兴？"郑板桥已知其意，略一思忖，吟道："八爪横行四野惊，双螯舞动威风凌；孰知腹内空无物，蘸取姜醋伴酒吟。"知府听了更加恼怒。

郑板桥对处于饥饿荒寒的亲友，总会伸出温暖的手，在写给弟弟的《范县署中寄舍弟墨第四书》中讲到："天寒冰冻时，穷亲戚朋友到门，先泡一大碗炒米送手中，佐以酱姜一小碟，最是暖老温贫之具。暇日咽碎米饼，煮糊涂粥，双手捧碗，缩颈而啜之，霜晨雪早，得此周身俱暖。"读来真觉憨朴自在，宛如目前。作家汪曾祺小的时候读到这段文情并茂的文字，感到特别亲切，特别深刻，并说"郑板桥是兴化人，我的家乡是高邮，风气相似。这样的感情，是外地人们不易领会的。"

郑板桥在潍县为官七载，不仅为政清廉，政绩赫然，而且，对潍县的饮食文化也作出了很大的贡献。郑板桥为潍坊百姓做了不少好事，老百姓感恩戴德。这一年郑板桥寿诞，潍县居民纷纷捕捉潍河甲鱼送到官府。板桥一向清廉，坚拒不收。只是百姓情意难却，只好吩咐家厨烹制"黄焖潍河甲鱼"，父母官和献鱼的乡亲一起共享美食，同饮美酒。此后，"黄焖潍河甲鱼"成了清代待客好菜。

十六、曹雪芹：亦食亦药的"芹菜疗法"

2010年9月2日，新版电视剧《红楼梦》在全国首播。随即，人们议论纷纷：与87版《红楼梦》之比；剧本的改编；演员的表演；"红楼菜"的美味；《红楼梦》作者曹雪芹的名字……

一部《红楼梦》，让它的作者曹雪芹名扬天下。然而，鲜为人知的是，曹雪芹——这个名字竟与芹菜有关。

芹菜，也叫香芹、药芹，是伞形科草本植物，叶柄发达，有明显的槽纹，浅绿色，香味浓，品质好。人们喜欢吃芹菜，它味香浓厚，又有食疗作用。中医认为，芹菜具有降低血压、镇静、健胃、利尿、活血、调经等功效，可用于平肝清热、祛风利湿，治疗肝经气旺、湿热下注、性欲亢进等症。早在唐代，杜甫就曾写下"饭煮青泥坊底芹""香芹碧涧羹"等诗句，赞美芹菜。芹菜亦食亦药，倍受推崇。曹雪芹，这个名字使用了芹菜的"芹"字，也就很有些说辞。

曹雪芹，名霑，字梦阮，号雪芹，又号芹溪、芹圃。曹雪芹的号，都离不开"芹"字。

雪芹：雪，为纯洁之义。即纯洁的献芹之心。

芹溪：溪，为曲折的水流。芹菜是水菜。芹在溪流之边，就显得幽雅了。

芹圃：圃，为菜园子。有了菜园子，能种出更多的芹菜，长得更茂盛。

曹雪芹父亲给儿子取名字时，便用上了这个"芹"字。

曹雪芹也很喜欢这个名字：愿做一棵山乡的芹菜，可为父老乡亲充饥，又可为穷苦人祛病。果然，他给后人留下了一道名馔"雪底芹菜"，还有一个著名的偏方——"芹菜疗法"。

"雪底芹菜"。曹雪芹在烹调上也是一位高手。他用南方烹调技法烹制一道鱼馔"老蚌怀珠"。他用雪下芹菜的嫩芽，配以斑鸠肉丝，热炒，制成"雪底芹菜"，清淡味美，香气诱人。凡他烹制的菜肴，无不赢得喝彩。他却自谦地说："我哪里是善烹调的人，只不过略微看了看别人烹调的门道，这位即赞不绝口，以后大家如果有江南之行，遍尝名肴，那么今天我做的鱼，便是小巫见大巫啦。"

"芹菜疗法"，曹雪芹在北京西山脚下居住时，这里的退翁亭茶馆，有一个50多岁的老伙计，名叫马青，每天聆听曹雪芹高谈阔论，深感投机，特别钦佩。天长日久，两人成了好朋友，无话不谈。在他们相识的第三年春天，马青一连三天没来茶馆，曹雪芹一番打听，得知他病了，便急忙前去探望。马青躺在炕上昏睡不醒。在朋友大病之时，曹雪芹的中医中药知识派上了用场。他给马青把过脉，说句"待我用偏方为你治病"，说罢，便直奔村头芹菜圃，急忙采了两把芹菜，快步赶回家中，将芹菜洗净，煮成芹菜汁，给马青服用。马青连服三天，果然病除体健。从此，曹雪芹的"芹菜疗法"，流传下来。

据2006年出版的《医说红楼》统计，曹雪芹笔下120的《红楼梦》，细致描写或明显涉及疾病与医药的有66回，占55%。其中，涉及医药卫生知识290多处，使用医学术语161条，描写病例114种，中医病案13个，方剂45个，中药125种，西药3种。有评论说："一部小说中包含如此丰富的医药知识，这在中外文学史上是绝无仅有的。"

十七、纪晓岚大肚能容

纪晓岚，名昀，晓岚是他的字。清代直隶献县崔尔庄（今河北沧县）人，以博学多闻著称于乾嘉年间，时有"南袁北纪"之誉，即南方袁枚，北方纪昀也。曾总纂《四库全书》，从66岁到75岁时写了5部笔记小说，总称《阅微草堂笔记》。其实，他不仅是个富有智慧与幽默感的文化名人，而且还是一个美食家呢！

（一）吃肉大王

纪晓岚以83岁高龄寿终正寝。然而"年八十犹强健如常"，其中一个重要原因是他的食性与众不同。

现代人提倡多食蔬菜，少吃肉。但纪晓岚日常极少吃蔬菜与米饭，面食只偶尔吃，但视猪肉为珍食。进餐时用猪肉十盘，而且只用茶水送服，再吃些水果即可。纪晓岚胃口奇佳，食量惊人。《啸亭杂录》更说他"日食肉十斤"。席间只见他举箸大嚼，很少让客。有一天友人来访，正值他在用餐，仆人捧来火腿数斤，他边谈边吃，没多久便吃了个精光。来客为之愕然。纪晓岚纂修《四库全书》初期，为寻觅《永乐大典》而被迫斋戒了三天，这对于他食性而言，是个极大牺牲。

纪晓岚谪戍伊犁三年，这期间，心爱的猪肉难得一尝，但因祸得福，得以饱餐了许多新疆各类野味山珍：味鲜肉嫩的野牛肉、肥脆可口的野骡肉、风味隽永的野羊、野猪肉。如吃了骡肉后，他感到其肉"肥脆可爱"；吃了北疆大漠中的独峰野骆驼，感到其峰肉切小块后烧了吃"极肥美"，并认为"杜甫《丽人行》所谓'紫驼之峰出翠釜'即指此。今人以双峰之驼为八珍之一，失其实矣。"他曾说，八珍中的熊掌、鹿尾等是常见之菜，只有驼峰由于出自于塞外，不能常吃。

当初，友人赠他用锦函包装的、特异的海外山珍——猩唇两枚。他打开一看，这是"自额至颏全剥而腊之，口鼻眉目，一一宛然，如戏场面具，不仅两唇"的珍贵食品。由于他的私人厨师不会烹制，只好转赠好友，好友厨师仍然不知烹制之法，又转赠他人，后来甚至不知道转落到何处，致使他深为叹息："迄未晓其烹饪法也！"

纪晓岚爱肉如命，长此以往，肠胃不胜负担。幸亏他晚年坚信唐代药圣孙思邈

"不知食宜者，不足以生存也"的名言，在平时用餐时讲究合理搭配及营养卫生，才得以活到了 83 岁高龄。

纪晓岚唯独忌食鸭肉，即便是手艺高超的厨师也很难吊起他的胃口。据说他一吃这玩意儿就会反胃，为此，和坤多次抓住他的这个短处使坏，在乾隆皇帝面前讲纪晓岚爱吃鸭子。乾隆皇帝信以为真，凡君臣宴间，从不忘给纪晓岚送上一盘鸭肉，弄得纪晓岚吃也不好，不吃也不好，很是狼狈不堪。一次宴会，大家见他不吃挂炉烤鸭，罚他以不染指鸭肉为题作诗一首。这位大才子脱口而出"灵均滋芳草，乃不及梅花；海棠倾国姿，杜陵不一赋"。他以屈原（灵均）赞美百花而唯独不曾歌及梅花，海棠有倾国之姿而杜甫不赋一诗为例子作比，为自己不吃鸭肉辩护，十分巧妙。

（二）果枣杂咏

诗才旷世的纪晓岚没有忘记咏吟一下家乡的枣儿。

河北沧州自古是金丝小枣的主产区。司马迁《史记·苏秦列传》载苏秦游说燕文侯，讲燕国"北有枣栗之利，民虽不佃作而足于枣栗矣。此所谓天府者也。"沧州正处于燕南赵北。纪晓岚在《槐西杂志》卷三中写到："崔庄多枣，动辄成林，俗谓之枣行。"故乡枣多，因枣而忆及的故事却不多，"余小时，闻有妇女数人，出挑菜，这树下，有小儿坐树梢，摘红熟者掷地下。竟拾取，小儿急呼曰：'吾自喜周二姐娇媚，摘此与食。尔辈黑鬼，何得夺也？'众怒詈，二姐恶其轻薄，亦怒詈，拾块击之，小儿跃过别枝，如飞鸟穿林去。"

他 27 岁时作《食枣杂咏》六首，借枣明理，讲出一番番人生真谛。比如讲做人须朴诚，切莫华而不实时说："八月剥枣时，檐瓦晒红皱。持此奉嘉宾，为物苦不厚。岂知备赞谒，兼可登笾豆。桂子不可食，馨香徒满袖。"又如不以貌取人时说："大枣不可食，小枣甘如蜜。种类略不殊，美恶焉能匹？所期适口腹，安问形与质。采采慎所求，无为以貌失。"纪大才子笔下，枣那锋芒矗矗、风骨毅然的君子之德，是针对"灌莽险阻"中丛生的棘——酸枣而谈的。

一次，纪晓岚伴驾南巡，途经沧州，正值金秋枣熟。乾隆兴致忽来，要下辇步行，摘果尝鲜。还没进枣林，不小心让路边沟沿儿的酸枣刺儿扎了手。哎哟一声，众侍卫连忙上前，一顿刀剑，砍倒了酸枣树。疼痛激发了乾隆的灵感，竟冒出一个难得的巧句："枣棘伐薪，截断分开为四束。"乾隆令纪晓岚应对。此公生性诙谐，

才思敏捷，尤善对仗。他猛然想起此行目的地江南姑苏，姑苏城的西门乃名"阊门"，于是坦然答到"阊门起屋，补少移多作两间"。拆字巧对，妙不可言。

纪晓岚因为酷爱吃枣，不明原委的人，竟然据此附会，神乎其行，盛传他是猴精转世。如清代姚元之《竹叶亭杂记》卷五中说："人又言公为猴精。盖以公在家，几案上必罗列秦栗梨枣之属，随手攫食，时不住口。"纪晓岚老来著书，对家乡物产更不免情牵意挂，他讲到有关枣艺时说："枣未熟时最畏雾，雾邑之则瘠而皱，存皮与核矣。每雾初起，或于上风积柴草焚之，烟浓而雾散，或排鸟铳迎击，其散更速。"

纪晓岚一生走遍大江南北，见多识广，学问渊博。又由于长期担任清廷高级官吏，出入皇室及显贵之门，门生故吏遍及天下，故得以品尝各种山珍海味，奇瓜异果，对饮食有独特见解，并进行了可贵的探索。

纪晓岚吃了许多新疆盛产的水果，认为葡萄当以吐鲁番所产的为最佳，指出北京人把绿色葡萄看成是最上乘的葡萄不妥，其实"绿色乃微熟，不能甚甘；渐熟则黄，再熟则红，熟十分则紫，甘亦十分矣。"这是有道理的。甜瓜（即哈密瓜）当以哈密所产的为最好。纪晓岚还和哈密王苏来满探讨了种哈密瓜的诀窍和技术，他问哈密王：为什么在北京种哈密瓜，"一年形味并存，二年味已改，惟形粗近；三年则形味俱变尽"，是不是因为地气不同的缘故？哈密王认为是哈密不下雨，温泉甘醇之故，所以瓜味浓厚。纪晓岚则认为哈密瓜种于内地，形味虽然会有变化，主要是因为"养籽不得法"，即培养处理种子欠妥的缘故。

纪晓岚还有一段西瓜情缘呢！经学大师戴震中举后，会试不第，被纪晓岚聘为家庭教师。两人朝夕相处，切磋学艺，交谊甚厚。盛暑时节，纪晓岚给戴震送去两个西瓜，二人吃瓜消暑，对句为戏。纪云："吃西瓜籽往东放"，戴震正看《左传》，信口答曰："看左传篇向右翻"。二人相视大笑。纪晓岚有《咏西瓜》一诗："种出东陵子母瓜，伊洲佳种莫相夸。凉争冰雪甜如蜜，消得湿暾倾诸茶。"不但赞其味道甜美，还夸其消暑之功效。

（三）见多食广

纪晓岚有个儿女亲家叫卢见曾，卢氏之孙是纪氏之婿。卢见曾曾任两淮盐运使。当年盐运使是个肥差。乾隆三十三年（1768）发生了震动朝野的"两淮盐引案"，因为它直接关系到清廷经济命脉——两淮盐课，因而引起龙颜震怒，致使几位盐政大员端掉了吃饭的家伙！该案根据乾隆帝御批，卢见曾在劫难逃。纪晓岚时任当朝礼部尚书，不便在皇上面前为亲家公开脱罪责，于是遣派心腹星夜兼程给卢府送去一封信。卢见曾拆信不见一字，只有少许茶叶和盐末，马上领悟其中含义："查（茶）盐（盐税）空（亏空）"。卢氏很快将家中财产寄顿别处，待到藉没时，所存资产寥寥无几。纪晓岚因透漏消息而受牵连。

纪晓岚在贵州时，得知苗人部落酋长以寄生在兰花中、吃兰花芯长大的一种类似蜈蚣的虫子为美食。捉住这种虫子后，放少许盐末，用盖覆在酒杯之中，即化为水，"湛然净绿莹如琉璃，兰气扑鼻。用以代醋，香沁齿颊，半日后尚留余味"。但遗憾的是，他未问这种昆虫食品叫什么名字，所以即使写在书上，而后人亦无从查考。

纪晓岚认为吃名菜的风尚和爱好，也不是一成不变的。如金时，人们认为沈阳产的鲟鳇鱼是名贵的菜肴，清时也重此菜；金时，重天鹅肉，清时则已不重；辽时重宣化黄鼠，明人尚重之，清时已不重……说明人的口味，也是在不断变化的。

古书记载：六友人事先谋划好，来约纪晓岚饮酒。酒令规定：按年长之序，依次每人说一与桌上菜有关的典故，此菜就归他了。菜共六个，前六人说了，各得一菜。纪晓岚一看桌上空空如也，灵机一动说，并吞六国，顿时两手将六菜全揽到自己面前。

纪晓岚虽昂藏七尺，但酒量极浅，凡喜庆宴席或亲朋好友会聚，一律以茶代酒。纪晓岚有诗云"平生不饮如东坡，衔杯已觉朱颜酡"。史籍载，有一天，乾隆帝与纪晓岚纵论青史，乾隆喜极，赐他御酒一杯。纪晓岚文思敏捷而不擅饮，但又推却不得，只好一饮而尽，顿时变成红脸关公，乾隆见状，笑道："纪爱卿果然才如苏轼，饮似东坡。"

纪晓岚晚年，长夜伏案疾书，追寻见闻，写下笔记小说《阅微草堂笔记》，计24卷，享与《红楼梦》《聊斋志异》并行海内之盛誉。《阅微草堂笔记》卷四记载虐食之法：有个屠夫名叫许方，他以卖活驴肉为业，杀驴时先在地上挖一个长方形的坑，上面盖一块木板，木板的四角各有一圆洞，把驴子的四条腿下到圆洞里，这样，驴子就无法挣脱。然后用开水浇驴身，刮去驴毛，顾客想买哪块肉随意挑选，许方按照所要的重量下刀割取。有时一头驴子要卖一两天，直到把驴身上的肉割得差不多了，才把奄奄一息的驴子开膛破肚，驴子这才死去。

纪晓岚对福建人吃猫的方法也很感兴趣。他在《阅微草堂笔记》一书中作了介绍："得猫则先贮石灰于罂（一种大腹小口的坛子），投猫于内，而灌以沸汤，猫为灰气所蚀，毛尽脱落，不烦治，血尽归于脏腑，肉莹如玉。"认为那味道胜过小母鸡十倍。

十八、曾国藩的非常之食

曾国藩是中国近代史上颇有影响的人物，与李鸿章、左宗棠并称"晚清三杰"。毛泽东曾说"吾于近人，独服曾文正"。

饮食上，曾国藩简单至极，通常他每顿饭只有一个（清时称一品）菜。有个大葱炒鸡蛋就认为是上好的菜肴了，"决不多设，虽身为将相，而自奉之啬，无殊寒素"。时人称之为"一品宰相"。

曾国藩担任两江总督时，表弟江庆从家乡赶来，希望能在城里谋份差事，以免乡间劳作之苦。江庆是曾国藩五舅的独子，五舅对他可说是恩重如山。当年曾国藩进京赶考缺少路费，五舅将自家耕牛变卖，为其凑足盘缠，才有了他后来的飞黄腾达。曾国藩乃知恩必报之人，于是他将表弟安排在身边，交办一些上传下达的闲散事务。曾国藩与江庆同桌吃饭，遇到米饭中未脱尽的谷壳，总是咬去谷壳将里面的米嚼碎咽下，江庆则不然，而是直接挑出谷粒扔掉。曾国藩觉得表弟本为农家子弟，却沾染了一些游惰之气，不宜继续留在幕府。一天，曾国藩亲自手书一联，告诫表弟"世事多因忙里错，好人半从苦中来"，又拿出一百两银子送他作为置业本钱，将他打发回家了。

为提倡节俭，教育家人，曾国藩于大堂上亲书一联："惜食惜衣，不惟惜时兼惜福；求名求利，但知求己不求人。"

（一）独特口福

曾国藩一生酷嗜肥辣，任两江总督时，有个下属官员想了解他的口味，以博取他的欢心，便私下厚赂曾的厨师。厨师说，总督大人无所不吃，只要上菜时让我过目就行。恰巧碰到一个机会，这位官员奉上极品燕窝一盂，并请厨师过目。厨师马上拿出有孔的湘竹管向冰糖燕窝喷洒，那官员见红雨纷下不知为何物，急问之，厨师说："此辣子粉也，每饭洒之，便可邀奖。"熟知曾大人口味者莫过于家厨。这位

饮食文化典故

聪明的厨师以主人喜吃的辣椒粉来掩盖燕窝的真味。燕窝中放辣椒粉，世所罕见，曾国藩嗜辣可说已达到出奇的程度。

曾国藩

一次，有一士兵射得一只狐狸，曾国藩十分高兴，令厨师宰杀，并置办宴席，邀请宾客来赴宴。宾客们大嚼狐狸肉，只觉得味道香美，却不清楚是何种野味。曾国藩笑着说："此物媚，能惑主，其肉本不足食。以我之饕餮，污诸君齿颊，再饭当不再设此。"众人终于明白，所食乃是狐狸。因为唐代诗人骆宾王在讨伐武则天的檄文中，曾大骂武则天"狐媚偏能惑主"。

曾国藩爱吃螃蟹。同治七年，他到保定任直隶总督，直隶各级官员在张家作坊设宴为新任总督接风洗尘。正值寒冬，而华北冬日是无蟹的。张家作坊名厨葛洛秀投曾国藩所好，为了弥补无蟹的缺憾，绞尽脑汁，根据蟹肉的色泽、味道，用鸡蛋和鱼肉为主要原料，精工秘制，研究出一道"吃蟹不见蟹"的菜肴——炒代蟹。曾国藩食后大为赞赏。日后，炒代蟹作为官府筵席的特别菜品，每逢宴请重要官员，都要将此菜推荐给诸位。

据《太湖备考》载：同治年五月，曾国藩亲临吴地（今苏州）视察军情，途经木渎，驻军将领许缘仲陪同他遍游灵岩、天平景区，晚上厨师烹调莼羹招待之。曾国藩食后喜称："此江东第一羹品，不可不一尝风味。"

林语堂幽默地说，尽管曾国藩是一流的学者与将军，但因为南方人食稻米而不是吃面条长大的，所以命里注定只能为人臣子。

（二）曾氏宝典

曾国藩摸索出了一套很好的饮食养生方法，值得今人借鉴。

中国人喝汤的历史悠久，早在唐宋时期就有"客到则设菜，欲去则投汤"的民俗。"三鲜汤"原称"霸王汤"，它曾为湘军消除过身体痛苦。曾国藩在湖南组建湘军时，士卒多来自湘赣地区，在野外和湖区训练湿度大，不少人患上了风湿病，

苦不堪言。曾国藩令人张榜招贤，能为士卒解除苦痛者予以重赏。

有位操着赣州乡音的老头揭榜来到营寨，以母鸡熬汤，配以海参、火腿，士卒们闻香下马，争相品尝，齐夸好味道。"三鲜汤"又称"三合汤"，做法与其它汤大不一样，要选用母黄牛的血和肚、公黄牛的肉。调制时要注意火候，牛肚子要能插进筷子，炖好后需加入当地的土特产——山胡椒油。这样，"三合汤"才具有辣、香之特色和食疗之功效。更可喜的是，正如老厨师所言，"三鲜汤"可增强食欲，促进消化，还有着祛风湿，强筋骨的功效。过了不久，身患风湿病的士卒果然不治自愈。曾国藩特意将该汤赐名"霸王汤"，并厚赏了这位高厨。

"国藩豆腐"赋予食客浓厚的文化气息。据说曾国藩做官时，指示家乡涟源进贡乡下用豆腐。涟源的豆腐以天然泉水磨制，嫩而不稀，软而不散，固而不坚，美味异常，因而名噪一时。

曾国藩在饮食上主张少食、素食、清淡。日常生活多以素食和蔬菜为主，"常食老米粥以疗脾亏"，"吾夜饭不用荤，以肉汤炖蔬菜一二种"。他告诫子弟"夜饭不荤，专食素，亦养生之宜，且崇俭之道也"。他深知"脾胃为人后天之本"，膏粱厚味，肥鱼大肉，皆可损伤脾胃。"少食"、"素食"、"清淡"足可以养脾胃，脾胃得养，自然健康长寿。

他在家书中，还常谈及食疗，开列许多具体的"菜谱"。

道光二十七年十二月初六日，曾国藩在京师致父母信中写道："乡间鸡肉、猪肉最为养人，若用黄芪、当归等类蒸之，略带药性而无药气，堂上五位大人食之，甚有益也。"

咸丰八年五月初五日致沅浦九弟信中说："羞饵滋补较善于药。如滋阴则海参炖鸭而加以益智仁，补阳则丽参乌鸡或精肉之类。"

同治四年闰五月十九日在信中对儿子曾纪泽说："吾近夜饭不用荤菜，以肉汤炖蔬菜一二种，令其烂如泥，味美无比，必可以资培养（菜不必贵，适口则是养人），试炖与尔母食之。后辈则夜饭不荤，专食蔬菜而不用肉汤，亦养生之宜，且崇俭之道也。"

同年七月十三日写道："尔少时亦极脾亏，后用老米炒黄，熬成极酽之稀饭，服之半年，乃有转机。"

至同治五年，他对自制菜肴更是念念不忘，兹录信中片言："早间所食之盐姜已完，近日设法寄至周家口。吾家妇女须讲究做小菜，如腐乳、酱油、酱菜、好醋、嫩笋之类，常常做些寄与我吃"；"盐姜颇好，所做椿麸子酝菜亦好。家中外须讲求莳蔬，内须讲求晒小菜，此足验人家之兴衰，不可忽也"；"余现在调养之法，饭必精凿，蔬菜以肉汤煮之，鸡鸭鱼羊豕炖得极烂，又多办酱菜腌菜之属，以为天下之至味，大补莫过于此。孟子及《礼记》所载养老之法、事亲之道皆不出乎此。"他在书信中还常提及家乡的腊肉、茶叶等。

从上述"菜谱"中，可知曾国藩重视饮食的荤素搭配，又以简单平淡为主，对于自家制作的酱菜之类，更情有独钟，以至战事纷繁中，也不忘叮嘱家人要"近日设法寄至周家口"。家常土菜，确实味美下饭，增进食欲，还能提高人抵抗疾病的能力。曾国藩还将"晒小菜"视为"足验人家之兴衰"、"多办酱菜腌菜之属"等同于"孟子及《礼记》所载养老之法、事亲之道"，从而形成了自己的饮食文化。

十九、左宗棠的三大嗜好

"晚清三杰"中最放异彩者要数左宗棠了，由一介平民而出将入相，彪炳史册。他生平有三大嗜好：一嗜猪肉，二嗜鸡肉，三嗜莼羹。

左宗棠小时才学超俊，名闻遐迩。一日，左宗棠上街买猪肉，屠夫欲借机试其才学，便吟出上联："小猪连头一百"，左宗棠听罢，脱口续了下联："大鹏展翅三千"。上联粗俗，下联文雅，以雅对俗，更显左宗棠才思敏捷，这不仅令屠夫折服，也令在场的众人啧啧称奇。从那时起，左宗棠便与猪肉结下不解之缘。

左宗棠是一位食猪肉闻名的奇人，说来吓人，据说每天非十斤不能果腹。他初出征时，路过各地府县，地方官照例准备美食佳肴，遗憾的是却并没有能讨得这位总督大人的欢心。后获知情由，于是每到一地，府县必以猪肉敬奉。左宗棠远征新疆，万里沙漠，吃不上猪肉，几难支撑，所以班师一回兰州，首餐便索食猪肉解馋，并对左右说："我虽未闻韶乐，今天却真领略到三月不知肉味曲滋味了。"此语典故为孔子听到舜帝创作的美妙音乐——韶乐，称赞"闻韵，三月不知肉味"。

光绪元年（1875），左宗棠调任北京，不久升授军机大臣。有一天，慈禧太后举办盛大宴会，特地在他坐桌上准备了比常人多几倍的熟猪肉。左宗棠毫不客气地一扫而光，似乎还没有吃足。宴会后，同僚内有人故意问他："你老兄一餐吃那么多肉，这正应得一句古语——'将军不负腹'。但不知道你的肚子是否对得起你啊?"左宗棠笑答道:"你们这些人整天咬文嚼字,懂得甚么,只好尝菜根了。我幸能吃肉,想来未必会招致'肉食者鄙'之讥吧!"

左宗棠一生喜食鸡。想当初没考上进士的左宗棠,在乡下教书糊口,生活十分清苦,有一段时期竟患了浮肿病。不能教书,闲居在家,贫病交迫。这时遇上一位郎中,传给一偏方,即用冬瓜皮炖鸡,连服多次,可以消肿。左宗棠按此办理,果然病愈。

左宗棠在西北军营中,与士卒同艰苦,吃鸡并不讲究,除毛以后,用罐子炖了就吃。遇到"打牙祭"吃鸡,喜欢吃辣子鸡。随军厨师就按照一种宫廷菜的配料与烹调方法加以改造,用子鸡的胸肉切成丁,加上红辣椒、黄瓜、油炸去皮花生米等给他吃。这道菜既嫩又脆,入口鲜辣,色香味俱全,且有湖南风味。清朝巡抚有宫保,少保等称号,因为左宗棠曾任巡抚,被称为左宫保,所以厨师称之为"宫保鸡丁",又称宫爆鸡丁。后来,在美国一些中餐馆,尤其是湘籍华人开的餐馆,将此菜叫做"左将军鸡"或"左宗棠鸡"。如今在西方国家,左宗棠鸡"泛滥成灾",几成中国菜代名词。

左宗棠任浙江巡抚时,最嗜莼羹。后来朝廷用兵西陲,左宗棠进讨新疆阿古柏叛乱。饮食之间,左宗棠不免思念当年杭州的莼菜羹。谁知为时不久,左宗棠的餐桌上就出现了莼羹。新疆不产莼菜,那么莼菜来自何地呢?

原来,战乱中,胡雪岩研制出了"诸葛行军散",送给左宗棠的部队,保证了士兵的身体健康,为战争胜利立了功,得到了左宗棠的赏识。胡雪岩便顺势依附于左宗棠的麾下,大军西征时,所有军需物品皆由他置办。胡雪岩对左宗棠军务的支持博得了慈禧的好感,御封其为四省税务代理总管,后又御赐黄马褂,封为一品顶戴,成为了中国历史上唯一的红顶商人。胡雪岩知道左宗棠酷嗜莼羹,为了报答左宗棠的知遇之恩,特地将莼菜夹裹在纺绸之内发往新疆。

二十、李鸿章杂烩大寻踪

1968 年,泰国总理他侬访问美国,白宫接待官员知道他喜爱吃中国菜,特意向华盛顿"皇后酒店"订了五十份"李鸿章杂烩"。酒店老板甚为惊讶,提醒道:"李鸿章杂烩在中国是下等菜,上不了盛大筵席,不该用这样的菜招待国宾。"白宫官员却笑着连连摆手,说:"不,不! 这是美国人公认的中国名菜,只有上了这道菜，才够味儿。"酒店老板无奈，只好照办。中国领导人访美期间，美国总统也特意准备了这道名菜。

李鸿章杂烩采用多种荤素原料搭配烹制，盛装于一盆之内，色彩鲜艳夺目，香味诱人涎下，它好像一幅色彩斑斓的画，又犹如一首意味隽永的诗。在各式各样的菜肴中，它博采众长，集精细粗实、蕴雅致俚俗于一体，成为中外筵席上一道几乎不可或缺的大菜、名菜。

李鸿章杂烩属徽菜系，它的别称如同其名，庞而杂，屈指数来有：杂碎、什碎、杂割、相邀、大杂烩、炒杂烩、中国杂烩、中华杂烩、李公杂烩等。

李鸿章杂烩，顾名思义与李鸿章相关。李鸿章，安徽合肥人，是清代74位直隶总督中，兼衔荣任衔最多的直隶总督。由他姓名命名的杂烩菜传说颇多，海外版本有这么几种：

据传，光绪二十二年（1896），清政府派李鸿章前往俄国参加尼古拉二世的加冕典礼，同时出访西欧和美国。一次，在宴请美国宾客时，厨师做了很多中国菜，客人吃后仍嫌不足，于是，李鸿章叫厨师再添新菜。但厨房准备的正菜已用完，厨师无奈，只得取配菜时剩下的海鲜等余料，下锅混烧上桌。客人食后，竟赞不绝口，并询向菜名，李鸿章答道："杂烩"。因李鸿章是安徽口音，"杂烩"音似"杂碎"，从此以后，"杂碎"就成了在美国经营中餐馆的一道挂牌名菜。

其二，据《清朝野史大观》载，李鸿章出使欧美各国，在美国的饮食主要由唐人街酒食店提供。记者问酒食店李所食何菜？为了摆脱记者的纠缠，老板随口说了个"杂碎"的菜名来搪塞一番。谁知道记者一窍不通，以为是道了不起的名菜，经他介绍，从此，中餐馆的杂碎在美国社会上享有盛誉。

其三，传说李鸿章出访西欧，在国外生活了数月，每天吃的尽是西餐西点，不对胃口，很是思念家乡饮食。李鸿章回到直隶总督署后，曾给膳食总管董茂山谈及此事。董茂山心领神会，便与师弟长春园掌柜王喜瑞共同研究，二人根据保定府自古擅做烩菜的传统，精选上等的海参、鱼翅、鹿筋、牛鞭等配以安肃的贡白菜、豆腐、宽粉等，加入保定府三宝之一的槐茂甜面酱精心烩制而成，并奉献在总督署东花厅的宴席上。李鸿章品尝后翘指称赞，在旁的美国友人感到很新奇，问他：这是什么菜？李回答说：这是"杂烩"。消息传出，许多美国人都想尝一尝。于是"杂烩"之名，不胫而走。

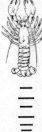

李鸿章杂烩在欧美登陆已有百余年，久盛不衰。上世纪 30 年代初，邹韬奋先生在上海主办《生活杂志》，其中有篇美国通讯文中提及：在美国，许多华人餐馆门外闪烁着"杂烩"的霓虹灯广告；"杂烩"几乎成了中国餐馆的代名词。迄今美国各城市的"李鸿章杂烩馆"，林林总总，随处可见。"李鸿章杂烩"国内版本有这么几种：

据清代学者陆辛农《食事杂诗辑》考证，李鸿章所食杂烩，乃为津帮名菜"海杂拌"。李鸿章留居天津 26 年饮食逐渐"津化"。有一天，李宴请洋人，由于时间急迫，仓促之间，家厨难为"无米之炊"，只得将冰桶内所存各种零碎熟料，按津菜制法，烧了一个菜。洋人食罢大喜，连问是什么菜？李也是第一次吃到此菜，只好含糊其辞地称为"杂烩"。从此"李鸿章杂烩"蜚声海外。陆辛农还留有打趣诗一首："笑他浅识说荒唐，上国名厨食有方；盛馔竟询传杂碎，食单高写李鸿章。"

还有传闻，杂烩是李鸿章在清光绪年间任两广总督时，在家嗜食此食，后由李家厨师传入民间。但是他的家乡人则说，合肥人世传皆能做此菜，非李鸿章所传。杂烩经历代传继、演变，选料烹调益精，已故大收藏家张伯驹先生在他所撰《李鸿章杂烩》一文云："此菜先慈亦善制，但用料、做法和风味与今截然不同，相差甚远。"

李鸿章烩菜是许多地区百姓常吃的一种菜品，不过百姓餐桌上的烩菜，大都是豆腐、白菜加猪肉粉条。老百姓就是舍不下这一口，因此李鸿章烩菜是有深厚民间根源的。

李鸿章杂烩虚听有个"杂"字，不那么入耳，然而贵就贵在一个杂字。此菜众料汇聚，不拘流俗，荤素兼备，营养全面，滋鲜味香，醇厚绵长，给人以五彩缤纷的新口味、新感受。"杂烩"不仅是一道美食，而且还是一味滋补珍品。它具有益气补血，补肾益精，养血润燥，除湿利尿，养胃气等功效，对身体虚弱等症有显著疗效。

二十一、慈禧的食苑秽闻

慈禧是中国历代政坛上最讲究吃的女人。她 16 岁被选入清宫，深受咸丰帝的宠爱，从此，平步青云，飞黄腾达。慈禧生活的那个年代，整个人类的平均寿命为

50 岁左右，从康熙到光绪八个皇帝的平均寿命为 53 岁左右。但作为同治、光绪两朝的实际统治者——慈禧太后垂帘听政近五十载，寿命却高达 73 岁，与她同时代的人相比，不能不说是个长寿者。慈禧长寿的一个重要成因是，讲究饮食养生之道，常将珍馐玉馔作为保健疗疾、延年益寿的秘方。

（一）奢华排场

慈禧垂帘听政以后，在宫内作威作福，享尽人间荣华富贵，素有"奢侈太后"的恶名。慈禧饮食的奢靡程度，令今人惊诧。

清代管理慈禧膳食的机构有内务府下属的御膳房、御茶房、内饽饽房、酒醋房、菜库等。御膳房集中了全国最好的厨工，其中仅御膳房就有正副尚膳、正副庖长以下 370 余人，仅传膳太监就达 20 多人。她的私厨西膳房比光绪皇帝的御膳房还大，这西膳房能制作菜肴 4000 余种，点心 400 余种。

老太后有次坐火车去奉天，临时御膳房即占了 4 节车厢，其中 1 节车厢装着 50 座炉灶，每个炉灶上配一个大厨，每个大厨每次就做两样菜。因为有时候一个菜（如炖鸭）都需要两至三天才能做成。此行共用厨师 100 名，杂差不等。平日里，每个炉灶还要配一个小厨，这小厨是专管生火的。所以太后一说自己饿了，50 个小厨拿着芭蕉扇就开始"煽风点火"。当然，每个炉灶还要配杂厨若干。比如太后要吃豆芽，就需要专人，一根儿一根儿地摘豆芽——把豆芽根儿上的须全部摘掉，同时，还不能弄断豆芽的本身。

御膳房首领小张德之所以得到慈禧的宠信，与他亲自下厨做一些从外面学到的美味来孝敬慈禧有一定关系。例如，他会做炒胡萝卜丁酱，这种菜实在是"平民"得很，它跟御膳房做的菜不一样，所以慈禧有了新鲜感。

宫中膳食有份例规定。慈禧每日份例为："盘肉二十二斤，菜肉十五斤，猪油一斤，羊两只，鸡五只，鸭三只，时令蔬菜十九斤，各种萝卜六十个，茋蓝、干闭瓮菜各五个，葱六斤。调料玉泉酒四两、酱及清酱各三斤、醋二斤。八盘二百四十个各种饽饽用白面三十二斤、香油八斤、白糖核桃仁及黑枣各六斤，芝麻、沙橙若干。"皇后及皇贵妃以下妃嫔、皇子等依等次递减。如无特殊情况，严格按份例供应，不得擅自增减。又从各地采办"禽八珍"、"海八珍"、"草八珍"等，做成全国最好的名菜名点，供慈禧享用。

慈禧太后用膳与皇帝类同。宫中正餐为早膳（早 6 时至 7 时）和晚膳（午 12

时至下午2时）。晚上6时另有一次晚点。其他时间可随意加餐。御膳食单需由御膳房在慈禧用膳数日前开出，交由内务府主管大臣审批，而后照单准备。慈禧独自用膳。用膳时由御前侍卫向御膳房传膳，御膳房将膳食放在膳盒里由侍卫抬送至用膳地点。太监按规定布好菜点，经过验膳、尝膳等程序后，慈禧始用。用膳时，慈禧坐北朝南，面前为一长方形上下两层大膳桌。桌上布满精美食具和菜肴，太监报菜名，慈禧有中意者，太监便盛入她的碗碟中。慈禧常批阅奏章到很晚，该吃夜宵了，吃什么？不是燕窝银耳之类，而是两个"卧果儿"也就是荷包蛋。卧果儿什么时候送上去，这得等慈禧的吩咐，她何时要，得立马叫传。于是，御膳房一到她晚上办公，就一个接一个地做，有时叫传晚了，卧果儿说不准已做了几十上百个！

　　进膳所用的餐具为金银玉翠器及细瓷盘碗，冬天多用金银暖锅和银质暖盘、暖碗，夏天使用水晶、玛瑙、细瓷盘碗。每品菜上均有银质的试毒牌，长三寸，宽五分，菜中如有毒，银牌即变色。慈禧使用的筷子为象牙质镶金头，匙子则金银质地皆备。

　　御膳房为她准备了各种各样的菜肴、点心。每日两顿正餐，照规定需上100碗不同的菜肴。另有两次"小吃"，至少也有20碗菜，平常总在40至50碗左右。每餐备正菜100种、糕点水果糖食干果100种。100盘菜摆开是什么阵势？一般人估计要配备一个"饭用"望远镜。每膳都按太后的份例上菜，其原料多为新鲜蔬菜、山珍海味。每餐荤素搭配，营养合理。例如冬季食羊肉、鹿肉等热性食品；夏季食野生的茯苓、山菜、蘑菇等。主食多以五谷杂粮为主，其中做粥用米就有京米、紫米、薏米、梗米、老米、小米等十几种花色。

　　现流传有一份慈禧过生日的菜单：火锅二品：猪肉丝炒菠菜、野味酸菜；大碗菜四品：燕窝"万"字红白鸭丝、燕窝"年"字三鲜肥鸡、燕窝"如"字八仙鸭子、燕窝"意"字什锦鸡丝；中碗菜四品：燕窝鸭条、鲜虾丸子、烩鸭腰、溜海参；碟菜六品：燕窝炒烧鸭丝、鸡泥萝卜酱、肉丝炒翅子、酱鸭子、咸菜炒茭白、肉丝炒鸡蛋。裕德龄在《清宫二年记》中写道："慈禧对于饮食的知识极为渊博，大概可以使当代许多专家吃惊。"慈禧爱吃清炖肥鸭。即将鸭洗净，加调味品装入瓷罐，隔水用文火蒸三天，肉酥骨软，慈禧则只食几筷最为精美可口的鸭皮。慈禧对鸭子似乎情有独钟，据《中国文物报》载：新发现一份慈禧咸丰十一年十月初十晚膳的食单，二十多道菜式中，鸭肴就有"燕窝如字八宝鸭子"等七种。熏炙菜肴如烤鸭、烧乳猪、熏鸡、煨羊腿等也合慈禧口味。

遇到节日，比如重阳节，御膳房还额外为慈禧做菊花、枣泥、八宝等各种花糕上供，还有各式饽饽。据说，这天慈禧要到颐和园排云殿吃一种她最爱吃的专用木炭和松枝烤出来的"烧饼夹烤肉"。慈禧小食爱吃小窝头、臭豆腐。小窝头，据说是八国联军打到北京，慈禧狼狈西逃途中没吃的，见一群逃难的人正在啃窝窝头，一个足有四五两重，讨来一吃，十分可口。回宫后命御膳房做窝窝头，御膳房绞尽脑汁，用栗子面加白糖做出一两一个的小窝窝头，慈禧虽觉得没逃难时吃的窝头那么香那么甜，也总算将就了。御膳中也就多了一品佳点。

用餐时，慈禧一个人坐着独享，有时命身边女官裕德龄等陪她同吃，裕德龄等也只能站着吃。这么多的菜，除了靠近的几种，其他的菜慈禧很少动。慈禧若看上了较远的某一种菜，就吩咐侍膳的太监端近前来。慈禧每餐尝过的菜至多不过三四品，剩下的待她用餐完毕，便一齐撤下。这些菜或当即扔掉，或由女官、宫女、高级太监等依次取食，其中十之八九还是完完整整的，就像供祖先撤下来的祭品一样。

据1885年《清宫膳食档》透露：正月初一子时，老佛爷在养心殿进煮饺子，先送进猪肉长寿馅12只，后送进猪肉菠菜馅12只。除夕日，慈禧少不了邀上各王府福晋、格格等进宫来包饺子度岁末。初一，天蒙蒙亮，命寿膳房煮饺子，召集大家坐下一起吃。待饺子端上桌，老佛爷发表祝词："此时是新年新月新日新时的开始，我们不要忘记过去的岁月，今天我们能吃一顿太平饭是神的保佑，是列祖列宗的庇护。"言罢，众人依次向慈禧磕头谢恩，然后才能吃饺子。

更值得一书的是，慈禧在仓皇西行中，一路上仍是不知俭约，硬从各地调集燕窝鱼翅，仍要吃那百种佳肴，日耗伙食费二百两银子。逃难结束后，回京的路上，1900年10月11日到达曲沃县侯马镇（今山西侯马市），曲沃县令王廷英在高显报马两镇办好皇差，在高显设三个行官，另在侯马改驿馆为行宫，还备有45处公馆，招待的宴席上有八珍、八八席、六六席，支银数万两。回銮时还择其所好，带回宫中，依法制作。已经驰名了半个多世纪的仿膳食品，如肉末烧饼、炒麻豆腐、豌豆黄、芸豆卷、小窝头等，也无一不来自民间，只是加工加料，崇饰增华，改变了原来的味道，蒙上了宫廷色彩而已。

（二）快活食补

清宫拥有全国第一流的御医，他们深谙食性与"四气五味"的医道。认为每种食物都具寒、热、温、平"四气"，和酸、苦、甘、辛、咸"五味"。御医们以此食物功能指导位高权重的慈禧太后，力保其"万寿无疆"。

猪肉的营养价值及其滋补作用人所共知，成为皇宫常食是情理中的事。宫御膳房为慈禧太后做寿时必上富有吉祥之意的"万字扣肉"。它取五花肉，经烧煮蒸闷，再剖上"万"字形，扣碗内加调料蒸制而成。慈禧还喜欢吃京城的天福酱（猪）肘子，为能经常吃到鲜美的酱肘子，特赐给送肘人一枚腰牌，作为进宫的通行证。

慈禧御前女官德龄所撰《御香缥缈录》记："据太后自己说，伊年轻时候，最爱吃的一道菜是烧猪肉皮。它的煮法是先把带皮的猪肉切成一方一方的小块，然后再放在猪油里面煎着，结果是煎到那肉上的皮，脆得比什么东西都脆了，它的滋味就着实的够人垂涎。在北方，这味菜有个别名，唤做'响铃'，意思是形容它脆得可以给人嚼出声音来。所以这一样菜愈松脆愈好，而年老的人便因为牙齿的残缺，只得望着它叹气了。"这道菜据清《调鼎集》记载："响皮肉，肉切块，炭火炙，皮上频抹麻油，再炙酥，名响皮肉。"猪肉皮，性味甘凉，含蛋白质、动物胶质，具有健体、美容的功效。张仲景《伤寒论》中说猪肉皮主治少阴病、下利、咽痛、胸满心烦。

慈禧吃的猪肉皮非同一般，首先要在七八十斤的猪崽里选出一头，宰前三四天开始喂精饲料，宰前三四小时，派一名小太监手拿竹板追打这只小猪。如想吃后臀尖，竹板就必须落在后臀尖，追逐拍打，直到小猪跑不动了，才开始屠宰。据说，猪出于护疼的天性，全身的精血集中在竹板拍落的地方，因而这个部位显出黑紫色。屠夫宰猪的时候，就把这块猪肉剜出来，作为慈禧御膳的原料。这一块肉甘腴无比，其余部分腥恶失味，都弃之不用。

到了太后暮年的时候，樱桃肉便夺了"响铃"的地位，一变而为太后所特别中意的一味菜了。因为樱桃含有丰富的磷和铁，所以营养丰富，滋润补益，此外还有兼祛风湿、疏通血脉、预防喉症的作用。樱桃肉的制法是将上好的猪肉，切成棋子般大的小块，加上新鲜樱桃及调味品，一起装入白瓷罐，投些清水，放在文火上煨十余个小时，肉也酥了，樱桃的香味也煮出来了，这样就可以给馋嘴的慈禧恣意饱啖了。

烧羊肉是一款清真菜，于清光绪十二年十二月十二日（1886 年 1 月 10 日）经慈禧太后批许入宫成为贡品。在西安，您若打听哪一种清真食品最有名气，人们肯定会说，老童家腊羊肉。它的扬名出于偶然。1900 年，八国联军攻占北京，慈禧挟光绪皇帝出走，经山西逃到西安。在这朝政不力皇权欲坠的形势下，慈禧强打精神，亲自出巡。有一天，她乘坐御辇途经西大街广济街口，忽然闻到一股浓郁的香味。慈禧不禁暗暗称奇，喝令停车询问，方知是一家姓童的羊肉店正在烹肉，是腊羊肉香味。慈禧深谙羊肉疗疾的道理。《本草纲目》载："羊肉有形之物，能补有形肌肉之气。故曰补可去弱，人参、羊肉之属。人参补气，羊肉补形。凡味同羊肉者，皆补血虚，盖阳生则阴长也。"况且民间长期流传"冬羊优狗"的说法。于是，慈禧要"御口恩尝"，品尝之后大加赞赏。左右为了炫示圣恩，将腊羊肉列为贡品，吩咐店主日日供奉，另讨赐匾永志，太后依允。随员军机大臣鹿傅霖与太监李莲英商议，太后坡前闻香止辇，以辇止坡为主赐匾较为典雅。于是由兵部尚书赵福桥的老师邢维庭题书"辇止坡"金字牌匾一块，悬挂该店门首。从此，"老童腊羊肉"誉满古城。

慈禧还爱吃京都月盛斋的酱羊肉，她恩准发给月盛斋的专职挑夫四道金牌，挑夫凭此直闯皇宫。容龄在她的《清宫琐记》里曾谈到吃月盛斋酱羊肉的情景："冬天大内里面非常冷……在（太和殿）东廊房子里摆着三个大煤球炉子。在慈禧来到之前，太监们为我们预备些烧饼酱肉，我们大家放在炉台上烤着吃。"这里的酱肉就是月盛斋的酱羊肉。

有一次，御膳房厨师用羊的里脊肉、甜面酱和白糖烹制了一道又香又甜的菜肴。慈禧尝后极合口味，便传令厨师前来，询问道："这叫什么菜？"厨师因刚试制，还来不及给菜定名，随口说：。我给太后试做的这只甜菜，不知口味可好？"慈禧笑着回答："这菜甜而入味，它似蜜。"从此，就把此菜定名为"它似蜜"，流传至今。

慈禧太后喜吃的另一道菜叫清炖鸭舌。鸭舌以韧中带糯的活肉而著称，又有"化骨神丹"之功效。《本草纲目》特别为鸭舌列出一条。曹寅有"百嗜不如"之说。御厨们深谙鸭舌中的那根软骨为精髓，是不能随意抽除的，软中寓脆才别有风味。清宫的清炖鸭舌，往往用二三十条鸭舌和鸭肉放在一起加鸭汤或鸡汤炖的，炖熟后，鸭舌浮在鲜汤上面，汤浓料烂，滋味醇厚。因为这是太后最中意的一道菜，所以每次烹制好后总是装在一个特备的杏黄色的大碗里，食用时放在太后的面前。慈禧太后每吃这道菜，鸭舌多数吃完。这道菜在清宫廷中，流行了几十年，成为宫廷名菜之一。此外，还有一种盐水制的鸭掌，为太后小吃所必备的一味特菜；鸭肫肝、鸭脏等，也往往用种种不同的方法调制起来，供太后佐膳。

"慈禧蒸鲥鱼"讲述这样一则故事。大约是在1905年，年迈的慈禧太后突然心血来潮想吃鲥鱼，这可急坏了宫中的御厨了。要保持鲥鱼的特有鲜味，又不能让太后久等，这可不是一件容易的事。要是侍候不好这位既刁嘴，脾气又大的老太后，肯定要招来杀头之罪呢！有个从苏州松鹤楼餐馆来的阿坤师傅，平时就肯动脑子，他想，鲥鱼的鲜美味道主要来自它细小的鱼鳞，如将鱼鳞刮去，鱼肉的味道就差多了，如何免除吐鳞的烦恼，又不失鲥鱼的本味呢？他终于想出一个巧妙的办法，把鱼鳞先刮下来，漂洗好多次，全装在一只纱袋里。再在蒸笼盖顶加一个钩，挂上沙袋。盖盖子时，又把纱袋对准鱼盘，用文火蒸熟。等取出鱼盘，看到鱼鳞上的油质全都滴进盘里，完全保住了鲥鱼鲜味，又找不出一点鳞片来了。慈禧太后食后果然分外满意，特赏赐了阿坤许多银两。

据清代《节次照常膳底档》记载，"抓炒鱼片"是慈禧太后掌权时的名菜，为御膳房的厨师王玉山所创。有一天，王玉山为慈禧太后制早膳菜肴，用鳜鱼片加调料、鸡蛋清和面粉上浆后，做了道炒鱼片。慈禧品尝后觉得鱼片又嫩又鲜，便命人叫御厨前来并问，这个菜叫什么？厨师王玉山对此菜尚未定名，便随口回答说，它叫"抓炒鱼"。慈禧叮嘱说，这个菜很好吃，以后再多做几个。为满足清代帝王的食欲，鳜鱼曾作为绍兴的八大贡品之一。有诗描绘"时值秋令鳜鱼肥，肩挑网箱入京畿"。

慈禧太后是名菜"鲫鱼豆腐羹"的首创者。有一年春天，慈禧太后决定去天津巡视，准备去看东陵的故宫。途中曾停留在丰台，当地官员不惜重金购买了白河刚出产的活鲫鱼，送给太后佐膳。太后历来喜欢食活鲫鱼。她见这批活鲫鱼，鲜活肥嫩，非常高兴，便立即命人送入御膳房烹制。不消多大功夫，一盘香味四溢的鲫鱼菜肴就呈献到了太后面前，太后举起银箸夹了一片品尝，连连称好。但她又突然命令太监把这一盘鲫鱼送回厨房，并要御厨去净鱼骨、鱼皮，取用鱼肉，加嫩豆腐和调料重新烹制鱼羹。御厨遵照她指定的方法烹调后再捧到太后面前。太后用银匙接连舀了几匙，边吃边笑，连连称赞它滋味鲜美。从此，在宫廷御膳谱上，就增添了这味"鲫鱼豆腐羹"。

（三）素食养生

御医在饮食中倡导顺应四时养生，闲来常对慈禧讲些春天升补、夏天清补、秋天平补、冬天滋补，四季通补的道理。慈禧为使自己长命百岁，倒也懂得些"春发散宜食酸以收敛，夏解缓宜食苦以坚硬，秋收敛吃辛以发散，冬坚实吃咸以和软"的素食养生常识，并身体力行之。

慈禧夏天爱吃西瓜，但只吃瓤中心的一点，一天竟可用去350个。酷热的日子里，清宫御膳房里的御厨们，会利用时令瓜果做几样时鲜的特色菜，端上去孝敬他们的主人。其中有一种最为慈禧欣赏的，那就是"西瓜盅"。"西瓜盅"，是把西瓜中的瓜瓤挖去，而把鸡丁、火腿，新鲜莲子、龙眼、胡桃、松子、杏仁等装进去，重新盖好，隔水用文火炖二三小时即好，其味道清醇鲜美。"夏日吃西瓜，药物不用抓。"《本草纲目》说，西瓜个大，汁多，味甜，性凉，为"夏月瓜果之王"，可消烦止渴，解暑热，利小便。西瓜果汁与西瓜皮均有利尿、降压作用。西瓜子壳具有止血作用。西瓜子仁生吃可化痰涤垢，下气清管，也有凉血功效，于是有了"天生白虎汤"之誉。

慈禧老时喜欢吃软菜。民间向来有"豆腐青菜，越吃越爱"、"青菜豆腐保平安"之谚。豆腐含有大豆的全部营养，其蛋白质含量为瘦肉的两倍、鸡蛋的三倍，且味甘性凉，具有益气和中、滋阴养神，生津解毒的功效，是最好的养生保健食品。《本草纲目》记："豆腐宽中益气，和脾胃，消胀满，下大肠浊气，清热散血。"《本草求真》中说：。豆腐，经豆磨烂，加以石膏或卤汁而成，其性非温。故书皆载味甘而咸，气寒无毒，而谓寒能动气。至云能和脾胃，正是火去热除以后安和之语。"此外，醋煎白豆腐可治痢疾，用热豆腐切片贴身，可治红眼肿痛、杖疮青肿、烧酒醉昏。有鉴于此，清宫御膳房将当地的炒豆腐脑搬进宫里，经加鸡汤烧煮后，色白、绝嫩、鲜美，慈禧百吃不厌。

"麻豆腐"系民间粗食，只因慈禧太后怀旧，便摇身一变，一跃成为了皇家菜。慈禧太后年幼时，曾与一家豆腐房为邻，因而常吃炒麻豆腐。当了皇太后后，一日忽然怀旧，便命御膳房制备献上。虽然御厨们均为烹饪高手，但不知麻豆腐为何物，制作也就更无从谈起了。就在大家为难之际，一位年轻的厨师自告奋勇请求做这道菜。他向掌案请了半天假，跑到宫外的豆腐房请教，讨来了民间炒麻豆腐的制作方法。回到御膳房后，按照此法烹制，结果不仅外观粗糙，而且味道酸涩不堪。如此献上，岂不惹恼了老佛爷。于是大家重新商议，反复琢磨，安排了配料和烹制方案。首先，选用鲜嫩羊肉和胡萝卜切成小方丁，加少量豌豆苗，将其分别用热汤

油浸泡片刻。烹炒时，锅内放香油烧热，放入羊肉丁和适量面酱煸出香味，至八成熟时，放入麻豆腐并加盐翻炒，再投入豆苗、胡萝卜，炒匀盛盘，撒上炸焦的干红椒丝。慈禧吃了这色彩斑斓、五味俱全的麻豆腐，心中十分高兴，当下传令赏银给御厨们。此后，每逢冬令，慈禧便常点这道菜。

金边白菜是御膳必备的一味。由于这种菜四边金黄色美，脆嫩爽口，且兼有酸、辣、咸、鲜四种口味，吃够油腻的慈禧很是投口。

白菜是一味良药。中医认为，白菜微寒味甘，有养胃生津、除烦解渴、利尿通便、清热解毒之功。孙思邈《千金食治》称久食能通利肠胃。除肠中烦，解酒毒。《滇南本草》载其能"走经络，利小便"。唐代《四声本草》说"菘消食下气，清热润嗽"；《食鉴本草》说"菘能和中"。所谓和中就是补益肠胃之意。《本草纲目》说："菘，释名白菜，茎叶甘、温，无毒。主治通利肠胃，除胸中烦，解酒渴，消食下气，治瘴气，止热气嗽，冬汁尤佳。和中，利大小便。"俱有食疗功效。

金边白菜把慈禧吃乐了，特意召见了执厨的秦菜名厨李芹溪，并赐给他亲笔写的"富贵平安"中堂一幅。清朝末年，西安著名文人薛宝辰，曾经在京城当过小官，他著述的《素食说略》中也有关于此菜的记载："金边白菜，西安厨人做法最妙，京师厨人不及也。"

（四）无痛疗疾

祖国医学向来有"医食同源"的说法，也就是说，食物与药物同样具有寒热温凉和升降沉浮等用以治病的基本功能。清宫的御医们根据这一原理，针对慈禧的病情，让其不知不觉、不痛不痒地"吃"掉了疾病。

嗜菊如命是慈禧的一大癖好。她少年得宠，爬上太后宝座，又费尽心机，以至中年之后，便渐感精力不济，常常头晕、两眼干涩、视物昏花。粗识药性的慈禧，就择以上等菊花代茶频饮来缓解症状。中医学认为菊花性味甘苦、凉，有清热祛风、明目解毒的功效。此外，菊花不仅能抑制毛细血管的通透性、发挥良好的抗炎作用，还能增强人的体质、延年益寿。

尝到甜头的慈禧还常把菊花作为礼品馈赠各国驻京的使节夫人。她爱菊，所以也爱养菊，多次下令在京城各地广植菊花。1894年，慈禧筹办六十大寿，到北京万寿寺烧香之际，因见紫竹院南岸的浅山黄土裸露，景色肃杀，便下令依山种植各种菊花。因菊花又名九花，所以后来人们便把这山叫做"九华（花）山"。慈禧晚年老眼昏花严重，对菊花更是情有独钟，不仅天天饮菊花茶，还令人在颐和园里种了大量菊花，品种多达233个，可谓盛极一时。

每当深秋菊花盛开的时候，慈禧太后喜欢采摘菊花瓣制菜食用，吃的时候，先由御膳房里端出一具银制的小火锅来，餐桌中央有一个圆洞，恰好可以把那火锅安安稳稳地架在中央。菊花火锅的吃法是：把菊花采下一二朵，把花瓣摘下，浸在温水内漂洗一二十分钟后，放入已溶有稀矾的温水内漂洗，沥干。当膳房将装有滚开的鸡汤（或肉汤）的小火锅及肉片、鱼片、鸡片等生食端上餐桌，将少量肉片先放入锅内烫煮五六分钟，再投入洗净的菊花瓣，过三分钟边捞边吃。鲜鱼和鲜肉片放在鸡汤里烫熟后的滋味本来已够鲜的了，再加上菊花所透出的那股清香，便觉得分外可口。"火上锅中汤滚滚，锅中火上味香香"。太后每当吃这道菜肴时，总是情不自禁地表现出孩子般的馋嘴，让人看了好笑。

慈禧爱饮花茶。她嗜茶成癖，特别讲究。泡茶用的水是当天从玉泉山运来的泉水；所饮的花茶不是经过火焙的茉莉、玫瑰，而是刚采摘的鲜花，搀入干茶里再泡入茶盅，饮起来既有茶香又有花香。慈禧饮茶用白玉茶杯。金茶托上放三盏白玉杯，中间是茶，两边是花。两名太监双手将茶托共捧至慈禧面前，口呼："老佛爷品茗了！"慈禧方才饮用。

春天到来的时候，慈禧忽然惦记起萝卜来，吩咐御膳房太监去弄点尝尝。往常，这等"贱物"从不入御膳，要弄来先得除臭，也亏得厨夫聪明，好不容易把气味除掉，再把它配在鸡鸭浓汁中才敢端上去让老佛爷品尝。

萝卜籽，中药名叫莱菔子，清朝年间盛传"三钱莱菔子。换个红顶子"的故事。这一年，慈禧太后在自己的寿宴上，因贪食佳肴而病倒，御医每日给予"独参汤"进补。开始疗效尚可；后来非但不见效，反而头涨、胸闷、食欲不佳，还常发怒、流鼻血。众多御医束手无策，即张榜招贤："凡能医好太后之病者，必有重赏。"张榜的第三天，有位郎中站在皇榜前细加琢磨，悟出后发病机理，便将皇榜揭下。郎中从药箱内取出三钱莱菔子，研细后加点面粉，用茶水拌搓成3粒药丸，用绵帕包好呈上，并美其名为"小罗汉丸"，嘱咐1日服3次，每次服1粒。说也奇怪，太后服下1丸，止住鼻血；2丸下去，除了闷胀；3丸服下，太后竟然想吃饭了。慈禧大喜，即赐郎中一个红顶子（清代官衔的标志）。

西太后慈禧曾患乳瘤，疼痛难忍服用许多方子未能奏效。出生于淮安楚州城内范巷的御医韩达哉想到李时珍在《本草纲目》里记有吃徽的好处，说它可"利大小便，润肠，温中益气"。淮安等地民俗有孕妇孕期必食茶徽的习惯。据说产前可舒经活血、催生有益；产后有滋补康复身体的好处。于是韩御医给太后开了几味淮安茶徽，慈禧吃了四支药，另外喝了三枚荔枝核研末泡的黄酒，一夜猛出大汗，天明时顿感舒适，疼痛全无。

慈禧太后老来常犯心疼病，日夜烦忧，听说京城外的香山法海寺有位99岁的住持高僧养生有方，善做茯苓饼，便前去拜访、讨教制作方法。回宫后御膳房仿制山僧茯苓饼，专供她享用。陶弘景对茯苓有过这样的赞誉："通神而致灵，和魄而炼魂，利窍而益肌，厚肠而开心，调心而理血，上品仙药也。"简而言之，人吃了有安神、益脾、利水、渗湿诸功能。治脾虚、失眠、心悸、水肿更佳，对妇女及老年人滋补最好。慈禧喜食茯苓饼后，犯心疼病的次数越来越少，而且头发也由白变黑了。

从公布的中国第一历史档案馆保存的清官医案看，慈禧内服的13个长寿补益方中，使用药物达64种，而使用频率超过45%的仅有6味而已，其中茯苓最高达78%，为西太后补药之首。慈禧太后常命御膳房为她制作茯苓饼，除了她自己食用外，并常以此赏赐大臣。至清末，既清香可口又强身健体的茯苓饼在北京乃至华夏大地已经成为滋补名点，一直延传至今盛销不衰。

光绪六年的一天，慈禧太后"郁闷不乐，食少不饮，恶心呕吐，大便稀溏"。这可急坏了太医院的御医们。聪明的太医李德立想起唐代孙思邈《食治》中说："夫为医者，当须先晓病源，知其所犯，以食治之，食疗不愈，然后药之。"他联想到慈禧独揽朝政，生活奢侈，又好食肥鸭等油腻之物，更可恶的是，这位老佛爷本是个阴险毒辣，爱动肝火之人。李德立最后诊断，认为西太后的病是因为肝气不舒，脾胃虚弱所致，于是提笔拟方。他开出的处方中有茯苓、莲子、山药、芡实、扁豆、苡仁、藕粉等八种食药兼备的食品，共研细粉，加白糖少许和面粉酌量蒸制成糕，即名为"八珍糕"。慈禧吃后感觉口感很好，不几天竟食欲大增，大便也开始正常起来。自此以后，慈禧太后不管有病无病总叫手下人备好"八珍糕"，以便她随时服用，可谓糕不离口。

其实，"八珍糕"并不是什么新鲜食物，明代医学家陈实功在他著的《外科正宗》一书中就载有此方。为慈禧太后治病的"八珍糕"，只不过是太医李德立在此方的基础上用量略有加减，加工成为食品而已。此糕香甜可口，极少药味，更可贵的是它饥时可以食用，病则可以疗疾。清帝乾隆、光绪都十分喜爱食用此种药糕。中医研究院曾将八珍糕试用于临床，经116例临床观察，表明具有良好的补益、健脾、强体功效，对老年人体衰脏虚，食少腹胀，面黄肌瘦等疗效卓著，不失为清宫珍视的秘方之一。

慈禧高年之后，仍食鸡鸭鱼肉一类膏粱厚味之品，不免壅滞生积，化痰生热，损伤脾胃的运化功能，以致得了脾胃病。这从清宫"老佛爷起居底簿"和"进药底簿"可见旁证。御膳房供差许德盛制作的"泡泡糕"，慈禧特别爱吃。这糕选取高档中药，如人参、党参、黄芪等泡水和面；用玫瑰、青梅、樱桃、核桃仁、白糖调成甜馅；做成的糕放到热油锅里，很快膨胀开花，于是有了个美丽的名字，叫"太后御膳泡泡糕"。此糕是清食消滞的良药，对慈禧的脾胃病确有疗效，以致屡用。

"益寿糕"为慈禧独用的糕点，故后人又称其为慈禧益寿糕。它巧妙合理地使药方与糕粉、白糖、芝麻、花生仁等配制，色味俱佳，香甜可口，具有很好的调和气血、补益五脏、强身健体作用。

清朝末年西安著名文人薛宝辰，曾经在京城当过小官，他著述的《素食略说》说到，信佛的慈禧爱吃斋菜罗汉菜，"罗汉菜，菜蔬瓜之类，与豆腐、豆腐皮、面筋、粉条等，俱以香油炸过，加汤一锅同焖。甚有山家风味。太乙诸寿，恒用此法，鲜于枢有句云'童炒罗汉菜'，其名盖已古矣"。这是御医姚宝生针对慈禧饮食失节所致胃脘胀满、嗳腐吞酸之症特意而设。

对于清宫食疗及慈禧养生的秘方，我们应用现代科学的方法和临床实践来验证其疗效和机理，取其精华，弃其糟粕，给它们剥下神圣和神秘的外衣，从历史和皇宫的尘埃中解放出来，使其造福于人民大众。

（五）食苑秽闻

慈禧太后是一个专横跋扈的女人，容不得政敌与己作对。戊戌之变后，光绪被慈禧幽囚瀛台，身同俘虏。慈禧此时为求光绪早死，施以种种淫威加害光绪，凡可辱及人身者无不使用。

正月十五这天早晨，光绪照例前去给慈禧请安。慈禧正在吃汤圆，便问光绪是否吃过早餐。光绪唯唯诺诺不敢说已吃过，便跪奏未吃，慈禧便赐他吃汤圆。光绪

吃了几只汤圆刚丢下碗，慈禧瞪着眼又问他吃饱没有？光绪也不敢说吃饱，只回答尚未吃饱，慈禧又赐给他食。如此反复了四次，光绪腹胀不能吃尽，便偷藏于袖内。回去一看，汤圆满袖，黏黏糊糊，汤汁淋满身上，便命太监换小衫。然而皇上私服都被慈禧搜去，竟无衫可换。后来由太监辗转从外间弄来小衫，才得以更换。

慈禧爱吃金色鲤鱼。吃时必须由两名宫女三次净手后将鱼肉一块一块摘净刺儿，送入她的口中。有一回一名宫女由于疏忽，鱼肉中有个小刺儿没剔净便送入她口中。她顿时一紧张，急忙往外咳，终于将鱼刺吐出来。此时惊动了李莲英，他大骂宫女对老佛爷不忠，有意陷害。在慈禧的旨意下，立即赐这名宫女自缢而死。

臭豆腐是中国民间很有名气的一种食品，它的最显著特点就是"闻着臭，吃着香，臭在其外，香在内中"。十分挑食的慈禧太后也嗜食此物。王致和臭豆腐是慈禧太后御膳上的珍品。御膳房每天都要为老佛爷准备一碟用炸好的花椒油浇过的臭豆腐，而且必须是当天从王致和酱园里买来的新鲜货。但有时去晚了，或者赶上该酱园停业盘点，那天便买不到新鲜货，太监们只好用剩下的顶替。可慈禧为人狡诈，有一次她在进膳时，故意把一粒花椒子暗藏在臭豆腐里。第二天进膳时，慈禧用银筷子拨开碟中的臭豆腐一看，她暗放的那粒花椒子仍在，便勃然大怒，将太监总管李莲英骂得狗血喷头。李莲英又找那买臭豆腐的太监出气，狠狠地抽他五十鞭。从此，太监们只好到王致和酱园去求老板行个方便。据资料介绍，每两块臭豆腐中所含的蛋白质与一个鸡蛋的蛋白质等量，而臭豆腐由于经过微生物发酵，其营养成分更容易被人体消化和吸收，从这个角度看，它还胜过鸡蛋一筹。营养学家发现，常吃臭豆腐可预防老年性痴呆。

"丑行常伴秽闻出，淫污总与邪恶行"。在慈禧的饮食生活中，还有一条常被人说到，即行为放荡，淫乱后宫。关于这点，在她也许只是"小节"问题，正史官书羞于道及，外人难知其中秘密，但野史传闻却说得有鼻子有眼。

《清朝野史》载：慈禧爱吃汤卧果子，每日清晨耗银24两，仅购汤卧果4枚。这种小吃制作工艺复杂，只有前门大街金华饭馆能做。该饭馆有一姓史的伙计，生得相貌堂堂，专给皇宫送汤卧果子。一来二去引得慈禧动心，遂把此人留在宫内。金华饭馆察知内情，谁也不敢追问伙计的下落，只好另派人当差。后来，慈禧悄然产下一个男婴。此时咸丰皇帝已故十年，所生之子不能蓄养宫里，只好把孩子送给她的妹妹，妹夫醇亲王心领神会，精心照料视同己出。

不久，慈禧厌倦了那位姓史的青年，找个借口将其处死。又过了几年，同治帝驾崩，没有子嗣可以继承皇位。慈禧想起当初那个孩子，遂从妹妹家中拉来继立，这就是清德宗光绪皇帝。名义上他是慈禧的外甥，实际上却是儿子。至今一些戏剧影视里面，光绪皇帝对慈禧也是以"亲爸爸"相称。

第四节　近现代名人饮食趣闻

一、袁世凯饭桌作秀

袁世凯一生投机钻营，贪婪攫取，大奸似忠，大伪似真，有关吃的细节，其实也是一面反映其为人的镜子。

（一）刻板的食规

袁世凯的起居饮食在一年四季都有一套固定规矩。据他的女儿袁静雪回忆，在担任总统期间，袁世凯每天早上6点钟起床洗漱，6点半吃早饭。总是在中南海的居仁堂楼上吃一大海碗的鸡丝汤面作为早饭。汤面完全是河南风味的，偶尔吃一回油条，但是，汤面是定不可少的。

饭后他便拄着包着铁头的藤杖"梆、梆"地下楼去，最后发出响亮的"哦"表示他来了，这才完成他下楼的"仪式"。袁世凯下楼后，便在办公室里处理公务。中午11点半吃午饭。他对于饭菜的要求并不高。饭菜花样经久不变，而且摆的位置也不变。例如，清蒸鸭子一定摆在桌子中间。韭黄肉丝必定摆在东边，红烧肉摆在西边。

因为袁世凯在朝鲜住过，家里又有朝鲜族的三姨太太，所以，餐桌上总是少不了"高丽菜"——将白菜嫩心切成四段，每段中间夹上梨丝、萝卜丝、葱丝、姜丝做成。朝鲜的泡菜他也爱吃，就是不喜欢喝朝式狗肉汤。他的主食带有鲜明的河南特色。食谱也一成不变，除了每顿必备的馒头和米饭，还有好几种稀饭。如大米稀饭、小米和玉米掺在一起的稀饭；粥品中必不可少的是绿豆糊糊。

一般下午7点，袁世凯家吃晚饭。平时的晚饭按部就班，而星期日的晚饭就丰

盛多了。黄河鲤鱼、北京烤鸭不能少，偶尔换成烤全羊。周末一般是以烤肉为主，这是全家聚会的时候。除了大厨房供应的菜之外，各房的姨太太都会带上拿手好菜来与大家同吃。例如二姨太做的美味熏鱼。餐桌上的袁世凯一改平日的严肃，与大家随意说笑，逗儿女们开心。这时的中南海袁家与普通的家庭无异，全家共享天伦之乐。周末聚会大约持续到晚上9点，袁世凯便"拜拜"了。袁世凯的就餐程式几乎是几十年没有改变过。

袁世凯每周日必与诸子共进午餐，还鼓励儿子多吃，说："要干大事，没饭量可不中！"

袁世凯专用的餐具都比常人的大和长，习惯用大碗、大碟、大勺、大筷。

袁世凯吃饭前要先奏军乐。溥仪在《我的前半生》中写道，他在"响城"中听到军乐声，总管太监张谦和嘴巴抿得扁扁的，脸上带着忿忿然的神色告诉他，"袁世凯吃饭了！"

（二）吃食拾零

袁世凯饭量被称为"大如牛"。每天早晨要吃白馒头一大盘、鸡蛋一大盘，佐以咖啡或茶一大杯，饼干数片。午餐、夜餐各四枚蛋。近六十岁时，一顿还可吃下一只带皮猪蹄，或一只全鸡。

袁世凯在天津编练新军时，有人特意买了一笼"狗不理"包子送给他品尝。袁世凯吃后，非常满意，于是又趁上朝时顺便将这包子进献给慈禧太后。慈禧膳毕龙颜大悦，此后时常专门派人去天津买回来享用。从此，天津"狗不理"包子的名字就叫得更响了，成了名扬四海的风味小吃。

1901年，袁世凯到保定任直隶总督兼北洋大臣，在中州会馆宴请直隶各级官员。会馆厨师根据袁世凯好吃海参的口味，烹饪了一道海参菜品，在烹制过程中，加入了保定府特有的涿州贡米，因涿州贡米柔润清馨，又为此菜增添了独特风味。袁世凯品尝之后，感觉海参软糯、蛋皮酥脆、酸辣开胃、香气浓郁，非常高兴，便将做菜厨师调入直隶总督署衙，并将此菜命名为"直隶海参"，得以流传。

1905年前后，河南六安州（现六安市）麻埠附近的祝财主与袁世凯是亲戚，祝家常以土特产孝敬袁世凯。袁世凯饮茶成癖，茶叶是不可缺少的饮品，当地所产大茶、菊花茶、毛尖等，均不能使袁满意。祝家为取悦于袁世凯，不惜工本，雇佣当地有经验的茶农专采春茶一、二片嫩叶，精心炒制，炭火烘焙，制成新茶。结果令袁世凯大加赞赏，很快就成了茶市的明珠。这种茶形如瓜子，素称"瓜子片"，以后叫得顺口，就成了瓜片。

吃遍天下珍馐玉馔的老袁，特爱吃河南的"烤鸡蛋"。这种鸡蛋的吃法特殊，用筷子将蛋皮挑开，里面马上就现出淡黄色的蛋脑；在晶莹润滑之中点缀着红、白、黄、绿等各色珍珠般的鱼丁、参丁、贝粒、海米、芥丁和笋丁，用汤匙舀着品尝，其鲜香令人叫绝。烹饪此蛋的烤锅，最早用的是瓷器，后改用铜碗。这一天，袁世凯在"厚德福饭庄"吃得很对味，突然发现烤蛋用的铜碗外面镀有薄薄一层锡，声称对自己身体健康不利。厚德福饭庄老板如领圣旨，立令大厨师改进烤

袁世凯

具。经历多次试验，最后决定还是用平常的平底铁锅最为安全。"烤鸡蛋"便更名为"铁锅蛋"了。袁世凯得悉这消息，大为满意。一时官绅名士，纷纷前往饭庄品尝铁锅蛋。

袁世凯平时不喝酒，只在逢年过节时喝一些绍兴酒。

袁世凯之女写的《我的父亲袁世凯》一文中提到："袁世凯倒台后，时常命家人上街买糊皮正香崩豆吃。"此豆本是宫廷和王府中的帝王将相、皇亲国戚们吃饱喝足之后，用于磨牙消食的小食品，制作这种崩豆要用外五料（桂皮、大料、茴香、葱、盐）和内五料（甘草、贝母、白芷、当归、五味子）以及鸡、鸭、羊肉和夜明砂乌等。这种崩豆外形黑黄油亮犹如虎皮，膨鼓有裂纹，但不进砂，不牙碜，嚼在嘴里脆而不硬，五香味浓郁，久嚼成浆，清香满口，余味绵长。此豆具有通便健身的作用，袁世凯平时十分爱吃。

（三）餐桌演戏

袁世凯的吃颇具"特色"。从表面上看，和慈禧相比，他的吃显得相当节俭，早餐无非是米粥、馒头、煮鸡蛋，仅此而已。即使当上大总统后，桌上的正餐也就是四五个菜。午膳仅两条鲫鱼，用姜醋调味，一个大馒头，麦粉或小米粉熬成米糊

一碗。就餐时，把瓶装的粉状物撒向米糊，用汤匙搅匀而食。不明就里的李组绅见大总统饮食如此简单随便，大为感动。有人甚至提出建议，令全国效法以倡清廉之风。

后来，天津洋务局督办颜韵伯揭开了袁世凯的伪装：这是惯常演戏的袁世凯做给别人看的。以袁世凯平时爱吃的鲫鱼为例，这里面名堂就大了。这鲫鱼可不一般，它是和黄河鲤鱼齐名的洪河鲫，乃河南名产，长尺许，腹厚几寸，肥鲜嫩滑，价格不菲。由河南运到北京，并不困难，但要保持鲜美，却不好办。服侍一国之尊，当然有绝法：用箱盛满未凝的猪油，将活鱼放在油中，鱼窒息了，猪油凝结和外间空气隔绝，这才装运。如此妙法，一般人谁能想到？

至于那米糊本身倒是一般，秘密在于那撒向米糊的调料。据说那装在小瓶里的调料既不是胡椒粉也不是味精，而是关东上等鹿茸研成的细末，袁大头靠它才能龙精虎猛，一面操心窃国大事，一面应付列屋闲居内宠。鹿茸末调在米粥中，是食补也是药补，最为方便，不知内情者，怎不受其蒙蔽？

入冬以后，袁世凯每餐必有他最爱吃的清蒸鸭子，这道菜看上去普普通通，与老百姓吃鸭没啥两样。内中的秘制方法，大概只有袁府厨师知晓。袁大头所吃的清蒸鸭子要选填鸭，且是上好的品种，由专人精心饲养。民间填鸭选用的饲料一般是高粱、小米等杂粮，而袁世凯的家厨喂鸭子的饲料却极为特殊——竟是补阳益精的鹿茸。鹿茸还需切成薄片，捣成细屑，用新高粱调和，按规定次数准时填喂。这样饲养出的鸭子肉质细嫩，滋味鲜美，且大补肾元。《清稗类钞》亦记有："袁慰亭（袁世凯字）内阁喜食填鸭，而豢养填鸭之法，则日以鹿茸捣屑，与高粱调和而饲之。"

袁世凯吃鸭子是他的一绝，最喜欢吃鸭胗、鸭肝和鸭皮。吃鸭皮时，用象牙筷子把鸭皮一掀，一转两转，就把鸭皮掀下一大块来，然后放入口中，手法异常熟练。

他爱吃人参、鹿茸一类滋养补品，但不像常人水煎后再服食，而往往是一把一把地将人参、鹿茸放在嘴里嚼着吃；每天还喝两个奶妈挤出的人奶。

袁世凯每顿饭都得有酱油佐餐，还美其名曰是效法黄帝和大禹，为黎民百姓带个节俭的好头。殊不知，袁世凯家厨用的酱油都是从奉天（今沈阳）特进的，那座正规的酱油酿制厂由张作霖建立，做出来的酱油很是有名。

（四）偏多忌讳触新朝

全国各地的丸子都是圆形，唯独保定府的"南煎丸子"是扁型棋子状。这是为什么呢？因为古时保定城以水路为主，南、北奇（地名）一带水域广泛，路网密集。保定府会馆林立，南北货物云集于此，从而带入了各地的特产。如冬笋、香菇、海参等。南奇厨师采用本地的荸荠，配以南方的玉兰片、肉馅、海参等做成丸子。因直隶总督袁世凯位高权重，民间戏称"袁大头"。在直隶官府宴席中，为避讳"袁"字，厨师将圆形丸子做成棋子状，大胆采用独特的烹制方法，创制出南北皆宜、原汁原味的美味佳肴，因出于保定府南奇，故取名"南煎丸子"。

关于"元宵"唤"汤圆"，还与窃国大盗袁世凯有一段趣闻呢！

且说袁世凯算尽机关，要登皇帝宝座。起初，一切都似乎很顺利，在袁世凯的威逼利诱之下，竟然在1915年12月形成了全国各地选举国民代表一致赞同君主立宪的假象，一致"恭戴今大总统袁世凯为中华帝国皇帝"，袁世凯公开接受帝位，受百官朝贺。可是，袁世凯的这一逆天行为注定要失败。护国运动后，袁世凯渐渐众叛亲离，陷入进退维谷的境地。袁世凯把1916年定为洪宪元年，企图达到千秋万代，可是在当年正月十五的时候，袁世凯已感到力不从心，在皇位上坐不住了。他想要出去散散心，顺便了解一下京城的局势，于是穿着便装，来到北京的大街上。大街上倒也人来人往，还看不到混乱的现象。

不知不觉中，袁世凯来到了大栅栏，一时兴起，想去酒楼厚德福吃点地道的河南菜。在护兵的护卫下，袁世凯往前走着，马上就要到厚德福了。厚德福的门前正在热卖元宵，悠长的吆喝声远远地传了过来。袁世凯感到很熟悉，加快了步子。可是，突然间一股不祥之兆袭上心头，袁世凯停下脚步，细细地听着。"元宵"的吆喝声回荡在袁世凯的耳边，他却似乎听到了专为他演奏的丧音，那声音随着冷风传来，袁世凯真切地听到了"袁消"、"袁消"的声音，不由得勃然大怒。他再没有心思吃饭了，马上返回，接着下令将厚德福卖元宵的人拘捕起来，密诏警事厅勒令卖"元宵"者，于1913年改呼"汤圆"，取"金城汤池"之意。说也巧，就在此事发生没多少天，袁世凯便被迫宣布"取消帝制"，接着在忧惧中迅速死去。于是，一首歌谣在京城流行开来："大总统，洪宪年，正月十五吃汤圆。汤圆元宵一个娘，洪宪皇帝命不长。"老报人景亭成在《洪宪杂咏》中有诗讽曰："偏多忌讳触新朝，良夜金吾出禁条；放火点灯都不管，街头莫唱卖元宵。"

袁世凯生就一副敦实的五短身材，颈短、腿短、腰粗，由于大量进食补药及填鸭、鸡蛋，还频频吃些美肴佳馔，中年以后更显肥胖了。袁世凯到了晚年变得肥头大耳、大腹便便，稍一活动，就张口气喘。57 岁那年，终因血管粥样硬化导致肾功能衰竭而死。

二、黄敬临和他的千古奇宴

黄敬临，名黄循，华阳人。川菜大师。身出世家名门。祖父为子娶媳，首要条件必须精于烹饪。黄敬临的母亲陈氏，就因为仅咸菜就能腌制三百余种，得以嫁入黄门。黄敬临身兼黄陈两家烹艺精髓，以其灵心法冶一炉。但是，在黄敬临的大半生中，虽留心研品天下美食，并偶有佳肴惊世，然而，大抵也只能算是爱好而已。他出身书香世家，有着秀才的功名，善诗文，精小楷，擅对联，酷爱古董字画、山水园林。三次为官，皆因厌恶官宦生涯而辞官而去，却又自命"油锅边镇守使，加封煨炖将军"。

（一）御厨沐皇恩

青年时代的黄敬临，本是个读书人，读书之余跟姑姑学了一手做菜的好手艺。后来，因进京赶考不第，滞留北京。一个偶然的机会，他的烹饪手艺被人发现，引荐入宫，在清廷供职光禄寺（即御膳房）三年，为皇家创制了多款独有心致的菜品，深得慈禧喜爱，被赏以四品顶戴，故有"御厨"之称。

在慈禧膳桌菜肴中，有一貌似平常而味殊佳的名肴——开水白菜。此菜汤清如水，白菜鲜嫩，举勺略尝，齿颊生香。开水白菜的创制人便是雅士名厨黄敬临。

慈禧嘴刁，晚年又笃信佛教，常要吃素，而全素的菜，慈禧吃着没滋味，就会大发淫威。厨师们只得经常为她设计新菜，有时又将荤菜素做，使她吃荤不见荤，称之为"吃花斋"。黄敬临见多识广，以绝世灵想首创了"开水白菜"这款菜中神品。其烹制与众不同：用老母鸡、猪肘、火腿及葱、姜等熬汤。汤开时，撇去浮沫，先用猪瘦肉泥清一次汤，将表面浮油浮沫吸净，再将肉泥一并撇去；待鸡、肘子极烂时，将其与火腿、葱、姜等全部捞净，加入绍兴酒、精盐等调料；然后，再用鸡脯泥清一次汤，并同样将鸡脯泥撇去；清汤烹制好后，将去筋洗净的黄秧白菜心先用开水烫熟，用凉水过凉，轻轻挤去水分，码齐放在汤锅里，注入清汤，上笼用沸水旺火蒸透。当开水白菜端至慈禧御膳桌上时，慈禧见白开水泡着几段白菜心，不禁面有愠色。她舀起小半勺"开水"，放在嘴边一抿，只觉得一股鲜味直沁五腑，再尝那黄秧白菜，也是鲜味无比，方才大喜。从此，开水白菜便成为慈禧斋戒时特别喜爱的菜肴。

有一次慈禧太后到颐和园赏荷，池中的鸭子成群结队，游来游去，十分可爱。黄敬临灵机一动，叫厨师用福建漳州进贡的茶叶拿来熏烤鸭子，烤熟后产生出一种奇妙的香味，慈禧吃了连声叫绝，并取名"漳茶烤鸭"，钦定为宫廷御菜，用来赏赐宠臣和招待外国使节。这可能是川菜的第一个宫廷御菜，至今仍然是川菜的名品。遗憾的是，现在都误写为"樟茶鸭"，让人疑为是樟树叶子熏制。其实，黄敬临采用的是福建漳州的嫩茶叶，才有这番美食的香遇。

（二）客盈姑姑筵

慈禧去世之后，黄敬临回到了成都。此时，他已经五十又七。

黄敬临是前清秀才，常出入官场，因此光临宴会的机会就多，宴席上只要遇到可口或珍奇的菜，他都要把做菜的厨师请出来刨根问底弄个明白。如果厨师话语不能说尽这道菜的妙处，那么黄敬临就会亲自跑到厨房里去，仔仔细细地观看厨师怎么操作、烹调。日子一长，遂成了美食家，烹饪手。

1930 年初在老成都西门包家巷的一个小院子里，黄敬临别出心裁地开了个"姑姑筵"餐馆。店名一是意在表明自己开着玩，如同小孩子过家家；二是因为帮厨跑堂的都是自家女眷。餐馆不大，却很典雅，到处都挂着字画和自撰的对联，充满了浓浓的书卷之气。餐厅门口的对联是：

> 学问不如人，才德不如人，只有炒菜熬汤，才算我的真本事；
>
> 亲戚休笑我，朋友休笑我，安于操刀弄铲，正是文人下梢头。

大厅对联：

> 右手拿菜刀，左手拿锅铲，急急忙忙干起来，做出些鱼翅海参，供给你们老爷太太；
>
> 前头烤柴灶，后头烤炭炉，轰轰烈烈闹一阵，落得点残汤剩饭，养活我家大人娃娃。

厅堂左边的对联是：

> 叹老夫无命作官，才租这大花园承包酒席；

替买主下厨弄菜，好像是巧媳妇侍奉公婆。

右边厅堂的对联是：

提起菜刀，拿起锅铲，自命锅边镇守使；

碗有佳肴，壶有美酒，休嫌路隔通惠门。

内堂对联：

读了四十年诗书，还是个厨子；

作得廿二省口味，没半点官儿。

统领伙计几十多，攻打甑子场，月月还须数铜板；

可怜老汉六四岁，揭开锅儿盖，天天都在闻油香。

这些对联都写得很俗，但俗不伤雅，实话实说，很是幽默风趣。四品官下海开馆子，本身就是稀奇事，再加上这些妙趣横生的对联，很快就在成都城轰传开了，前来就餐的食客蜂拥而至。

黄敬临全家齐上阵。黄敬临也亲自进厨房，操作"姑姑筵"的拿手菜。每当他戴着白帽，系着围裙，笑容可掬地把一盘热气腾腾的菜端到顾客桌上，顾客都会看看他，又看看对联，然后大家发出一阵会心的微笑。慢慢地，顾客们不单喜欢"姑姑筵"的菜，也喜欢黄敬临这个人。因为他像一个真正的大丈夫，能屈能伸。

"姑姑筵"是一庭式的餐馆，不大，只能安几桌人。黄敬临的"姑姑筵"可能是有史以来最牛的小馆子。它不卖零餐，只做包席。开业之时，黄敬临就定下五大规矩：

1. 所有来吃饭的客人，必须称呼他为黄先生或者黄老太爷。凡是敢叫黄老板或者黄师傅的，免吃。

2. 每天只做四桌，必须五天前预定。

3. 预定时只说一桌多少大洋的规格，不能点菜。所有菜品，由黄老太爷决定安排。

4. 定席时，必须交足菜金。并且，必须开列被请人名单，注明年龄、籍贯、身份、性别。

5. 主桌上，必须给黄敬临留一个座位，他是否到席，由他自己决定。

凡是有人订餐，黄敬临都事先准备好纸笔，让订餐人把客人名单留下，并且一一注明客人的年龄、籍贯和社会地位。根据这一名单，黄敬临"看人下菜"，往往使得主客皆喜，全都满意。比如北方人一般不喜麻辣，老人爱吃软和的东西，达官贵人厌恶油腻，小孩喜吃甜食等，全由黄敬临根据包席客人的情况量身安排，既精心结构搭配，又不拘一格，随心随意。经过一番苦心经营，来"姑姑筵"吃饭的军政界人士和社会各界名流越来越多。

1938 年国民政府内迁重庆，"姑姑筵"也在重庆开了新馆，依然是高朋满座，座无虚席。有次蒋介石包了四桌，吃后倍加赞赏，又令黄敬临次日再来四桌，他当即拒绝，说："姑姑筵"的订席规矩是五日前提出，厨师要休息，恕难办理。"蒋介石丧失颜面可又无可奈何。

在"姑姑筵"中，很少有靠原料珍稀名贵取胜的菜肴。黄老先生的菜，大多是极普通、极常见的食材，但是，一经他匪夷所思的创意和高超的烹饪技艺，平凡的见出绝妙，腐朽的化为神奇。麻辣牛筋、烧牛头、豆渣猪蹄、韭菜黄蜡丁汤、黄家泡菜……都是普通食材制成珍馐的典范菜品。所以，品尝黄敬临的菜，不仅是口舌滋味的极高享受，也是人生难得的艺术熏染。

黄敬临在他暮年的时候，以川菜史上旷古绝今的饮食才华，把千秋川菜提升到了"会当凌绝顶，一览众山小"的卓然临风的高处。喜剧泰斗卓别林尝罢黄敬临的漳茶烤鸭赞不绝口，誉之为"世界难得之美味"；徐悲鸿特爱黄敬临的"软炸斑指"一味，每去必尝，并以珍贵的马画换佳肴，传为艺坛美事。

1941 年日机轰炸重庆，黄敬临本来卧病在床，受到惊吓，病情加重，不久就离开了人世。重庆各界人士纷纷前去悼唁，蒋介石送的挽联上题有"无冕之王"四字。随着黄敬临驾鹤西去，"姑姑筵"也就永久"打烊"了。

三、鲁迅这样吃

鲁迅日常的饮食十分简朴，正如夫人许广平所说："鲁迅的日常生活是平民化的。"

（一）食事记略

鲁迅在南京江南水师学堂第一学期结束时，因考试成绩优异，学校发给他一枚金质奖章。鲁迅没有把奖章作为自我炫耀的标牌，却跑到鼓楼街把它卖了，用卖掉的钱买了几本自己喜欢的书和一大串红辣椒。鲁迅是浙江绍兴人，那里没有吃辣椒

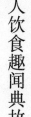

之好，难道鲁迅有辣椒之嗜？非也。原来，鲁迅是用此物解困的。以后鲁迅每读书至夜深人静、天寒人困之时，就摘下一只辣椒来，分成几截，放进嘴里咀嚼，直嚼得额头冒汗，眼里流泪，嘘唏不已，只觉周身发暖，睡意顿消，于是捧书再读。

鲁迅并不看重燕窝、银耳之类的补品，更喜欢吃新鲜的蔬菜，他还常把黄瓜当作水果来食用。一生最喜欢吃的则是家乡霉干菜，还把它写进小说《风波》里，说是蒸得乌黑的霉干菜很诱人。老母亲经常寄一些家乡的土特产给他。1935 年 3 月 6 日，鲁迅从上海发信给母亲说"小包一个，亦于前日收到，当即分出一半送老三。其中的干菜，非常好吃，孩子们都很爱吃，因为他们是从来没有吃过这样的干菜的。"好的干菜，无根茎和碎叶，闻来有一股扑鼻的香气，入口又嫩又糯，用它烧汤、炒菜，荤素皆宜，老少爱吃，无怪乎鲁迅称赞不已。

鲁迅有饮酒的嗜好，常常约朋友去广和居吃饭，每饭必喝酒，有时候还喝得酩酊大醉。郁达夫也善饮酒，常与鲁迅一起同饮，所以对鲁迅了解得格外详细，说道："他对于烟酒等刺激品，一向是不十分讲究的；对于酒，也是同烟一样。他的量虽则并不大，但却老爱喝一点。在北平的时候，我曾和他在东安市场的一家小羊肉铺里喝过白干；到了上海之后，所喝的，大抵是黄酒了。但五加皮、白玫瑰，他也喝，啤酒、白兰地他也喝，不过总喝得不多。"

1933 年 10 月 23 日，鲁迅在知味观宴请日本福民医院院长和内山君等好友，亲自点了"叫化鸡"、"西湖莼菜汤"等杭州名菜。特别向客人介绍了"叫化鸡"的来历和做法。他告诉客人"叫化鸡"是采用一千五百克左右的母鸡为原料，腹中藏有虾仁、火腿等辅料，鸡身用网油包住，外裹荷叶，再用酒瓮泥涂抹，然后上火烧烤三四小时。食用时敲掉泥块，整鸡上桌，色泽金黄，香气扑鼻，举箸入口，肉质酥嫩，味鲜异常。鲁迅的介绍引起了日本朋友极大的兴趣。福民医院院长回国后，在日本广泛宣传杭州菜的特殊风味，使得知味观经营的"叫化鸡"、"西湖醋鱼"等菜肴在日本出了名，影响深远。直到 80 年代初期，"日本中国料理代表团"和"日本主妇之友"成员来沪访问时，还指名要到知味观品尝"叫化鸡"和"西湖醋鱼"等名菜。

（二）点心滋味长

鲁迅还喜欢吃零食糕饼糖果，这在他的日记中是屡见不鲜的。羊羹是日本点心，相当于中国的豆沙糖，是鲁迅在日本留学时最喜欢吃的糕饼。回国后，还曾托人去带。《癸丑日记》（1913）五月二日记云："午后得羽太家寄来羊羹一匣，与同人分食大半。"

鲁迅喜欢吃点心是和他工作时间都在午夜前后有关。但他很少吃高级点心，通常是蜜糖浆粘的满族点心"萨其马"。"萨其马"不过分甜，而柔中带脆，香美可口，价格又廉，鲁迅除了自己吃，也常用来待客。鲁迅有胃病，油炸点心趁热吃对有胃病的人是很适宜的，故鲁迅对油炸食物有嗜好。据说在北京时朱安夫人常常制作白薯切片，和以鸡蛋、白粉，然后油炸，香甜可口，鲁迅很爱吃。这种制法不见于任何菜谱，被人戏称为"鲁迅饼"。

在面食之乡的山西，有一种叫"闻喜煮饼"的名吃，被誉为山西"饼点之王"。闻喜煮饼是一种油炸的点心，形似圆月，由于外皮粘满白芝麻，所以外观是白色。掰开两半，可拉出一缕缕金丝，吃到嘴里，酥沙松软，甜而不腻，食后有一种松柏的余香。鲁迅喜欢吃北方面食，自然也喜欢吃这种饼，还将它写入小说《彷徨孤独者》之中："我提着两包闻喜产的煮饼去看友人。"闻喜煮饼随着鲁迅的小说，更加声名远播。

"玉洁冰清品自高，甜酸爽韧领风骚；仙泉淘得琼浆白，蒸出岭南第一糕。"这是颂赞广东省顺德市伦教镇糕点的诗句。"伦教糕"早在明代已远近闻名，鲁迅1935年4月在上海所写的《弄堂生意古今谈》曾说到此糕。镇上制作伦教糕的人家及作坊不在少数，最著名的当数华丰桥旁的一家。这家主人把房建在一方巨石上面，这石上还有孔，汩汩流水从不间断。主人取孔中清水洗糖濯米，故而制出的糕点特别香甜可口。大凡船家在此停泊，总是指名要先买他家的糕点。鲁迅在上海亭子间写的《零食》杂文，又一次谈到上海市面上出售的"桂花白糖伦教糕"，说它已经一改原来的纯粹白糕，成为红白两种，白色是桂花糕，红色则为玫瑰糕，可见鲁迅对这种小食品十分熟知。江苏南通人季天复曾在北洋政府参谋本部任军职，在北京有幸与在教育部任佥事的鲁迅相识，特送去南通特产"嵌桃麻糕"，鲁迅吃后感觉其美味名不虚传。

（三）品蟹与评蟹

鲁迅生活的那个年代，螃蟹是一种普通的食品，其价钱并不昂贵，不过略高于鲜鱼而已。凡螃蟹上市的金秋季节，鲁迅往往要买些蟹来食用。江南人吃蟹大体有两种方法，比较大的螃蟹称之为大闸蟹，用水煮熟，或隔水蒸熟，用姜末加醋、糖

作为调料食用；较小的蟹则烧成面拖蟹、油酱蟹当作下饭的小菜。鲁迅的吃法亦如此。有时他还请他的弟弟周建人一家到他家里来一起品尝大闸蟹。1932 年 10 月，在《鲁迅日记》里就三次记述："三弟及蕴如携婴儿来，留之晚餐并食蟹。"鲁迅还专门让许广平去选购一些阳澄湖的大闸蟹，分别送给日本朋友镰田和内山完造先生。鲁迅在日本留学时也吃过蟹，他知道日本人也喜欢吃蟹，所以常送螃蟹给客居上海的日本朋友。

鲁迅吃蟹，津津有味；写蟹，则涉笔成趣。比如在《今春的两种感想》一文中写道："许多历史的教训，都是用极大的牺牲换来的。譬如吃东西吧，某种是毒物不能吃，我们好像习惯了，很平常了。不过，这一定是以前多少人吃死了，才知道的。所以我想，第一次吃螃蟹的人是很可佩服的，不是勇士谁敢去吃它呢？"鲁迅十分赞赏这种不怕牺牲、敢于尝试探索的精神。

在《记雷峰塔的倒掉》一文中，鲁迅描述了一个有关螃蟹的民间传说：法海和尚把白娘子装进钵盂，镇压在雷峰塔下，后来玉皇大帝知道了，责怪法海多事，以至荼毒生灵，下令要捉他，法海逃来逃去，终于逃进了蟹壳里避祸，再也不敢出来。鲁迅写道："秋高稻熟时节，吴越间所多的是螃蟹，煮到通红之后，无论取哪一只，揭开背壳来，里面就有黄，有膏；倘是雌的，就有石榴子一般鲜红的子。先将这些吃完，即一定露出一个圆锥形的薄膜，再用小刀小心沿着锥底切下，取出，翻转，使里面向外，只要不破，便变成一个罗汉模样的东西，有头脸，有身子，是坐着的，我们那里的小孩子都称他'蟹和尚'，就是躲在里面避难的法海。"写得极其细致而富情趣。

螃蟹走路时呈横爬状，鲁迅把社会上某些人横行恣肆的行为讽刺为螃蟹之态。鲁迅在《琐记》一文中描述他在南京江南水师学堂读书时，有些高年级学生"挟着堆厚而且大的洋书气昂昂地走着"，"便是空着手，也一定将肘弯撑开，像一只螃蟹，低一班的在后面总不能走出他之前。"鲁迅尖锐地抨击了这种霸道行径。

（四）茶外意味

鲁迅生长于茶乡，喝茶是他的终身爱好。15 岁时就逐字逐句地抄录茶圣陆羽的三卷茶经。绍兴平水地方本来盛产茶叶，以绿茶为大宗，不过以质地论还不及杭州的龙井为良。所以鲁迅喜欢买龙井茶喝，到上海以后，因为离杭州较近，又有同乡友人在杭州工作，就常托友人代购。1928 年 7 月中旬，鲁迅偕夫人许广平游西湖，回去时就没有忘记买龙井茶。

据周作人在《补树书屋旧事》中说，鲁迅喝茶一向不十分讲究："平常喝茶一直不用茶壶，只在一只上大下小的茶杯内放一点茶叶，泡上开水，也没有盖，请客吃的也只是这一种。"由此看来，鲁迅的茶具与浙东农民的茶缸差不多。

鲁迅去得最多的地方是青云阁，喜欢在喝茶的时候伴吃点心，且饮且食，常结伴而去，至晚方归。30 年代的上海，每至夏季，沿街店铺备有茶桶，供过路人饮用解乏。鲁迅的日本好友内山完造，在上海四川北路开一书店，门口也置一茶桶。鲁迅得知十分赞同内山此举，多次资助茶叶，合作施茶。作为伟大的文学家、思想家，他一生淡泊，关心民众。他以茶联谊，施茶于民的精神，更为中华茶文化增辉。

鲁迅对喝茶与人生有着独特的理解，并且善于借喝茶来剖析社会和人生中的弊病。《喝茶》的文章说道："有好茶喝，会喝好茶，是一种清福，不过要享这清福，首先必须有工夫，其次是练出来的特别感觉。"他还深谙茶道："喝好茶，是要用盖碗的，于是用盖碗，泡了之后，色清百味甘，微香而小苦，确是好茶叶。但这是须在静坐无为的时候的。"后来，鲁迅把这种品茶的"工夫"和"特别感觉"喻为一种文人墨客的娇气和精神的脆弱，而加以辛辣的嘲讽。他在文章中这样说："由这一极琐屑的经验，我想，假使是一个使用筋力的工人，在喉干欲裂的时候，那么给他龙井芽茶、珠兰窨片，恐怕他喝起来也未必觉得和热水有什么区别吧。所谓'秋思'，其实也是这样的，骚人墨客，会觉得什么'悲哉秋之为气也'，一方面也就是一种'清福'，但在老农，却只知道每年的此际，就是要割稻而已。"

鲁迅的《喝茶》，犹如一把解剖刀，剖析着那些无病呻吟的文人们。题为《喝茶》，而其茶却别有一番滋味。鲁迅心目中的茶，是一种追求真实自然的"粗茶淡饭"，而决不是斤斤于百般细腻的所谓"工夫"。而这种"茶味"，恰恰是茶饮在最高层次的体验：崇尚自然和质朴。可见鲁迅笔下的茶，是一种茶外之茶。

四、冯玉祥的滋味岁月

冯玉祥是一个爱国将领，一生充满了传奇色彩。然而，饮食生活中的冯玉祥是个什么样的人？故事得从头说起。

（一）咏食丘八诗

冯玉祥出身贫寒，只读过一年零三个月的私塾，但他一生写诗1400首左右，他自谦这些诗是"丘八诗"，即大兵的诗。从这些诗的内容来看，大都是反映劳苦大众民情民俗和有关抗日的，周恩来在重庆就称："丘八诗为先生所倡，兴会所至，嬉笑怒骂，皆成文章。"

冯玉祥一生对母亲非常孝敬，母亲病故之后，他痛苦伤心地大病了一场。从此以后，每逢自己过生日便闭门谢客，不吃饭，有时实在饿得头昏心慌也只在晚上吃上一顿饭，以此来纪念母亲的生养之恩。1945年，他写成了一首《十月怀胎》的悼母诗："娘怀儿一个月不知不觉，娘怀儿两个月才知其情，娘怀儿三个月饮食无味，娘怀儿四个月饮食无力，娘怀儿五个月头晕目眩，娘怀儿六个月身重如山，娘怀儿七个月提心吊胆，娘怀儿八个月不敢笑谈，娘怀儿九个月寸步艰难，娘怀儿十个月才到世间。"为了将这首悼母诗"铭刻在心，永世不忘"，冯玉祥将军请人特意刻在石碑上。

冯玉祥的父亲是军队里一名下级军官，冯玉祥十多岁时，他父亲营里有了一个缺额，父亲的朋友为了照顾他家的困难，就叫玉祥去顶替，从此，他就当上了兵。有一次，父亲骑马去兵营报到，因结冰路滑，从马背上重重地跌下来，右腿划了一道一寸多深的伤口，感染化脓，不能走动。当他养好伤去兵营销假时，才知道自己已被兵营裁掉了。父亲失业，生活的重担都压在了冯玉祥肩上。

瞄靶射击是很辛苦的训练，冯玉祥每次来回要走二三十里地。每当清晨离家时，父亲总是把他喊住，叮嘱道："玉祥，给你六个钱买个烧饼揣在怀里，饿时吃了。"他走在路上想，父亲病后尽吃杂粮、白菜，他多么喜欢吃肉啊！冯玉祥怎么也不忍心把钱花掉，决计把它留下。一天傍晚，父亲看到桌上一碗炖肉，不禁问道："从哪里弄来的炖肉？"冯玉祥吞吞吐吐，父亲越发非问个清楚不可。冯玉祥只好讲清了原委："每次打靶，营里规定每人领50条火药，打满10响就达到标准，余下的火药条可以卖钱，我每次都有积余，一个月也可积几十个，加上您每次给我的，凑起来就够买肉了。"父亲听着，泪水不住地往下流。此时此刻的情景，永远地留在了冯玉祥的记忆里。20年后，他想起此事，欣然命笔，写下一首打油诗："肥肉二斤买回家，亲自炖熟奉吾父。家贫得肉食非易，老父食之儿蹈舞。"

1936年至1937年间于山东泰山作丘八诗四十余首，其中咏食诗这样写道

《采野菜的妇人》："东方尚未明，辘辘饥肠鸣。春荒苦难度，野草喜初生。群妇争采摘，聊作粥糜羹。想彼城市女，娇贵若天神。终日无所事，打牌看电影。国家穷如此，不可不猛醒。民族今垂危，生活宜平等。"

《石匠的野炊》："石匠工作罢，肚饿体又乏。归来且休息，野外当作家。山石作屏障，小棚就地搭。一人管造饭，手内持火锸。笼中蒸小米，火头怕过大。有的握烟袋，依树说闲话。亦有坐棚中，白水正当茶。一碗水喝足，口中亦应答。昨夜入城市，粗面已涨价。上月价两块，今已二元八。生活日见难，工资不见加。三人皆苦笑，自愧同牛马。我望真改革，劳作为大家。非工不能食，人人笑哈哈。"

《西瓜摊》："两挑西瓜力谋生，一人正走一人停。山木扁担暂坐息，大旱烟袋口边横。太阳炎炎如烈火，不肯自吃解暑蒸。切开一个摆石上，卖整不易且卖零。瓢子新鲜水分甜，两枚一块价亦平。气味清香四处散，引来多少臭苍蝇。伤寒霍乱和痢疾，各种病菌播无形。到了秋天病发作，躺在床上直哼哼。露天西瓜可不吃，敢请大家讲卫生。"

《饭时的农家》："土屋破旧低矮，顶上盖着秫秸。小院实在热闹，人畜全家都在。大石搭作饭桌，旁坐祖母孙孩。孙儿呆看盘中，祖母手拿碗筷。饭食多儿粗劣，只有煎饼数块。儿子还未吃饭，提水将牛款待。黄牛正在吃草，牛绳拴着老槐。左边小猪一只，吃的头也不抬。一家和平安乐，景象真是可爱。可恨日本欺我，枪炮步步逼来。我国如不抵抗，亡国惨痛难挨。先要打倒强暴，方能民安国泰。"

《西瓜地头》："盛暑月，好时候，西瓜熟，满地头。主人为保瓜，田间搭棚楼。只有一矛枪，左右不离手。黄昏时候方欲睡，忽然有狗大声吼。翻身急起看分明，原是邻人回家走。入夜完全昏暗，矛枪时刻在手。提心吊胆静听，惟恐野畜来偷。日间工作，夜里担忧。疲劳已极，不敢稍休。西瓜许多人爱吃，希望食者知来由。"

《小饭馆》："小饭馆，傍山开，石头垒墙茅作盖。风和日暖天气好，绅商游客络绎来。三朋四友座常满，酒肉茶烟桌上排。上下古今无不谈，大吃小叫把拳猜。终日流忘返，醉生梦死至可哀。朝鲜亡国有此象，晋尚清淡国祚衰。如今敌人逞强暴，整个民族正危殆。生死关头在此时，救亡责任无旁贷。时间精力皆可贵，虚掷浪费实不该。埋头苦干齐振奋，无时无刻不懈怠。"

武汉会战后，国民政府迁入重庆。冯玉祥为了支援前线，慰劳抗战将士，不顾自己国民革命军副总司令、国民党军事委员会副委员长的身份，亲自走上街头，发动募捐。当时有许多达官贵人、巨商大贾、社会名流攀名附势，向冯玉祥索字求画。于是冯玉祥带头卖字鬻画。凡是向他乞字求画的，一概索取笔资作为抗日献金。原则就是"有钱人多收，贫穷人少收，学生乞字一律收费五角"。冯玉祥的诗画多为生活中常见的蔬菜，如白菜、黄瓜、萝卜之类，画旁都题有一首浅显易懂，宣传抗日的小诗。比如，茄子画上的小诗是："茄子紫，紫茄子，吃的有了力，可以把日寇打死！"萝卜画上的小诗是："红萝卜，蜜蜜甜，吃了气力如猛虎。如猛虎，打东洋！"题辣椒诗："大辣椒，小辣椒，吃起来，味道好，大家齐心协力，把倭寇打倒。"当时的重庆《新民报》曾有以《冯将军卖字救国》为题的报道，赞扬他的爱国精神。

抗战期间，冯玉祥在驻地有一个习惯，就是每过些时候，要请当地乡保人员、驻军代表和农民代表相聚，谈抗日事，这就叫作吃"和气宴"。其实他每次的宴请都是豆芽、南瓜、茄子等，凑足四菜一汤就可，一切从俭。有一回，冯玉祥即席念出他的丘八诗："咱家请客，多钱不花，四菜一汤，茄子南瓜，淡饭粗茶，豆腐豆芽，艰苦抗倭，责任重大，我们的'新生活'，就是不奢华。"在座的人们被冯将军的诗吟感染，你一句我一句应合道："豆腐豆芽，营养不差，茄子南瓜，胜过鱼虾，冯将军的招待，顶呱呱，顶呱呱"。和气宴反映了冯玉祥将军与抗日民众的血肉关系；丘八诗反映了冯玉祥将军清贫生活，以及艰苦抗日的决心。

（二）特别宴请

民国初年，冯玉祥由营长、团长升为旅长，先后参加了讨袁护国和反对张勋复辟的斗争。有一次，冯玉祥到一高官家赴宴，见酒宴极度奢侈，锃亮的红漆八仙桌上摆满山珍海味，雕花彩色细瓷碗碟，晶莹如玉；象牙筷子，银调羹，琳琅满目。而主人竟还满口谦词：什么"敝舍寒酸"，什么"切莫见笑"，并请妓女相陪。席间，主人特意让一个身戴珠光宝气的妓女向冯玉祥投怀送抱，又问："冯旅长，这个妞儿可中您的意？"冯玉祥大怒，拍案而起道："我不干你们这种肮脏事！"愤然离去。

几天后，冯玉祥决定设宴"回报"这群搜刮民膏、声色犬马的官僚军阀们。冯旅长大宴宾客，官场无不好奇，接到请帖议论纷纷。入席见酒宴还算丰盛，正准备大吃大嚼一顿，这时只听冯玉祥说："有来无往非礼也，我请客也不能没人陪酒。"众官僚军阀喜出望外，只听冯玉祥说了声"请"字，卫士赵登禹将客厅门"咣啷"一声拉开，便见一群叫化子涌了进来，一个个骨瘦如柴，蓬头垢面，拎着烂瓦罐，拖着打狗棍，狼狈模样目不忍睹。众宾客一见，仿佛掉进了冰窖浑身发冷，全傻眼了，只能耸着肩，缩着头，听冯玉祥教训："请诸位看看吧，都民国了，我们的国民还提着要饭棍！民国民国，民是主人，我们应该是老百姓的奴仆。可我们的主人却提着要饭棍，我们的脸往哪儿搁？"说罢，又掏出两块银元，用命令的口气说："请人陪酒，得给工钱，每人两块，都放在这儿吧！"众官僚军阀唯唯诺诺，只好掏钱。

1929 年暮秋的一个深夜，冯玉祥突然派人把他的英文秘书王先生请到郑州郊外寓所。王秘书在两个卫士陪同下走进客厅，立刻被眼前的情景惊愕了：客厅中央摆着一桌丰盛的酒席，冯玉祥正笑盈盈邀王入席。王秘书心中暗忖，向来酒不沾唇的冯将军，为何深更半夜突然秘密宴请我呢？一定是发生了非同寻常的大事。冯玉祥见王秘书愣着，便上前执住他的手，再次邀请入席。王秘书入席坐定后，冯玉祥亲手斟满两杯酒："来，干杯！"王秘书心怀疑团，一不留神，手中的酒杯滑落在地下摔得粉碎。冯玉祥望着王秘书一副不安的样子，爽朗地笑道："区区小事，不必介意，不必介意。酒杯吆，乃身外之物，生不带来，死不带去。倒是王先生的身家性命重要呢！"说到这里，他拿出一封电报递给王秘书。这是从南京国民党中央党部发来的特急密电，通知冯玉祥立刻将共产党潜伏分子、他的英文秘书逮捕，派专人押送南京。"这……"王秘书看完电报，目瞪口呆。冯玉祥满不在乎地笑笑："王先生请喝酒吃菜，切莫介意。"酒筵毕，从外面走进来一个青年军官，在冯玉祥耳边轻声悄语了两句，冯将军站起来，握住王秘书的手："王先生，你我就此一别，后会有期。"说完，青年军官示意王秘书随他步出客厅，上了一辆早已准备好的黑白奥托轿车，护送他径直上了即将开往上海的火车。就这样，王秘书平安地到达了当时中共中央的所在地——上海。这位王秘书，就是后来美国记者埃德加·斯诺在《西行漫记》一书写到的护送他到陕北苏区访问的那个"王牧师"——共产党员董健吾。

抗战初期，冯玉祥礼请老舍、吴组缃等十几人在他处工作，常招待就餐。菜肴多是炒鸡蛋、炒豆芽、拌豆腐、煮花生米、馒头、稀粥和火锅。所涮食材多为豆腐、白菜、粉条和少许猪肉。抗日战争胜利后，国共双方在南京举行和谈，冯玉祥非常希望能从此化干戈为玉帛，停止内战，和平建国。一天，冯玉祥邀请郭沫若、侯外庐、曹靖华、卢嘉锡、冯乃超、亚克、张申府等文化界名人同游玄武湖。不知不觉已近中午，冯将军叫副官上岸去买些馒头、卤肉、水果来，并特别交代："给每个人泡一杯茶，记住，要最好的茶！"

1945 年 8 月 28 日，毛泽东、周恩来从延安飞抵重庆，参加国共谈判。几天后，周恩来告知冯玉祥，毛泽东要到他家中拜访。对于这次拜会，冯玉祥非常重视。他认为毛泽东是个非常了不起的人物，很值得尊敬，特别是在西北军时期中国共产党给予的帮助，更是永生难忘。为了接待这位尊贵的客人，冯玉祥作了一番认真准备。

9 月 6 日下午 6 时左右，客人准时到达冯玉祥住的特园康庄家中。随同毛泽东前来的还有周恩来、王若飞、张治中等冯玉祥的老相识，冯满面春风地将客人迎进。张治中与冯玉祥是多年的朋友，知道他从不置酒待客。所以一进门就像发现"新大陆"一样叫起来，"呵，有酒呀！焕公这可是开天辟地头一回哟。"冯玉祥和客人握手致意，安排就座后，举起酒杯向各位贵宾敬酒。他首先走到毛泽东跟前，笑着说："毛先生为国为民，只身飞来重庆，不顾个人安危，玉祥万分钦佩，这第一杯酒，先敬毛先生。"毛泽东笑着举杯向众人说："这第一杯酒还是让我们共同祝抗战胜利吧！"大家碰杯，正要开饮，张治中发现冯玉祥端的是空杯。明知冯玉祥不会喝酒，张治中却故意说："焕公，你杯中无物，是不是要我们敬你一杯？"哪知冯玉祥并不推却，吩咐把他的"酒"拿来，满斟一杯和大家一饮而尽。接着，冯夫人李德全又来敬第二杯，欢迎毛先生光临。第三杯是毛泽东站起来向众人祝酒："预祝国共两党谈判成功。"席间，大家频频碰杯，谈笑风生，十分活跃。冯玉祥深知蒋介石的为人，为毛泽东的安全担忧，他推心置腹地说："蒋介石这次设的是鸿门宴，并不想真心谈判，而是想吃掉共产党。这是他一贯的手段，东北军、西北军不都是这样被吃掉的吗，小心不要上当啊！"毛泽东风趣地回答："有人认为国共两党姻缘难结，我这是诚心来求婚的哟。"随后，又用坚毅的口吻说："中国今天只有一条路，就是和为贵，其他一切打算都是错误的。"大家都为他的讲话热烈鼓掌。在欢快的气氛下，宾客开怀畅饮，谈现在，谈将来，谈中国的前途，畅所欲言。最后毛泽东拉起冯玉祥的手，两人高高把盏，再次共祝两党和谈成功，为民造福。

（三）泰山隐居的日子

1933 年，日军继"九·一八"事变之后又侵占我国热河省，并向察哈尔省进犯。冯玉祥联络吉鸿昌、方振武等爱国将领在中国共产党支持下，于当年五月在张家口组织成立察绥抗日同盟军万余人，迎头痛击日伪军，收复宝昌、沽源、多伦等地，打击了日军嚣张气焰。至此，蒋介石仍采取不抵抗政策，派兵围困张家口，解散同盟军。冯玉祥在蒋介石威胁下曾两次隐居泰山。第一次是 1932 年 3 月—10 月；第二次是 1933 年 8 月—1935 年 10 月。期间冯玉祥过着平民化的生活，规定全家每人每天的菜金不得超过一角。用膳仅吃一菜一汤，并写诗一首以抒生活："黎明即起下山走，走到泉边先洗手。两杯凉水三千步，一盘咸菜两碗粥。"

若有来客，每人加一个菜，不备烟酒。国民党要人来访，照样是粗茶淡饭。一次孙科来访，冯玉祥招待的是馒头、咸菜、稀饭。1935 年 1 月 19 日，汪精卫的夫人陈璧君来见，对于这个炙手可热的人物，冯玉祥在草屋招待她吃的是煎饼、白菜。

冯玉祥虽过着布衣素食生活，但是心中念念不忘抗日救国。他看到泰山周边的百姓都吃煎饼于是餐桌上也常备煎饼，为了方便，他的伙房也有炉鏊，自摊煎饼。有一天，他去伙房慰问炊事员，看见摊焦的煎饼上的焦痕像个文字，他触景生情，立即派人去铁匠铺定做一个摊煎饼的鏊子，并让铁匠在鏊子中间凿上他写的四个隶书字——"抗日救国"。从此冯玉祥招待客人的煎饼上都烙有"抗日救国"四个字，借以宣传抗日救国。

抗日战争期间，冯玉祥出任军政要职，转战各地，招待客人也都少不了煎饼，如老舍、郭沫若、翦伯赞等人，不仅品尝而且带回去做纪念，称之为"冯玉祥煎饼"。煎饼既可粗粮细做，也便于携带，有推广的价值。他认为，如果将来在中国的抗日军队中用煎饼作为军粮，一定会给军队带来很大方便。于是他写了一本《煎饼——抗日与军食》的书，详细介绍了制作煎饼的方法和营养价值。1937 年卢沟桥事变之后，他将这本书送给蒋介石，希望能解决抗日战争中军队的粮食补给问题。事实上，在后来的抗日战争和解放战争中，山东煎饼确实发挥了很大作用。

（四）官场"怪物"

冯玉祥任国民军总司令时，规定部队将士饮食要简单。秋冬每餐多是以火锅煮白菜萝卜为佐食，如前线胜利，才临时放些肉块，故军中有"欲知胜负看火锅"的传言。

蒋冯大战期间，冯玉祥部队的军饷出现了困难，因此官兵的伙食，由原先的白面大米改成杂面窝头，黑不溜秋，一看就倒胃口，军营里怨声载道。冯将军叫来司务长，告诉他从即日起，他冯玉祥停止吃小灶，和士兵一样，顿顿吃黑窝头。

1934年6月26日，冯玉祥与前来探望他的国民党元老李烈钧一起由泰山起程去胶东，30日来到了烟台蓬莱。当日，县长曹长春设宴为冯、李洗尘，冯玉祥看到酒菜很丰盛，不高兴地说："这样的饭菜我冯玉祥不能吃！"曹县长以为饭菜不投冯将军的口味，问他想吃些什么？马上就吩咐厨房去做。冯玉祥说"今天我来这里，一下汽车，便碰着头猪，它围着我的汽车哼哼的叫个不休，使我感到毛骨悚然，我觉得猪是在骂我，猪对人民贡献很大，肉可吃，粪可肥田，猪肠猪鬃可以出口，骨是化肥的原料，总之猪的浑身上下都有用处。我们是国民政府的重要官员，是人民的公仆，可是我们对人民有什么贡献呢？"说完罢宴而去。蓬莱阁东侧立有"碧海丹心"石刻，便是冯玉祥当年的手迹。

1944年6月7日，冯玉祥为开展献金助战运动来到四川内江县城。内江县长易元明精心安排山珍海味宴请冯玉祥。但动员大会后，冯玉祥竟不见了。他为躲避宴请，自己在城东一家小店买了一盘包子，和一位记者边吃边谈，并气愤地对记者说："现在是前方吃紧，后方紧吃。"

抗战时，陪都重庆的中学数南开中学最有名气，校长是著名的教育家张伯苓。因此，在重庆的军政大员、富商名流都想方设法把自己的子女送进该校读书。一时间，该校的公子哥儿娇贵小姐如云。

一次，张伯苓请冯玉祥将军到南开中学作抗日救国的演讲，冯将军欣然受邀。这天一早，张伯苓就率全校师生在校门口迎接。但开会时间就要到了，还没见冯玉祥驱车前来。张校长连忙打电话问冯玉祥办公室，秘书说冯将军走了好久了。这下把张校长急慌了，忙命人到处去找。一会儿，一个学生来报告："还是没见冯将军来。只有两个大兵在学生食堂吃同学们扔在桌上的半截子馒头。"原来冯玉祥离南开中学校门老远，就看到学生们排着队，拿着彩旗迎接他。他一贯反对国民党官僚讲排场的作风，就故意不走正门，而是从后门进了学校。走到学生食堂，看见桌上堆着很多吃剩的半截馒头和一堆堆的馒头皮。冯玉祥非常痛心：国难当头，前方将士缺衣少食，弹药不足，乡下农民吃糠咽菜，重庆街头乞儿成群，而达官贵人挥金如土，这些公子小姐学生又如此娇气浪费！

演讲会开始，冯玉祥走上讲台，手一招，护兵把一大包东西送到台上。台下的老师学生翘首观望，打开一看，原来是一大堆剩馒头！张校长站起身说："同学们，这些馒头，都是我校学生扔下的……"他语气沉痛，说不下去了。冯将军接过话说："学生食堂浪费太大了，大半个大半个的馒头随地乱扔，桌上地下馒头皮一堆一堆的。这种公子小姐的习气，以后坚决不许存在！古人都知一粥一饭当思来之不易，你们却把这一条忘了，实在令人痛心哪！"接着，冯将军讲了抗日的形势，批判了国民党极右派对日不抵抗的卖国行径，讲明了不抗日国必亡的道理。精彩的讲演，博得全体师生的热烈掌声。

冯玉祥在直系军队时，有段时期西北数省连年灾祸，民众啼饥号寒、苦不堪言，军阀吴佩孚却大摆宴席，为自己做寿。许多官员趋炎附势，争送珍贵贺礼，而冯玉祥却派人送去一坛清水，坛口封条上写着"君子之交淡如水"七个字。吴佩孚收到此礼后，不禁勃然大怒，当着众人的面砸碎了坛子。

常言道："官儿不打送礼的。"不过也有例外，一个县太爷只因给冯玉祥送了两只鸭子，被打了二十军棍。事情是这样的：五原誓师后，冯玉祥出任了国民军联军总司令一职。上任后他约法三章，只准上级给下级送礼，不准下级给上级送礼。当时西北军生活非常艰苦，冯玉祥和士兵一样吃糠咽菜，不久铁塔般的身躯瘦削了许多。正当副官们一筹莫展的时候，五原县县长刘必达从家里抓了两只鸭子，送到司令部，让冯玉祥补补身子。可是冯将军一点儿不领情，他命令刘必达背出"送礼原则"，并质问他为何明知故犯。刘必达解释说，因为考虑到冯玉祥是全军主帅，吃不好会影响大事。冯将军则坚持认为，官兵应该同甘共苦。说着喝令手下人："你们还愣着干什么？执行命令，打他二十军棍，一下也不能少！"冯玉祥向来是一星唾沫一颗钉，没有一丝一毫的商量余地，副官们只得执行。可怜五原县长长叹一声："早知如此，何必当初。全是鸭子惹的祸！"

冯玉祥的这种清廉作风，在当时腐败的官场是不为人们理解的，一些为官不廉者，甚至视他为"怪物"。

五、苏曼殊贪嘴丢性命

苏曼殊是我国近代史上少见的多才多艺的艺术家之一。原名戬，字子谷，后改

名玄瑛，曼殊是其法号；广东香山人，出生于日本横滨。父亲为旅日华商，母亲是日本人。他一生能诗擅画，通晓日文、英文、梵文，翻译过拜伦、雪莱和雨果的著作。从1912年起他陆续创作的小说有《断鸿零雁记》《绛纱记》《焚剑记》《碎簪记》《非梦记》等六种，其文风对后来流行的"鸳鸯蝴蝶派"小说产生了较大影响。

与他绝世才华并称的，是他的贪吃奇癖。平常他喜爱哪一样食品，便要吃个痛快。例如他极爱甜品，碰到酥糖，常常狼吞虎咽，毫无节制地大吃特吃。苏州的酥糖常人吃上一二包已无胃口，他一口气可吃几十包。1911年春，他从爪哇返国，把身上好几百元全都买了糖果带上船。结果，在两个星期的航程中，他竟把所有的糖果吃完，让同船的人惊诧不已。

苏曼殊在上海时，常爱光顾广东路的一家式茶馆"同芳居"。这里除了供应传统的大包、虾饺、烧卖之外，还引进了一种进口糖果以飨茶客。这种洋糖有个名字，叫做"摩而登"。此糖形似围棋子，有红黄两色，卖相颇佳。据说是当年巴黎茶花女最爱吃的。苏曼殊景慕茶花女，连这糖也爱起来，从不离嘴。有一次，他非常想吃那种糖，可身边又没有带钱，在茶馆外走来转去，最后竟不惜取下口中的金牙换糖吃。于是在文坛落得个"糖僧"的雅称。

苏曼殊非常喜爱吃糖炒栗子。他与陈去病共住上海国学保存会时，有一次良乡栗子上市，陈去病特地买了一包，让苏曼殊及家人共享。苏曼殊觉得不过瘾，自己又跑去买来好几大包，大吃特吃一顿。结果当夜，他"肚子胀得似要裂开"，整晚无法入睡。据他的朋友周南陔说：苏曼殊病危时，曾两次住上海宝昌路某医院，钱用了不少，可病老是治不好，于是苏曼殊就请周南陔代他向医院方面交涉。院长也不多说，就拿出糖炒栗子，说是从苏曼殊枕头边搜出来的，吃这些禁忌的食品，还乱怪医院治疗不力，病怎么好得起来嘛！周南陔无话可说。后来苏曼殊转到上海广慈医院，医生仍然严禁他吃糖炒栗子，可他如听耳旁风，照吃不误。死后，还从他的枕头下搜出很多糖炒栗子。这真算得上嗜栗如命，至死方休！

苏曼殊任性使气，饮食毫无节度。他常一餐连吃四五碗饭，却不知吃的是大米饭；他喜欢吃江苏吴江的特产，用糯米、豆沙、糖桂花、猪油丁等制作的麦芽塔饼，一般人吃三四块就算胃口不错了，可苏曼殊却一次可以吃24块。他在日本留学的时候，特别喜欢喝冰水，一天要喝五六斤，害得躺在床上不能动，别人还以为他死了呢，可他仍是不吸取教训，每天照喝不误，以至严重伤害了肠胃。

又有一次，他在东京的费公直家替人写条幅，午饭他向主人表示想吃鲍鱼，费公直便命人买来一盘，他吃后意犹未尽，自己又跑出去买了吃，连吃三大盘才罢休。结果当夜，他腹痛不止，暴泻整晚，气息奄奄地病倒在床上休息了好几天。

苏曼殊的诗写得好，有次朋友就请他写诗，还没有写好就到中午了，苏曼殊告诉朋友午饭想吃日本风味的生鱼片，当然主人家就准备了呗！生鱼片做好了，一上桌子苏曼殊就狼吞虎咽，大吃特吃，片刻盘子里的生鱼片就被吃光了。他还不过瘾，又请主人家再做。连吃了三盘，仍没有满足。

苏曼殊酷嗜饮食，吃喝放纵，不仅是他的生理需求，也成为一种心理快感，视作人生第一乐事。翻开曼殊致友人的书简，像这种谈吃、跟别人要吃的地方，难数难尽。一封自日本寄给在美国纽约哥伦比亚大学的朋友邓孟硕的信中，内容多半是吃。如："唯牛肉、牛乳劝君不宜多食。不观近日少年之人，多喜牛肉、牛乳，故其性情类牛，不可不慎也。如君谓不食肉、牛乳，则面包不肯下咽，可赴中土人所开之杂货店购顶上腐乳，红色者购十元，白色者购十元，涂面包之上，徐徐嚼之，必得佳品。"

上世纪初，20 岁的苏曼殊赌气之下剃度出家。谁料，即使披上袈裟，也是一个不爱吃素，专吃荤腥的济公似的酒肉和尚，出家没过几天便在寺庙墙角烧起了乳鸽。苏曼殊在《断鸿零雁集》中写到偷饮酒的情景："惜吾二人不能痛饮，否则将此蟹煮之，复人村沽黄醅无量，尔我举匏樽以消幽恨。"不久他干脆偷去师傅的钱财，逃之夭夭。在此后十多年的生涯中，这位和李叔同齐名的民国和尚，三度出家又三度还俗。相对弘一的苦修禅，苏曼殊纵酒拥妓，饕餮无度，终究是落了个下乘了。

鲁迅这样描述被他称之为"古怪"的朋友苏曼殊："有了钱就喝酒用光，没有钱就到寺里老老实实过活。这期间有了钱，又跑出去把钱花光。"在鲁迅看来，这位身披袈裟的僧人，更像个浪荡公子。每每手头宽裕，他便呼朋引伴狂吃。一旦"客少，不欢也"，便托人辗转相邀，"宴毕即散，不通姓名，亦不言谢"。即使生病住院，这位浪荡公子挥霍照旧以至于把随身衣物都典当一空，不得不"赤条条"地裹在被褥里，等待朋友来接济出院。

凡是见过他进食的人，都会永远留有深刻的印象。据苏曼殊的朋友郑逸梅先生说，苏曼殊因太贪饮食，而导致严重的肠胃炎。得了肠胃炎一般人都晓得忌嘴，可他总是受不了美食的诱惑，不顾家人及朋友的劝告，仍然我行我素。1918 年春，苏曼殊病卒于上海宝隆医院，正值 35 岁英年。

沈尹默和曼殊向来友善，一天，江南刘三告之曼殊死讯，尹默痛惜不已，悼诗中责怨他太贪嘴了，写道："君言子谷死，我闻情恻恻。满座谈笑人，一时皆太息。平生殊可怜，痴黠人莫识。大嚼酒案旁，呆坐歌宴侧。十年春申楼，一饱犹能忆。于今八宝饭，和尚吃不得。"

从现代医学上讲，像苏曼殊这样毫无节制的饮食，会使胃、肠等消化系统时时处于紧张的工作状态，各内脏器官也被超负荷的利用而无法保养，极易引发胃病、糖尿病、脂肪肝、肥胖症、心脑血管疾病等"富贵病"。

六、蒋介石的饮食习惯

在蒋氏家族当中，蒋介石是最重视吃食的一位。他吃的食品，非常精致但很简单。

（一）饮食固习

蒋介石不吸烟，不饮酒，不吃茶和牛奶咖啡。大体而言，蒋介石不是一个喜爱大吃大喝的人。而不管是中餐、晚餐，桌上大概是五道菜左右，菜色是两荤三素或三荤两素，每道菜虽然称不上是宫廷美食，但是也兼顾了风味和营养。

蒋介石龟缩重庆时，提倡"四菜一汤"的新生活作风。用餐时实行公筷制，用公筷将菜夹在自己面前的碟子里再食用，典型的中西结合，倒是很卫生。餐间不准喝酒，不准抽烟；边吃饭菜，边谈公事。蒋介石有餐前喝鸡汤的习惯，厨师知道蒋的口味，每天都会备好一只老母鸡，煨锅浓鸡汤，这成为官邸饮食的基本特色。蒋介石与部下共同进餐，在座的每位都和蒋介石一样先喝一碗鸡汤，很符合"饭前喝汤，营养健康"的保健饮食方式。吃完了，侍卫官给蒋总统端一碗白开水，供蒋取下假牙漱口用，其他人也各饮一杯白开水，没有茶叶。

蒋介石亦喜喝鳖汤，烹调要求很严。宰杀时从胸部切开，掏出内脏，除肝胆外全部扔掉，用水冲洗，将胆汁一半涂在鳖身上。放置数分钟后，用热水洗刷干净，将胆汁的另一半再涂在鳖身上，放入沙锅中加入适量的板油、笋片、冬菇、木耳、花椒、细盐、味精，添足清水，放在笼里蒸四十分钟至一小时，肉烂即成，临上桌前撒些胡椒粉。

据说蒋介石得过梅毒，牙齿早就掉光，中年装了一口假牙，所以习惯吃比较烂的饭菜。稀饭是士林官邸每天都有的食物，是用鸡肉熬成的，可说鲜美无比。

蒋介石晚年习惯饭后吃点水

蒋介石

果。他比较喜欢吃木瓜、香蕉、西瓜、美国大梨等时鲜水果，不喜欢吃苹果。蒋介石吃水果从不浪费，比如吃香蕉，中午若是只吃其中的一小段的话，他会把没吃完的部分留在盘子里，这小段香蕉没有人敢碰，如果有人不知情，把这一小段丢掉或吃掉的话，等他晚上问起时，难保要挨一顿责骂。有一次他和爱孙孝武、孝勇一起吃饭，佣人为他们每人端上一片西瓜，蒋介石选了其中一块，用水果刀切成两半后，再分给两个孙子吃，并说，东西不要随便浪费，小孩子只要够吃就可以了。

（二）食中最爱

蒋介石毕生南征北讨，遍尝南北菜肴，仍对家乡风味的菜肴情有独钟。喜欢精致的江浙小菜，例如水煮笋头、酱菜、小黄瓜等，芝麻酱则是他最喜爱的一种调味品。有几样家乡菜是每天都要吃的，那就是腌笋和芝麻酱，他的吃法是拿腌笋沾着芝麻酱吃，这样，清脆可口，咸味中带着一丝香甜。就因为腌笋是蒋介石每天都要吃的家乡味，官邸内务科几乎每年都要腌制几十斤，供他每顿食用。

蒋介石在南京时，元配夫人毛福美每年都要做一些宁波风味的臭冬瓜请人带到他的官邸去。她的制作"秘方"是，在臭冬瓜缸里放一些老苋菜梗，两样东西一起发霉后，就发出不同的霉香风味，既"臭味相投"，又鲜味相融，相辅相成，使得臭冬瓜更加好吃。此外，奉化溪口的一些特产，如"本蚶"，比其他地方产的鲜嫩适口；还有鳗干、牡蛎、文蛤等海产品，在南京一带都不易见到，毛夫人也常托人带去。因蒋介石特别爱吃酥烂的东西，每当吃到这些易于咀嚼的宁波风味菜，他就知道必定是那个被他遗弃的、忠厚的毛夫人送来的。

在有关蒋介石的多种传记里，都提到了黄埔蛋是他一生最钟爱的食物之一，更

是其晚年日常餐桌上必备的佳肴。

"黄埔蛋"，是广州名菜，以嫩、滑、甘、香著称。它的做法是：在搅匀的鸡蛋中拌以白糖、精盐、胡椒粉等配料，烧红铁镬，浇入花生油，待油滚热时浇上一匙羹鸡蛋，待蛋半熟又浇入花生油，再浇上鸡蛋，蛋熟收火，起镬上碟。依法炮制出的鸡蛋如千层糕模样，油而不腻，色泽鲜黄。

1924 年 6 月，蒋介石住在黄埔长洲岛上，有一次品尝了黄埔蛋后，便赞不绝口。于是"黄埔蛋"就成了蒋公馆的常菜，连宴请宾客也少不了它。据当年的侍从副官居亦侨回忆："当年在军校烹制黄埔蛋的是位姓严的大娘，广东人，她原是珠江游艇上的船娘，有一手好烹调技术。"蒋于 1936 年赴广州，向钱大钧问起十年前善制黄埔蛋的那位严妈。钱大钧察言观色，善体上意，立即派人四处寻找，居然将严妈找到。据说，当蒋再一次品尝严妈烧煮的黄埔蛋的时候，连连称赞："很好！很好！"后来，蒋介石在大陆败退逃到台湾，在官邸晚宴中黄埔蛋也是一道惯常的菜肴，蒋介石吃黄埔蛋可说百吃不厌，通常他牙疼的时候，这道菜就更成为他的必备。

蒋介石常去杭州西子湖畔的"楼外楼"菜馆，爱吃那里的"西湖醋鱼"和"醉鱼虾"。1927 年，蒋介石第一次下野，失意不过是表面的，所以到了"楼外楼"他一边品尝"西湖醋鱼"一边谈笑风生，显得困境中亦淡然处之。1949 年 1 月，蒋家王朝处于风雨飘摇之中，蒋介石被逼再度下野。回乡路上再登"楼外楼"，又品醋鱼滋味，以美味解愁。

蒋介石在"楼外楼"吃"西湖醋鱼"最兴奋的一次是蒋经国归国的时候，当晚 8 时，蒋介石夫妇，蒋经国夫妇和幼孙在"楼外楼"合家欢宴。席间，宋美龄格外高兴，仔细说了"西湖醋鱼"的名称和做法，还告诉媳妇蒋方良"西湖醋鱼"是她阿爸的一道嗜好菜。这次家宴充满欢乐气氛，蒋介石一直满脸笑容。除以上食好外，蒋介石还喜欢吃"肉丝咸菜汤"、"干菜烤肉"、"咸菜大黄鱼"等。

蒋介石在台湾涵碧楼时，爱吃日月潭产的鱼。此鱼腹部略带弯曲，当地人叫"曲腰鱼"，因蒋介石爱吃，该鱼又被称为"总统鱼"，是许多餐馆的招牌菜。

（三）装腔作势

蒋介石在饮食上也爱装腔作势。1941 年春，蒋介石携夫人宋美龄在参谋总长何应钦的陪同下，前往重庆合川，考察举世闻名的宋元古战场遗址钓鱼城。中午，合川县长特备盛宴招待之。县长的良苦用心，不仅未讨得蒋介石欢心，反而引来一顿臭骂："娘稀匹！前方将士浴血奋战，艰苦卓绝，我等岂能前方吃紧，后方紧吃？从今往后，不管是谁，都不得铺张浪费，大吃大喝，违者革职查办！"蒋介石一发火，直吓得在场的人面面相觑。站在一旁的何应钦则慌忙向县长递眼色。善于见风使舵的县长，又慌忙赔着一副笑脸，连连认错："我知错，我悔过！总司令以身作则，艰苦卓绝，乃我等革命同志学习之榜样！有总司令英明领导，何愁抗日不胜、倭寇不灭？"

这时，何应钦则对合川县长说："全民抗战，艰苦卓绝，粗茶淡饭，抗战必胜！你实在要招待总司令和夫人，就用粗茶淡饭招待好了！"何应钦话音刚落，蒋介石却余怒未消地说道："鸡鸭鱼肉莫来，粗茶淡饭可以！你就给我们一人来碗豆花、一碟红酱、一碗米饭就行了！"

见机行事的合川县长，很快便端来一碗碗豆花、一碟碟红酱、一碗碗"帽儿头"干饭。蒋介石一边吃豆花，一边说："这就好嘛！这就好嘛！吃豆花与吃鸡肉一样味道鲜美！艰苦卓绝，粗茶淡饭，有什么不好？"坐在一旁的宋美龄也随声附和道："达令！合川豆花不光鲜嫩，而且还有鸡肉香！达令，我还想尝一碗！"

候在一旁的合川县长则慌忙赔笑道："只要夫人喜欢，想尝多少就有多少！在下马上派人送来。"蒋介石吃得高兴，宋美龄吃得开心，参谋总长何应钦更是赞不绝口："总司令、夫人，此番钓鱼城之行，能吃上这样的豆花，真乃天赐口福也！"

在返回重庆的途中，蒋介石、宋美龄对吃过的合川豆花一直念念不忘，并经常挂在嘴上。这时，何应钦却突然解释说："总司令、夫人，我等吃过的合川豆花，味道鲜美，鸡香浓郁，绝非一般黄豆所做，乃正宗鸡肉所做也！"蒋介石夫妇一听，顿时有些吃惊。"敬之（何应钦的字），此话怎讲？""总司令、夫人，我等吃过的合川豆花，乃合川一大特色名菜，当地人称之为'鸡豆花'。据合川县长私下对我讲，此菜乃唐朝女皇武则天宫廷御膳，距今已有上千年历史。它是将鸡胸脯嫩肉，捣成肉沫，再加鸡蛋清精心调制而成。这种鸡豆花，不仅有传统豆花之色、之口感，而且还有回味无穷之鸡香与鲜味，更有养颜、益寿、美容之奇效也！"何应钦有根有据地解释说。

蒋介石一边听，一边点着头。何应钦话音刚落，蒋介石却突然指着何应钦，大吼一声，责怪道："好你个何敬之！你居然与合川县长串通一气欺骗我蒋某！"蒋介

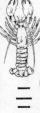

石装腔作势的责怪，倒不如说是发自内心的夸奖。因为，他毕竟与夫人宋美龄一起，品尝了一道鲜为人知的千古名菜。

七、郭沫若的吃历

郭沫若是我国现代著名的政治家、社会活动家、文学家、历史学家和科学家。人们观其一生功绩，不禁为这位大文豪、大学者一生的充沛精力和敏捷的思维所钦佩。用现代医学和养生学来看，他的才学与长寿，与其讲究科学饮食养生有着密切的关系。

（一）膳食花样多

郭沫若留学日本是先学医，后弃医从文，他深谙医食互补的医道。

郭沫若对待饮食不讲究大滋大补，日常饮食坚持多样化。主食以大米为主，兼吃粗粮、杂粮，时常变换食谱，如面条、馄饨、水饺、炒面、发糕、烧饼、豆包、燕麦粥等。他尤其喜欢在发糕里掺和一定数量的玉米面，夏令时则食用绿豆稀饭。

郭沫若在选择饮料方面也很注重饮食养生。他遵循"原汤化原食"的食疗医道，喜欢饮用面食的原汤，如面汤、饺子汤等。他还喜欢饮用酸牛奶，每次一小杯；在饮龙井茶时，注意不过浓；逢年过节或参加宴会时，饮用一些葡萄酒。

郭沫若的日常膳食多样化，有助于充分摄取多种营养素，以满足生长发育和健康长寿之需。《黄帝内经》云："五谷为养，五果为助，五畜为益，五菜为充，气味合而食之以补益精气。"我国医学、营养学家均认为以五谷杂粮和蔬菜为食，可使人的血液保持正常的偏碱性，避免患"富贵病"。郭老的饮食之道合乎养生之术，故而有助于他度过了86个春秋。

对于副食，郭沫若竭力主张菜肴要少而精。所谓精，不是指山珍海味，而是指搭配得当、五味调和的家庭小菜。他还以素食为主，不吃油腻太重的荤菜，适合他的菜肴是清炒油菜、海米炒芹菜、清蒸鱼、醋椒鱼等。

郭沫若一直保持着吃野菜的习惯。每到春季，他就和家人来到郊区，亲手采摘野菜。在他生病住院时，家人也和过去一样，选择各种野菜，采用各种烹饪技法，制作野菜佳肴，给他送到医院。他还常将二月兰、马齿苋、枸杞芽、红薯秧当作别具风味的小菜食用。

二月兰是一种很好吃的野菜。郭沫若在《百花齐放》这本诗集中还特意为它写了一首颂歌。诗的题目就是《二月兰》："在群芳谱中自然找不出我们，我们野生在阴湿的偏僻地面。素朴的人们倒肯和我们打交道，因为摘去我们的嫩苔可以佐餐。既不要你们花费任何劳动来栽，也不要你们花费什么金钱去买。只要你们肯放下一点儿身份呵，采过一次，包管你们年年都会再。"

在郭沫若看来，野菜不仅清香味浓，能调剂口味，增强食欲，而更重要的是野菜营养丰富。

（二）豪情不让千盅酒

郭沫若一生好酒，而且酒量很大，在同仁中出名且公认。在日本留学期间，常与好友郁达夫一同饮酒。在小酒店中，两人一壶酒，再叫上几样简单的小菜，便海阔天空地聊了起来，酒没了就再添，几小时过去了，究竟几斤日本清酒喝到肚子里，恐怕谁也闹不清了。后来，郁达夫常对朋友说，郭沫若人好，酒德亦好，是他最好的朋友兼酒友之一。

抗战时期，郭沫若在重庆任国民党政府军事委员会政治部第三厅厅长之职，具体负责抗日宣传工作。郭沫若利用自己的身份，将一大批在大后方的进步文艺家团结在我党统一战线的旗帜下。1944年冬，当时在中央大学艺术系任教的著名画家徐悲鸿先生患病，受周恩来之托，郭沫若到北碚中大探望徐先生。两位老友相见，激奋之情难以言表。时值中午，徐悲鸿在家中设便宴招待郭沫若。郭沫若见桌上放了二瓶泸州大曲，高兴地对徐悲鸿说："悲鸿兄真知我的心啊！"徐悲鸿笑着说："沫若兄的酒量是名闻天下的，到寒舍来焉能不以美酒以待之？"两人一边畅饮醇香的曲酒，一边吐露对时下的看法。喝到兴起，郭沫若不禁诗兴大发，便借徐悲鸿文房四宝，挥毫写下一首七绝："豪情不让千盅酒，一骑能冲万仞关；仿佛有人为击筑，磐溪易水古今寒。"酒助诗兴，诗逸酒气，充分表达了郭沫若的澎湃豪情，和对中国人民抗战必胜的坚强信念。徐悲鸿击掌吟诵，赞为绝唱。

当时，著名诗人柳亚子也住在重庆，与郭沫若交谊甚厚，彼此间经常饮酒酬唱。1945年8月的一天，柳亚子约上郭沫若和著名篆刻家曹立庵，来到一家酒馆，点了几样小吃，三人便吃喝起来。席间，柳亚子抨击起重庆当局的腐败现象，喝到半酣之际，柳亚子脱口而出一句"才子居然能革命"。郭老十分敬佩柳亚子的高风亮节，亦趁酒兴应了一句"诗人毕竟是英雄"。两人相视，都不禁大笑起来。后来，

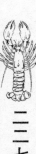

曹立庵特意给这副妙语联句刻制三枚闲章，分赠郭、柳两人，以纪念这次难忘的小酌聚会。

郭沫若不仅好酒善饮，而且还把酒渗透到他的一系列作品中去。如在他创作的一系列壮丽恢宏的历史剧中，无论是《虎符》《南冠草》《武则天》《蔡文姬》《郑成功》，还是《棠棣之花》《高渐离》《屈原》等，都有举杯共饮的场面，或酒宴话别，或追忆先烈，或祝捷庆功，酣畅淋漓，壮怀激烈使读者（观众）读（观）后，久久难以忘怀。而郭老的另一部历史剧《孔雀胆》，更是以孔雀胆酒为中心道具，展开了一场波澜跌宕、扣人心弦的戏剧冲突。早期不朽的诗篇《女神》《凤凰涅槃》不知用多少酒才催生出来的。

1965 年秋，有一次在北京饭店举行宴会，郭沫若与周总理同在一桌。同桌的宾客知道郭老能饮酒，便纷纷向他敬酒，郭老来者不拒，一气连干了二十多杯茅台酒，连深知其酒量的周总理也不禁笑称郭老为"海量"。席间，一位友人问他："郭老你为什么这样爱喝酒啊！"郭老用前人的一首诗作答："天若不爱酒，酒星不在天；地若不爱酒，地应无酒泉；天地既爱酒，爱酒不亏天。"郭沫若这潇洒诙谐的话语引得周围的人开怀大笑。

"文革"期间，郭老不但自己受到冲击，连在大学教书的儿子也被造反派迫害致死。苦闷至极的郭老只好以酒浇愁。1976 年的金秋十月，当粉碎"四人帮"的喜讯传到郭老家中时，郭老兴奋地连呼："拿酒来！拿酒来！"夫人于立群拿来陈酿茅台酒，郭老一连喝下好几杯还不过瘾。酒后，他神思泉涌，不可抑制，吟诵出那首后来传遍神州大地的名篇《水调歌头·粉碎四人帮》，"大快人心事，粉碎四人帮……"

（三）茶诗灿若花

郭沫若生于茶乡，游历过许多名茶产地，品尝过各种香茗。在他的诗词、剧作及书法作品中留下了不少珍贵的饮茶佳品，为现代茶文化增添了一道绚丽的光彩。

郭沫若 11 岁就有"闲钓茶溪水，临风诵我诗"的句子。1940 年与友人游重庆北温泉、缙云山所作赠诗中，也以茶来表达自己的感情。诗曰："豪气千盅酒，锦心一弹花。缙云存古寺，曾与共甘茶。"

四川邛崃山上的茶叶，以味醇香高著称。据传，卓文君与司马相如文君曾在县城开过茶馆。1957 年郭沫若作了《题文君井》的诗写道："今当一凭吊，酌取井中水；用以烹茶涤，清逸凉无比。"

1959 年 2 月，郭沫若陪外宾到杭州，在登上孤山、六和塔和游完花港观鱼后，来到了虎跑泉，他以诗纪游，这样吟道："虎去泉犹在，客来茶甚甘。名传天下二，景对水成三。饱览湖山胜，豪游意兴酣。春风吹送我，岭外又江南。"

同样，在游武夷山和黄山后，郭沫若对当地的茶叶也是倍加关心，留下诗篇："武夷黄山同片碧，采茶农妇如蝴蝶。岂惜辛勤慰远人，冬日增温夏解温。"

湖南长沙高桥茶叶试验场在 1959 年创制了名茶新品高桥银峰。五年后，郭沫若到湖南考察工作，品饮之后倍加称赞，特作七律一首，并亲自手书录赠高桥茶试场，诗的名称是《初饮高桥银峰》："芙蓉国里产新茶，九嶷香风阜万家。肯让湖州夸紫笋，愿同双井斗红纱。脑如冰雪心如火，舌不饾饤眼不花。协力免教天下醉，三闾无用独醒嗟。"高桥银峰茶因郭沫若的题诗一时声名鹊起。此外，安徽宣城敬亭山的"敬亭绿雪"，也因郭沫若的题字而身价倍增，一时传为佳话。

郭沫若是诗人，又是剧作家，在描写元朝末年云南梁王的女儿阿盖公主与云南大理总管段功相爱的悲剧《孔雀胆》中，郭沫若把武夷茶的传统烹饮方法，通过剧中人物的对白和表演，介绍给了观众。

王妃：（徐徐自靠床坐起）哦，我还忘记了关照你们，茶叶你们是拿了哪一种来的？

宫女甲：（起身）我们拿的是福建生产的武夷茶呢。

王妃：对了，那就好了。国王顶喜欢喝这种茶，尤其是喝了一两杯酒之后，他特别喜欢喝很酽的茶，差不多涩得不能进口。这武夷茶的泡法，你们还记得？

宫女甲：记是记得，不过最好还是请王妃再教一遍。

王妃：你把那茶具拿来。

（宫女甲起身步至凉厨前……茶壶茶杯之类甚小，杯如酒杯，壶称"苏壶"，实即妇女梳头用之油壶。别有一茶洗，形如也，容纳于一小盘）

王妃：在放茶之前，先要把水烧得很开，用那开水先把这茶杯茶壶烫它一遍，然后再把茶叶放进这"苏壶"里面，要放大半壶光景。再用开水冲茶，冲得很满，用盖盖上。这样便有白泡冒出，接着用开水从这"苏壶"盖上冲下去，把壶里冒出的白泡冲掉。这样，茶就得赶快斟了，怎样斟法，记得的吗？

宫女甲：记得的，把这茶杯集中起来，提起"苏壶"，这样的（提壶作手势），很快地轮流着斟，就像在这些茶杯上画圈子。

宫女乙：我有点不大明白，为什么斟茶的时候要划圈子呢？一杯一杯慢慢斟不可以吗？

王妃：那样，便有先淡后浓的不同。

从这段剧情中，可以看到郭沫若对工夫茶的冲泡是如此精通，反映出郭沫若对茶文化的热爱。

（四）题诗引客

1938 年冬，郭沫若住在陪都重庆。一天他到七星岗一家牛肉馆小酌，酒酣耳热之际，店主人马大嫂前来索取墨宝。马大嫂的丈夫叫马星临，郭老乘着酒意，笔走龙蛇，给这小馆取名"星临轩"，写成招牌盖上大印，同时题赠单条，备赞风貌曰："如享太牢。如登春台。此庐虽小，其味隽永。"店主装入玻璃镜框，悬于中堂。各界人士闻风而至，门庭若市，星临轩由一家小牛肉馆变成了一家知名的大餐馆。

1959 年，郭沫若到成都，"带江草堂"老板邹瑞麟专为他做了一道鲶鱼肴，郭沫若见他烹制的鲶鱼鲜美可口，配料若鲜花，就为其起名"浣花鱼"。时值"大跃进"高潮，逸兴遄飞的郭沫若留诗曰："三洞桥边春水深，带江草堂百花明。烹鱼斟满延龄酒，共祝东风万里程。"

1962 年 11 月，郭沫若为了收集创作《郑成功》电影剧本的素材，同夫人于立群来到厦门，游览了南普陀寺。中午用的是素餐，席间上了一道素菜：一半是用面筋块堆成奶白的半月形，另一半深黑的半月形是用香菇组成的，当归调味做汤，冬笋焖熟配料，造型成圆状，盛在大碗中，像半轮月影沉于江底。郭老望菜生情，遂说出："半月沉江"四字，众人齐声称妙。此后，"半月沉江"便上了这家菜馆的菜单。寺里的人写了一张菜单，请郭沫若修改或提意见。郭老就把菜单上的菜名排列了一下，编成了有韵律的句子，一边吃一边打着节拍，嘴里高声吟哦起来："千层腐皮醋面筋，腐竹酥白碧青，南米粉玉翠花生，半月沉江长生果，酸卤菠萝甜炸酥酡，三杯茅台，醉得不亦乐乎！"

郭沫若吟哦得很风趣，逗得在座的人都哈哈大笑。用过午餐，郭老又挥笔题诗。诗这样写的："我自舟山来，普陀又普陀。天然林壑好，深憾题名多。半月沉江底，千蜂入眼窝。三杯通大道，五老意如何？"。南普陀寺素菜历史悠久颇负盛名。由于郭老编了顺口溜，在题诗中又有"半月沉江"四个字，于是，这道菜身价倍增。

"鸿宾楼"是北京著名的清真菜馆，身为副委员长的郭沫若久闻这里的"砂锅羊头"美名，到了 1962 年春天，他才有机会亲临鸿宾楼品尝。郭老乘着雅兴，欣然即席命笔："鸿雁来时风送暖，宾朋满座劝加餐；楼头赤帜红似火，好汉从来不畏难。"原来这是一首藏头诗，四句头一个字相连"鸿宾楼好"。

"盘中粒粒皆辛苦，槛外亭亭入画图。齐国易牙当稽桑，随园食谱待耙疏。隔窗堆就南天雪，入齿回轮北地酥。声味色香都俱备，得来真个费功夫。"这是郭沫若在广州"泮溪酒家"做客时题写的赞美粤菜的一首诗。

月牙楼"尼姑面"是广西桂林传统美食，1963 年，郭沫若来桂林参观，品尝了尼姑面，写下此诗："月牙楼是画廊楼，八面奇峰眸远游；毋怪楼中无一画，画图难及自然优。"

八、孙中山：与豆腐相伴一生

孙中山对豆腐有很高的评价："黄花菜、木耳、豆腐、豆芽菜等品，实素食之良者，而欧美各国并不知其为食品者也。"人们在研究孙中山的饮食养生时发现，这位伟大的革命先行者，与豆腐相伴一生。

孙中山爱吃豆腐，得从他父亲和他家的邻居说起。1866 年 11 月 12 日，孙中山出生于广东省中山市翠亨村的一个普通农民家庭。他父亲擅长制作豆腐，也曾做过豆腐生意。孙中山自小便与豆腐结缘。

在孙中山 8 岁那年，他家邻居开了一间豆腐房，专门做豆腐生意。这豆腐房的主人叫亚秀，村里人便称他"豆腐秀"。"豆腐秀"有两个很淘气的儿子。一次放学回家的路上，"豆腐秀"的两个儿子爬到树上，等孙中山走近时，用弹弓向孙中山打去，孙中山"哎哟"了一声，便用手抱住脑袋。这时，两兄弟正在树上得意地哈哈大笑。孙中山闻声一看，竟然又是时常欺负他的两兄弟。孙中山一反常态，怒气冲冲。两兄弟害怕了，慌忙下树，往家里跑去。此时，压不住怒火的孙中山忘记了母亲"不还口，不还手"的家训，从地上捡起一个砖头，随即追赶，追到"豆腐秀"家，两兄弟已藏了起来。孙中山气得无处出这口气时，看见灶台上煮着一锅豆腐，便举起砖头，向锅砸去！锅碎了，豆腐泻进灶膛，烟灰满屋飞……

"豆腐秀"急忙来到孙中山家，欲问究竟。结果，"豆腐秀"得知两个儿子无

理在先，不再说什么。可孙中山母亲知道"豆腐秀"生活艰难，砸了他家的锅，等于砸了他们的"饭碗"，便主动赔偿。"豆腐秀"一家很受感动，表示严加管教两个孩子。孙中山也从这件事中受到教育。从此，孙中山不再遭受两兄弟欺负，还得了个外号——"石头仔"。

当年的"石头仔"，后来成了大人物。孙中山 12 岁时，随母亲赴檀香山读书，又到广州、香港，比较系统地接受近代教育。而后，去了澳门、广州等地，一面行医，一面致力于救国的政治运动。1912 年元旦，孙中山在南京就任中华民国临时大总统，创立了中国历史上第一个共和政体。1925 年 3 月 12 日，孙中山病逝于北京。1929 年，孙中山遗体由北京移葬南京紫金山。

孙中山诞辰 90 周年的时候——1956 年，在翠亨村建起孙中山故居纪念馆。该馆被列为全国重点文物保护单位、全国爱国主义教育示范基地。馆区内的翠亨民居展示区里，便有"豆腐秀"的旧宅，还为此而立告示："这是一个集经营、居住于一体的小商人家庭，与当时孙家是邻居，主要以做豆腐、卖豆腐为生。"

正因为孙中山小时候与"豆腐秀"为邻，再加上孙中山父亲也擅长制作豆腐，也曾做过豆腐生意，这就也早早地给孙中山提供了吃豆腐的方便。吃着豆腐长大以后，孙中山曾在澳门、广州挂牌行医。

有一天，来求诊的人患有高血压，孙中山给他诊断、开药，又关切地对他说："你的病光靠吃药是不行的，还得靠饮食来调养。"随后，孙中山将食疗方"四物汤"推荐给他。后来，这位患者果然痊愈——得益于孙中山的"药食疗法"——"药借食力，食助药威"。

这"食"，即"四物汤"。这"四物"，即"黄花菜、木耳、豆腐、豆芽"，都是非凡之物。黄花菜，有令人喜欢的别名："金针菜""安神菜""忘忧草"；木耳，享有"蘑菇皇后"的美誉；豆腐，素称"植物肉"，豆芽，则被喻为"白龙之须""春蚕之蛰"。孙中山根据中医"药食同源"理论，把他喜欢吃在豆腐与另外"三物"合理配伍，更好地发挥亦食亦药作用，从而使高血压患者取得了更为显著的食疗效果。

这也正应了那句谚语："一物降一物，卤水点豆腐。"

九、毛泽东：吃红烧肉补脑子

说起毛泽东喜欢吃的东西，很多人都知道：红烧肉。那么，人们最早是什么时候知道的呢？他为什么喜欢红烧肉呢？他吃什么样的红烧肉呢？

说来话长——那是战火纷飞的 1947 年，人民解放军在沙家店战役中，打了个大胜仗，俘敌 6000 余人。已经三天两夜没睡觉的毛泽东，对卫士长李银桥说："这段时间用脑太多。你想想办法，帮我搞碗红烧肉，要肥的，补补脑子。"

李银桥将此事告诉炊事员高经文。高经文精心烹制的红烧肉，色泽红润，肥而不腻。毛泽东深深吸吮红烧肉特有的香味，情不自禁地赞叹："啊，好香！"

从此，身边工作人员都知道，毛泽东爱吃红烧肉。

从此，每逢毛泽东连续工作几昼夜，每次大的战役或，毛泽东身边工作人员就想办法给他"搞碗红烧肉"。每次，毛泽东都很有食欲。

1948 年，中共中央在西柏坡召开政治局会议。会议开到第三天，毛泽东连续工作了三昼夜。他对卫士长李银桥说："来碗红烧肉吧！肥点的，补补脑子。"一碗红烧肉端上餐桌，毛泽东边吃边说："好，很好！"

同年，济南解放。毛泽东非常高兴，手里挥舞着攻克济南的电报，将胜利的消息告诉卫士们。一个卫士将打胜仗与红烧肉联系起来："主席吃了红烧肉，指挥打仗没有不赢的。"毛泽东听了，哈哈大笑："红烧肉就是补脑子嘛！"

全国解放以后，已不是战争年代十分恶劣的环境和异常艰苦的生活。毛泽东身边工作人员在安排食谱时，曾为毛泽东吃红烧肉的事进行过讨论。

保健医生徐涛说："每天给他吃红烧肉，体重越来越高，血压越来越高，血脂越来越高，将来高血压、心脏病都出来了，这都是我们的问题，我们没有尽到责任。"

这话虽然有道理，可有的工作人员仍想不开："不给主席吃红烧肉，就是违反他的饮食习惯，这不是跟主席对着干吗？"

徐涛进一步解释："不是不给吃，也不能有求必应，无求也应。"

后来，徐涛特意和毛泽东谈起这件事：一、改变吃肥肉的习惯，以吃瘦肉为主；二、不能一次吃得过多，以调剂口味为主；三、不能连续食用，以补足营养为度。

这个"约法三章"，毛泽东同意了，厨师也就执行了。

毛泽东的厨师程汝明，曾向笔者谈及正宗红烧肉上色："冰糖炒糖色，是炒糖色最好的选择。用这样的糖色烹制红烧肉，表面红亮，光泽感好。相比之下，用白砂糖或绵白糖炒糖色，焦化速度快，光泽感也不够。给红烧肉上色、增光，最好使用冰糖炒制的糖浆，不要用别的糖，更不要用酱油代替。"

程汝明是给毛泽东掌勺时间最长的厨师。他 28 岁那年——1954 年，来到毛泽东专列的餐车上工作。以后，他又到毛泽东家里司厨。1959 年毛泽东回到阔别 32 年的故乡韶山，他是随行的厨师。程汝明说："主席一生三分之二的时间生活在战争年代，以他的身体状况和特殊经历，83 岁已是高寿。其实，在饮食养生方面，主席并不是只爱吃红烧肉，还喜欢吃小鱼小虾、小吃、玉米、红薯、辣椒、臭豆腐、野菜、茶……"

十、朱德：长征路上吃蹄筋

朱德、彭德怀、林彪、刘伯承、贺龙、陈毅、罗荣桓、徐向前、聂荣臻、叶剑英，共和国的这十大元帅，朱德居首位。他年纪最大，资历最老，地位最重，立场最稳，威望最高。"总司令"这一称呼，好像专为朱德而发明。他身经百战而体无片伤。在长征过草地时，红军带的粮食快吃光了，朱德总司令也和战士们一样，吃野菜，吃草根，吃捡来的食物……

有一天下午，到达宿营地之后，朱德仍顾不得休息，去检查战士的吃住情况。路上发现了一些牛蹄、马蹄，他便蹲下身子，仔细查看这些蹄子。然后，他对警卫员说："看样子是不久前通过的先头部队扔掉的。好东西，带回去，把里面的蹄筋抽出来，加工一下，就是一顿美餐，还可以给战士们改善一次生活了！"

接着，他又手把手地教警卫员，让他们把这些牛蹄、马蹄加工好。

这意外的美食发现和学到的猪蹄加工技术，让警卫员觉得很新鲜，也很兴奋。他们把那些牛蹄、马蹄收集起来，找到炊事员，按照刚才学会的方法进行加工：先把蹄子放到火上烤，再放到水里煮，然后把蹄子剖开，再把里面的蹄筋抽出来。

蹄筋加工好了。炊事员把蹄筋放入大汤锅里调味。另给朱总司令熬制一碗野菜蹄筋汤。

开饭时，炊事员刚把这碗"高汤"端上餐桌，朱德就闻到了蹄筋诱人的香味，乐呵呵地说："好香啊！"说着，拿起筷子就准备吃，可他看到这碗里有那么多蹄筋，便关切地向炊事员询问："大伙儿都吃了没有？"

炊事员见总司令面露疑惑，将拿起的筷子又放下，便猜到了他的心事，连忙解释说："大家都尝过了，这是您的一份，你快趁热吃了吧！"

警卫员也在一旁催促："总司令，你就快趁热吃吧。"

"小鬼，蹄筋本来不多，给我一个人这么多，我怎么能吃得下嘛！来，把这碗蹄筋给运输员老马送去。运输员比我们更辛苦，更劳累，应该给他们照顾。"没等警卫员反应过来，一碗野菜蹄筋汤已经放到警卫员的手上了。

"那您……"警卫员还想说什么。

"我？你们回来时，到大锅里给我打一碗菜汤，我不就品尝到蹄筋了吗？"

朱德总司令关心爱护战士，在我国的军史上留下了许多感人的故事。除了和战士"同吃"，他还有一个习惯，每到一地，只要条件许可，总是先去看望伙夫（厨师）。常有人误以为他也是伙夫。

这种"误以为"，也帮了朱德的大忙。那是在红军时期，朱德多次在危境中以伙夫的身份出现在敌人面前，无论怎样盘查，敌人都看不出朱德的真实身份，从而化险为夷！

朱德尊重伙夫，关心伙夫，在敌人面前成功地扮演伙夫。和伙夫们在一起，朱德两眼更有光彩，喉咙更响亮，情绪也更激动和热烈。朱德经常出现在伙夫之中，和伙夫的关系十分融洽，可他从来不向伙夫提出特殊的饮食要求。

1969 年，出于备战的考虑，朱德、李富春、张鼎承等一批老干部被"疏散"到广东从化县的一个小岛。朱德夫人康克清也随之而至。在这里召开的一次党支部生活会上，有人提出对食品供应不大满意时，康克清提议："大家都是从井岗山下来的，怎么忘了靠山吃山，靠水吃水呢？"她的意思是，这里有很好的食物资源：山上有蘑菇又有蛇。可是，这个提议，却让广州军区的管理人员担忧：蘑菇和蛇，这两样东西都常与"毒"字联系在一起：一个是毒蘑，一个是毒蛇，太危险了！

好在正如康克清所说"都是从井冈山下来的"，一些老干部的夫人都是胆大心细的打蛇积极分子。大家把院子里的蛇抓光了，就到山上去抓，吃了蛇肉，改善生活。采蘑菇，吃蘑菇，则由既懂书本知识又有实践经验的人士担任"识蘑顾问"，由于防范在先，也是有备无患。

所有这些吃的东西，朱德都来者不拒。他的饮食原则，除了"再好吃的东西也不多吃，再难吃的东西也不少吃"，还始终保持战争年代与战士"同吃"的优良作风。

1960 年 3 月，朱德回到阔别 52 年的故乡四川仪陇县，正赶上人民公社"大食堂"开饭，他要和社员们一起吃水多米少的稀饭，县里领导不过意，朱德说："社员吃啥，我也吃啥，还另外弄什么！"这顿饭，后来被朱德的女儿朱敏写进《我的父亲朱德》。

十一、周恩来："三大外交策略"之"烤鸭外交"

据《档案春秋》记载，周恩来有27次在北京全聚德烤鸭店宴请外宾。客人们问起"全聚德"字号是什么意思，周恩来告诉他们："全，即全而无缺；聚，为聚而不散；德，指仁德至上。"在餐桌上，周恩来不仅向外宾宣传中国饮食文化，还留下"烤鸭外交"的美谈……

在周恩来充满智慧和人格魅力的外交生涯中，曾有"三大外交策略"之说，即："兵乓外交""烤鸭外交""茅台外交"。

"兵乓外交"，指1971年4月美国乒乓球队来华访问和进行友谊比赛。这是通过体育交流促进国家关系解冻的一个范例，在世界上引起很大反响，被国际舆论称为周恩来的"乒乓外交"。

"烤鸭外交"和"茅台外交"，则出自周恩来与美国总统尼克松的特使、国家安全事务助理基辛格博士会谈时的午宴。

那是"兵乓外交"的三个月后——1971年7月，基辛格取道巴基斯坦来到北京，与中国国务院总理周恩来举行秘密会谈。

基辛格一行于7月10日上午参观北京故宫之后，来到人民大会堂福建厅，出席在这里举行的中美会谈。

会谈开始后，由于双方互不摸底，谈话都非常谨慎，神经高度紧张。到了中午，会谈仍没取得一致意见。这时，周恩来话锋一转："我们不如先吃饭，烤鸭要凉了。"

周恩来建议大家先吃饭，也是有意放松一下神经。

午饭共计12道菜，唱"主角"的是"北京烤鸭"。周恩来亲自夹上片好的鸭肉，放在基辛格面前的荷叶饼上，还特意向基辛格介绍北京烤鸭的吃法。

"烤鸭文化"引起了美国客人的浓厚兴趣。吃烤鸭，让双方会谈时的紧张气氛一下子缓和了许多。

午餐临近结束时，周恩来提议大家举杯，喝中国的"国酒"——茅台酒，预祝双方下午的会谈取得成功。这个举杯之举，后来则被国际舆论称为周恩来的"茅台果然，当天下午和第二天的会谈，都取得了积极的进展。中国政府决定发表邀请美国总统尼克松访华的公告。尼克松愉快地接受这一邀请，并于 1972 年 2 月按计划如期访华。从此，中美关系揭开了新的一页。

这顿午宴，给基辛格留下了极为深刻的印象。基辛格卸任后来中国访问时，总会提起与周恩来会谈的美好记忆，还要特意品尝"北京烤鸭"。

周恩来的"烤鸭外交"，是他所倡导的"文化外交"的有机组成部分。根据和平共处五项原则，通过多渠道、多领域交往，同世界各国建立和发展良好的合作关系，争取做到"朋友遍天下"，是周恩来一贯的追求。

1954 年，周恩来参加在日内瓦举行的国际联盟会议期间，利用一切机会与各国各界的著名人士交往，让他们了解中国的建设成就和外交政策。于是，卓别林走进了周恩来设宴的大厅。这位饮誉世界的喜剧大师，看到周恩来安排的"北京烤鸭"，未品先谢，且不失他特有的幽默："我这个人对鸭子有特殊的感情，我所塑造的流浪汉夏洛尔，他走路时令人捧腹的姿态，就是从鸭子走路的姿态中受到启发。为了感谢鸭子，我从此不吃鸭肉了。不过，这次是例外，因为这不是美国鸭子。"

1960 年 1 月 27 日，是中国农历庚子年除夕，关于中缅边界等问题的谈判已接近尾声。这时，北京全聚德烤鸭店第二家分店帅福园烤鸭店开业不久，装修一新。周恩来便在这里宴请缅甸总理奈温。岁月匆匆，在 17 年后——1977 年 2 月，全国人大副委员长、周恩来夫人邓颖超访问缅甸时，奈温已担任缅甸总统。对邓颖超的来访，他破格给予最高礼遇，以表达对周恩来的深切怀念之情。在欢迎宴会的讲话中，一谈到周恩来，奈温不禁潸然泪下，有十来分钟低头不语。在场的人也无不为之动容。

签订中缅边界问题协定不久，尼泊尔首相柯伊拉腊于 1960 年 3 月访问中国，两国首脑就中尼边界问题进行谈判。3 月 21 日这天，双方签订了中尼边界问题协定。这天的午宴，由陈毅副总理出面宴请，周恩来出席。餐桌上又见全聚德烤鸭：拌鸭掌、糟鸭片、酱鸭膀、鸭架白菜汤。

当然，周恩来也用烤鸭以外的中国美食招待外宾。比如，他家乡的淮扬名菜"红烧狮子头"、北京仿膳饭庄的著名小吃"肉末烧饼"……

十二、梅兰芳的护嗓小吃

嗓子是演员的生命，尤其是旦角演员，梨园行称那些因嗓音不好而不能演出的人为"祖师爷不给饭吃"。为了保护好看家的嗓子，做演员的自然要在饮食上有所注意和禁忌。京剧大师梅兰芳是位非常敬业的人，自光绪甲辰年（1904）11 岁于北京广和楼扮演《天仙配》中织女角色后，在四十余载的舞台生涯中，一直保持着良好的饮食习惯，得以金嗓唱红天下。

旧时梨园有句老话："饱吹饿唱。"其意说，吹奏乐器的艺人必须吃饱，吹奏才有底气；唱戏的人气发丹田，吃得饱，唱戏时声音横着出来。梅兰芳通过长期舞台实践，深深体会到：演员在演出之前，决不能饱食。否则的话，唱起来中气不足，动作乏力，严重的，还会引发肠胃炎。他在《舞台生活四十年》的回忆录中谈到，有一次到日本演出，累了一天，肚子饿坏了，正好有人请他去吃"鸡素烧"，就吃了很多。那鸡素烧是用牛肉、鸡肉、粉条等，一起放在油锅里现炸了吃的。吃完以后，感到口渴，又喝了大量茶水。结果，这些牛肉、粉条在肚子里膨胀开来，把胃撑大了。开始感到闷胀难受，后来就满腹疼痛，甚至伴有发高烧，昏迷不醒。结果，落下了肠胃病的病根。所以，他每逢晚上有戏，晚饭吃得都很简单。一定要等唱完了戏，回家休息一会儿，才敢敞开胃口来吃，因而养成了深夜进餐的习惯。每顿饭后必食梨、苹果等水果，用以滋润嗓子。

梅兰芳十分重视保护自己的明眸皓齿、嗓子和身段，在饮食上讲究健康、养颜、精音、止胖，久而久之，养成了"三不三怕"的饮食习惯：一是坚决不喝酒，怕呛坏嗓子；二是尽量少吃动物内脏和红烧肉之类太油腻的食物，怕生痰；三是演出前后不吃冷饮，特别是刚唱完戏不吃冷饮，声带经过激烈震荡的"热嗓子"就会变成"哑嗓子"。

他无论在家中，还是赴宴，或是外出演出，饮食皆恪守以清淡为主，爱吃北京风味菜肴，如爆三样、麻豆腐、熬白菜、卤肉丸子等。餐桌上少不了要摆上几盘酱菜，如什锦酱菜、八宝酱菜、酱莴笋、酱黄瓜等来调剂口味。梅兰芳对清苦的苦瓜情有独钟。包天笑在作出以上回忆后又接着写漕："在广成居吃饭时，却有一物，有人不喜欢吃的，兰芳却喜欢吃，这就是苦瓜。苦瓜不是出产在广东的吗？我久闻其名，未曾尝过，兰芳请我试尝之，入口虽觉得苦，而收口津津回甜。方知此是正味。"

在梅兰芳家中，曾特意请来一位专门烹制淮扬菜的厨师。淮扬菜制作精细，品种多样，口味清淡，以原汁原味为主。梅兰芳对此十分欣赏，认为淮扬菜既能保持菜肴的本色，又能保留菜肴的营养，食之不厌。

梅兰芳的厨师王寿山为保持梅先生的嗓子、身材，肤色，精心研制了六百多道清心养颜、口感鲜美的小食，其中最大的特色食品即鸳鸯鸡粥，梅兰芳每日必饮。他也爱喝小米粥。《梅兰芳舞台生活四十年》说到，他离开北京许多年之后，返京在大外廊营亲戚家吃饭，早晚餐就是小米粥，很是适口。

食界有"不会喝豆汁儿就算不得北京人"之说。梅兰芳就爱喝豆汁儿。抗战时期，梅兰芳蓄须明志，隐居上海，拒不为日本侵略者登台演出。他的弟子言慧珠去上海演出，特用四只大玻璃瓶灌满豆汁，乘飞机送去，以师尊。而梅夫人对于送豆汁者，必以国际饭店美餐一顿谢之。戏剧理论家张庚回忆说："当年梅先生有一大家人，日子过得很简朴，记得一次我在他家进早餐，围了一大桌子人，喝豆汁。我对梅兰芳先生说，我这个南方人实在不敢恭维豆汁。他就着切得细细的萝卜丝咸菜，喝得津津有味。"

梅兰芳饮食讲求清淡，而绝非素食主义者，荤菜还是常吃的。梅兰芳饮食趣闻中有个吃鳖的故事。抗战前夕，梅兰芳在徐州上演《霸王别姬》，全城轰动。演出结束后东道主设宴钱行。席中有一菜，一只白瓷盆内几只鳖漂浮在汤上，四爪张开，盆底沉淀着白白的鸡肉，用筷子一拨，那鳖的甲、盖、肉即行分离，食之其味似鸡似蛙，鸡块酥软，入口即化。梅兰芳连食两鳖，赞赏不已，问侍者此菜何名？侍者答：霸王别姬。诸客听闻，莫不拍案叫绝。原来，"鳖"与"别"，"鸡"与"姬"为谐音，"鳖鸡"是为"别姬"，配合如此巧妙，令人回味无穷。

梅兰芳

1957 年，梅兰芳率剧团到洛阳演出。前后十天，剧务繁忙，管事人想为梅先生买点营养品补补身体。他在旧城十字街口遇见一摆食摊老人，自称姓郭，祖辈几代都是做烧鸡的，洛阳烧鸡乃四大名吃之冠。老人听说是为梅先生买的，便自荐今晚专门做两只烧鸡送去。次日，老人捧着他精

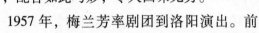

心烹制的烧鸡来到梅先生下榻的上海旅社，梅先生掏钱递上，老人执意不收，连说送鸡不为挣钱，只希望能得到先生的一张戏票，以饱眼福。梅兰芳深为感动，当即从衣袋里取出一张红色"请柬"，在上面签了名，又让秘书加盖剧团公章后交给老人，并告诉他此乃一张长期有效戏票，不论何时何地，只要是梅氏剧团演出，凭此票便可入场。卖烧鸡老人得票如获至宝，高高兴兴地走了。

《贵妃醉酒》是"梅派"艺术的经典代表剧目之一，梅先生倾尽毕生心血对该剧精雕细刻、精益求精。"醉"是该剧的戏眼，梅先生紧扣"醉"字做戏，在人物内心剖析和表演程式安排上极富见识和创造，将一代佳人杨贵妃的形象塑造得栩栩如生，使这出以舞蹈见长的戏成为京剧史上的里程碑之作。看过此剧的观众肯定对梅兰芳那美妙多姿的醉舞难以忘怀，进而推测表演者是善饮之人，不然他何以会对醉中三昧有如此透彻的把握呢？

梅兰芳房里常放有一只绍兴酒坛，这就更容易使人作此联想。其实梅兰芳并不嗜酒。作家包天笑在《钏影楼回忆录》中对此就有记述，他说："我到梅兰芳家去游玩的时候，常被他的一班朋友邀请同去小馆子，当然有兰芳在座，不过兰芳吃东西，我觉得小有麻烦，那便是这也不吃，那也不吃，辣的不吃，酸的不吃，不但北方的白酒不吃，连南方的黄酒也不吃，为什么呢？那就是怕破坏他的嗓子……"原来，梅兰芳拒酒是出于职业习惯而怕伤了他的嗓子，至于那个绍兴酒坛，知情者皆明白，那是他每天对着坛口喊嗓子练嗓音的。

梅葆玖子承父业，在父亲长期影响下，才形成了自己的养生之道。梅葆玖说："在吃东西上，我忌辣、忌酸，还忌甜。辣的东西刺激嗓子，使嗓子发干；甜的东西使嗓子发粘；酸的东西容易收缩音带，使嗓子发涩。因而有演出前，是一定要叮嘱家人做饭注意的。"

十三、追寻郁达夫的味蕾

著名作家郁达夫在短短的五十年生命历程里，写作、游历、抗战，为个人自由和民族解放奔走呼号，他的足迹遍及大江南北，后来又去了新加坡、苏门答腊。在广结文友的交际和游历生活中，他几乎遍尝了所到之处的各种名肴美馔、香茗佳酿。

（一）食肠的记忆

在郁达夫儿时的回忆里，他的饮食人生就是从饥饿开始的，曾撰文说："我所经验到的最初的感觉，便是饥饿；对于饥饿的恐怖，到现在还在紧逼着我。"后来随着他的文名远播，抱负绚丽而梦幻般地展开，酒醉鞭名马，阅历大小饭局无数，自然是个名副其实的美食家。

郁达夫乃系浙江富阳人，伴随着富春江长大，从小爱食各种鲜鱼，尤其喜欢吃鳝丝、鳝糊、甲鱼炖火腿。后来不知怎么钟情于福建饮食。郁达夫在《饮食男女在福州》一文中，他自得地写道："福州海味，在春三二月间，最流行而最肥美的，要算来自长乐的蚌肉，与海滨一带多有的蛎房。《闽小纪》里所说的西施舌，不知是否指蚌肉而言；色白而腴，味脆且鲜，以鸡汤煮得适宜，长圆的蚌肉，实在是色香味俱佳的神品。"他还幽了苏东坡一默："可惜苏公不曾到闽海去谪居，否则，阳羡之田，可以不买，苏氏之孙，或将永寓在三山二塔之下，也说不定。"他还对福建的小吃津津乐道，列举了肉燕、鸭面、水饺子、牛肉、贴沙鱼等小吃，并称它们"亦隽且廉"、"各有长处"、"倒也别有风味"。

郁达夫离开富阳后的人生第一站是杭州。关于饮食，他约略说道："有时候在书店门前徘徊往复，稽延得久了，赶不上回宿舍来吃午饭，手里夹了书籍上大街羊汤饭店间壁的小面馆去吃一碗清面。"

1921 年，郁达夫在安庆执教，几乎每天都要以肖家桥油酥饼作为晚餐。

郁达夫居沪杭时，"每天早晨，他不喜欢吃泡饭，可是下饭的小菜，却十分讲究，常是荷包蛋、油汆花生米、松花皮蛋等可口之物"。

郁达夫基于对饮食随遇而安的才华，使他在美食一节上也是到处留情。

1928 年 1 月郁达夫和王映霞在上海东亚酒楼宣布结婚，婚后王映霞"每天准备了鸡汁、甲鱼，黄芪炖老鸭"，想尽办法希望丈夫的肺痨病体能得以补养。王映霞是杭州名媛，上之厅堂是绰绰有余，而入得厨房不免是笨手笨脚。郁达夫自己烧不来，烹饪理论却是一套套的，喜欢在妻子前充内行，教她某一种鱼应该烧几分钟，某一种肉要煮多少时间。结果，反而将王映霞这个勤奋的初学者弄得更糊涂了，不是炒得太生，咬不动，就是煮得太烂，吃不来。郁达夫一看情况不对，就又和妻子一起讨论研究，一顿饭时常要花费两三个小时。

后来，郁达夫想出了一个自以为有用的办法，对王映霞说："要学会烧好吃的菜，就得先出学费。我和你先到大小各式菜馆里去吃它几天，我们边吃边讨论，这一定容易学会。"于是，他们前前后后去吃了十几次，把一个月的稿费全吃光。这样一来，家里的开销就超过了预算。王映霞担心的时候，郁达夫却不着急，反而安慰她，说："你真不懂，如果想烧好吃的菜，则非要吃过好吃的菜不可，不然的话，便成了瞎子摸象。我们现在暂时花些小钱，将来学会了烧菜时，我们就可以一直不到外面去吃，自己来烧，不是又省钱又有滋味？"王映霞说他有很好的胃口，"一餐可以吃一斤重的甲鱼或一只童子鸡"。

（二）醉酒忆旧

郁达夫爱喝酒。他醉酒的趣事有的令人忍俊不禁，有的则让人提心吊胆。

1929 年夏天，郁达夫与王映霞夫妇一先一后住进宁波普陀岛上一个名叫天福庵的小庙里。相邀来此避暑的作家还有楼适夷、王鲁彦、伍钧等人。每到夜幕降临，游荡了一天的人们回到庙里总少不了聚到一起，一边说着一天的见闻，一边饮酒作乐。席间突然有人问起郁达夫："你和映霞为何不同行，却一先一后单独跑来了？"

郁达夫不好意思地瞥了一眼王映霞，开口道："那天无事，我一人在上海街头闲逛，后来又进一家酒馆喝了不少酒。从酒馆出来就醉了，给扒手掏走了钱包。不知怎样我糊里糊涂走到十六铺码头，登上开往普陀的轮船，就这么一个人先来了。"

酒醒以后，郁达夫才发现身上已分文不存，只好给王映霞写信要钱。王映霞正为郁达夫不见踪影着急。收到信，才知他已先去了普陀。郁达夫在信中并未提及自己被偷一事，所以王映霞心中还是疑团未消：原说是一起去普陀的嘛，怎么自己倒先走了？自己先走也罢，既不留个口信，又不带钱，搞的什么把戏？及至到了普陀，王映霞才弄清事情的原委，不禁又好气、又好笑："早叫你少灌点，少灌点，这下可好，差点连人都丢了！"

众人听罢也哈哈大笑起来，有的嘲弄道："达夫兄，你这一醉醉得好，醉出一出千里寻夫记来了！""映霞嫂，这次达夫是醉走普陀，可别让达夫下次醉走青楼呀！"说得郁达夫和王映霞都不好意思起来。

郁达夫这次醉酒除给大家日常闲谈添些笑料外，于人于己都还没多大妨碍。但在此之前的另一次醉酒，却着实让亲人和朋友捏了把汗。

那时郁达夫在上海，正和王映霞热恋着，他们的婚事遭到双方家庭的反对，一度他非常苦闷。有一次，好友杨端六请客，席间有人称赞王映霞，又哄着要喝他们的喜酒。朋友们越是夸王映霞，他的心里就越酸酸的，于是端起酒杯，一杯接一杯地狂饮，借酒把痛苦深埋在心底。宴会结束时，郁达夫已是酩酊大醉。朋友们看到他那副样子，提出送送他，但被他坚决拒绝。当他深一脚浅一脚拐过一个街口时，迎面突然走出两个巡夜的巡捕，便将他带回巡捕房。

第二天天亮，郁达夫从睡梦中醒来，发现自己被关在看守所里，一时着了慌，搞不清楚是怎么回事。那时候，郁达夫已参加了左翼文化运动。他不禁想，糟了，准是被谁告发了，半夜被抓了来。日过三竿，才传来巡捕招呼他的声音。他被从看守所的监牢带往一间好像审讯室的屋子。他暗中做好了受审的准备。不料进屋之后，巡捕只是将他训了一顿，说什么深夜酗酒违反治安法规，如下次再发现定不轻饶之类的话。显然把他当作一般的酒鬼了。郁达夫见事与进步文化活动无关，心中暗喜，对巡捕的训斥连连称是，也不分辩。很快他就被放了出来。回家的路上，郁达夫庆幸自己交了好运，没受皮肉之苦。仔细想想又很后怕。万一自己酒后失言，被巡捕抓住把柄岂不误了大事！

郁达夫40岁时曾在福建省政府里上过一阵班，据说他天天下午去上班，而且必拎两瓶黄酒置于案头，一边办公一边喝。他的职务名称叫省政府参议，真不知当年的福建省政府是否听信了他的醉话。

从别人的回忆文章中有一些关于他喝酒的趣事。比如说有一个文学青年对郁达夫景仰已久，算得上是郁的"超级粉丝"，他很想跟郁喝酒聊人生，于是便给郁达夫写了封信，诉说了一番人生的苦闷并说某日要登门拜访。不想按时来到郁达夫家，郁却非常冷淡，并阴着个脸告诉他昨天喝大了，现在不想喝酒也不想见人。文学青年碰了一鼻子灰憋了一肚子火，在小报上写文章攻击郁达夫高傲冷漠，完全看不到其作品中那颗"跃动着的拳拳赤子之心"。其实这个文学青年真是太年轻了，他太不理解一个头天喝大了的人第二天的那种难受劲儿了。

美酒只会麻醉他的神经，却不会麻痹他的灵魂。1938年郁达夫到达新加坡，到1941年底，担任新加坡文化界抗日联合会主席，前后负责主编过11种报纸副刊和杂志，最多时同时编8种，最少时也有3种，他早就上了日本人的黑名单，还得出席比一般人更多的酒宴。

1942年2月4日，日军开始进攻新加坡，为了隐蔽自己的生活，郁达夫改名赵廉，娶何丽有为妻，又开了赵豫记酒厂，以送酒、当翻译等手段结交日本人，从事地下抗日活动。身为酒厂老板，又是长期嗜酒如命不能一日无酒的郁达夫，为了随时保持清醒的头脑应付一切，竟断然戒绝饮酒。据说他故意把酒的度数酿得很高，他说要以此来毒害当地日本驻军的身体，不知当年他的酒喝翻了几个日本鬼子。面对着多年来口诛笔伐的日本侵略军，却强颜欢笑，频频劝酒，恨不得把日本人喝死。这种淳朴的书生意气，似乎只有郁达夫这样的心性才会有的，一个历遍钟鼓玉馔的名士，对饮食竟有这样的决绝，要有多大的意志和决心！

1945年8月29日晚上8时许，郁达夫被日本宪兵秘密杀害，连尸骨也没留下。这一年他49岁。胡适说，郁达夫生于醇酒美人，死于爱国烈士，可谓终成正果。

十四、宋美龄的味觉人生

宋美龄享年 106 岁。这位跨越了三个世纪的老人不仅活得长，而且活得很健康。六十多岁时，仍然身材适中，体重始终保持在五十公斤左右，肌肤依然白净，柔软润泽，青春焕发，光彩照人。尤其是她那纤纤十指，凝脂滑润。1995 年，宋美龄去华盛顿参加纪念二战胜利 50 周年的活动，并在国会发表演讲。当时，人们在美国的电视新闻节目中看到已 98 岁的她，依然精神矍铄，演讲十分流畅。2001 年，宋美龄已 104 岁，她仍然面色微红，染过的头发长至腰际，看不出已有百岁高龄。美国医生惊异地感叹道"如此高龄还保持着一张看得过去的脸，真是神迹！"这神迹是她长期注重自身保养的结果。

宋美龄喜欢吃西餐中的青菜沙拉，是她 1913 年从乔治亚州威士理学院转到麻省韦尔斯理女子学院继续攻读学业的时候养成的。"我在美国的时候一度喜欢吃甜食，后来我的房东老太告诉我，你这样长久吃甜食，将来就会让你的心脏无法承受。那时我还什么也不懂，以为能吃上自己喜欢的食品就是幸福，哪知道我那时甚至还不及一个美国普通老太懂得生活的质量。后来见那位美国老太总以青菜沙拉佐食，才渐渐悟出了一点道理。因为我在乔治亚州读书的时候，才是一个不到二十岁的姑娘，可是那位老房东已经七十多岁了，她的身体比我还好，竟然强壮得如同一头牛！"

当然，并不是因为宋美龄轻易相信乔治亚州那位房东老太的一席之言，就改变了自己从小喜欢甜食的习惯，而在于那时的韦尔斯理女子学院的集体食堂中，已经开始试行"多食用青菜和生菜"的新式饮食结构。

宋美龄从美国回到上海以后，每餐必以青菜沙拉佐食，这在当时旧中国还是极为鲜见的饮食习惯。在中国尚未对饮食结构给予充分重视只以温饱为前提，并不富裕的年月里，即便是生活在上海富裕家庭的女孩子们，也多以贪婪食用肉类和高蛋白为主的甜品为荣为乐。那些生活在贫困线以下的工人家庭的子女们，无疑会以追求每餐能有肉类佐食为最高的目标。然而，唯有宋美龄持有与他人明显不同的饮食观，她不喜食肉蛋而偏爱普通人不喜欢吃的蔬菜，并非她自视清高，而是因为这种普通美国人享受的青菜沙拉，既经济又实惠，而且其营养价值高对身体的益处多多。如果说那一时期的宋美龄喜食蔬菜是为了长寿，倒不如说她是单纯地为了保持自身的苗条婀娜。

蒋介石与宋美龄于 1927 年结婚以后，夫妇俩无论生活理念，还是政治观点，都有许多有待磨合的地方。蒋介石惯于吃中菜，宋美龄则喜西餐，吃饭时各吃各的。有时候。蒋介石见到夫人吃青菜沙拉，就十分不解地开玩笑："你真是前世羊投胎的，怎么这么爱吃草呢？"夫人也不甘示弱，略带不以为然的语气说："你把腌笋沾上黑黑的芝麻酱又有什么好吃的呢？"不过所幸彼此并不冲突，各安其食。

据宋美龄早年在南京和重庆时的身边医官回忆：宋美龄对于生吃蔬菜非常有研究。她认为煮熟的菜类虽然便于消化，但这些蔬菜的细胞和组织结构，大多都在加温过程中分解或遭到破坏，营养价值无疑已经不能与尚未加热的菜类相比。例如，素有蔬菜之王美名的菠菜，就是宋美龄每餐必用的，她认为菠菜不但含有较多的蛋白质，而且还有多种维生素和矿物质。

在南京生活时期，宋美龄曾经派医官某博士带着几位医生，前去紫金山下一家研究所，专门对菠菜进行了化验和研究。最后得出的结论果然如宋美龄所说的那样，一公斤菠菜中竟含 36 克胡萝卜素，它相当于两只鸡蛋的蛋白质和两只橘子的维生素。难怪宋美龄多次叮嘱身边的厨师们说："我每天只要吃半斤菠菜，就可抵上一顿红烧肉供给我的养分了。而且红烧肉虽然吃起来很香，但它的副作用太大了，油腻可以伤肝，还会增加脂肪和体重。"宋美龄曾经在饮食上花费过许多心思，为了进一步搞清哪些菜对养生有益，中年起就注意在身边配备一名营养师。有一阵子，几乎每顿饭，宋美龄都一定要求厨师为她特别炒一碟西芹肉丝，作为佐食的佳肴。

西芹就是芹菜，里面含有丰富的胡萝卜素、多种维生素及矿物质钾等。芹菜有很高的药用价值，有促进食欲、降低血压、健脑、清肠利便、解毒消肿、防治痛风等作用。医学实验表明，芹菜还有明显的降压作用，其持续时间随食量增加而延长，并且还有镇静和抗惊厥的功效。常吃芹菜还有利于清咽利胆、驱风散热、止咳、利尿、明目。中老年人多食芹菜，不仅有利于心脑血管疾病的预防，同时对防治神经衰弱大有益处。

据知情者介绍，宋美龄曾经多次叮嘱身边女侍和厨师们，注意每餐必给她上一些纤维较长较多的蔬菜。她认为这些长纤维的蔬菜，虽然大多都不利于人体的消化与吸收，可是如果仔细研究一番就会发现，长纤维的菜蔬之中往往正是含维生素、果胶、海藻胶较为丰富，远比那些看起来好，而吃起来香的菜类对人体更有好处。这些好处经过她身边医生们的总结，得出宋美龄喜欢长纤维蔬菜的益处是多方面的。第一，长纤维蔬菜可以改变人体内的代谢过程，由于它们不便于消化和吸收，反而有利于防治动脉硬化和防治大肠癌的发生，同时也可以有效地降低胆固醇和血压。

宋美龄早年在南京和上海生活期间，还有一个饮食习惯，就是喜欢喝牛奶和参汤。

关于宋美龄早年喜欢饮用牛奶之类补品的往事，可以在蒋介石早年随身副官居亦侨的回忆录中发现蛛丝马迹。居亦侨说：30年代和40年代，"宋美龄爱吃西餐西点，早晨是酸奶和牛奶、烤鸡、猪排、白脱面包、沙拉之类。有时，蒋介石也陪她吃西餐菜，但吃上几天，就换口味了。"

宋美龄很注重饮食质量，少食多餐。虽然她比较喜欢吃一些较硬的食物，但总体上不会影响消化，每餐两荤、两素，每天必须就五次餐，每一次进餐也只吃五分饱，即使再喜欢吃的食物，也绝不贪食。她几乎每天都会用磅秤称体重，只要发觉体重稍微重了些，她的菜单马上随之做更改，立刻改吃一些青菜沙拉，不吃任何荤的食物。假如体重恢复到她的标准以内的话，她有时会吃一块牛排。

十五、老舍的吃喝喜好

老舍用自己的笔，用自己的心，以自己对北京的无比热爱，描绘出一个真实而又理想的北京，一个现实而又诗意的北京。于是，老舍的名字，老舍的文字，老舍的饮食，也因此成了北京的象征、北京的符号。

（一）下小馆

这里所说的下小馆，是指解放前和解放初期的概念。那时，下小馆，对老舍来说，是意味深长的一件事，起码有两层含义：一是会友。在小饭馆一坐，要上几样可口的菜，谈话叙旧，无拘无束，越谈越热乎。下小馆比正式摆宴席要舒畅得多，因为它随便，并不专为吃。二是品尝风俗。从这个角度上讲，老舍带朋友下小馆，颇有点采风和欣赏艺术的味道。于是，下小馆也成了老舍的爱好之一。

老舍26岁到英国当教师时，写的第一部长篇小说《老张的哲学》中有句格言："美满的交际立于健全的胃口之上。"老舍的肠胃不甚健壮，在英国的时候，因为常常不能按时吃饭，得了胃下垂，并患有神经性肠炎，碰见油腻、牛奶、生冷，都很难招架，甚至，东西还没进嘴，光是想一想，就有饱肚的感觉。在他眼里，最好吃的：早饭——豆浆油条；午饭——炸酱面；晚饭——酱肘子夹烧饼，还有小米粥。一日三餐，他很能将就，只要能按时吃饭就成。

如此看来，下小馆，最多的是为了别人。这一点，在老舍许多朋友的回忆中，都能找到根据。像巴金、曹禺、臧克家、吴祖光、新凤霞、碧野、萧涤非诸先生，都曾在文章中提到老舍下小馆的事。

1935 年的一天，老舍在青岛与萧涤非教授下馆子小酌。萧教授自带一只聊城熏鸡当下酒菜，老舍品尝后赞道："别有风味，生平未曾尝过。"当得知这个聊城特产尚未命名时，老舍便说："这鸡的皮色黑里泛紫，还有点铁骨铮铮的样子，不是挺像戏里那个铁面无私的黑包公吗？干脆就叫铁公鸡。"此事传开后，聊城的熏鸡也就得了"铁公鸡"的绰号。

在武汉和重庆的时候，老舍全靠写作谋生，生活相当艰难。有朋自远方来，不亦乐乎？老舍卖掉一身衣服请客的事，也是有的。譬如，老友罗常培先生由昆明来到重庆北碚，老舍便有此举，一时传为佳话。

老舍被朋友请饭，也是常事。

一次是 1941 年他到云南，遇到了杨今甫、闻一多、沈从文、卞之琳、陈梦家、朱自清、罗膺中、魏建功、章川岛……诸文坛老将，到吃饭的时候每每是大家一同出去吃价钱最便宜的小馆。这些教授当时极穷，即使是最便宜的小馆常吃也请不起，于是便轮流地把老舍请到家中，或包饺子，或炒几样菜，或烤几罐土茶，一谈就是几个钟头。

另一次是 1942 年 11 月 16 日，郭沫若在重庆天官府举办 50 寿辰宴会，实为文化名人大聚餐。参加者需缴 10 元钱。每次菜未落桌，盘底已空空如也。文人无形，筷子已不足为武器了，而愉快胜任的莫过于两双手的"五爪金龙"。老舍的食鸭滑稽表演，让前贤刘伶自愧弗如。此种吃法戏称"闪击"，对付闪击的办法就是"游击战"，昕以老舍到处游击，但不能白食，故每桌去猜拳，而猜拳又妨了吃菜，所以等到老舍伸出手去吃鸭子时，只剩骨架了。有个文友捉弄他："舒先生请吃鸭吧！"老舍近视眼在鸭架上水漩涡般打转，接着一本正经地说："怎么，今天厨子的火功太好了，我在研究解剖学呢！"次日清晨快报载道：老舍先生以其"对鸭骨头的解剖，表演了老舍式的豪放与幽默，胜刘伶、赛李白。"

1946 年 2 月，老舍到上海。根据叶圣陶先生的记载，十五天之内，有叶先生本人参加的为老舍、曹禺作饯的宴会就有九次之多，出席者还有郑振铎、许广平、夏衍、胡风、吴祖光、赵家璧、叶以群、蓬子等。叶圣陶在日记中曾写道："老舍尝谓盛宴共餐，不如小酒店之有情趣……共谓数十年之老友得以小叙，弥可珍也。"总之，老舍的人缘极好，出门大家争着约他吃饭，甚至连开车的司机也掏出钱请老

舍喝酒。

解放后，老舍有了自己的小院子，他常常把小饭馆的菜叫到家里来。有一次，菊花盛开，他特意请了赵树理、欧阳予倩等好友来赏花。到吃饭的时候，只见一个老伙计提着两个大食盒走进院来。这种大食盒足有三尺直径，呈扁圆状，内分格。打开盖一看，里面分装着火腿、腊鸭、酱肉、熏鸡、小肚，都切成薄片，很是精致。在北京，这叫做"盒子菜"。大家吃得兴高采烈。饭后，桌子一撤，余兴开始，老舍打头，先来一段京戏《秦琼卖马》。赵树理站在屋子中间，仰天高歌，唱的是上党梆子。

这样的聚会，一年之中有好几次，不过，食品总不会重样，即使常来的人，也回回都要发出惊讶的赞叹，回回都要刨根儿问底儿，打听老舍是由哪儿把它们"变"出来的。

（二）食艺一绝

老舍家有一样菜远近闻名，年年必做，备受欢迎。有客人来，往往点名索要。老俩口毫不含糊：管够，管够！这个菜，叫"芥末墩儿"。芥末墩儿是老北京传统风味小菜，是从满清年间流传下来的，它属于素菜，而且是素菜里的首席。满族人尤其喜欢吃这道菜。

老舍与胡絜青刚结婚的时候，头一回单独以小家庭的形式过年，心血来潮，"命令"夫人动手做几样家乡的年菜吃吃，头一道就点了"芥末墩儿"。夫人胡絜青当仁不让，一口承诺下来：没问题。可是心里打了鼓，不会呀。在娘家当姑娘时，年年都吃，就是一回也没瞧见是怎么做的。胡絜青先后失败过三回，老舍非常高姿态：没关系，事不过三，第四次准成。其实，这三次失败的原因，恰恰是做芥末墩儿的主要秘密之所在，掌握好这三条，八九不离十，基本上没问题。

首先，是选鹅黄的白菜心，切成一寸多高的墩状，为防散落，用马莲草捆住，漏勺托着开水焯一下，控净水，放进干净瓷盆里，一层白菜一层芥末糊，再撒些白糖，数层码齐，将盆口封严。两天后，辛辣鲜香、开窍通风、甜酸清口的芥末墩便可上桌了。

（三）茶中瘾君子

茶与文人确有难解之缘，茶似乎又专为文人所生。茶助文人的诗兴笔思，有启迪文思的特殊功效。

饮茶，可以说是老舍一生的嗜好。他认为"喝茶本身是一门艺术"。他在《多中写道："我是地道中国人，咖啡、可可、啤酒、皆非所喜，而独喜茶。""有一杯好茶，我便能万物静观皆自得。"

旧时"老北京"最喜喝的是花茶，"除去花茶不算茶"，他们认为只有花茶才算是茶。老舍作为"老北京"自然也不例外，他也酷爱花茶，自备有上品花茶。汪曾祺在他的散文《寻常茶话》里说："我不大喜欢花茶，但好的花茶例外，比如老舍先生家的花茶。"虽说老舍喜饮花茶，但不像"老北京"一味偏爱。他喜好茶中上品，不论绿茶、红茶或其它茶类都爱品尝，兼容并蓄。我国各地名茶，诸如"西湖龙井"、"黄山毛峰"、"祁门红茶"、"重庆砣茶"……无不品尝。且茶瘾大，称得上茶中瘾君子，一日三换，早中晚各执一壶。他还有个习惯，爱喝浓茶。在他的自传体小说《正红旗下》写到他家里穷，在他"满月"那天，请不起满月酒，只好以"清茶恭候"宾客。"用小沙壶沏的茶叶末儿，老放在炉口旁边保暖，茶叶很浓，有时候也有点香味。"老舍后来喜饮浓茶，可能还有点家缘。

老舍好客、喜结交。他移居云南时，一次朋友来聚会，请客吃饭没钱，便烤几罐土茶，围着炭盆品茗叙旧，来个"寒夜客来茶当酒"，品茗清谈，属于真正的文人雅士风度！

抗战期间老舍蛰居重庆时，曾在一篇杂文里提出要戒茶，这决非本意。"不管我愿不愿意，近来茶价的增高已叫我常常起一身小鸡皮疙瘩。"忆当年国民党统治下的陪都，连老舍这样的大作家也因物价飞涨而喝不起茶，竟然悲愤地提出要"戒茶"，以示抗议。嗟呼，茶叶太贵，比吃饭更难。像老舍这样嗜茶颂茶的文人茶客，他是爱其物、恨其价，爱与恨兼融于茶事之中。老舍与冰心友谊情深，常往登门拜访，一进门便大声问："客人来了，茶泡好了没有？"冰心总是不负老舍茶兴，以她家乡福建盛产的茉莉香片款待老舍。浓浓的馥郁花香，老舍闻香品味，啧啧称好。他们茶情之深，茶谊之浓，老舍后来曾写过一首七律赠给冰心夫妇，开头首联是"中年喜到故人家，挥汗频频索好茶。"以此怀念他们抗战时在重庆艰苦岁月中结下的茶谊。回到北京后，老舍每次外出，见到喜爱的茶叶，总要捎上一些带回北京，分送冰心和他的朋友们。

老舍的日常生活离不开茶，出国或外出体验生活时，总是随身携带茶叶。一次他到莫斯科开会，苏联人知道老舍爱喝茶，倒是特意给他预备了一个热水瓶。可是老舍刚沏好一杯茶，还没喝几口，一转身服务员就给倒掉了，惹得老舍神情激愤地说："他不知道中国人喝茶是一天喝到晚的！"这也难怪，喝茶从早喝到晚，也许只有中国人才如此。西方人也爱喝茶，可他们是论"顿"的，有时间观念，如晨茶、

上午茶、下午茶、晚茶。莫斯科宾馆里的服务员看到半杯剩茶放在那里，以为老舍喝剩不要了，就把它倒掉了。这是个误会，这是中西方茶文化的一次碰撞。

老舍生前有个习惯，就是边饮茶边写作。无论是在重庆北碚或在北京，他写作时饮茶的习惯一直没有改变过。创作与饮茶成为老舍先生密不可分的一种生活方式。茶在老舍的文学创作活动中起到了绝妙的作用。老舍 1957 年创作的话剧《茶馆》，是他后期创作中最为成功的一部作品，也是当代中国话剧舞台上最优秀的剧目之一，在西欧一些国家演出时，被誉为"东方舞台上的奇迹"。

老舍谢世后，夫人胡絜青仍十分关注和支持茶馆行业的发展。1983 年 5 月，北京个体茶室泰山庄开业，她手书茶联"尘滤一时净，清风两腋生"相赠，还亲自上门祝贺。

十六、邓小平：食补不药补

邓小平 75 岁健步登上黄山、80 多岁在大海中畅游一个多小时，93 岁逝世。比他小 12 岁、与他相伴 58 个春秋的夫人卓琳，也是在 93 岁时随着丈夫安详而去。这对长寿老人，给世人留下了夫妻恩爱、相濡以沫、风雨同舟的佳话，也留下了饮食养生的长寿之道。且说邓小平，像他这样"康而寿"的伟人，在世界上也不多见。他讲究饮食营养，主张食补不药补。

2009 年 1 月 20 日，在邓小平身边工作 40 多年的张宝忠将军接受《生命时报》采访时，披露了一个关于邓小平喝药酒的假报道。

张宝忠是邓小平的警卫秘书，他很清楚邓小平的喝酒习惯：喜欢中午喝一杯白酒，不到一两，从不贪杯。这个"午间酒"，有利于顺利进入午睡，从而保证午睡质量。有一天，邓小平问张宝忠："我是每天都喝两杯中药泡的酒吗?"

"没有啊!"张宝忠肯定地回答。

原来，邓小平在报纸上看到一篇关于他喝药酒的文章，大意是说：小平同志之所以身体好，是因为他每天都喝两杯中药泡的酒。这篇文章恰巧被邓小平看到了。于是，邓小平向张宝忠问起这事。随后，他将手里的一张 20 世纪 90 年代初的报纸递给张宝忠："你看看这张报纸，去查查。"

"我赶紧去调查。后来，这家报纸在中缝位置刊登了一则'更正'。我向小平同志汇报，并将报纸拿给他看。他翻遍了也没找到。我赶紧指给他看。他看到后，笑了，用浓重的四川话说了句：'算了'。"

邓小平历来主张实事求是，这在他的饮食生活中也能体现出来。1974年2月8日，一位徽菜名厨被派到邓小平家司厨。他看到原料中有半条草鱼，而且是尾部，正符合烹制徽菜"红烧划水"的选料标准。他"因料施烹"，不大功夫，这道著名的徽菜就端上了邓小平的餐桌。两个月后——4月19日，这位徽菜名厨又被派到邓小平家司

邓小平

厨，又是烹制"红烧划水"，他比上次有所创新—添加了辣味，因为邓小平是嗜辣的四川人，加辣味以满足他的口味。邓小平一尝，先是理解厨师的心意，随后说道："加了辣的'红烧划水'，就不叫'徽菜红烧划水'了。失去特色，也就失去了徽菜。"

听了邓小平对这道菜的点评，这位徽菜名厨觉得很有道理。据此，为了振兴徽菜，他还给家乡的餐饮业同行献上"三计"：一是明确徽菜特色；二是恪守徽菜特色；三是宣传徽菜特色。

据邓小平家人回忆，邓小平吃的东西很杂，主张食补不药补。他特别喜欢吃回锅肉、粉蒸肉、扣肉，也喜欢吃豆腐和自家腌的泡菜。在主食方面，他也很喜欢吃玉米面、荞麦面、高粱、小米等粗粮和杂粮。

离开家庭餐桌的邓小平，对各地的小吃很感兴趣。有一次，他来到遵义视察工作，品尝那里的豆花面时，给予"很好"的评价："味道很好，很好吃。"临走时，邓小平还特意叮嘱遵义的同志："就把你们的豆花面、羊肉粉、鸡蛋糕搞起来，作为地方名小吃，搞出你们的小吃特色来。"

在讲究各种饮食营养的同时，邓小平提倡节约，反对浪费。在他家司厨的厨师都知道，邓小平家里有个规矩：剩菜剩饭不许倒掉，下顿接着吃。邓小平曾幽默地说："不吃剩饭的瓜娃子（"瓜娃子"，四川方言，"傻瓜"的意思）"。

邓小平家的剩菜剩饭，再吃时，通常是制成烩菜。比如，中午没吃完的剩菜剩饭，加上一点豆腐、白菜之类，烩制成晚餐的一道菜。对这道烩菜，邓小平认为"有味道，更好吃。"

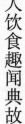

十七、于光远：呼吁"寿星菜泥"

2010 年 7 月 3 日上午，"于光远九十五岁诞辰庆祝会"在北京双井轩饭店举行。虽然年事已高、语音不清，但于光远老人讲话仍是那么动情："老当益壮，老骥伏枥，继续努力，大家努力，追求真理。"顿时，掌声一片……

前来为于光远祝寿的人很多。胡绩伟等经济学界和哲学界的著名人士尤其多，他们对于光远太熟悉了：我国著名经济学家，哲学家，他还涉猎政治学、社会学、教育学、文学等领域，被誉为"百科全书式"的学者。他是早年的清华学子，曾参加"一二·九"运动；曾在延安和毛泽东同桌用餐。

进入老年之后，于光远和毛泽东有同样的饮食嗜好——喜欢吃茸泥类菜肴。毛泽东喜欢吃蒜泥；于光远喜欢吃菜泥，还接连发表"菜泥文章"：《谈"菜泥"》《再宣传一下多吃菜泥食物》《为老年人吃到菜泥食物提供方便》……

"处处留心皆学问"。做了一辈子学问的于光远，仍是那么"处处留心"。他留心这样一种现象："老年人中不少人的牙都不怎么好，有不少蔬菜是老年人很难嚼碎嚼烂的，只能放在嘴里嚼了一阵子之后，把它作为渣吐了出来。结果纤维没有下肚，没有起到人们希望它起的作用。有的菜已经有了'无缝钢管'的别号。"他抓住这一现象，进行深入研究，写成文章发表。

在《谈"菜泥"》中，于光远进行比较之后，这样落笔："在讲婴儿饮食的书中，通常讲到菜泥这种食物。但是在烹饪书中讲用菜泥照顾老人这一点的，我却没有看到。"

书本上没有的，继续到现实中"留心"。然后，于光远在《谈"菜泥"》为菜泥评功摆好：一是便于老年人摄取食物纤维；二是减少原料浪费，有些菜营养成分很好，味道也不错，可就是很老，即便牙好的人也嚼不烂，因而被排斥在餐桌之外。如果制成菜泥，就可以成为可口的菜肴；三是"菜泥"中包括"肉泥"，除了植物纤维，有些肉也很老，老年人嚼不烂，如果做成丸子或肉饼，情况就不同了。

于光远的《谈"菜泥"》，既有留心的观察，也有切身的体验："我在海口吃过用红薯藤制作的菜泥，在江苏吃过用南瓜藤制作的菜泥。""在北京吃过翡翠羹，那是用菠菜泥和蛋清为原料制作的。"他还把中餐的菜泥与西餐的菜泥进行比较："西餐吃菜泥比较多，其中有一道菜，是在菠菜泥上加一个煎鸡蛋。在烹饪水平上，我想它一定不能同上面提到的那几道菜泥的菜肴相比。可是在我们国家里，菜泥的地位恐怕比不上外国。"

为什么我国餐桌上的菜泥少？于光远认为："不受重视应是原因之一。因此我想写这篇文章。此外，我想缺少制作菜泥的工具恐怕也是原因之一。"

于光远的《谈"菜泥"》发表后，报刊纷纷转载，读者反响强烈。一位山东读者特地给他写信，写到两个"我想"：

"我想制作这种'寿星菜泥'，期望您在万忙之中给予指导。"

"我想'老吾老以及人之老'，将制作'寿星菜泥'这份孝心献给天下所有父母。"

于是，于光远又因此给《安徽老年报》写信："我也希望在报上发表我的建议和她的信，广泛征求有效的点子。"

作为大学者，于光远也写《谈"菜泥"》之类的小文章，其中渗透着深切的人文关怀和造福苍生百姓的人格魅力。

笔者注意到，于光远曾担任《中国烹饪百科全书》顾问。他对"吃"的留心和关心，已经有很长时间了。20年前——1990年，于光远为《厨师必读》一书的题词中，写及他46年前——1964年的"谈吃"：

"什么是中国最大的生产部门？1964年我曾提出过这个问题。我的回答是烹饪，家家有一厨房，又有那么多的饭馆餐厅。"

在于光远家的餐厅里，先后贴过他写的两个横幅："酒肉君子馋"；"家常便饭，乐此不厌"。于光远曾向笔者讲述这两个横幅的来头：

有一天，于光远同人闲聊时，听到一个笑话：张三到保加利亚出差，第一天早上在宾馆用餐时，与来自罗马尼亚的客人A先生同桌吃饭。两人坐下后，A先生用罗马尼亚话向张三说了一句客气话："祝你胃口好！"张三以为是问自己的姓名，欠身回答："张三"。第二天早上就餐时，A先生又对张三说了这句话。张三心里想，我昨天不是告诉过你了吗，怎么又问，只好再说"张三"。第三天两人又同在一张餐桌上用餐，张三已把罗马尼亚话的发音记住了，心想，他问了我两次姓名，我还没有问过他呢？就模仿那个发音说了一句罗马尼亚话："祝你胃口好！"经过两次与张三对话的A先生以为，发"张三"这个音，就是对"祝你好胃口"表示谢意，就欠身说道："张三"。张三听了自己的名字，一时莫名其妙，后来弄清楚了，大笑一场。

听完这个笑话，于光远回到家中，套用孔子《论语》中"酒食先生馔"的格式，写下"酒肉君子馋"的横幅，端端正正地张贴在餐厅的墙上——祝愿在这个餐

厅里用餐的人都有一个好胃口。

这个横幅的下面，是烧液化气的炉子，天长日久，把横幅熏得又油又脆，可还是没有将它取下来。有一次，于光远离开家里的餐厅多日，一连几天在南方的宾馆吃饭，实在吃得太腻了，没有胃口。这时，一位朋友要请他吃饭，他提出条件：你如果煮一锅绿豆稀饭，剥几个松花蛋，没有别的菜肴，我就赴宴，否则不能去，肚子实在是受不了。与朋友达成"协议"后，正欲起身，却又接到一个非去赴宴的请帖。他只好打电话给那位朋友，请朋友把那锅绿豆稀饭连同那碟松花蛋带到宾馆来。吃朋友送来的家常便饭，于光远觉得有滋有味有食欲。

从南方回到家，于光远把原来的那个横幅取了下来，贴上新写的横幅："家常便饭，乐此不厌。"

他说："家常便饭好。年岁大了，百吃不厌是菜泥。"

十八、季羡林：不挑食，吃得进，拉得出

2009 年 7 月 11 日，季羡林突发心脏病，在北京 301 医院逝世，享年 98 岁。他是北京大学教授、中科院院士、著名文学家、语言学家、教育家、社会活动家，他精通 12 国语言，他 90 多岁在医院里写下 24 万字的《病榻杂记》。这位传奇人物的饮食生活，竟然是那么地简单：不挑食，吃得进，拉得出。

新浪网的视频显示：就在季羡林病逝的前一天，他还在接受一家出版社编辑的采访，对话内容，就有他的"不挑食"：

编辑："季老，您饮食上有什么要求？就是吃东西有什么不一样的地方？"

季羡林："没有什么。"

编辑："什么都吃，是吧？"

季羡林："什么都吃。"

编辑："年轻的时候就是这样子，什么都吃，是吧？"

季羡林："是。"

是的，在季羡林看来，"不挑食"是很简单的，有什么吃什么，不挑肥拣瘦，物不分东西，味不分南北，只要适口，便为我所用。什么胆固醇，什么高脂肪，统统见鬼去吧。他反对"吃鸡蛋不吃蛋黄，吃肉不吃内脏"的挑挑拣拣，认为"这样挑来拣去，没有必要。"他是想吃什么就吃什么，平常以素食为主，偶尔吃点牛羊肉。据季羡林的弟子、复旦大学教授钱文忠透露："季羡林生命的最后两个月过

得很幸福，因为儿子一直陪在他身边，胃口也很好，仍然酷爱吃胡萝卜羊肉饺子。"他无论居家还是在外，从来不挑食，胆固醇也从来没高过。"

2009 年春节，是季羡林人生旅途中的最后一个春节。这个春节的年夜饭，他吃得很开心。北京 301 医院季羡林的病房里年味浓浓，喜气洋洋。墙上挂着"福"字剪纸；这边是象征"牛年吉祥"的红色绒布小牛，憨态可掬；那边是寓意"年年有余"的大金鱼，在清澈透明的鱼缸里悠闲地游动。年夜饭开始后，季羡林用勺舀起"全家福"中的鸽蛋，尝了尝，给予"很好吃"的评价，又风趣地说："刘姥姥吃鸽蛋，一两银子一个。"大家一时没明白这话的意思，季老的儿子连忙解释："老爷子说的是《红楼梦》里的事。"

接着，季羡林吃了口"团团圆圆"的菜肴，说了句古诗"一年将尽夜，万里未归人"，又吃几个饺子。当家人给他递过甜食时，他示意缓缓再吃："还是要吃的，什么都吃。"

季羡林不挑食，也吃得进。熟悉他的人都知道，从满清到中华民国再到新中国，季羡林"毕生认真，饱尝苦头"。这"苦头"，既有政治生活中的"牛棚"经历，也有饮食生活中的吃糠咽菜甚至忍饥挨饿。

季羡林 1911 年 8 月 6 日出生于山东省临清市康庄镇。他儿时，"家徒四壁，穷得没有一本书，连带字的什么纸条子也没见过。"6 岁那年，季羡林与父亲骑毛驴来到济南读书。由季羡林的大弟子、山东大学教授蔡德贵执笔的《真情季羡林》，讲述了季羡林饮食生活中的三个"第一次"：

季羡林第一次吃月饼，是蹲在院子里一块石头上吃的，因为月饼太小，他舍不得大口大口地吃，只是一小口一小口地吃，仔细地、慢慢地品尝月饼的美味。

季羡林第一次喝到特别好的汤，是外祖母给买的一罐牛肉汤，还意外地发现汤中有一小块牛肚，便找来一把小刀，一星一点地割着，也是仔细地、慢慢地琢磨其中的味道，舍不得一口气吃掉。

季羡林第一次吃到最好的年糕。是 5 岁那年，主动帮助二大爷家打牛草，背着"一大捆"牛草走进二大爷家，二大爷奖励他一顿"黄的"——糯米面制成的年糕，这是二大爷家过年才能吃到的最好的年糕。

就是这个"苦孩子"，在学习和传授知识的征程中长途跋涉，走出故乡，走进济南，走进北京，而后又走出国门，前往德国、印度……

不管走到哪里，季羡林都能适应当地的饮食，中餐、西餐、清真餐，都"吃得进"。烤馒头片，他一见倾心，吃了半个多世纪之后，仍要"将吃馒头片进行到底！"他常和人说，光能吃不能消化，会长一身赘肉；没有胃口，吃东西少，胃里就不舒服；吃点东西就胃痛，身体会虚弱。"胃不和则寝不安"，消化直接影响睡眠质量。他以身示范，在"吃得进"之后，辅之以腿勤、手勤、脑勤，耄耋高龄，仍活跃在学术领域和坚持写作。他尤其看重脑勤，多想有益有用之事，不想人非非，更不疑神疑鬼。季羡林从来不为自己的健康愁眉苦脸。看到有人无病装病、有人无病幻想有病，他就感到特别别扭。

2007年3月，有人请他题字，季羡林想了想，想到那个民间流传的"老年人健康秘诀"，便挥笔写道："吃得进，拉得出，睡得着，想得开。"

吃进的食物，经过口腔咀嚼，牙齿磨碎，舌头搅拌、吞咽和胃肠肌肉的活动，使食物由大块变成碎小，消化液与食物充分混合，并推动食团或食糜下移，从口腔推移到肛门排泄。这个消化过程，便是"拉得出"。季羡林"见什么都有胃口，吃什么都能消化"，这也是他的健康长寿之道。

提起老年人的胃肠消化，演员许晴说及季羡林吃花生豆的有趣故事："老爷子偷偷地让我带了花生豆过去，他家人不让他吃，怕不消化。看着季老吃花生豆，是一件特别有意思的事，他先是把盘里的花生豆平铺好，然后从中间开始夹，夹了一圈之后，外围的花生豆很快涌到中间去了。老爷子着急了，就开始用手拈着吃，后来觉得不好意思，又放慢速度夹一粒放到嘴里，嚼几口，停一下，反复几次才咽下，然后喝口茶，又开始夹另外一粒。老爷子说，一粒豆，一口茶，润润喉，助消化。"

季羡林把"能吃，还能消化"看得很重，而对那些饮食禁忌却不以为然。有的人吃东西禁忌多如牛毛，这也不敢吃，那也不敢尝。吃一个苹果要消三次毒，然后削皮，削皮的刀子还要消毒，削了皮的苹果还要再消一次毒，此时的苹果已毫无味道了，只剩下消毒的药水味了。还有一个化学系的教授，吃饭要仔细计算卡路里的数量，再计算维生素多少，吃一顿饭用的数学公式之多等于一次实验。结果每月饭费超过别人几十倍，而人瘦成"一只干巴鸡"。季羡林对此提出疑问：一个人到了这种地步，还有什么人生乐趣呢？

俗话说"吃秤砣能拉出铁丝来"。为了有助于食物消化，季羡林还注重胃口与心情的关系，可口的饭菜、愉悦的心情，都有助于消化。他的文明用餐和待客礼仪，也很为人们所称道。2007年8月6日，是季羡林96岁生日，他身着唐装，笑盈盈地欢迎客人。2009年7月，正在湖南参加"两岸经贸文化论坛"的著名学者余秋雨得知季羡林逝世，非常难过。他和记者谈起与季羡林吃饭的一桩往事："到了快吃饭的时候，季羡林说要换个衣服。他秘书说，不要换了，余秋雨是你学生辈的，不用这么讲究的。见客人要换衣服，从这个细节可以看出，季老的高尚品质，是外国文化与中国文化在他身上的一种融合，非常了不起。"

十九、常香玉：水煮青菜好通便

《花木兰》《白蛇传》《断桥》《五世请缨》，提起这些剧目，人们就会想到活跃在舞台上的著名豫剧大师常香玉。她9岁学戏，10岁登台，12岁成名，享有"爱国艺人""豫剧皇后"等很多荣誉称号。她从艺70多年，不仅在唱腔和表演上留下了令人赞叹的"常派"风格，还在历经许多起伏坎坷之后，留下了长寿老人的"保健四宝"："早晨练功微出汗，水煮青菜好通便。切忌绕着银钱转，笑口常开金不换。"

早晨练功微出汗。戏剧演员的一招一式，都很见功夫。常香玉练功一生，每次都很认真，练到微微出汗。她坚信"生命在于运动"。

水煮青菜好通便。常香玉常年吃水煮青菜，帮助清肠消化，排除废物。她赞成"欲得长生，肠中常青"。

切忌绕着银钱转。常香玉为抗美援朝捐献一架"香玉剧社号"战斗机，为设立"香玉杯"基金出资10万元，为抗非典捐款上万元。她摒弃"人为财死，鸟为食亡"。

笑口常开金不换。常香玉对"常迷"笑脸相迎，对不顺心的事也不牵肠挂肚。她乐于"笑一笑，十年少"。

常香玉的"健身四宝"，为人们所津津乐道。拿"水煮青菜好通便"来说，青菜的纤维素促进胃肠消化，有利于排除体内废物。以吃面条为例，常香玉既有河南人"一天不吃面条想得慌"的饮食喜好，又有自己坚持多年"四季面条不离青菜"的饮食养生原则。在常香玉的"四季食谱"里，哪个季节都离不开面条，哪碗面条都离不开青菜。

冬季天气寒冷，多吃汤面、拉面、烩面。面里放些白菜、生菜、酸菜等，有面有菜有汤，还有驱寒送暖的热乎气。

夏季天气炎热，多吃捞面。面条煮熟后捞出，有的再放到凉水里浸一下，然后拌入蒜汁、荆芥、黄瓜丝等菜类，清凉利口，防暑降温。

春秋季节，多吃上锅蒸的卤面或下锅捂的焖面，加入刚收获的蒜薹或豆角等，

制法不同，风味各异，常吃常新。

　　一年四季，常香玉还离不开"杂面条"：小麦面中适当掺入绿豆面、黄豆面、玉米面、高粱面等杂面。"面面俱到"之后，再加入各种青菜的"全面照顾"，饮食营养就更丰富了。

　　常香玉主张健康的饮食，保持健康的心态。她一生追求"戏比天大，艺无止境"，处世淡泊，德高艺馨。2004年常香玉逝世后，她的四个子女和孙辈一起来到她的墓地，将她与相知相爱57年的丈夫合葬。在"慈父陈宪章、慈母常香玉二位大人之墓"的横碑之前，石桌上摆着四只小碟，分别盛供着逝者爱吃的食品。后辈们特意给常香玉供奉了茶叶蛋——她一生喜欢粗茶淡饭。

　　顺便提一笔，常香玉的孙女小香玉，如今也是著名青年表演艺术家、豫剧大师。她既是名人之后，也是名人的接班人。2003年，《中国烹饪》杂志发表专访小香玉的文章，内中写道："小香玉在艺术方面继承了奶奶的天赋和才华，在人品和人格上也和奶奶一样，踏实，朴实，热情，庄重。除了这些，就连奶奶爱吃的东西，小香玉也爱吃。奶奶爱吃素食，吃东西讲究营养搭配，肉、鸡蛋、青菜、豆腐、杂粮搭配着吃。这些，小香玉也都喜欢吃。"

二十、张大千：自称烹技更在画艺之上

　　在书画界，张大千被称为20世纪中国画坛最为传奇的国画大师。对此，张大千报以一笑，说："以艺事而论，我善烹调，更在画艺之上。"不论这话有几分调侃，张大千精于烹饪，确是事实。

　　1899年，张大千出生于四川省内江县。故乡的《四川烹饪》杂志曾发表文章，称他是"美食家""烹饪家"。1983年，张大千因心脏病复发，走完了他85年的多彩人生。

　　早年，张大千寄居上海，时常自己烹制菜肴招待客人。客人都对他的厨艺大加赞赏，还有人题词相赠："难忘听雨萧斋夜，出网江鱼手自烹。"

　　后来，张大千的足迹遍布祖国各地，晚年游历列国，穿梭在世界文化的舞台上。他从大陆吃到台湾，从国内吃到国外，从东方吃到西方，吃得越多，见识越多，对饮食的研究也就越深入。他曾发表文章，纵论中国菜的流派："中国菜就地区而分，沿三江流域形成的有三个流派。长江上游的川菜；黄河流域即北方菜；珠江流域包括广东、福建即闽粤菜。北方菜取味于陆，闽粤菜取味于海，四川菜则兼

得其盛。"他说："饮食是文化，是中国最为古老、最为重要、最为普遍，也最为讲究的一种文化艺术。"在他看来，烹饪与国画一样，同是"国粹"。正因为如此，他才把绘画艺术与烹饪艺术有机地、充分地结合起来。

张大千

且说张大千的烹饪艺术。在他 80 岁寿辰之日，亲友们在台湾日月潭为他举行寿宴。为了一试烹调术，张大千亲自下厨，仍能烹制一手好菜。可毕竟年事已高，在厨房里不慎失足摔伤。

数月之后，张大千伤愈，又摆家宴，要再热闹一番。他还是坚持下厨，亲手制作"张大千宴席"上的汤类首菜——"相邀"。

这"相邀"，其实就是一碗"大杂烩"。将它摆上餐桌之后，张大千"以菜说事"，讲起了"相邀"的来历……

这道菜诞生于清代光绪末年，由干贝、鱼肚、蹄筋、鸡片、火腿等食材烩制而成，是湖南菜里的一道名菜。这名菜取名"一品当朝"，寓意品位极高。对此，湘人王湘绮不屑一顾，还指桑骂槐，逢人便说：什么"一品当朝"，分明是一锅"大杂烩"。遂由此叫开"大杂烩"。此菜，张大千爱吃，常吃。吃来吃去，觉得"大杂烩"菜名不雅，便将其改为"相邀"。

行文至此，笔者"百度"一下"相邀"，有"举杯相邀""以茶相邀""与你相邀"等等，倒是在"大杂烩"里看到了上述的"名吃故事"。

张大千喜欢的汤菜，还有"六一汤"。此汤也有来头：张大千 61 岁在日本东京举办画展时，东京"四川饭店"有一位陈姓厨师，此前曾在张大千的"大风堂"掌勺，听说张大千举办画展，特意为画展研制一道创新菜"六一汤"：原料取绿豆芽、玉兰苞、金针菇、韭菜黄、芹白、香菜梗，共六种蔬菜，加火腿丝。这"六素一荤"，体现了"众星捧月"之意。

除了喜欢菜肴，张大千在家中宴请客人，还有个规矩，就是每次都是他亲自写菜单。这菜单也就成了客人争相索取和收藏的纪念品。1981 年农历八月十六，张大千在寓所摩耶精舍宴请张学良，菜单仍由张大千书写。张学良手持这个菜单，请张大千题记作跋，张大千欣然命笔，然后落款盖印。宴席之后，张学良请人对这幅"菜单画"精心设计，装裱成手卷，并特意留出空白宣纸。在下一次与挚友张大千

会面时，张学良便将这幅装裱后的"菜单画"拿了出来。张大千见了，非常感动，随即挥毫，在空白宣纸处画上白菜、萝卜、菠菜，并题词："萝菔生儿芥有孙，老夫久已戒腥荤。脏神安坐清虚府，摘些牛羊踏菜园。"

这幅"菜单画"更是锦上添花，美不胜收！

十多年之后，当这幅"菜单画"出现在"张大千画回顾展"时，格外引人注目。

张大千会吃、会做、会画，又会评论，给后人留下了大量关于饮食精辟论述，还留下了艺术性极高的"大千菜谱画""大千风味菜肴""大风堂酒席"……

第五节　当代名人饮食趣闻

一、姚明与酸菜鱼

2008 年 4 月 3 日晚 6 时，北京首都国际机场出现男篮球星姚明的身影：白色的休闲西装，格子毛衣，深色牛仔裤，挂着拐杖。他是从美国归来，欲通过中医治疗脚病。在接受记者采访时，他笑着说："哈哈，这次回来终于能够吃到酸菜鱼了，我就爱吃酸菜鱼，要好好吃几顿。"

果然，当晚 8 时，姚明就出现在一家名为"星星酸菜鱼"的饭馆。另有五人与他一起用餐。据饭馆服务员说，他们没有点酒，只要了四瓶矿泉水，其他菜肴也没有什么特别之处。姚明吃得不多，就是吃酸菜鱼。

酸菜鱼，这道菜肴以辅料与主料配合命名，纯朴，直观：有酸菜，有鱼。

在供应家常菜的饭馆，常见酸菜鱼。然而，这道普通家常菜，却有着不凡的身世，且众说纷纭：

说法之一：重庆一家名为"鲜鱼美"的饭馆，烹制鱼馔高人一等，先是研制"水煮鱼"，继而推出"酸菜鱼"，都获得巨大成功。

说法之二：四川一渔翁的老伴，误将鱼放入煮酸菜的锅里，后来一尝，鲜美至极，渔翁逢人就夸，酸菜鱼也就出了名。

说法之三：重庆渔夫将捕获的大鱼卖钱，用卖剩的小鱼和江边的农家换酸菜吃。渔夫将酸菜和鲜鱼一锅煮汤，想不到味道如此鲜美。此事传出，饭店纷纷引进酸菜鱼。

说法之四：四川民间初冬用青菜腌渍酸菜，大坛贮存，随用随取，可食至来年夏天。酸菜和鱼做汤菜，酸鲜爽口，消暑解腻。汤菜中有酸菜有鱼，故名。

说法之五：酸菜鱼始创于船上，是就地取材的菜肴。

不管怎么说，有一点是肯定的：酸菜鱼是四川家常菜中的名菜。特别是从上个世纪90年代开始，酸菜鱼在四川几乎成了家家饭馆的必备菜。随后又"离家出走"，风光各地。到了北京的"酸菜鱼"，不久便与"宫保鸡丁"齐名，成为旺销菜。18岁就穿上了中国男子篮球队队服的姚明，也很快与酸菜鱼结下了不解之缘。

姚明喜欢酸菜鱼之类的家常菜，对猎奇的"野味"、名贵的"海味"并不感兴趣。特别值得一提的是，姚明是"护鲨行动，从我做起"公益活动的代言人。他曾表示，自己将带头不吃鱼翅。果然，姚明婚宴无鱼翅。

2007年8月6日，中国男篮核心球员姚明和中国女篮前主力球员叶莉在上海举行婚礼。婚宴设在陆家嘴的香格里拉大酒店。身高2.26米的姚明和1.90米的叶莉，两位国手在这里牵手走过红地毯，迈进了婚姻的殿堂。

这两位"高人"，婚礼也与众不同：婚礼举办地入口处，用花草编制的拱门为他们"量身打造"，高度达3米；婚礼现场没设立标有两人名字的指示牌，也没有大幅婚纱照片，却有一个YY标志的帷幕，YY是新郎新娘姓氏拼音的第一个字母——代表"姚叶同心"；平时容纳55张餐桌的宴会厅，只放了9张餐桌——寓意长长久久；婚宴以家庭聚会的形式举行，姚叶两家的亲人共70多人应邀出席，加上工作人员，不足百人，而为婚宴安排的保安人员却超过了一百人，来自全国各地和路透社、美联社、法新社、埃菲社等媒体的记者有200多人。

婚宴开始前，一位发言人特意出现在记者中间，为每位记者送上一份礼物：精致的喜糖；姚明、叶莉婚纱照的光盘。随后，这位发言人还特意说到姚明婚宴的菜单：原来为姚明婚宴设计的菜单，共有12道菜，高档菜肴有"红烧竹笙鱼肚烩鱼翅""麒麟海参鲍片""古法红海斑"。因为姚明曾在"护鲨行动，从我做起"公益活动中郑重承诺，在任何时间、任何情况下他本人都拒绝食用鱼翅。所以，原菜单中的"红烧竹笙鱼肚烩鱼翅"被"换下"，另用没有鱼翅的菜"替补"。

这个没有鱼翅的婚宴，历时三个多小时，办得圆圆满满。其间，姚明和叶莉向双方父母敬茶、献花，以感谢养育之恩。各位来宾分享了结婚蛋糕。"护鲨行动，从我做起"，也成了这个名人婚宴的美谈。

姚明婚后到美国打球。他母亲也随他来到美国休斯敦。姚妈妈一边照顾儿子，一边开了个"姚餐厅"。餐厅经营中餐，招牌菜是"北京烤鸭""虾仁小馄饨""红烧猪蹄"，当然，也少不了姚明喜欢吃的"酸菜鱼"。这个"姚餐厅"，受到中外食客欢迎。有人打趣地说："打球打出个球星，吃饭吃出个餐厅。"

二、马季与"马家饼"

在位于北京牛街的吐鲁番餐厅三楼墙上，悬挂着著名相声表演艺术家马季的书法作品："驰誉丹青"。2006年12月20日，马季因病在北京逝世。一些来这里用餐的顾客，睹物思人，评说马季的书法，谈论马季的饮食……

马季，原名叫马树槐。师傅侯宝林觉着这个名字绕嘴，也不容易记住。这时——1956年，刚过20岁的马树槐在北京观看了一部匈牙利电影《牧鹅少年马季》，便从中找了个现成的名字——马季。改名后，他笑了，说："借人家点仙气"。

马季从艺50年，收徒20人。姜昆、冯巩、黄宏、赵炎、刘伟、笑林等著名笑星，都是他的徒弟。徒弟们来到师傅家，马季自称他最拿手的是"马家饼"，也就待客首推"马家饼"，而且常常是马季本人亲力亲为，给徒弟们端上这道"招牌菜"。

马季

其实，这"马家饼"也就是"京东肉饼"。可马季在烙饼、品饼、说饼时，总是向客人强调，这饼还是他母亲做得最好，他是得到了母亲的"真传"，方才有此"马家饼"。经他这番不厌其烦地宣传，不光是他徒弟，还有他单位的同事，还有他的亲朋好友，几乎没有没吃过他烙的"马家饼"，据说味道还真不错。"马家饼"就这样喊开了。

其实，在马季看来，这"马家饼"又没有什么"秘方"。他说："做'马家饼'，最要紧的是要舍得放肉，还有多多地放葱花。"这也如同马季相声的特点，语言高度夸张、自铺自刨、自捧自逗、机智灵活，能收到出乎意料之外而又在情理之中的效果。

马季还喜欢亲手做炸酱面。他做炸酱面的"厨艺绝活",是从广播文工说唱团一位姓齐的艺术家那里学来的:宽油炝锅,下肉炸酱,再放入葱花,翻勺起锅。后来,又有朋友向他传授炸酱的窍门:往热油里放几粒大料,炒两下再炸酱,又是一种风味。于是,马季取两家之长,"整合就是创新",他又在熟人中推出"马记炸酱面"。

各种各样的面食原料,马季对玉米面情有独钟。有报道说,一到玉米上市之际,马季就满世界寻找玉米面去。平时,他隔三岔五就吃顿蒸窝头。他特别爱吃家乡天津宝坻的传统名吃"贴饼子熬咸鱼"。有时,马季还会将"贴饼子熬咸鱼"的"贴饼子"加以改造:把贴饼子切成手指大小的条,放入热油锅里,再放入葱花、精盐、味精,快速翻炒,又是一种独特的风味。

在面食以外,马季喜欢吃豆腐。就是在国外演出,也要想办法吃上几次。他还有一道自己创新的豆腐菜肴"带鱼烧豆腐"。医生建议他不宜多吃带鱼,可他特喜欢那股特有的鱼腥味,于是就借鉴"鱼汤泡饭,神仙不换",来个"鱼汤泡豆腐"——带鱼烧豆腐。马季既遵医嘱少吃带鱼,又得到了鱼腥味的满足。

马季精于相声舞台上表演,也善于在家庭厨房里表现。他酒量不大,后来又坚决地戒烟。这些都说明,他很注重饮食养生。有报道说,这次的心脏病,如果不是在家中耽搁时间过长,能得以及时抢救,马季还会给观众带来更多的笑声,还会有更多的人分享他的"马家饼"。

三、成龙与中国功夫中国菜

成龙的成就越来越大,名气也就越来越大。作为国际功夫电影巨星的他,到过世界上许多地方,"嘴大吃八方"。可在他看来,最好吃的还是中国菜,如同最棒的中国功夫。笔者案头放着一张有些泛黄的《中国食品报》,上面有一篇10年前关于成龙的报道:中国功夫中国菜,那是成龙的最爱。

当时,作者是在北京采访成龙的。谈及北京,成龙感受最深的是吃:"我第一次来北京时,去吃过一次北京的小吃,非常好,给我留下了很深的印象。但以后的几次都是来去匆匆,下了飞机就到酒店,到了酒店又去办事,办完事就坐飞机离去,时间被安排得非常紧,所以一直也就无缘再去品尝北京的小吃了。这一次好,有时间了,我一定要好好去品尝一下北京的小吃,我最喜欢那种肉末烧饼。"

肉末烧饼,曾圆了慈禧太后一个梦,因此也叫"圆梦烧饼"。传说,慈禧梦见第二天吃烧饼，第二天早餐，果然有一盘肉末烧饼送上餐桌。慈禧吃了这肉末烧饼，"圆了梦"，还给做肉末烧饼的厨师封了官。此事传出，"肉末烧饼"便有了个别名"圆梦烧饼"，且成为御膳房的代表作，成为流传至今的名小吃。北京有各种各样的烧饼。比如，多层烧饼、豆馅烧饼、烂面烧饼，等等。成龙"最喜欢那种肉末烧饼"，可见他不仅喜欢吃，而且善于吃。

正是因为对吃的讲究，成龙才得出了这样的结论："最棒的还是中国菜"。他所说的"菜"，其实是个泛指，并非单指或特指菜肴，而是有"中餐"之意，涵盖了中国的烹饪产品。也正是因为这样，在许多国家喝过咖啡的成龙，认为中国海南、广东等地生产的咖啡质量很好，可知名度不如西方。于是，他要为打造中国咖啡品牌尽一份力。

2007年10月30日，在北京市海淀区一家购物中心的旁边，挂起了一个十分醒目的招牌——成龙咖啡与茶。揭牌这天，成龙亲自到场，为狮子点睛、采青。然后，成龙身着学生装，脚蹬电动车，手托咖啡盘，为顾客端茶送水。他说，过去用20年时间让西方认同了"成龙式电影"，今后还要通过副业拓展，把咖啡、茶和更多的中国品牌推向世界。他还表示，他所开的咖啡馆还会招聘一些残疾人，经营咖啡的部分收入将捐给慈善事业。

行文至此，还有必要提及上述报纸中的一段话："采访中成龙一直在讲'关爱'这个词。"因为养大他的神父曾对他说："我养你，给你一切，你不用感谢我，你要谢，就等你长大了有能力的时候，去回报这个社会，去帮助那些你能帮助的人。"

四、张学友与素食

"百度"一下"张学友档案"，还可以知道一些他在唱歌以外的"专长"，特别是与众不同的饮食生活：喜爱的饮料——清水；喜爱的零食——山楂片；喜欢的水果——几乎所有。这些"喜爱"，验证了《谈心》杂志对他的报道：张学友吃素已成习惯。

张学友，是香港歌坛的"四大天王"之一，是歌迷心中的"歌神"。在歌迷当中，有人发出"张学友十大经典曲目"之类的帖子，内容不完全一样，属于"自说自话"；有些人认为"十大"概括不了张学友的经典，避开"N大"评选的俗套，把张学友的歌曲分成不同的类型：热恋类、温情类、伤情类、古典类、快歌类、世情类、对唱类、国语类……

然而，张学友的饮食却没有那么复杂，他只喜欢一类：素食类。

他拒绝野味类。张学友小时候，家里养了几十只鸽子，因为"扰民"而成为餐桌上的"野味"。张学友见了宰鸽的场面，觉得很残忍，从此不再吃鸽肉之类的"野味"。

他拒绝红烧肉。也是小时候，张学友吃了一顿"红烧肉"之后，就生病了。他认为，红烧肉虽然给人口福，更给人痛苦。从此，他对红烧肉"敬而远之"。

他拒绝"问题菜"。张学友曾在上海生活，以后到了香港。他对小时候在上海养成的口味嗜好，如同"乡音难改"。在与人谈起饮食嗜好时，他常说："当然喜欢吃上海菜啦。"可是，当他觉得上海的某种菜肴并不好，便将其定为"问题菜"，从此忌食，也不再改变。

他吃素上瘾。饮食上的一个又一个"拒绝"，使张学友越来越远离荤菜，亲近素菜。在他婚后，就默默地干脆地吃素了。渐渐地吃素也上了瘾，形成了自己的饮食习惯，还在素食有益健康方面尝到了甜头。在和《谈心》杂志的来访者谈心时，他说："吃素食有好处。比如，流汗不会臭，精神好，皮肤也变好了。"

起初，对张学友吃素，同事们以为与宗教禁食有关。其实，他是为了让自己身体"环保"，为了优生才开始吃素的。

张学友吃的素菜，以青菜、豆腐、面筋、粉丝等为主要原材料，辅以金针、木耳、海带、紫菜等配料。他在饮食上的"变调"，也引起了美食家、营养学家的关注。在同样喜欢素食的歌迷眼里，他既是"歌神"，又是"食神"。对于这些，张学友和在歌坛上一样，保持"低调"，从不以素食高谈阔论、哗众取宠，也从不以自己素食而影响他人。他只是这样说："素食也是美食。我喜欢美食中的素食。"

在坚持素食的同时，张学友还坚持体育锻炼。他身体好，心态好，精力旺。年近50岁的张学友，在网络的"张学友档案"里，给出这样一个"保持年轻的秘方"："年轻的心，好的体魄。"

五、韦唯与咖啡

《亚洲雄风》《同一首歌》《爱的奉献》，这些令人振奋、充满魅力的歌曲，家喻户晓。人们还熟知最早演唱者的名字——韦唯。然而，鲜为人知的是，她那激情的演唱和美妙的歌声，竟然与咖啡不无关系。韦唯喜欢喝咖啡，钟情于原味咖啡。

咖啡，是原产于热带非洲的茜草科常绿灌木或小乔木，在我国海南、广东等地也有栽种。将咖啡果焙炒、研碎，就变成了可供冲泡饮用的咖啡粉。用单一产地咖啡果加工的咖啡饮品，具有当地咖啡的风味特色，也称"原味咖啡"。韦唯更钟情于咖啡中的原味。她在接受《咖啡语茶》记者采访时说："原味咖啡可以加自己喜欢的任何东西。喝咖啡加牛奶，既有奶香，又不失咖啡本色，完全可以达到色、香、味俱全的境界。"

韦唯 1987 年在波兰参加国际流行歌曲大奖赛获奖后，还放歌美国亚特兰大奥运会、日本广岛奥运会、悉尼歌剧院、卡内基音乐厅……每到一地，她都尽可能地品尝原味咖啡。渐渐地，她不仅品咖啡的清新柔和、香醇顺滑，也掌握了不少咖啡知识。咖啡含有蛋白质、脂肪、粗纤维、蔗糖、咖啡碱等多种营养物质，对人有提神醒脑、利尿强心、帮助消化、促进新陈代谢等作用。长期适量饮用咖啡，有恢复青春的功能，对儿童多动综合症也有较好疗效。

走下舞台的韦唯，最愿意光顾的地方是世界各地的咖啡厅。她说："到咖啡厅去，不是为了喝一杯咖啡而去，更喜欢咖啡厅那种氛围，在那里可以释放心情，全身心地放松自己，可以发内心深处的快乐。吃过午饭，喝杯咖啡，缕缕思绪，灵感激发，还可以写点小诗，一切都是那么自然，像溪流、山川、草地那样的美妙……"

经常出入咖啡厅的韦唯，除了对咖啡很有些研究之外，也爱好烹饪，并非"只登舞台，不临灶台"，不是那种"饭来张口"的人，而是中餐西餐全能应对的家庭"主厨"。

2000 年 7 月，媒体上刊登这样一幅图片：韦唯阅读《快乐厨房》杂志的生活照。图片说明："手拿一本《快乐厨房》的韦唯，显现一种洒脱、一种自信——除了事业上的成就外，她更执着的是对厨房的偏爱。

据报道，厨房里的煎炒烹炸，韦唯几乎样样在行。虎皮尖椒、水煮牛肉、麻婆豆腐、都是韦唯的拿手菜。只有韦唯调制的火锅底料，家人和朋友才越吃越火。韦唯还在烹饪世界里"触类旁通"，会西餐烹饪，擅日本料理，也能将地道的西式"烤牛排"、日式"生鱼片"端上餐桌。

韦唯出生在内蒙古，8 岁到了广西。她童年时代时养成的饮食嗜好，至今不变，那就是内蒙古人离不开的土豆、萝卜、白菜。就是进了饭店，也还是这"老三样"最对胃口。所不同的是，韦唯接受并钟情于儿时在内蒙古喝不到的咖啡。她说："喝咖啡，是一种健康快乐的升华。"

六、范伟与家常菜

2011 年 7 月 10 日，中国首部 3D 动画电影《兔侠传奇》在北京首映。著名演员范伟为该片主角兔二配音。由于范伟曾在《刘老根》里饰演研究药膳的"药匣子"、在《雷哥老范》里饰演厨师范春雷，也就给观众留下了"范厨师"的印象。范伟这次在幕后配音，虽然没有惹人注目的厨师扮相，却也能让观众感觉出赵本山猜他职业时所说的那股"葱花味"。在接受参加首映式记者采访时，范伟透露，生活中自己就是一个"好厨子"，离不开家常菜，喜欢吃，也喜欢做。

范伟的厨艺，在《兔侠传奇》中发挥了奇特的作用。剧中有一个炸年糕的环节，范伟不仅以幽默的声音为兔二增色，还以"真会炸年糕"的厨艺给兔二添彩。他用自己的"范式口音"配音："好炸糕就得啥都好，油好面好手艺好，得剁得好，还得切得好，还得转得好，还得揉得好。"

这段配音和动画配合得很好。顺利通过之后，接下来的那段，需要临场给剧本补充台词，这难度可就大了。紧急关头，导演完全赞成范伟现场的即兴发挥。结果又是"范厨师"良好的厨德厨艺帮了大忙。范伟急中生智，恰到好处地接上一段顺口溜："好炸糕，就得炸得好；炸得好，我就卖得好；卖得好，我就心情好；心情好，我就炸得好。"

观众看着荧屏上憨态可掬的兔子，听着范伟极具喜感的声音，享受动画电影艺术的同时，也能感受到这顺口溜所表达的食品加工与经营的良性循环。这个"良性循环"，在食品安全颇受关注的当下，更是人们特别希望听到的声音。

"小炸糕炸出了大道理"，这也引起了笔者研究名人范伟司厨的兴趣。有报道说，因为工作关系，范伟常常得在外面应酬。他最怕的就是好多人在一起吃饭，然后聊不熟悉的话题，加上抽烟喝酒，大鱼大肉，身心都很痛苦。现在范伟只要不外出，每天一定会回家吃饭。有时候妻子下厨，更多的时候还是范伟自己当大厨。范伟更喜欢吃自己家的特别是亲手做的家常菜。

喜欢下厨的范伟，又把司厨的感悟用到演戏上，他说："我是一个演员，如果把拍电视剧当成做菜的话，我擅长烹制老百姓喜欢的家常菜，我想把家常菜做得有滋有味，把大家都请到电视机前吃我做的家常菜。"

那部广受好评的《老大的幸福》热播之后，范伟仍以"家常菜"说事："《老大的幸福》其实就是一道家常菜，虽然味道还不是特别地道，有的地方还欠火候，但已经端上桌了，'回锅'肯定来不及了。"他听说"结尾把观众整得挺上火"，便拿出"药匣子"的本事，通过媒体给观众开列"去火"药膳方：喝莲子汤去心火；喝绿豆汤去胃火；喝梨水汤去肝火；吃猪肝去肺火。

有人问范伟："你演了很久，现在火了，是不是有种熬出来的感觉？"他又找回《雷人老范》中"范厨师"的感觉，三句话不离厨行："没有，也不存在熬啊，压根就没有煎熬啊。有一下就火的，就像爆炒鸡丁什么的。我这个就是家常菜的乱炖，就是咕嘟咕嘟的，慢慢炖出香味来了。"

范伟离不开家常菜，有益于他演艺事业的步步登高，也有利于他健康上的"萝卜白菜保平安"。因为糖尿病遗传基因，范伟 2003 年就发现血糖高，但他一直没吃药，主要靠食疗，把血糖控制得挺好。

七、金庸：民间称他"食博士"

2010 年 9 月，86 岁的金庸获得英国剑桥大学哲学博士学位。

其实，早在 2005 年，英国剑桥大学已经授予金庸"荣誉博士"学位。从"荣誉"的角度来看，这个称号甚至高于校长的地位。可金庸却并不满足，他追求的不是学位而是学问，而且博士论文一定要有创建。于是，他正式申请攻读剑桥大学博士学位。

这时，他已是年过八旬的老人，他已是当代中国最知名的武侠小说家，他的名声已在华人圈里如雷贯耳，他已无须一个"剑桥博士"为自己脸上贴金。

耄耋之年，孜孜求学。金庸的博士论文《初唐皇位继承制度》，获得剑桥大学高度评价，决定授予他博士学位。从此，金庸又多了一个"唐史专家"的称号。在民间，还有不少人称金庸"食博士"。

金庸阅历丰富，知识渊博，对政治、哲学、宗教、文学、艺术、电影、烹饪等都有研究，被誉为"综艺侠情派"。金庸作品涉猎的范围很广：琴棋书画、诗词典章、天文历算、阴阳五行、奇门遁甲、儒道佛学、烹饪美食……

当然，金庸也成了人们研究的对象。例如，"金庸小说研究""金庸武侠研究""金庸版本研究"。人们研究金庸，不只是在文化出版领域，还研究金庸的"名人养生""运动健身""美食写作"……

在金庸笔下，流淌出不同历史时期的武侠名著：春秋时期的《越女剑》、北宋时期的《天龙八部》、南宋时期的《射雕英雄传》、明代的《碧血剑》、清代的《鹿鼎记》……在金庸十五部武侠小说里，不仅有刀光剑影，还有花样百出的美食，令人垂涎纸上。在民间，人们给金庸名字加了个前缀，称他"食博士"，还有人把金庸的"小说食谱"变成了餐桌上的美味佳肴。

据报道，最早推出的"金庸菜"，是"射雕英雄宴"，由香港镛记酒家研制，香港名牌美食节目《蔡澜品味》《蔡澜叹名菜》《蔡澜食尚》主持人蔡澜监制。

随后，根据金庸"小说食谱"烹制的菜肴，出现在台湾，出现在大陆。在各地相继推出的"金庸菜"中，很值得一提的，是成都花园酒店研制的"金庸系列美食"。

那是 2004 年仲春，成都花园酒店获悉，著名作家陈建功陪同金庸伉俪来四川，就下榻他们这家酒店。大厨们便将"金庸系列美食"推上了欢迎宴会的餐桌。其中的一道菜，名曰"二十四桥明月夜"，典出《射雕英雄传》：

"当晚黄蓉果然炒了一碗白菜，蒸了一碟豆腐给洪七公吃。白菜只拣菜心，用鸡油加鸭掌末生炒，也还罢了，那豆腐却是非同小可，先把一只火腿剖开，挖二十四个圆孔，将豆腐削成二十四个小球分别放入孔内，扎住火腿再蒸，等到蒸熟，火腿的鲜味已全到了豆腐之中，火腿却弃之不食。洪七公一尝，自然大为倾倒。这道蒸豆腐也有个唐诗名目，叫做'二十四明月夜'。"

这确是一个完整的菜谱。成都花园酒店的大厨们如法炮制。以往在他们看来，将豆腐削成圆形，有些匪夷所思，而今他们照书试制，果然收到了"豆腐球"夺眼球的效果。金庸把美食写得神奇了些，也更调动了大厨们研制"金庸菜"的兴趣。

别具一格的"金庸系列美食"，美馔佳肴纷呈，原料、刀工、技法、造型、口味，均臻佳境。

作为金庸的读者，大厨们又以自己的"作品"展示了别样的"书香"。对他们的"再创作"，餐桌旁的金庸大加赞许，这又更增强了大厨们研制"金庸菜"的信心。他们说，还要继续研制"金庸药膳系列"。比如：《侠客行》里面有一道著名的"腊八粥"，粥里加了各种药材，营养效果非常好；《神雕侠侣》里的"寒潭白鱼"，功效奇特，治好了小龙女的伤；《连城诀》里的农家菜，也有不少食疗元素……

金庸笔下的美食，都是来自生活之中。他对所吃之物，有个原则：吃就吃个明白。正是为了"吃个明白"，年过七旬的金庸重回故乡浙江时，就留下了"三尝虾仁爆鳝面"的名人饮食轶闻。

1996 年的一天，金庸参加杭州一个书舍的捐赠仪式之后，来到当地一家"老

字号"饭馆。50 年前，他特别喜欢吃这家饭馆的面食—虾仁爆鳝面，记忆犹新。这位久违了的"回头客"，竟然是大名鼎鼎的"金大侠"，店家自然盛情接待。先是在餐桌中央摆上精美的食品雕刻作品"松鹤延年"，周围是精烹细作的菜肴。接着，端来最能体现本店特色的八种面条：虾仁爆鳝面、金秋蟹黄面、三元甲鱼面、财运鲍鱼面、蕃虾蝴蝶面、西湖鳜鱼面、雪菜冬笋面、贝松螺纹面。最后，上来一道中华面点。

如此"面面俱到"，这般"口味地道"，特别是与"虾仁爆鳝面"久别重逢，让金庸很是兴奋，感慨于餐饮"老字号"的生生不息，源远流长。餐毕，金庸听说这家饭馆如今又有"江南面王"的美誉，便提起豪情侠义之笔，在留言簿上写道："杭州奎元馆，面点天下冠"。

时隔一日，金庸和夫人、女儿又悄然而至。坐定，金庸对服务员说："什么菜也不要，就是要吃面。"又品虾仁爆鳝面，金庸连说："好香，好香……"金庸笑呵呵地和饭馆工作人员合影留念。临别，留下一句话："还要再来的！"

果然，在应邀参加浙江大学百年校庆活动之后，金庸和家人又抽空来到这里，依旧吃面—虾仁爆鳝面。可是，与以往不同，金庸这次要对这种传统面食进行一番考证。南宋时，杭州的菜谱上就有一道虾与鳝合制的名菜—虾玉鳝辣羹。后来，在"爆鳝面""鳝丝面"的基础上，有了"虾仁爆鳝面"。上个世纪 40 年代，"奎元馆"赢得"虾仁爆鳝面大王"的赞誉。他们的原料选择和制作技术更胜一筹：黄鳝个头不大不小，养在水缸里，吐尽泥土，净化血液，收紧肌肉，现用现宰；河虾鲜活，挤壳后在清水中漂洗干净，保持鲜嫩；面粉优质，碱性适中，软硬适度，手工擀制。鳝片用花生油爆，虾仁用猪油炒，面条用小麻油浇。由于严格掌握原料、辅料、调料的用量和火候，成品独具特色：鳝片黄亮如金，香脆爽口；虾仁洁白如玉，清鲜柔嫩；面条滑韧透鲜，味浓宜人。

搞清了这款面食名品的历史渊源，念及自己吃虾仁爆鳝面的经历，金庸又欣然命笔："奎元馆老店，驰名卅载。我曾尝美味，不变五十年。"

八、叶永烈与上海小笼包

叶永烈，是笔者十分敬慕的现代著名作家。对他的创作成果，媒体有这样的报道："在中国的众多作家中，叶永烈的勤奋高产是出了名的。有人戏言，形容别的作家可以用'著作等身'，而形容叶永烈就得用'著作超身'了。"在叶永烈笔下，有小说、散文、剧本、寓言故事……总之，从科普作品、科幻作品到文学作品、纪实作品，写作的"十八般武艺"，他样样在行。笔者注意到，叶永烈还是写吃的高手。在他的长篇纪实《我的台湾之旅》里，便写到上海菜——他的家乡菜。

叶永烈1963年从北京大学毕业后，被分配到上海工作。从此，他一直生活在上海。对上海菜，他边做边吃边写……

在《上海的早晨》里，叶永烈写及"上海的早餐"："自由市场一箭之隔，是一溜小吃店。大饼正冒出葱花、芝麻香味，红色的辣油在豆腐花上漂动，油条、粢饭糕在滚烫的油锅里氽着，小馄饨、水饺热气腾腾，有人退避三舍也有人嗜爱人癖的臭豆腐正飘来一阵阵特殊的臭味。袋装的牛奶，刚出炉的羊角面包，也在吸引着急于上班的人们，权且充当早餐……"

在《夜上海》里，叶永烈写到他喜欢"吃环境"："我家楼下，就是一家一千多平方米的大饭店，灯光一片雪亮。前后左右，二十多家酒店、烧烤店、火锅城、小吃铺、泡沫红茶店、肯德基，组成'吃的连锁'。与二三朋友在餐馆小聚，边吃边聊。我喜欢雅静的所在。"

在《美食天堂》里，叶永烈这样评价香港饮食："就饮食而言，香港确实不愧为国际大都市。"接着，他笔锋一转，写及香港的上海菜"名不副实"："我也曾到上海馆吃过。不过那上海菜，很难称得上正宗。"

在《我的台湾之旅》里，叶永烈则认为台湾的上海菜挺"正宗"："沪菜虽说只是八大菜系之外的小菜系，长媳带我们去台北的'鼎泰丰'，在那里我居然吃到了地道的上海小笼包。"

叶永烈喜欢上海菜的这些的特点：清新秀丽，温文尔雅，风味多样，富有时代气息。他也喜欢和关注上海的主食，还特意写了篇《粥的豪华》，内中有这样一段："在上海，我也去过粥店，我家附近就有一家'王中王粥店'，卖各式各样的粥：在粥中放了皮蛋碎片，叫'皮蛋粥'；在粥上浇了一点鸡肉、鸡汁，叫'鸡汁粥'……粥店是很大众化的饮食店。"

在《行走中国》里，叶永烈则写了让他"敬而远之"的上海"大排档"："夜十时之后，地摊收场，取而代之的是折叠桌、塑料椅，'大排档'上场了。虾肉馄饨、大排面、田螺、海瓜子、花蛤汤、白斩鸡，应有尽有。尽管许多人吃得津津有味，我却从来不敢做座上客。我一看那污浊不堪的洗碗水桶，就敬而远之。"

叶永烈讲究饮食卫生，注重饮食营养，关注饮食文化。他不吸烟，不饮酒，没有不良嗜好。如今，年过七旬的叶永烈，身体健康，精力充沛，思维敏捷，仍坚持高强度、高速度的写作。他1992年开始用286电脑写作，是我国最早一批"换笔"的作家，至今仍每天"击键"不辍。他是全国书市的"常客"，十一次成为全国书市的嘉宾。在出版界，叶永烈有个"书市劳模"的雅称。据网上公布的数字，目前叶永烈已出版各类著作180多部，2000余万字。内中关于饮食的文字虽然没有统计，但也占不小的比例，而且写得有滋有味。

九、贾平凹与羊肉泡馍

2008年10月27日，第七届茅盾文学奖公布，作家贾平凹和他的长篇小说《秦腔》居获奖者首位。据介绍，这是个四年一度的奖项，《秦腔》以近乎全票的最高票入选。作为中国文学最高奖的得主，贾平凹自然很高兴。他在接受记者采访时说："我知道得奖的消息是在27日早上，从一个记者那里，那时我还不太相信，后来天快黑的时候，组委会和我联系了，说了这件事。我很高兴。然后，自己就去街上吃了一顿羊肉泡馍。"

羊肉泡馍是古城西安的著名小吃。"金榜题名时"，著名作家独吃著名小吃，也成了人们感兴趣的话题：小吃也能助大兴！

羊肉泡馍何以被如此看重呢？

说来话长，早在五代末期，赵匡胤不得志，穷困潦倒。有一天，他流落到长安街头，身无分文，仅剩下衣兜里的两块干馍，久存干硬，无法下咽。这时，他看到路边一个羊肉铺正在煮羊肉，便走了进去，恳请店主给一碗羊肉汤，把馍泡软了再吃。店主见他可怜，就盛上一大碗滚烫的羊肉汤，送给他。

赵匡胤把馍掰碎，放入汤里，汤醇饼香，异常可口。后来，赵匡胤当上北宋开国皇帝，仍念念不忘这顿美餐。出巡时，他又一次来到这家羊肉铺，欲再品羊肉汤泡馍。可是，店家原本就并不经营这种东西。皇帝有此要求，非同小可，店家赶紧烙出几个未经发酵的面饼，怕不熟，就把饼掰得碎碎的，浇上羊肉汤，又煮了煮，还放上几大片羊肉。赵匡胤吃后，大加赞赏。

皇帝吃羊肉泡馍的消息不胫而走，很快风靡长安。接着又走红陕西，成为人们饮食生活的最爱。宋代诗人苏东坡还曾为此赋诗，写道："陇馔有熊腊，秦享唯羊羹。"

如今，已出版《废都》《商州》《浮躁》《秦腔》等11部长篇小说的贾平凹，也挥笔写出《陕西小吃小识录》，在《西安晚报》上一篇接一篇的连载。内中，便有羊肉泡馍。他写原料、写烹饪、写吃法，还写了一位至死不舍羊肉泡馍的老者：

"西安五味巷有一翁，高寿七十。二十年前起，每日来餐一次，馍掰碎后等候烹饪，又买三馍掰碎，食过一碗，将掰碎的馍带回。明日，将碎馍烹饪，又买新馍掰。如此反复，不曾中断。临终，死于掰馍时，家人将碎馍放头侧入棺。"

经贾平凹这么一写，外地很多读者的食欲受到刺激，便给他来信，还要来陕西，对他写过的小吃逐个吃吃品品，还有烹饪学会一类的行业组织邀请他当顾问。对此，贾平凹给出这样的回应："我请教了许多小吃师傅，用文字记录下来罢了。而这种记录，又只能是陕西小吃的十分之一还要少，又都是我个人自觉得好吃好喝的。"

贾平凹笔下的羊肉泡馍，也正是他所喜欢的"好吃好喝的"。难怪他在第七届茅盾文学奖颁奖典礼上发表获奖感言时，还特意说到他以吃羊肉泡馍为获大奖助兴。

十、易中天与"品萝卜"

易中天的名气，因 2006 年开始在中央电视台"品三国"而如日中天。其实，在此之前，易中天就是评史品人的高手，他 1999 年出版的《品人录》，发行一个月即再版。他说："品，要品出滋味。"果然，就连普普通通的萝卜，也被他品得"味道好极了！"

早在 1972 年，他就是饮食生活中"品萝卜"的高手。那时，身为新疆兵团农八师莫索湾军垦区战士的易中天，因为女儿过周岁生日，请乡亲们来家聚餐。易中天夫妇精心准备：用胡萝卜块烧成一盆油炸排骨；用白萝卜煨成一大罐鸡汤；用大葱炒鸡杂；还有几道小菜、备足了高粱曲酒。在当时物资匮乏的年代，如此"家宴"，已属"高档"。可易中天夫妇仍为没有好的凉菜下酒犯难……

此时，顾不得热菜中已有胡萝卜、白萝卜，易中天目光紧盯着新疆甘甜水灵的大白萝卜，心想：要做足"萝卜的文章"。他灵机一动，对夫人说道："用大白萝卜可以做四道凉菜！"

说罢，在易中天刀下，硕大的大白萝卜，变成了丝、条、片、丁，分别装进四个大碗，再分别拌上醋、糖、辣椒粉、花椒粉，又分别放上一些芹菜叶、胡萝卜丝，最后浇上滚烫的清油。

如此这般，凉菜、热菜、汤菜，一应俱全，女儿的生日聚餐，弄得有声有色，有滋有味，乡亲们都吃得非常尽兴！

　　后来，人们生活水平不断提高，久违了的火锅也经常端上饭店和家庭的餐桌。对包容各种食材的火锅，易中天仍对萝卜情有独钟，或萝卜条，或萝卜丝，或萝卜片，投入火锅之后，再"品火锅"。

　　毕竟是文化人，易中天品火锅，首先着眼于"文化"。

　　"火锅简直浑身上下都是中国文化。"他接着写道，"火锅热，表示'亲热'；火锅圆，表示'团圆'；火锅用汤水处理原料，表示'以柔克刚'；火锅不拒荤腥，不嫌寒素，用料不分南北，调味不拒东西，山珍、海味、河鲜、时菜、豆腐、粉条，来者不拒，一律均可入锅，表示'兼济天下'；火锅荤素杂糅，五味俱全，主料配料，味相渗透，又体现一种'中和之美'。更重要的是，火锅能最为形象直观地体现'在同一口锅里吃饭'这样一层深刻的意义，可以说是不折不扣的'共食'。更何况，这种'共食'又决不带任何强制性，每个人都可以任意选择自己喜爱的主料烫而食之，正可谓'既有统一意志又有个人心情舒畅'的那样一种生动活泼的局面。所以，北至东北，南到广州，西入川滇，东达江浙，几乎无不爱吃火锅。"

　　"绿蚁新醅酒，红泥小火炉，晚来天欲雪，能饮一杯无。"对白居易这首赞美火锅的诗，易中天风趣地评说："我怀疑那就是请朋友来吃火锅的邀请函。"

　　经易中天这么一品，对火锅有了更深刻、更全面、更系统的认识："火锅不仅是一种烹饪方式，也是一种用餐方式；不仅是一种饮食方式，也是一种文化模式。"

　　火锅中的"鼎中之变"，又引起了易中天"品鼎"的兴趣。

　　"鼎是什么玩艺？烧饭锅么！"易中天评论道，"当然，'问鼎中原'的那个'鼎'，已不简单的只是一口烧饭锅了。作为政权和权力的象征，它也是一种神器。"他在这里说的"问鼎中原"，是指古人把争夺江山社稷、获取统治权力称之为"群雄逐鹿""问鼎中原"。所谓"鹿"，就是一头肥硕的可以食用的动物；所谓"鼎"，就是专门用来煮东西吃的大锅。

　　易中天还由此联系到"天"，强调饮食的重要："用烧饭锅来做神器和权柄，这就很有些意思，至少说明管饭比管别的什么更重要一些。""中国有句老话，叫'民以食为天'。就是说，吃饭这事，有天那么大，或者直接的就是天。可惜'天'只有一个，给了'食'。"

　　鼎中之食，易中天看得重而又重。在他看来，烧饭做菜的全过程集中于鼎的变化，而鼎中的变化精妙而细微，语言难以表达，心中有数也不易说清楚，更应细心去领悟。特别是解决了"吃饱"之后，就要"吃好"："吃进营养""吃出健康"。

正因为这样，笔者的一位朋友 2007 年 4 月采访易中天之后，在《新天地》杂志发表的访问记中，特意写及易中天对女儿饮食的关心："在他女儿高考时，听说想报考设计专业，易中天便即刻动身，到以建筑设计闻名的高校考察，主要是看看那儿的食堂，担心女儿以后吃不好。"

家庭里，易中天是一位好父亲。学校里，易中天是一位好教师。作为学者，易中天在接受《人物》杂志采访时，曾用他所钟情的萝卜来比喻："我是一个学术萝卜。萝卜有三个特点，第一是草根，第二是健康，第三是怎么吃都行。你可以生吃，可以熟吃，可以荤吃，可以素吃。我追求的正是这样一个目标，老少皆宜，雅俗共赏，学术品味，大众口味。"

第六节　外国名人饮食趣闻

一、马克思：喝酒又品酒

2011 年 1 月 7 日，《马克思恩格斯文集》《列宁专题文集》发行突破 2 万套表彰大会在北京举行。国家新闻出版署副署长阎晓宏、中宣部出版局局长陶骅以及图书发行业的代表等 400 多人出席。阎晓宏在讲话中指出，两部文集反映了我国马克思主义经典著作编译的新水平，在编排、设计、装帧等方面都有创新和突破，是马克思主义中国化、时代化和大众化的最新成果。见此报道，笔者不由得联想到与马克思有关的另外两本书：《吃·喝·玩——生活与经济》《马克思恩格斯书信中涉酒文字》。这两本书，带领读者走近马克思的饮食生活。原来，作为大思想家、大政治家的马克思，也像普通人那样吃吃喝喝。他喜欢喝酒，因病喝酒，把酒当作一种美味的药。

马克思 1818 年出生于德国莱茵省特列尔，那里是著名的葡萄酒产地。他父亲有一片不大的苹果园。从小就生活在葡萄园的马克思，经常和葡萄酒打交道，耳濡目染，也就在品葡萄酒方面具有很高的水平。

马克思喜欢喝酒，还有一个重要原因，就是他把喝酒当成一种美味的药来对待。当时，德国医生经常建议病人通过饮酒治疗疾病，在开药方时，注明哪种酒能治哪种病。同时，医生也建议身体衰弱的人喝酒。在这种情况下，马克思及其家人生病时，就以酒代药，喝酒治病。与酒相比，其他药水就成了很不好喝的东西。

对喝酒酒，马克思有很高的评价。1886年，他写信给女婿保尔·法拉格的父亲弗朗斯瓦·法拉格，信中这样写及他对葡萄酒的评价：

"衷心感谢你寄来的葡萄酒。我自己出生在酿葡萄酒的地区，过去还是葡萄园主，所以能恰当地品评葡萄酒。我和路德老头一样甚至认为不喜欢葡萄酒的人，永远不会有出息（永远没有无例外的规则）。"

在这段文字里，马克思讲到自己的出生地和自己曾是个葡萄园主，以此说明他善于品评葡萄酒不是偶然的，也是为了感谢和赞扬老法拉格送给他的葡萄酒。接下来，马克思引用路德的话："不喜欢葡萄酒的人，永远不会有出息。"这话，口气够重的。在高度评价葡萄酒的同时，也将不少人归为"永远不会有出息"者。然而，毕竟马克思不愧是思维缜密的科学家，他在引用"不喜欢葡萄酒的人，永远不会有出息"这句话之后，随即来了个括号，里面写道："永远没有无例外的规则"。这括号里的"注"，表明这个"规律"也有例外，也就不会得罪不喜欢葡萄酒的人，使自己的话客观而不偏激，完全站得住脚。

中国有句老话："酒逢知己千杯少"。研究马克思喝酒，就不能不提到他的知己好友恩格斯。

《吃·喝·玩——生活与经济》就曾写及马克思与恩格斯与酒："马克思很穷，经常向恩格斯求援，恩格斯经常寄酒给马克思。"

寄酒，是将酒装在特制的竹筐里，必须由有此擅长的人来包装，然后将酒从甲地寄到乙地。有一次，恩格斯给马克思寄酒，包装酒的人因病不在，恩格斯就自己动手，将酒包装好。他不仅擅长包装酒，还熟悉欧洲许多国家的酒商，和他们有业务往来，也就很精通买酒之道。有人专门在马克思和恩格斯的书信中查找酒的名称，"大概有20多种"；还有人专门在马克思和恩格斯的书信中查阅对酒的评价，他们对德国、法国、美国、北欧、东欧各种各样的酒，都有议论，而且也很注意别人在这方面的议论。

马克思和恩格斯论喝酒的文字很多。因此，长期从事马克思主义理论宣传的著名学者于光远先生，做了一件自认为"前人未曾做过、后人不会去做的事情"：选取马克思、恩格斯在1844～1895年间的书信集中关于酒的文字，并对其进行注释。

饮食文化典故

名人饮食趣闻典故

于是，就有了 2004 年贵州教育出版社出版的《马克思恩格斯书信中涉酒文字》。

此书的成因，颇有些趣味性，对读者能有一些启示，也不妨记录于此。

在《马克思恩格斯书信中涉酒文字》之前，于光远曾编辑过一个《马恩论喝酒》的孤本。那是在"文革"期间的 1971 年，于光远被下放到设在宁夏的中宣部"五七干校"，接受劳动锻炼。他的同学中有一位陶先生，长得胖，人称"陶胖"。陶胖有两个特点：一是睡觉打呼噜，没人敢和他住一个房间；二是爱喝酒，酒量大。而喝酒一直停留在"儿童水平"的于光远，对陶胖很感兴趣，跟他开玩笑："我给你编一本《马恩论喝酒》，让你喝酒有经典著作的依据。"说罢，于光远真的动手干了起来。30 年后——2001 年，于光远仍很感慨："没有这个动因，也许我永沅不会去做这件事。"

《马恩论喝酒》编好之后，于光远立即进行出版工作：一是用比较端庄的字迹抄好。二是找一张比较硬一点的纸，写上书名和编者的名字；三是用针线订成一个本子。这样，一部孤本的《马恩论喝酒》就在宁夏贺岗县化建村的于光远的住房里出版了。于光远将这本书送给了陶胖，发行工作也就随之完成了。

编辑《马恩论喝酒》所用的 100 多张读书卡片和底稿，已经完成了历史任务，就在生火做饭时作为引火物被烧掉了。

于光远给陶胖送《马恩论喝酒》时曾留话，要他看后退还。在陶胖那里放了不少天之后，于光远向他索取时，发现陶胖并没有重视他的这个劳动成果，没有强烈的反响，这使于光远颇为失望。于是将书取回，放在房内。人来了，看看笑笑就完了。也有几个人拿起来翻翻的。后来发现此书不在了。于光远问过几个同学，都说"没拿"。这个孤本于是一直下落不明。

不过，作为编辑此书的作者，于光远还是十分得意，他说自己"做了一件前人未曾做过、后人不会去做的事情"，虽然绝版，他还是常将此事说给人知晓。1976年，于光远与后来当选中共中央总书记的胡耀邦闲聊时，也曾说及此事。胡耀邦听了，很感兴趣，后来还向身边工作人员介绍过。1980 年代初，于光远接见研究马克思主义的日本教授，也讲起此事，这位教授赞不绝口。这两件事，让于光远很欣慰，他说："此事虽未扩大发行，但在国内国际都发生了影响。"

曾有人建议，在《马恩论喝酒》出版四分之一世纪之际，能有新版问世。于光远欣然接受。但是，旧版未打纸型，原书失散，原稿也早已不复存在，新版需要从头做起，虽说熟门熟路……

于光远说："就连马克思恩格斯著作的研究者，也没有作过关于马克思恩格斯论喝酒内容的索引，要将所有喝酒的条目无遗漏地查出来，颇不容易。"

研究马克思喝酒与品酒，于光远经历艰辛。他说："还会出现这样的情况，记得有一段文字，把当时记下的页码丢了，后来怎么也翻不出来。于是，又时常为一段论述，把许多本马恩全集从头到尾翻一遍两遍甚至三遍以上。因为我还记得某些论述，如果不能把它们找出来，我是不会甘心的。如果原先不知道有这样的论述，那就不会这样去找了。查找起来要花费很多时间，但我不能明明记得有这样的论述而把它遗漏掉。本人从事此项工件的态度十分严谨。即使如此，也很难保证没有遗漏。不要以为这项工作轻而易举。"

难怪人称于光远是"百科全书式"的大学者，他开创了马克思研究的一个新领域，治学精神令人钦佩。

2001 年 11 月 8 日，笔者在北京的于光远家中访问时，他签名赠送《吃·喝·玩——生活与经济》，内中也有马恩论喝酒的文字：马克思、恩格斯"对酗酒的行为坚决反对，为他们朋友中有人酗酒表示惋惜。"

二、奥巴马：饮食不挑剔，用餐按食谱

奥巴马，美国首任黑人总统。他的一言一行，包括吃什么、喝什么，都能引起人们的关注，勾起"粉丝们"的好奇心。有关资料显示，奥巴马对饮食不挑剔，按食谱用餐。

2009 年 1 月 20 日，奥巴马宣誓就任美国第 44 任总统。当天的总统就职午宴菜单如下：

第一道：海鲜杂炖，2007 年加州那帕谷白葡萄酒。

第二道：野鸡和鸭子配樱桃辣酸酱，糖浆山芋，2005 年安德森谷金眼葡萄酒。

第三道：苹果肉桂松糕，柯贝尔加州就职典礼特制香槟。

据知情者证实，这个菜单基本上是当年林肯总统就职午宴菜单的"复制品"——基于林肯口味，体现"林肯元素"。这是因为，奥巴马十分崇拜美国前总统林肯。林肯曾被评为美国历史上最受欢迎的总统。

奥巴马总统就职午宴结束之后，从下午 3 点开始庆祝游行。在游行队伍当中的奥巴马和家人，沿着宾夕法尼亚大街前往白宫。

白宫，原来并不白，是灰色的。1841 年英军放火试图烧毁白宫，白宫的正面才被漆成白色，以盖住烧黑的地方。白宫充满浓烈的政治气氛，国务缠身，但也同样

是"食人间烟火"的地方。奥巴马一家入主白宫后，谁来为这个"第一家庭"司厨掌勺呢？在给"第一家庭"选择主厨出谋划策时，发出不同的声音，甚至在美国饮食界出现了一场不大不小的争论。

奥巴马

美国《美食杂志》主编、加州和纽约名厨等餐饮界名人，联名上书奥巴马夫妇，建议成立一个相关委员会，挑选能烹饪绿色有机食品、清洁无污染食品和季节性食品的白宫主厨。

与此同时，曾担任过白宫主厨的沃尔特·席布则认为，成立"委员会"挑选厨师是多此一举。在他看来，白宫主厨最主要的任务是为"第一家庭"提供最好的服务，而不是给全美国人制定饮食计划。他还透露，白宫主厨不仅需要最出色的厨艺，同样要善于观察、忠实守信。主厨必须注意"第一家庭"成员的饮食喜好。此外，白宫主厨也是极少数不需要特工在场就能接触"第一家庭"的人，因此忠诚非常重要。

白宫主厨的人选，虽然不能与国务卿相提并论，但"第一家庭"的餐桌也并非小事。美食界资深人士表示，期待奥巴马夫妇充分认识到美食的力量和乐趣，也期待绿色健康食品更多地出现在白宫的餐桌上，让"白宫新菜谱"流行于民间。

对此，奥巴马想出了一个两全其美之策，那就是既不成立相关"委员会"，又能有重视健康饮食的白宫大厨。他和家人决定：保留现任白宫女主厨克里斯特塔·科默福德。因为她很重视健康饮食，曾受到前任总统布什一家的高度评价。这位女主厨来自菲律宾，1995 年加入白宫，10 年后获得主厨地位，成为白宫首位女性和少数族裔主厨，她有个年幼的女儿。

1992 年，奥巴马与黑人律师米歇尔结婚后，育有两个女儿，10 岁的马莉娅和 7 岁的萨莎。奥巴马当选美国总统后，这个"第一家庭"的饮食，倍受美国普通民众的关注，甚至效仿。当有媒体报道奥巴马女儿喜欢吃艾奥瓦州一家小面包房制作的巧克力曲奇时，这家小店很快被来自全国各地的曲奇订单淹没。因此，健康饮食的倡导者希望，奥巴马和他家人能够利用"第一家庭"的特殊地位引领和带动民众的健康饮食。

奥巴马将不负所望，因为他主张"食全食美"。在他就任总统后的首次出国访问时，特意为女儿选购异国他乡的"全麦面粉食品"。那是 2009 年 2 月 19 日，奥巴马访问邻国加拿大。在这次六个小时的"旋风之旅"中，奥巴马来到渥太华的一个老市场，走出防弹轿车，步入商店，与店员握手。随行人员让店员给奥巴马取一些当地产的"水獭尾"——用全麦面粉按照水獭尾巴外形制作的食品。店员递过来的"全麦面粉食品"，却称"奥巴马尾"，这是加拿大民众为庆祝奥巴马就任总统特别制作的。奥巴马以"我爱这个国家（加拿大）"回应欢迎他的加拿大民众。

随后，奥巴马又走进一家糕点店，挑选了一些枫叶形状的加拿大饼干，准备作为送给女儿的礼物。

当年 48 岁的奥巴马，非常健壮。胸围、腰围分别是 1.15 米和 0.83 米，呈现完美的倒三角形。奥巴马的健康秘诀，除了饮食不挑剔，用餐按食谱之外，还坚持运动。他与中国领导人会谈时，曾这样说："我是一个篮球迷，我想借用中国篮球明星姚明的一句话说，无论是新成员也好，还是旧成员也好，都需要时间磨合，这一次对话，我相信通过我们的努力，能够达到姚先生的标准。"

就在笔者修改这篇奥巴马"饮食经"时——2010 年 12 月 26 日，《新京报》报道了圣诞节饮食："奥巴马过节的菜单很'低调'，其中包括牛排、烤土豆、四季豆和小点心。"

在此之前，也有一些关于奥巴马饮食生活的报道：很喜欢吃蔬菜，尤其爱吃菠菜和花椰菜。白宫营养师给他开列的食谱，每周都有两顿玉米粥。他的早餐一般是煎蛋卷，晚上多吃鱼，零食常吃巧克力烤花生蛋白棒、烤杏仁和开心果，喝不含咖啡因的黑草莓茶。

三、萨马兰奇：挥之不去的中餐情结

2010 年 4 月 21 日，国际奥委会终身名誉主席萨马兰奇因心肺功能衰竭，在他的故乡西班牙巴塞罗那一家医院逝世，享年 89 岁。他是中国人民的老朋友、好朋友。在过去的 30 年间，他 29 次访问中国。在饮食上，他有着挥之不去的中餐情结。

萨马兰奇 1920 年出生于西班牙巴塞罗那，1966 年当选国际奥委会委员，1974年当选国际奥委会副主席，1980 年至 2001 年连任国际奥委会主席 21 年。在这 21

年里，他逐个访问了国际奥委会下辖的199个国家和地区协会。他是一位著名的体育活动家、外交家。他经常出现在不同国家的餐桌前。对享誉世界的中餐，更是情有独钟。每次来到中国，都会让他的心情和食欲一起飙升。

在电视专题节目"杨澜访谈录·奥运特辑"里，曾获得中国第一届主持人"金话筒奖"的杨澜，第一个访谈的对象，就是萨马兰奇。访谈一开始，观众就听到了这样的"名人对话"：

杨澜："我们的观众有一些问题想问您。这个问题是来自西安的叶小姐，知道您访问中国很多次了，您最喜欢什么样的中国菜？"

萨马兰奇："烤鸭。"

在萨马兰奇的故乡，西班牙饮食与中餐有很大的差异。西班牙传统的"菜肉饭"，是一口大锅里先放鸡肉、兔肉、扁豆，炒熟之后，再加入米和水煮制，而且不用锅盖。这在中餐厨师看来，"菜肉饭"容易变成"夹生饭"。西班牙的用餐方式也和中国不一样。他们用餐时间长，一般正餐需要两个小时；因为午睡时间长，晚餐吃得很晚，一般是晚上9点开始，11点才结束。

来到中国之后，萨马兰奇"入乡随俗"，完全适应这里的"一日三餐"，而且对中餐菜肴很感兴趣。

2007年6月24日，萨马兰奇来到北京全聚德亚运村店，出席在这里举办的第13届世界奥林匹克收藏博览会颁奖晚宴。这里是北京最大的体育主题餐厅，接待贵宾的最高礼仪是点鸭坯。人们注视着萨马兰奇点鸭坯的情形：萨马兰奇左手托起白净硕大的鸭坯，右手在鸭背上画了个吉祥符号。

经萨马兰奇"点"过的这只鸭坯，再经烤制之后，色泽红润、外焦里嫩、浓香四溢。端上餐桌，由萨马兰奇举刀片下第一片鸭肉。

随后，萨马兰奇欣然接受全聚德集团赠送的神鸭雕塑——象征百年全聚德"全而无缺、聚而不散、仁德至上"的企业精神。

萨马兰奇爱吃北京全聚德的"老字号"烤鸭，也喜欢吃北京大董烤鸭店的新式烤鸭。他和大董烤鸭店的员工合影照片，悬挂在大董烤鸭店最显眼的地方。

南方的一位厨师说，他在报纸上看到萨马兰奇喜欢吃鲥鱼的报道，便将此事记在心里。后来果然有两次为萨马兰奇掌勺的机会。他以鲥鱼为原料，精心烹制清汤鱼丸。萨马兰奇每次都吃得很开心，夸奖这鱼丸汤清鱼鲜，还向这位厨师赠送礼物，表达他的感谢和鼓励之意。

萨马兰奇喜欢中餐，也体现在情系中国奶业。2008年8月12日，萨马兰奇参加北京奥运会体操男子团体颁奖仪式后，来到北京展览馆，会见本届奥运会唯一乳制品提供企业伊利集团负责人。他高度评价伊利奶制品，特别欣赏伊利集团"健康奥运"的营销理念。

萨马兰奇是一位健康长寿的老人。人们询问他的身体状况时，他曾幽默地说："我唯一的问题就是我89岁的年龄，我的身体棒极了。"

据萨马兰奇的儿子小萨马兰奇说，萨马兰奇最后一次去医院，是他自己走进去的。小萨马兰奇这样追忆父亲："他没有经历痛苦地走了，不制造痛苦是他一生为人的风格。他的一生很充实。"

四、卡斯特罗：爱吃中国菜，会做糖醋鱼

2008年2月19日，古巴领导人卡斯特罗宣布："不寻求也不接受"再次担任国务委员会主席和革命武装部队总司令这两个职务。这意味着，这位正接受术后康复治疗的老人行将退休。在此之前，他已经领导古巴革命和建设工作将近半个世纪。

卡斯特罗是一位传奇式的人物。就在他行将退休的2008年，研究者根据他的历程，列出他的"数字人生"：

第三：他是排在泰国国王普密蓬·阿杜德和英国女王伊丽莎白二世之后，世界上持续任职时间排名第三的国家元首。

7小时：他在1986年古巴共产党第三次全国代表大会上，创下个人讲话时间最长纪录——7小时10分钟。

634次：他遭遇了634次刺杀阴谋，包括毒杀、炸弹和化学物品暗杀。其中，164起阴谋付诸实施，均被躲过。

9位：他作为古巴领导人见证了9位美国总统上任和离任，从德怀特·艾森豪威尔到比尔·克林顿。现任美国总统乔治·W·布什是卡斯特罗执政期间的第10位美国总统。

81岁：他现年81岁，正继续以《卡斯特罗同志的思考》为题撰写文章。

一位美国作家曾经写道："人们知道为什么密西西比河奔流不息，但是多少人知道卡斯特罗如何做到奔流不息？"是啊，该有怎样健康的体魄，才能像卡斯特罗那样经历非凡？笔者开始研究卡斯特罗的"饮食经"，查阅相关资料……

2009年8月，82岁的卡斯特罗亮相电视荧屏，介绍他的食谱：以水果和蔬菜为主。他还常吃这样的"一锅煮"：把切碎的肉、蔬菜和饭一起放到锅里煮。

卡斯特罗增加水果和蔬菜食用量，对于运动量较少的老年人来说，值得借鉴。因为"肚子的空间是有限的"，增加了水果和蔬菜的摄入量，相应地减少了肉类、油脂的摄入，有利于防止动脉硬化等疾病。

卡斯特罗的肉、菜、饭"一锅煮"，正是"粮菜混吃"的经典食谱，营养平衡，而肉也碎、菜也碎，更有益于老年人的消化吸收。

提起卡斯特罗，一个精神矍铄、满面胡须、一身戎装、气宇轩昂的伟人形象，就会出现在人们的脑海之中。他 1926 年 8 月 13 日出生在古巴一个庄园主家庭，毕业于哈瓦那大学，法学博士。后来，他率领一批青年起义、发起土地改革……1976年，他任国务委员会主席和革命武装部队总司令。此后五次连任国务委员会主席。

作为古巴领导人，卡斯特罗一次又一次来到中国访问，对中国留下了美好的印象，很喜欢中国菜。他曾和中国驻古巴大使馆陈久长大使讲起他的"中国情"：在哈瓦那大学上学时，他就经常去唐人街吃"杂碎汤"，觉得又便宜又好吃。后来，他还学会了做一些中餐菜肴。糖醋鱼，是卡斯特罗的拿手好菜。

糖醋鱼，离不开糖。糖，正是古巴的特产。1991 年中国淮河流域和长江中下游地区遭受百年不遇的洪涝灾害。卡斯特罗领导的古巴政府，向中国捐赠 5000 吨古巴糖。就在这一年，他还多次来到中国大使馆，表达对中国洪涝灾害的关切之情。有时，他在中国大使馆一坐就是四五个小时，极为开心。用餐后，常常亲自给中国厨师敬酒致谢。

有一次，卡斯特罗吃罢晚饭，兴致勃勃地说："饭菜吃完了，我的任务也完成了。"他又提笔在菜单上留言："我完成了任务，这并不是我的功劳，而是美味的中国佳肴的功劳，是古老和革命的中国及其周到的热情与礼貌的功劳。"

随后，他又和中国厨师合影留念。这张珍贵的照片，刊登在 15 年后的《中国民族报》上。

五、希拉克：我也确实很爱吃中国的川菜

连任的法国总统希拉克，"太爱吃法国的烧蜗牛"，"也确实很爱吃中国的川菜"。他把吃看成是莫大的享受。对于他的吃，各个阶层的人士都曾表过评论：

法国前总统密特朗在一次出行时，惊异于自己接班人希拉克的食量："真是个大肚汉！"

在希拉克任总统期间，担任法国总理的拉法兰说："希拉克经常光顾麦当劳和

肉饼店。"

爱丽舍宫前厨师主管诺尔曼，这样说及希拉克的吃："他喜静不喜动，除了出访，一周七天都待在总统府，唯一能诱惑他迈出爱丽舍宫的，大概就是美食和博物馆。"

希拉克1932年出生于法国巴黎科雷兹镇一个富人家庭，是家中的独生子，拥有良好的教育背景。他就读于"法国政治家摇篮"——巴黎政治学院，还曾在美国哈佛大学等高等学府深造。走出校门的希拉克，由于受戴高乐将军的影响，义无反顾地选择从政道路：30岁成为法国总理蓬皮杜的私人助理；34岁当选国民议会议员；三次连任巴黎市长；41岁出任法国总理；62岁当选法国总统，连任总统12年。

作为法国政坛的"常青树"，希拉克成为人们研究的对象，也包括研究他的饮食。

希拉克喜欢吃"家乡菜"。比如，"法国大餐"中的"烧蜗牛"。法国蜗牛，世界驰名。蜗牛是一种食用、药用和保健价值都很高的陆生类软体动物，与鱼翅、干贝、鲍鱼并列为世界"四大名菜"。诺尔曼曾这样证实希拉克喜欢吃烧蜗牛："出于对他的健康负责，希拉克夫人贝尔纳黛特经常限制他吃油腻的蜗牛，可有时夫人不在宫里，希拉克就嘱咐厨师给他烧上一盘蜗牛。他太爱吃烧蜗牛了！"

希拉克也喜欢吃"他乡菜"，特别是对中国菜赞不绝口。希拉克说，20世纪70年代，他就对中国文化产生了浓厚的兴趣。他喜欢中国诗人李白和杜甫。2003年10月，希拉克在李白曾逗留过的湖北访问时，情不自禁地背诵起李白的诗篇。他还有退休后写一个李白电影剧本的打算。希拉克热爱中国的历史、古迹、诗词、美食。2004年，希拉克在成都访问时说："我对四川有'两个崇拜'，一是邓小平，二是川菜。我知道邓小平先生是四川人。是邓小平先生告诉我川菜很好吃。我也确实很爱吃川菜。我一直很想去邓小平先生的家乡看看，而我多次访问中国却从未去四川，这次终于可以实现这一夙愿了。"

谈起希拉克对中国美食的浓厚兴趣，他的厨师贝尔纳沃松说："希拉克非常喜欢吃中餐。在巴黎，有一名给他烹制中餐的厨师。这位厨师经常前往爱丽舍宫，为希拉克烹制地道的中餐。希拉克还经常光顾巴黎最好的中餐馆，很喜欢吃北京烤鸭。"

希拉克曾以巴黎市长、法国前总理的身份访华。他出任法国总统的12年时间里，四次访华，中法关系处于"最好时期"。他一次次来到中国访问，从北京、上海，到陕西、湖北、四川……在中国人眼里，他不仅是一位政治家，也是一位对中国美食有着浓厚兴趣的美食家。他很珍惜在中国吃中餐的美好感觉，不仅喜欢中餐的高档美食，也喜欢吃中餐的"家常菜"。法国媒体称他是"热爱中国的人"。

希拉克经常发表政治讲话、军事讲话、外交讲话，也时不时地发表一些引起轰动的美食评论。他在评论美食时，并不完全是赞美。据报道，2005年，希拉克毫不留情地说及一个国家的疯牛病。差点因此引发外交危机，两国饮食界曾因此争议良久。

希拉克多次参加欧盟峰会。在这样高级别的会议上，希拉克也不忘对峰会举办地的食物评论一番。他曾指责某个国家的食物是欧洲最差的食物，接着又说某个国家的食物紧随其后。

这样一来，在德国举行纪念《罗马条约》签订50周年的欧盟首脑峰会上，德国总理默克尔亲自出马，挑选德国最好的葡萄酒，以满足希拉克挑剔的口味，免得他再"说咸道淡"。

希拉克体魄强健，精力旺盛，与他能吃能喝不无关系。法国媒体还曾披露过希拉克与夫人的收藏秘闻：在任巴黎市长期间，希拉克与夫人贝尔纳黛特花费200多万欧元，收藏不同年代的葡萄酒。他们的这个收藏，被称为欧洲最奢侈的收藏之一。

六、沙马：酷爱美食的政治家

曾担任泰国总理的沙马，是全世界政治人物中一位少有的美食家。

2008年1月28日上午，泰国下议院就总理人选进行激烈的讨论。沙马是被讨论的主角。就在这时，沙马却来到一家咖啡厅，在这里吃起咖喱饭和炒芦笋。也就在这时，一帮记者出现在沙马面前。沙马毫不避讳，对这里的饮食大加评论："看吧，这儿没有煮鸡蛋，没有煎蛋，咖啡也不热。如果你吃饭的时候是这样，你会有什么感觉？"接着，沙马向众记者们宣布，由他主持的广受欢迎的电视烹饪节目，将很快恢复播出。

沙马主持的这个电视烹饪节目，取名"品尝与抱怨"。在节目中，沙马一边教观众烹制地道的泰国菜绿咖啡鸭，一边发表辛辣的政治评论。由沙马主持的这个电视烹饪节目，连续播出七年。沙马个性直率，粗声大气，言辞大胆激烈，那些"炮

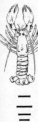

筒子"式的高谈阔论，拥有广泛的观众，特别是受到小商贩、出租车司机和普通工人等中下层人士的欢迎，他们都愿意听沙马的高谈阔论。政治分析家克里斯·贝克尔这样评论沙马："他很具娱乐性"。

沙马是泰国颇具争议的政治人物。他1935年出生于泰国曼谷的贵族官僚家庭。他是华裔，自称姓李，被泰国人称为"李沙马"。他33岁登上泰国的政治舞台，是目前泰国资格最老的政治家之一。据很多媒体报道，沙马除了政治之外，最大的爱好就是美食和烹饪。他在电视节目里亲手教观众烹制泰国的传统菜肴和其他菜肴。这位政坛名人，也是烹饪名厨、美食家、烹饪节目著名主持人。

泰国下议院经过激烈的讨论和投票后，72岁的沙马，于2008年1月正式当选泰国第25任总理。随后，他接受了媒体采访。当被问到就任总理后第一件事要做什么时，沙马毫不犹豫地回答："我想去柯多哥市场。"柯多哥市场是曼谷著名的粮食和农产品市场。

果然，采访结束后，沙马直奔柯多哥市场。在市场里，他受到商贩们的热烈欢迎。一些商贩还兴奋地称他"总理先生"。

沙马对"直奔柯多哥市场"，给出了这样的解释：星期一是他的"购物日"，他通常会在这天购买3000泰铢的新鲜食物。不过，在当选总理的28日这天，沙马说："我肯定今天要花更多的钱了，因为家里有很多客人。"他买了新鲜的鱼、虾、蔬菜和水果，将它们带回家。

后来，作为泰国总理的沙马，仍以烹饪节目主持人的身份出现在电视荧屏上。然而，正是因为"烹饪节目主持人"上台，引发了作为总理的他"下台"。

2008年9月10日，《环球时报》报道："泰国宪法法院9日下午判决，总理沙马因主持电视烹饪节目，违反了宪法，他立即失去了总理职务。""这个判决结果，让很多人很惊讶。"这也是"泰国历史上首位被法院剥夺职务的总理"。

在此之前，泰国上议院一些议员就于5月份向宪法法院提起诉讼，指控沙马在出任总理后，依然受雇于一家公司，主持一个电视烹饪节目。这违反了宪法中内阁成员不得受雇于私营公司的条款。如果宪法法院判定他违宪，他将面临辞职的境况。

对此，制作烹饪节目的烹饪公司经理萨查出庭作证："沙马做了四期节目。沙马不是我们公司的雇员，我们只是支付了一些象征性的酬劳。"沙马本人也出庭大约一小时，否认自己的行为违背了宪法。他说，他只是受雇于这个节目，按次收取酬劳，而不是作为公司的雇员收取酬劳，所以没有违宪。他只是从这家公司取得一些象征性的酬劳，这是对于他的专业水准的肯定。

沙马的烹饪技术和主持烹饪节目的能力，深受人们的称赞。他是政治人物中的美食家。

七、布朗：中餐馆的菠萝鸡好吃

2007年6月27日，布朗从英国女王伊丽莎白二世手里接过御玺，正式就任英国首相。在上任的三天前，布朗接受了英国《独立报》的访问，连续回答40多个问题。其中，他谈到了对伊拉克战争的看法，展望了自己的首相生涯，还向《独立报》读者推荐了一家好吃又实惠的中餐馆。这家餐馆有他喜欢吃的菠萝鸡。

《独立报》记者在提问时说："读者比尔·胡珀要和女朋友共进晚餐，他问首相，哪里有好吃又实惠的餐馆？"当笔者在报上看到这个问号时，不由得想起全国高等商科学科建设指导组编审的《外国饮食文化》一书，书中介绍："据说英国人到餐馆去吃饭，大多数喜欢去法国、意大利和中国风味的餐馆。"这毕竟是"据说"，可继续看报发现，布朗也是这么说的："在苏格兰的克科底有一家名叫新马兴（New Maxin）的中餐馆。"

菠萝鸡

布朗的推荐，当然也不是随意的脱口而出，他是对这家中餐馆忠诚度极高的"回头客"。

新马兴中餐馆装修朴素，菜价实惠，是面向大众的家庭式中餐馆。这里的环境符合布朗的平民化作风，菜肴也适合布朗的口味。特别是那款造型美观、烹制精良的菠萝鸡，既是新马兴的"保留项目"，也是布朗每餐必点的"重点菜肴"。布朗从吃下第一口"菠萝鸡"开始，便欲罢不能，百吃不厌，已经打了15年交道。

开始走进新马兴餐馆的时候，布朗还是个单身汉。2000年8月，49岁的布朗与36岁的萨拉·麦考利结婚以后，他们便经成双结对来这里用餐。后来，他们的儿子约翰、弗雷泽，也成了这里的常客。一家四口人，其乐融融，各取所需：布朗还是点他"多年一贯制"的"菠萝鸡";夫人对"香脆牛肉"情有独钟;大儿子自选"蒸米饭";还不甚知晓美食的小儿子则手指矿泉水……

新马兴餐馆的筷子,布朗得心应手。中国美食家梁实秋关于"筷子七能"的妙论,被布朗运用的灵活自如:能夹、能戳、能撮、能挑、能扒、能拿、能剥。

布朗这么熟练地"以筷助食",是很不容易的。因为英国人习惯用刀叉进餐,也因为他的一只眼睛失明,眼和手的协调动作比较困难。说来令人难以置信,在餐桌上,布朗舞刀弄叉,竟然不如"筷子功夫"好,还曾因他刀叉进餐的"食相"问题,引起了英法两国的外交风波。

那是 2008 年 1 月 14 日,在法国的爱丽舍宫,法国总统萨科齐夫妇设晚宴招待布朗夫妇出席。主菜是"芝士火锅",每人面前放一支进食的叉子。标准的进食方法是:手持一支叉子,先刺上小块面包,然后放入滚烫的芝士加白酒的浓液中,待面包粘上芝士汁液后,再放入口中进食。这其实算不上多么复杂的进食方法,可因为布朗的视力问题,手随眼动的动作一直不协调,要么叉子刺不上小块面包,要么面包粘不上芝士汁液,几经忙碌,多番尝试,都没能将刺有面包并粘满芝士液的叉子放入口里品尝,一脸的不悦。布朗的这幅"食相",被法国首席经济顾问佩罗尔用来取笑,他在接受媒体采访时忆述:"我在爱丽舍宫的岁月中,最感到有趣的时刻,莫过于欣赏布朗尝试吃'芝士火锅'的样子。能够在现场,实在值得。"

这番言论,引起英法两国的外交风波:英国唐人街首相府致电法国爱丽舍宫,要求解释。

其实,布朗是很在意自己的形象的,特别是健康饮食。据英国《太阳报》报道,布朗的官方发言人告诉记者:"首相一直认为饮食平衡很重要。每天摄取的蔬菜和水果量,都是为了保持健康和容颜焕发的状态。"还有报道说,布朗在就任英国首相的半年前,改变了零食爱吃巧克力的习惯,因为他更相信香蕉能让人"容光焕发",便决定用香蕉"进补"。"据悉布朗一天最多吃了九根香蕉"。

有趣的是,英国一家媒体刊布朗面带笑容的长脸照片,照片说明是"香蕉式的笑"。

八、安藤百福:方便面就是我的命

据世界方便面协会统计,2007 年世界方便面的消费量是 978．7 亿份,平均每

名人饮食趣闻典故

人14.8份。数字无声，却能告诉人们一个事实：方便面消费数量巨大，消费人数众多。

就在统计出这些数字的2007年，世界上第一包方便面的发明者安藤百福，在日本大阪因病逝世，享年96岁。全球各大新闻媒体都在第一时间进行了报道。这位被称为"面王""方便面之父"的传奇老人，在全球范围赢得了尊敬和感谢。

安藤百福，1910年出生于中国台湾嘉义。他在中国时姓吴，名唤吴百富，是个孤儿。少年时期的不幸与磨难，使他养成了坚强不屈的独立性格。

1933年，吴百富回到日本，取名安藤百福。

1957年，安藤百福在日本担任董事长的信用社破产，只剩下位于大阪府池田市的私宅。这年冬天，一切都要从零开始的安藤百福，经过一家拉面摊时，看到人群顶着寒风，排长队买拉面吃。为吃一碗拉面，竟然如此不辞辛苦。安藤百福感触很深，由此萌发一个念头——发明一种加入热水就能食用的"速食面"——也就是后来风靡世界的"方便面"。

转年一开春，安藤百福就在私宅后院建起一个10平方米的简陋小木屋，作为方便面研究室。他找来一台旧制面机，买来直径1米的炒锅、面粉、食油等，围绕五个目标开始了方便面研究：一是味道好吃且食之不厌；二是可以常备；三是简便，不需要烹饪；四是价格便宜；五是安全、卫生。确定了研究方向之后，他便全身心地投入到这项发明之中。安藤百福此举，得到了家人的支持。

在"全家齐上阵"的过程中，有两件事对安藤百福帮助巨大：一是夫人提出"油炸的面好贮存。果然，油炸不仅给面的贮存提供了方便，还会出现许多细孔，通过细孔吸入热水，使面很快变软。这样一来，"油炸过后，等着泡水"，成就了"平时贮存，食用方便。二是儿子最喜欢吃姥姥做的鸡汤面。鸡汤味道鲜美，安藤百福因此下定决心，伟大的方便面从鸡汤味开始……

日本的名吃，大都是冷的：寿司是冷的；鱼生是冷的；酱汤虽然一上来算是温的，但很快也变冷……方便面则大不相同，它的汤，在全世界都热。

安藤百福敢于突破传统，致力于创新发展，在经历多次失败之后，终于发明了"瞬间热油干燥法"。用这种方法炸面条，水分快速蒸发，面条上还会出现细孔，用开水一泡，水分迅速渗入面条，恢复面条的弹性。1958年8月25日，安藤百福发明的世界上第一包方便面——"鸡肉拉面"成功问世。

方便面进入日本市场后，又不断改进包装，由袋装到碗装，以方便旅游和野外工作者食用。1972年，日本发生一个突发事件，过激组织"赤军"占据了一个山庄。警察们来到这里处置，顶着呼啸的寒风，呼噜噜地吃着碗装方便面。这场面经过电视转播，对方便面销售起到了最好的广告作用。

随着方便面在日本销量大增和走出国门，安藤百福对方便面的研究和创新，更是一发而不可收，从而取得了骄人业绩和荣誉：

1962年，安藤百福取得"方便面制作法"专利权。

1971年，安藤百福首次推出"杯装即食面"，随即风靡全球，被称为"20世纪最伟大的发明"之一。

1981年，美国洛杉矶市向安藤百福颁发荣誉市民奖。

1983年，巴西表彰了安藤百福的突出贡献。

1997年，安藤百福在日本东京创建世界拉面协会并出任会长。

1999年，安藤百福在大阪成立"即食拉面博物馆"。

2001年，泰国表彰了安藤百福的突出贡献。

2005年，安藤百福95岁生日时，他向前来祝贺生日的人们说："方便面就是我命，每天都要吃，琢磨新点子。我发明方便面的目的很简单，就是希望人们可以随时随地、安心地吃到面，这样我会很开心。"

方便面，也是安藤百福96岁高龄的"长寿面"。

九、巴菲特：宴会重在会

2010年8月4日，"股神"巴菲特发出在中国举行"慈善晚宴"的信号，中国富豪们或明或暗地积极响应或坚决拒绝，各路媒体大肆渲染，各界人士大力关注，使这场饭局远远超出了吃吃喝喝所能承载的范畴。9月29日，巴菲特在如期举行的"慈善晚宴"上说："慈善捐赠是很私人的决定，此次来中国只是和大家分享经验。"宴会之后，他的这句话被解读为"宴会重在会"。

据报道，"慈善晚宴"在北京昌平拉斐特城堡庄园举行，从下午5点20分左右开始，首先是由杨澜主持的讨论会。"股神"巴菲特和"首富"盖茨，分别讲述了自己的慈善故事，并简要介绍了正在提倡的"慈善捐赠承诺"活动。他们还与王石、陈光标、牛根生、柳传志、潘石屹等约50位中国企业家一起，讨论了中国的慈善环境、慈善立法、"裸捐"、善款物尽其用等。讨论会将近两个小时，随后进入冷餐会。

这个"慈善晚宴"，也被说成"巴比晚宴""豪门盛宴""豪门夜宴"。其实，并没有媒体描述的那么神秘，也没有人们猜测的那么昂贵。赴宴者利用微博，及时传递"慈善晚宴"的现场信息：晚宴的菜式很简朴，没有山珍海味，人均消费300元人民币。

中央电视台一位主持人也发表文章，披露"慈善晚宴"的内幕：他"和盖茨认识有十年了，差不多每年都能见面。"盖茨和巴菲特出席的这个"慈善晚宴"，"其实根本没有宴，只有一些水果和点心，盖茨和巴菲特最后连一口饭都没吃。"

"一口饭都没吃"，这在巴菲特饮食生活中并不少见。他经常受邀参加盛大的宴会。比如，他的好友、《华盛顿邮报》老板凯瑟琳经常举办晚宴，总是高朋满座，有美国总统、政府部长、国会议员、大企业家等，还有来自世界各地的一道道山珍海味。巴菲特却"一口不动，原封退回"。厨师们不解，询问原因时，巴菲特说："我吃汉堡，加上面包、肉、蔬菜'三合一'，营养全面。饮食越简单，自然吃得越少。如果菜样很多，即使每样只尝一小口，几十道菜加起来，总量也会多。"

在巴菲特看来，宴会重在会，而吃吃喝喝则在其次了。健康之道和长寿之道，其实都非常简单。越复杂，越难懂，越难做到，越难坚持。很多长寿老人是山野乡村的农夫村妇，他们活得简单、吃得简单、想得简单。

世人往往只关注巴菲特投资的成功之道，却没注意到巴菲特健康的成功之道，其实是同样地非常重要。研究表明，绝大部分投资大师和世界富豪，在80岁之前就退出日常经营管理。而巴菲特年过八旬，却依然奋斗在第一线。有人问他："现在你已经是美国最富有的人，你下一个目标是什么？"

他回答："我的下一个目标是成为美国最长寿的人。"

在2009年举行的伯克尔股东大会上，79岁的巴菲特，连续回答4个半小时，依然侃侃而谈，思维敏捷；连续工作一整天，依然神采奕奕。

2010年9月27日，80高龄的巴菲特，乘坐包机到达深圳。他健步走下飞机，身穿黑色西装，白色衬衣，打着红领带。当晚，他来到深圳华侨城洲际酒店宴会厅，与千名比亚迪经销商共进晚餐。有人为此做过计算：按照3个月前巴菲特第11次慈善午餐竞拍成交价262.6311万美元计算，根据竞拍成功者可带7位同伴与巴菲特共进午餐的规矩，每8个人262.6311万美元，那么，比亚迪为巴菲特准备的千人晚宴，价值可高达3.23亿元。

两天之后，巴菲特出现在北京"慈善晚宴"的餐桌前。他满脸微笑，认真听每个人的发言。"慈善晚宴"将结束时，他说："无论从哪个方面讲，这都是一次成功而卓有成效的会议。我们非常愉快地交换了意见，同时也了解到中国慈善领域正在开展的大量有意义的工作。"

与此"慈善晚宴"相映成趣的是，在北京一家快捷酒店同时举行"平民慈善晚宴"，有100多人参加，餐费采用自愿AA制，每人38元，为酒店的最低消费档，弱势群体免费。"平民慈善晚宴"活动还向巴菲特、盖茨发出了邀请。既然与"巴比晚宴"同时举行，邀请"巴比"参加是不可能的，可"也不是为难他们，只是希望以这样一个方式，让他们听听平民的声音。"

其实，这里也是"宴会重在会"。

两个"晚宴"，都在彰显人类的饮食文化。

特别提示：

本书在编写过程中，参阅和使用了一些报刊、著述和图片。由于联系上的困难，和部分作品的作者（或译者）未能取得联系，对此谨致深深的歉意。敬请原作者（或译者）见到本书后，及时与本书编者联系，以便我们按照国家有关规定支付稿酬并赠送样书。

联系电话：010－80776121　联系人：马老师